Les Ateliers Hachette présentent :

W0205843

CM1
Cycle 3

LES MATHS
à la découverte des sciences

Marc ANTOINE
Professeur en IUFM

Gilles BEAUFILS
Maître Formateur

Olivier BURGER
Inspecteur de l'Éducation nationale

Jack GUICHARD
Professeur des Universités

HACHETTE Éducation

ISBN : 978-2-01-117380-5
© Hachette Livre 2007, 43, quai de Grenelle, 75905 Paris Cedex 15.

Tous droits de traduction, de reproduction et d'adaptation réservés pour tous pays.
Le Code de la propriété intellectuelle n'autorisant, aux termes des articles L. 122-4 et L. 122-5, d'une part, que les « copies de reproductions strictement réservées à l'usage privé du copiste et non destinées à une utilisation collective », et, d'autre part, que « les analyses et les courtes citations » dans un but d'exemple et d'illustration, « toute représentation ou reproduction intégrale ou partielle, faite sans le consentement de l'auteur ou de ses ayants droit ou ayants cause, est illicite ».
Cette représentation ou reproduction, par quelque procédé que ce soit, sans autorisation de l'éditeur ou du Centre français de l'exploitation du droit de copie (20, rue des Grands-Augustins, 75006 Paris), constituerait donc une contrefaçon sanctionnée par les articles 425 et suivants du Code pénal.

Avant-propos

Un choix fondamental : l'articulation maths/sciences

« Si elles sont un outil pour agir au quotidien, les mathématiques doivent également offrir les ressources utiles à d'autres disciplines qui, en retour, leur apportent un questionnement et leur permettent de progresser. » (Extrait des *Documents d'application des programmes 2002*.)

C'est cette idée essentielle que nous avons voulu développer et exploiter dans cet ouvrage, en proposant une étroite mise en relation entre les notions mathématiques du programme et diverses problématiques scientifiques ou techniques conduisant à leur mise en œuvre.

Ainsi, cette articulation maths/sciences fournit à l'élève un terrain motivant pour ses apprentissages mathématiques et leur donne du sens, tout en facilitant la construction du savoir scientifique.

Une organisation en modules et en périodes

- **Ce manuel est organisé en modules de 8 pages** comprenant dans l'ordre un sujet en sciences et technologie (double page), 5 leçons d'une page en mathématiques et une page de problèmes. **L'unité du module** se fonde sur l'articulation forte entre son sujet scientifique et certaines notions mathématiques abordées.
- **L'ensemble des leçons se répartit en 5 périodes** de 4 modules chacune, correspondant globalement au découpage traditionnel de l'année scolaire. Une **double page bilan** fait le point des apprentissages tous les deux modules.
- En mathématiques, la première période propose essentiellement un retour pour **consolidation** sur des notions déjà abordées au CE2.

Nos partis pris pédagogiques

- **Une place centrale pour la résolution de problèmes**

  Le problème, au sens large, apparaît à chaque page du fichier :

  – la rubrique **Cherchons ensemble** propose souvent un **problème de recherche** qui pourra d'abord être soumis aux élèves (individuellement ou par groupes) pour l'élaboration de solutions personnelles ;

  – en bas de page, un **problème d'application** permet un réinvestissement immédiat des connaissances tandis que la rubrique **Le coin du malin** propose une situation problème nécessitant la mobilisation de compétences plus variées ;

  – à la fin du module, une page propose des problèmes plus complexes qui peuvent faire appel à diverses connaissances acquises précédemment, tout en travaillant chaque fois une **compétence méthodologique spécifique** ;

  – chaque page bilan intègre des problèmes afin d'évaluer les compétences correspondantes ;

  – dans les pages sciences, c'est la **résolution des problèmes scientifiques** qui est proposée au travers de la mise en œuvre d'une démarche scientifique.

- **Le calcul réfléchi**

  Le calcul réfléchi est également mis en avant dans le manuel. Apparaissant explicitement au niveau de de la soustraction, de la multiplication et de la division, il est aussi présent pour d'autres notions (compléments, multiples…) et dans **la résolution des problèmes**. Il occupe une place de choix dans le **calcul mental** au cours duquel il sera judicieux de faire expliciter fréquemment les procédures utilisées.

- **Les activités d'entraînement**

  Tous les deux modules, juste avant la double page bilan, deux pages sont vouées à l'entraînement des élèves, à raison d'une page par module. Les activités présentées sur chaque page portent sur les savoir faire les plus essentiels du module, en particulier ceux qui nécessitent une pratique répétée pour être bien intégrés par les enfants et devenir des savoir faire automatisés et disponibles.

  Le contenu d'une page entraînement est à utiliser au fil des leçons, en y renvoyant les élèves quand leur disponibilité le permet. Le plus souvent, les exercices portant sur une compétence donnée sont présentés en deux parties de niveaux de difficultés différents. Celles-ci pourront être effectuées à des moments différents et/ou par une partie seulement de la classe.

  De ce point de vue, les pages entraînement peuvent être considérées aussi comme des outils de différentiation.

- **Utilisation de la calculatrice**

  Il est fait appel de multiples fois dans le manuel à l'utilisation de la **calculatrice** pour effectuer divers calculs relevant des quatres opérations et de l'utilisation des **touches mémoires**. Ceci implique que les enfants aient une certaine maîtrise de l'utilisation des touches correspondantes. Aucune leçon du manuel n'y est toutefois consacrée car nous pensons préférable que chaque enseignant, en fonction des compétences préalables de ses élèves et du matériel disponible, organise lui-même un apprentissage adapté.

- **La démarche scientifique**

  Chaque double page scientifique est structurée pour permettre à l'élève, outre l'acquisition de connaissances, de mieux concevoir ce qu'est une **démarche scientifique**. Le questionnement initial (Cherchons ensemble et question titre) est l'occasion de faire exprimer et confronter les conceptions (idées personnelles) des enfants. La première page de documents permet des observations alimentant les hypothèses et apportant le cas échéant certaines réponses. La 2e page présente le plus souvent une expérimentation aux étapes clairement repérées, que l'élève doit analyser et exploiter.

Les auteurs

Sommaire par modules

Première période

Module 1	Pages	Objectifs
Le vivant : Qu'est devenue la chenille ?	14	Découvrir les étapes du développement d'insectes à métamorphose.
Les nombres jusqu'à 9999 (1)	16	Écrire en chiffres et en lettres, décomposer des nombres de 4 chiffres.
Les nombres jusqu'à 9999 (2)	17	Comparer, ranger, encadrer, des nombres de 4 chiffres.
Mesurer des longueurs	18	Mesurer à la règle graduée des longueurs exprimées en cm et mm.
Calculer des longueurs (1)	19	Effectuer des opérations avec des longueurs exprimées en cm et mm.
Symétrie axiale	20	Reconnaître et tracer un axe de symétrie, une figure symétrique d'une autre.
Problèmes 1 : Exploiter un tableau	21	Rechercher et exploiter les données d'un tableau.
Module 2	**Pages**	**Objectifs**
Le vivant : Comment peuvent-ils grandir ?	22	Découvrir la croissance par mue des arthropodes et celle des mollusques.
L'addition posée	24	Poser et effectuer une addition de plusieurs nombres.
La soustraction : calcul réfléchi	25	Soustraire en avançant sur la droite numérique.
Tables de multiplication et produits voisins	26	Connaître les produits des tables.
Reconnaissance de figures	27	Identifier et nommer différentes figures géométriques.
Périmètre d'une figure	28	Calculer, comparer des périmètres de figures.
Problèmes 2 : Exploiter un diagramme (1)	29	Lire et exploiter les données d'un diagramme du type « histogramme ».
Entraînement 1	30	Maîtriser les notions mathématiques étudiées dans les modules 1 et 2.
Bilan 1	32	Évaluer les notions mathématiques étudiées de la page 16 à la page 29.
Module 3	**Pages**	**Objectifs**
La matière : Que devient l'eau qui bout ?	34	Concevoir l'existence de l'eau à l'état de vapeur invisible.
Lire l'heure	36	Lire l'heure sur différents types d'horloges et l'exprimer de plusieurs façons.
Calculer des durées (1)	37	Effectuer diverses opérations sur les durées exprimées en h, min et s.
Complément à 100, à 1000	38	Calculer le complément à 100 d'un nombre…
La soustraction posée	39	Poser et effectuer une soustraction avec retenues.
Multiplier par 10, 20, 100, 200…	40	Comprendre la règle des zéros pour multiplier par 10 et par 100.
Problèmes 3 : Exploiter un diagramme (2)	41	Exploiter, compléter un diagramme du type « histogramme ».
Module 4	**Pages**	**Objectifs**
La matière : Que devient l'eau quand un objet sèche ?	42	Concevoir le phénomène d'évaporation et les facteurs le favorisant.
Comparer des surfaces (1)	44	Classer et ranger des surfaces selon leur aire.
Comparer des surfaces (2)	45	Reconnaître, tracer des surfaces d'aire double, triple… d'une aire donnée.
Calculs avec parenthèses	46	Connaître et utiliser les règles de priorité liées aux parenthèses.
Les nombres jusqu'à 999 999 (1)	47	Désigner, écrire, décomposer les nombres jusqu'à 6 chiffres.
Les nombres jusqu'à 999 999 (2)	48	Comparer, ranger, encadrer les nombres jusqu'à 6 chiffres.
Problèmes 4 : Utiliser la monnaie (1)	49	Compter, calculer des sommes en euros et centimes d'euros.
Entraînement 2	50	Maîtriser les notions mathématiques étudiées dans les modules 3 et 4.
Bilan 2	52	Évaluer les notions mathématiques étudiées de la page 36 à la page 49.

Deuxième période

Module 5	Pages	Objectifs
Le ciel et la Terre : Qu'est-ce qui est vertical ou horizontal ?	54	Vérifier verticalité ou horizontalité d'une ligne, vérifier l'orthogonalité.
Droites perpendiculaires	56	Reconnaître et tracer des droites perpendiculaires.
Droites parallèles (1)	57	Reconnaître le parallélisme entre droites par divers procédés.
La multiplication : calcul réfléchi	58	Calculer des produits en appui sur des produits connus.
La multiplication posée (1)	59	Poser et calculer une multiplication par un nombre à un chiffre.
Décomposer un nombre en produits	60	Rechercher des produits, ou somme de produits, égaux à un nombre donné.
Problèmes 5 : Analyser des solutions (1)	61	Reconnaître des solutions fausses et expliquer pourquoi.
Module 6	**Pages**	**Objectifs**
Le ciel et la Terre : Que signifient vertical et horizontal sur la Terre ?	62	Concevoir la verticale comme la direction du centre de la Terre.
Tracer des droites parallèles	64	Tracer des droites parallèles en utilisant la propriété de l'écart constant.
Le cercle (1)	65	Connaître et utiliser les propriétés du cercle.
Mesurer, calculer des distances	66	Utiliser le mètre et ses multiples (dam, hm, km) pour exprimer des distances.
Les multiples de 5, 10, 100, 1000	67	Reconnaître les multiples de 5, 10, 100 et 1000.
Les multiples de, 25, 50, 250, 500	68	Calculer et reconnaître les multiples de 25, 50, 250 et 500.

Problèmes 6 : Solutions à étapes (1)	69	Effectuer des calculs intermédiaires pour résoudre un problème.
Entraînement 3	70	Maîtriser les notions mathématiques étudiées dans les modules 5 et 6.
Bilan 3	72	Évaluer les notions mathématiques étudiées de la page 56 à la page 69.
Module 7	**Pages**	**Objectifs**
Le corps humain : Où va l'eau que je bois ?	74	Découvrir l'appareil digestif et le principe de l'excrétion.
Mesurer, calculer des contenances (1)	76	Utiliser le litre et ses sous-multiples pour exprimer et calculer des contenances.
Mesurer, calculer des contenances (2)	77	Utiliser le litre et ses sous-multiples pour exprimer et calculer des contenances.
La multiplication posée (2)	78	Poser et effectuer une multiplication par un nombre de 2 chiffres.
Multiples d'un nombre	79	Calculer, reconnaître, utiliser les multiples des petits nombres.
Partages : « nombre de parts »	80	Traiter une situation de partage du type « combien de fois n dans m ».
Problèmes 7 : Trier des informations (1)	81	Sélectionner les données pertinentes pour répondre à des questions.
Module 8	**Pages**	**Objectifs**
Le corps humain : Que devient ce que je mange ?	82	Découvrir les étapes de la digestion, la circulation et l'utilisation des nutriments.
Partages : « valeur d'une part »	84	Traiter une situation de partage équitable de m en n parts, déterminer le reste.
La division : quotient et reste	85	Découvrir le principe de la division, le dividende, le diviseur, le quotient et le reste.
Calculer des longueurs (2)	86	Définir le décimètre et l'utilise avec le mètre et ses sous-multiples.
Calculer des durées (2)	87	Calculer des durées en jours, heures et minutes.
Mesurer une aire (1)	88	Mesurer l'aire en unités quelconques à l'aide d'un quadrillage.
Problèmes 8 : Analyser des solutions (2)	89	Reconnaître des solutions fausses et expliquer pourquoi.
Entraînement 4	90	Maîtriser les notions mathématiques étudiées dans les modules 7 et 8.
Bilan 4	92	Évaluer les notions mathématiques étudiées de la page 76 à la page 89.

Troisième période

Module 9	**Pages**	**Objectifs**
Le ciel et la Terre : Pourquoi y a-t-il le jour et la nuit ?	94	Concevoir la rotation de la Terre sur elle-même.
Le cercle (2)	96	Tracer des cercles en fonction de diverses contraintes.
Droites parallèles (3)	97	Vérifier le parallélisme et tracer des droites parallèles avec une équerre.
Le million	98	Découvrir le million et les nombres voisins.
Les grands nombres (1)	99	Désigner, écrire les nombres jusqu'à 9 chiffres.
Périmètre d'une figure (2)	100	Calculer et comparer des périmètres.
Problèmes 9 : Logique et déduction (1)	101	Raisonner logiquement pour répondre à une question.
Module 10	**Pages**	**Objectifs**
Le ciel et la Terre : L'heure dépend-elle du Soleil ?	102	Comprendre la relation entre le mouvement apparent du Soleil et l'heure.
Demi-heures et quarts d'heure	104	Lire, calculer des durées exprimées en heures, demi-heures et quarts d'heures.
Les angles	105	Reproduire et comparer des angles.
Proportionnalité (1)	106	Reconnaître et utiliser intuitivement la proportionnalité dans diverses situations.
Proportionnalité (2)	107	Construire et exploiter des tableaux de proportionnalité.
La division : calcul réfléchi (1)	108	Utiliser une estimation ou les multiples pour rechercher le quotient d'une division.
Problèmes 10 : Utiliser la proportionnalité	109	Exploiter les propriétés de la proportionnalité pour répondre à des questions.
Entraînement 5	110	Maîtriser les notions mathématiques étudiées dans les modules 9 et 10.
Bilan 5	112	Évaluer les notions mathématiques étudiées de la page 96 à la page 109.
Module 11	**Pages**	**Objectifs**
La sécurité : Comment éviter les accidents ?	114	Se sensibiliser à la prévention des accidents de la circulation.
Reproduction de figures (1)	116	Prendre des repères pour reproduire différentes figures.
Triangles particuliers (1)	117	Reconnaître et reproduire des triangles particuliers (isocèle, équilatéral).
Triangles particuliers (2)	118	Reconnaître et reproduire des triangles rectangles.
La division : calcul réfléchi (2)	119	Comprendre la logique de la division posée comme un partage successif.
La division posée	120	Poser une division d'un nombre de 3 ou 4 chiffres par un nombre d'un chiffre.
Problèmes 11 : Trier des informations (2)	121	Sélectionner des données pertinentes pour répondre à des questions.
Module 12	**Pages**	**Objectifs**
Le ciel et la Terre : La terre peut-elle trembler en France ?	122	Découvrir les caractéristiques des volcans et séismes en France, et les risques liés.
Les grands nombres (2)	124	Comparer, ranger, encadrer des nombres jusqu'à 9 chiffres.
Les grands nombres (3)	125	Calculer, situer sur la droite numérique des nombres jusqu'à 9 chiffres.
Reproduction de figures (2)	126	Reproduire des figures en utilisant des propriétés géométriques.
Les solides (1)	127	Reconnaître, nommer et décrire les solides usuels.
Les solides (2)	128	Reconnaître et tracer des patrons de parallélépipèdes rectangles et de cubes.
Problèmes 12 : Poser des questions (1)	129	Formuler des questions en fonction d'un énoncé et y répondre.
Entraînement 6	130	Maîtriser les notions mathématiques étudiées dans les modules 11 et 12.
Bilan 6	132	Évaluer les notions mathématiques étudiées de la page 116 à la page 129.

Quatrième période

Module 13	Pages	Objectifs
Le corps humain : À quoi servent les différents aliments ?	134	Connaître le rôle des différenst aliments. Comprendre leur classification.
Demi, quarts et tiers	136	Découvrir l'écriture fractionnaire à partir du demi, du quart et du tiers.
Partage de l'unité	137	Généraliser l'écriture fractionnaire et connaître le vocabulaire associé.
Utiliser les fractions	138	Employer les fractions pour exprimer des résultats de mesure.
Les quadrilatères	139	Reconnaître, tracer un quadrilatère et ses diagonales.
Le losange	140	Identifier le losange et ses propriétés.
Problèmes 13 : Logique et déduction (2)	141	Raisonner logiquement pour répondre à des questions.

Module 14	Pages	Objectifs
Le corps humain : Comment manger équilibré ?	142	Découvrir les principes d'une alimentation équilibrée.
Mesurer, calculer des masses (1)	144	Mesurer des masses et exploiter des mesures exprimées en g, dag, hg, kg.
Mesurer, calculer des masses (2)	145	Mesurer des masses et exploiter des mesures exprimées en g, dag, hg, kg.
Comparer des fractions	146	Comparer des fractions à même dénominateur.
Décomposer des fractions	147	Définir et déterminer la partie entière d'une fraction.
Fractions et graduations	148	Déterminer des valeurs fractionnaires sur une graduation régulière.
Problèmes 14 : Exploiter un graphique (1)	149	Lire et exploiter les données d'un graphique.
Entraînement 7	150	Maîtriser les notions mathématiques étudiées dans les modules 13 et 14.
Bilan 7	152	Évaluer les notions mathématiques étudiées de la page 136 à la page 149.

Module 15	Pages	Objectifs
L'environnement : D'où vient l'eau des précipitations ?	154	Concevoir le cycle de transformation que l'eau subit dans la nature.
Mesurer des aires (2)	156	Découvrir et utiliser le cm^2 et le mm^2 pour exprimer une aire.
Aire du rectangle et du carré	157	Calculer l'aire du rectangle et du carré en fonction des longueurs des côtés.
Fractions décimales (1)	158	Écrire, comparer des fractions décimales en dixièmes et centièmes.
Fractions décimales (2)	159	Écrire, comparer des fractions décimales incluant les millièmes et les dix millièmes.
Fractions décimales (3)	160	Additionner, décomposer des fractions décimales.
Problèmes 15 : Choisir la meilleure solution (1)	161	Comparer différentes solutions afin d'optimiser un choix.

Module 16	Pages	Objectifs
Le ciel et la Terre : Pourquoi la Lune change-t-elle d'aspect ?	162	Connaître et comprendre les phases de la Lune ; établir le lien avec le calendrier.
Construction de figure (1)	164	Reconnaître, compléter le programme de construction d'une figure donnée.
Construction de figure (2)	165	Réaliser une figure d'après un programme de construction.
Dates et durées	166	Calculer des durées en jours, mois, années.
Les nombres décimaux	167	Comprendre le principe de l'écriture des nombres décimaux.
Nombres décimaus et zéros	168	Concevoir l'inutilité des zéros écrits à droite de la partie décimale.
Problèmes 16 : Poser des questions (2)	169	Formuler des questions en fonction d'un énoncé et y répondre.
Entraînement 8	170	Maîtriser les notions mathématiques étudiées dans les modules 15 et 16.
Bilan 8	172	Évaluer les notions mathématiques étudiées de la page 156 à la page 169.

Cinquième période

Module 17	Pages	Objectifs
L'environnement : Quel équilibre dans la forêt ?	174	Découvrir la notion d'équilibre des populations animales sur un territoire.
Calculer des aires (1)	176	Calculer, construire une surface d'aire donnée (en cm^2).
Calculer des aires (2)	177	Découvrir et utiliser le m^2 ; convertir des aires.
Description de figures	178	Élaborer la description précise d'une figure en utilisant un vocabulaire adapté.
Comparer des nombres décimaux (3)	179	Comparer, ordonner des nombres décimaux.
Nombres décimaux et graduations	180	Situer des nombres décimaux sur la droite numérique ou sur une graduation.
Problèmes 17 : Utiliser la monnaie (2)	181	Calculer des sommes en euros et centimes d'euros en utilisant l'écriture décimale.

Module 18	Pages	Objectifs
L'environnement : Tous responsables… dans un estuaire ?	182	Concevoir les conséquences négatives pour l'environnement de certaines activités humaines.
Carte et plan (1)	184	Se repérer sur un plan ou une carte.
Carte et plan (2)	185	Évaluer des distances à l'aide d'une carte.
Estimer, encadrer une mesure	186	Exprimer le résultat d'un mesurage par un encadrement ou une approximation.
Estimer un résultat	187	Estimer l'ordre de grandeur d'un résultat en raisonnant sur des nombres arrondis.
Calculs approchés	188	Effectuer des calculs approchés à la centaine, au millier, au million… près.
Problèmes 18 : Exploiter un graphique (2)	189	Lire et exploiter les données d'un graphique ; le compléter.
Entraînement 9	190	Maîtriser les notions mathématiques étudiées dans les modules 17 et 18.
Bilan 9	192	Évaluer les notions mathématiques étudiées de la page 176 à la page 189.

Module 19	Pages	Objectifs
Un monde construit par l'homme :		
Comment avance la bicyclette ?	194	Comprendre le système de transmission par chaîne et roues dentées.
Proportionnalité (3)	196	Découvrir les propriétés de la représentation graphique d'une relation de proportionnalité.
Proportionnalité (4)	197	Discerner des situations de proportionnalité et de non-proportionnalité.
La vitesse	198	Calculer, utiliser la vitesse moyenne au cours d'un déplacement.
Réduction et agrandissement de figures (1)	199	Connaître, vérifier des situations de réduction, d'agrandissement de figures.
Réduction et agrandissement de figures (2)	200	Réaliser des réductions ou agrandissements de figures.
Problèmes 19 : Choisir la meilleure solution (2)	201	Comparer différentes solutions numériques afin d'optimiser un choix.
Module 20	**Pages**	**Objectifs**
La sécurité :		
Comment utiliser le courant électrique ?	202	Savoir que le courant du secteur est dangereux. Principales règles de sécurité.
Addition de nombres décimaux	204	Calculer et poser une addition de nombres décimaux.
Soustraction de nombres décimaux	205	Calculer et poser une soustraction de nombres décimaux.
La multiplication d'un nombre décimal	206	Multiplier un nombre décimal par un nombre à un chiffre.
Écrire un programme de construction	207	Compléter, écrire un programme de construction relatif à une figure.
Le système international de mesure	208	Systématiser l'écriture des unités des mesures.
Problèmes 20 : Solutions à étapes (2)	209	Effectuer des calculs intermédiaires pour résoudre un problème.
Entraînement 10	210	Maîtriser les notions mathématiques étudiées dans les modules 19 et 20.
Bilan 10	212	Évaluer les notions mathématiques étudiées de la page 196 à la page 209.
Aide-mémoire Mathématiques	214	
Aide-mémoire Sciences	217	
Tables de multiplication	220	
Crédits photographiques	222	

- **Éditeur :** Thierry Amouzou
- **Création de la maquette intérieure des pages de mathématiques :** Vision Unit
- **Création de la maquette intérieure des pages documentaires :** Caroline Rimbault
- **Création de la maquette de couverture :** Laurent Carré
- **Illustration de la couverture :** Alain Boyer
- **Exécution de la couverture :** Typo-virgule
- **Mise en pages :** Nicole Le Thellec
- **Dessins techniques et infographie :** Laurent Rullier
- **Illustrations :** Laurent Audouin, Christian Kingue Epanaya (pages 114 et 202)
- **Fonds en parchemin des pages sciences :** Nathalie Desverchère
- **Iconographie :** Anne Pekny

Progression par domaines mathématiques

Numération Calcul

Les nombres jusqu'à 9999 (1) 16
Les nombres jusqu'à 9999 (2) 17
L'addition posée 24
La soustraction : calcul réfléchi 25
Table de multiplication et produits voisins 26
Compléments à 100, 1000 38
La soustraction posée 39
Multiplier par 10, 20, 100, 200... 40
Calculer avec parenthèses 46
Les nombres jusqu'à 999 999 (1) 47
Les nombres jusqu'à 999 999 (2) 48
La multiplication : calcul réfléchi 58
La multiplication posée (1) 59
Décomposer un nombre en produits 60
Les multiples de 5, 10, 100, 1000 67
Les multiples de 25, 50, 250, 500 68
La multiplication posée (2) 78
Multiples d'un nombre 79
Partages : « nombre de parts » 80
Partages : « valeur d'une part » 84
La division : quotient et reste 85
Le million 98
Les grands nombres (1) 99
Proportionnalité (1) 106
Proportionnalité (2) 107
La division : calcul réfléchi (1) 108
La division : calcul réfléchi (2) 119
La division posée 120
Les grands nombres (2) 124
Les grands nombres (3) 125
Demis, quarts et tiers 136
Partage de l'unité 137
Utiliser les fractions 138
Comparer des fractions 146
Décomposer des fractions 147
Fractions et graduations 148
Fractions décimales (1) 158
Fractions décimales (2) 159
Fractions décimales (3) 160
Les nombres décimaux 167
Nombres décimaux et zéros 168
Comparer des nombres décimaux 179
Nombres décimaux et graduations 180
Estimer un résultat 187
Calculs approchés 188
Proportionnalité (3) 196
Proportionnalité (4) 197
Addition de nombres décimaux 204
Soustraction de nombres décimaux 205
La multiplication d'un nombre décimal 206

Grandeurs et mesure

Mesurer des longueurs 18
Calculer des longueurs 19
Lire l'heure 36
Calculer des durées (1) 37
Mesurer, calculer des distances 66
Mesurer, calculer des contenances (1) 76
Mesurer, calculer des contenances (2) 77
Calculer des longueurs (2) 86
Calculer des durées (2) 87
Mesurer une aire (1) 88
Demi-heures et quarts d'heure 104
Mesurer, calculer des masses (1) 144
Mesurer, calculer des masses (2) 145
Mesurer des aires (2) 156
Aire du rectangle et du carré 157
Dates et durées 166
Calculer des aires (1) 176
Calculer des aires (2) 177
Estimer, encadrer une mesure 186
La vitesse 198
Le système international de mesure 208

Géométrie

Symétrie axiale 20
Reconnaissance de figures 27
Périmètre d'une figure 28
Comparer des surfaces (1) 44
Comparer des surfaces (2) 45
Droites perpendiculaires 56
Droites parallèles (1) 57
Tracer des droites parallèles 64
Le cercle (1) 65
Le cercle (2) 96
Droites parallèles (3) 97
Périmètre d'une figure (2) 100
Les angles 105
Reproduction de figures (1) 116
Triangles particuliers (1) 117
Triangles particuliers (2) 118
Reproduction de figures (2) 126
Les solides (1) 127
Les solides (2) 128
Les quadrilatères 139
Le losange 140
Construction de figure (1) 164
Construction de figure (2) 165
Description de figures 178
Carte et plan (1) 182
Carte et plan (2) 183
Réduction et agrandissement de figures (1) 199
Réduction et agrandissement de figures (2) 200
Écrire un programme de construction 207

Problèmes

Exploiter un tableau 21
Exploiter un diagramme (1) 29
Exploiter un diagramme (2) 41
Utiliser la monnaie (1) 49
Analyser des solutions (1) 61
Solutions à étapes (1) 69
Trier des informations (1) 81
Analyser des solutions (2) 89
Logique et déduction (1) 101
Utiliser la proportionnalité 109
Trier des informations (2) 121
Poser des questions (1) 129
Logique et déduction (2) 141
Exploiter un graphique (1) 149
Choisir la meilleure solution (1) 161
Poser des questions 169
Utiliser la monnaie (2) 181
Exploiter un graphique (2) 189
Choisir la meilleure solution (2) 201
Solutions à étapes (2) 209

Progression du calcul mental

Dictée de nombres de 3 et 4 chiffres.
Insister sur les nombres comportant un zéro 16
Interrogation rapide (jeu du furet) sur la suite des nombres
de 10 en 10, puis de 100 en 100 avec passage d'un millier 17
Calcul des doubles jusqu'à 2 fois 20.
Additions de 2 nombres à un chiffre (somme $\leqslant$ 10)............... 18
Additionner un nombre à un chiffre à un nombre de 2 chiffres 19
Additionner un nombre à un chiffre à un nombre de 2 chiffres.
Tables de multiplication de 3, 4 et 5.......................... 20
Tables de 3, 4 et 5. Alterner les annonces dans les 3 tables 21
Additions du type 37 + 8. Tables de 3, 4 et 5 24
Calcul de compléments à la dizaine supérieure, du type « de 40 à 74 »
et du type « de 30 à 100 » 25
Additions du type 37 + 8. Ajouter 11, 12 ou 13
à un nombre de 2 ou 3 chiffres............................. 26
Tables de 6 et de 7.
Interrogations du type « 8 fois 6 » et « 6 multiplié par 8 » 27
Doubles jusqu'à 2 fois 50. Tables de 6 et de 7................... 28
Calcul de compléments à la dizaine supérieure, du type « de 40 à 74 »
et de type « de 30 à 100 » 29
Tables de 6 et de 7. Doubles jusqu'à 2 fois 50................... 36
Tables de 8 et de 9. Interrogations du type « 7 fois 9 »
et « 9 multiplié par 7 ».................................... 37
Calcul de compléments : à la dizaine supérieure, du type « de 40 à 100 »
et du type « de 300 à 1000 » 38
Soustractions du type 13 – 7, avec passage de la dizaine.
Tables de 8 et de 9 39
Tables de 6, 7, 8 et 9. Mêler les diverses tables................. 40
Multiplier par 20, 30,40, 200, 300, 400... un nombre à un chiffre 41
Multiplication par 20, 30, 40, 200, 300, 400... d'un nombre à un chiffre .. 44
Tables de 6, 7, 8 et 9..................................... 45
Tables de multiplication (révision générale) 46
Complément à 100 et à 1000 (du type de 340 à 1000)............ 47
Dictée de nombres jusqu'à 6 chiffres 48
Recherche de compléments à 100 et à 1000.
Dictée de nombres jusqu'à 6 chiffres 49
Additions du type 260 + 70, puis 260 + 76
(d'abord sans, puis avec passage de la centaine)................. 56
Soustractions du type 80 – 26, 280 – 26
(d'abord sans, puis avec passage de la centaine)................. 57
Additions du type 260 + 70, puis 260 + 76
(d'abord sans, puis avec passage de la centaine)................. 58
Tables de multiplication : révision générale 59
Tables de multiplication : révision générale 60
Calcul de doubles jusqu'à 2 fois 100.......................... 61
Calcul de doubles jusqu'à 2 fois 100.......................... 64
Dictée de nombres jusqu'à 999 999 65
Additions du type 260 + 70, puis 260 + 76 66
Dictée de nombres jusqu'à 999 999. Doubles jusqu'à 2 fois 100..... 67
Multiplier par 50 ou par 500 un nombre à un chiffre.
Dictée de nombres jusqu'à 6 chiffres 68
Multiple de 5 ou pas ? Puis multiple de 50, puis de 25 69
Multiples de 5 et de 25.................................... 76
Multiples de 50 et de 250 77
Tables de multiplication : révision générale 78
Tables de 3, 4, 6, 7 et 8. Nombres pairs et impairs 79
Multiples de 5, 25, 50, 250 80
Compléments à 100 (« de 37 à 100 ? ») et à 1 000 (« de 460 à 1 000 »). 81
Partages : dans n, combien de fois 5 ($n \leqslant 100$),
puis combien de fois 25 ($n \leqslant 500$) ? 84
Partages : dans n, combien de fois 3 ($n \leqslant 60$),
puis combien de fois 4 ($n \leqslant 80$) ? 85
Division : dans n, combien de fois 6 ($n \leqslant 120$) ?
Trouver le quotient et le reste. 86
Division : dans n, combien de fois 7 ($n \leqslant 140$) ?
Trouver le quotient et le reste. 87
Division : dans n, combien de fois 8 ($n \leqslant 160$) ?
Trouver le quotient et le reste 88
Division : dans n, combien de fois 9 ($n \leqslant 200$) ?
Trouver le quotient et le reste.............................. 89
Division de n par 5 ($n \leqslant 100$), puis de n par 25 ($n \leqslant 250$).
Trouver le quotient et le reste.............................. 96
Division de n par 3 ($n \leqslant 60$), puis de n par 4 ($n \leqslant 80$).
Trouver le quotient et le reste 97
Dictée de nombres jusqu'à 6 chiffres.
Insister sur les nombres avec des zéros......................... 98
Dictée de nombres jusqu'à 7 chiffres 99
Dictée de nombres jusqu'à 7 chiffres 100
Division de n par 6 ($n \leqslant 120$). Trouver le quotient et le reste 101
Division d'un nombre par 8, puis par 9 ($n \leqslant 100$)................. 104
Calcul de la moitié d'un nombre ($n \leqslant 100$)...................... 105
Calcul de la moitié d'un nombre ($n \leqslant 100$)...................... 106
Calcul du quart d'un nombre ($n \leqslant 100$) 107
Calcul du quart d'un nombre ($n \leqslant 100$) 108
Tables de multiplication : révision générale 109
Division de n par 5 ($n \leqslant 100$), puis par 25 ($n \leqslant 250$) 116
Division de n par 3 et par 4 ($n \leqslant 100$)....................... 117
Division de n par 6 et par 7 ($n \leqslant 100$)....................... 118
Division de n par 8 et par 9 ($n \leqslant 100$)....................... 119
Tables de multiplication : révision générale 120
Dictée de nombres jusqu'à 9 chiffres 121
Dictée de nombres jusqu'à 9 chiffres 124
Recherche du complément à 100 et à 1 000 (du type de 340 à 1 000).. 125
Calcul de la moitié de ($n \leqslant 200$) 126
Calcul de la moitié de n ($n \leqslant 200$) 127
Calcul du quart de n ($n \leqslant 200$) 128
Calcul du quart de n ($n \leqslant 200$) 129
Recherche du complément à 100 et à 1 000 (du type de 340 à 1 000).. 136
Soustraction de 2 nombres de 2 chiffres : du type 87 – 23, puis 83 – 27 137
Soustraction de 2 nombres de 2 chiffres : du type 87 – 23, puis 83 – 27 138
Calcul du quart de n ($n \leqslant 200$) 139
Calcul du quart de n ($n \leqslant 200$) 140
Multiplier un nombre d'un chiffre par 20, 30, 50, 200, 300, 500 141
Multiplier un nombre d'un chiffre par 40, 60, 70, 400, 600, 700 144
Multiplier un nombre d'un chiffre par 80, 90, 800, 900 145
Dictée de nombres jusqu'à 9 chiffres 146
Division de n par 5 ($n \leqslant 100$), puis par 25 ($n \leqslant 250$) 147
Division de n par 3 et par 4 ($n \leqslant 100$)....................... 148
Division de n par 6 et par 7 ($n \leqslant 100$)....................... 149
Division de n par 8 et par 9 ($n \leqslant 100$)....................... 156
Dictée de nombres jusqu'à 9 chiffres 157
Ajouter 19, 29, 39, etc. à un nombre de 2 ou 3 chiffres :
$+ 19 = (n + 20) - 1$.. 158
Ajouter 19, 29, 39, etc. à un nombre de 2 ou 3 chiffres :
$+ 19 = (n + 20) - 1$.. 159
Retrancher 19, 29, 39, etc. à un nombre de 2 ou 3 chiffres :
$- 19 = (n - 20) + 1$.. 160
Retrancher 19, 29, 39, etc. à un nombre de 2 ou 3 chiffres :
$- 19 = (n - 20) + 1$.. 161
Multiplier un nombre de 2 chiffres par 9 et par 11................ 164
Multiplier un nombre de 2 chiffres par 9 et par 11................ 165
Retrancher un nombre de 2 chiffres à un nombre de 2 ou 3 chiffres.. 166
Dictée de nombres jusqu'à 9 chiffres 167
Dictée de nombres décimaux simples
(« 13 virgule 32 » puis « 13 unités et 32 centièmes »...)............ 168
Dictée de nombres décimaux simples (varier les annonces)......... 169
Dictée de nombres décimaux 176
Dictée de nombres décimaux 177
Furet : compter de dixième en dixième 178
Furet : compter de dixième en dixième 179
Furet : compter de dixième en dixième 180
Furet : compter de 0,5 en 0,5 181
Furet : compter de 0,5 en 0,5 184
Furet : compter de 0,5 en 0,5 185
Furet : compter de centième en centième 186
Furet : compter de centième en centième 187
Furet : compter de centième en centième 188
Double d'un nombre décimal
(à une décimale : 4,3 ; 6,8 ; 12,7... avec $n < 50$) 189
Double d'un nombre décimal
(à une décimale : 4,3 ; 6,8 ; 12,7... avec $n < 50$) ....
(à une décimale : 4,3 ; 6,8 ; 12,7... avec $n < 50$) 197
Moitié d'un nombre décimal
(à une décimale : 4,3 ; 6,8 ; 12,7... avec n < 50) 198
Moitié d'un nombre décimal
(à une décimale : 4,6 ; 6,5 ; 12,7... avec $n < 50$) 199
Moitié d'un nombre décimal
(à une décimale : 4,6 ; 6,5 ; 12,7... avec $n < 50$) 200
Multiplier par 9 et par 11 un nombre de 2 chiffres................ 201
Furet : compter de 0,1 en 0,1, puis de 0,5 en 0,5 en reculant....... 204
Furet : compter de 0,1 en 0,1, puis de 0,5 en 0,5 en reculant....... 205
Furet : compter de 0,1 en 0,1, puis de 0,5 en 0,5 en reculant....... 206
Multiplier par 10, 100, 1 000 un nombre décimal.................. 207
Multiplier par 10, 100, 1 000 un nombre décimal.................. 208
Tables de multiplication : révision générale 209

Les leçons de

• Cadre supérieur gauche :

Informations pour l'enseignant : objectifs principaux, activité collective de calcul mental.

Des précisions et des propositions complémentaires de calcul mental sont données sur le guide pédagogique.

• Cherchons ensemble

Situation problème de départ, en relation avec le thème scientifique du module, et ciblant l'objectif principal de la leçon.

Cette rubrique donne lieu tout d'abord à une phase de recherche par les élèves. Un échange collectif permet ensuite une première construction de la notion nouvelle.

La réalisation de cette rubrique peut être précédée quelquefois par une activité préalable de manipulation, proposée dans le guide pédagogique.

Objectifs : Écrire en chiffres et en lettres, décomposer des nombres de 4 chiffres.

Dans la tête : Dictée de nombres de 3 et 4 chiffres. Insister sur les nombres comportant un zéro.

NUMERATION

Les nombres jusqu'à 9999 (1)

Cherchons ensemble

Dans son potager, Albert remarque que les choux sont dévorés par des chenilles appelées « piéride du chou ». Voici les informations qu'il a trouvées sur Internet à propos de cet animal.

> Pour 5 milliers d'œufs pondus, on estime que :
> - 14 centaines d'œufs n'éclosent pas ;
> - 3 milliers de chenilles meurent de maladie ;
> - 22 dizaines de chenilles sont mangées par les oiseaux ;
> - 36 dizaines meurent au stade de chrysalide.

• Combien d'œufs deviennent finalement des papillons ?

1 Décompose chaque nombre comme dans l'exemple.

8236 = 8000 + 200 + 30 + 6

2513 3504 836 9800 7035

2 Écris 12 nombres qui se suivent :

a - de 10 en 10, à partir de 995 ;

b - de 100 en 100, à partir de 7834.

3 Écris les nombres en chiffres ou en lettres.

- sept mille huit cents • 2118
- six cent quatre-vingt neuf • 7059
- quatre mille soixante-douze • 5602

4 Recopie et complète les décompositions de 3748.

- 3748, c'est … dizaines et … unités.
- 3748, c'est … centaines et … unités.
- 3748, c'est … milliers et … unités.

5 Recopie et continue les séries.

- 3427 → 3528 → 3629 → … → … → …
- 4583 → 4673 → 4763 → … → … → …
- 5534 → 4533 → 3532 → … → … → …

6 Écris chaque nombre en chiffres.

a - 36 centaines, 8 dizaines et 12 unités.

b - 15 centaines et 36 dizaines.

c - 6 centaines, 12 dizaines et 47 unités.

Retiens bien

m	c	d	u
2	5	6	3

chiffre des milliers → 2 ; chiffre des centaines → 5 ; chiffre des dizaines → 6 ; chiffre des unités → 3

2 563, c'est 2 milliers, 5 centaines, 6 dizaines et 3 unités.

Problème

Dans son portefeuille, M. Lécran a des billets de 500 €, 100 €, 50 € et 10 €. Il achète un téléviseur à 1780 € et veut payer avec le moins de billets possible. Combien de billets de chaque sorte va-t-il donner ?

16

• Retiens bien

Deux rubriques alternent suivant les pages dans cet espace : « Retiens bien » et « Le coin du malin ».

« Retiens bien » présente de façon synthétique la connaissance essentielle que les élèves doivent avoir comprise et retenue dans la page.

« Le coin du malin » propose une situation problème en relation avec le sujet de la leçon, mais allant au-delà d'une simple application car faisant appel à des compétences plus élargies.

mathématiques

Objectifs : Comparer, ranger, encadrer des nombres de 4 chiffres.
Dans la tête : Interrogation rapide (jeu du furet) sur la suite des nombres de 10 en 10, puis de 100 en 100 avec passage d'un millier.

NUMERATION

Les nombres jusqu'à 9999 (2)

• Titre de la leçon et domaine dans bandeau

Domaine d'étude et titre de la leçon.

Cherchons ensemble

Dans le sud de la France, la chenille de L. Dispar fait des ravages en dévorant les feuilles de chênes. Des scientifiques ont estimé les populations de chenilles dans 4 arbres pour les comparer (voir tableau).

a - Dans quel arbre la population est-elle la plus grande ? La plus petite ?

b - En recomptant précisément les chenilles, les scientifiques ont trouvé :
2434 ; 3024 ; 2643 ; 2089.
Associe chaque population à l'arbre correspondant.

c - **Range**-les dans l'ordre croissant : … < … < … < …

Arbre A	Entre 2400 et 2800
Arbre B	Entre 2900 et 3300
Arbre C	Entre 1700 et 2100
Arbre D	Entre 2200 et 2600

1 **Encadre** chaque nombre comme l'exemple 5823.

- à la centaine : 5800 < 5823 < 5900
- au millier : 5000 < 5823 < 6000

4035 6999 1010 915 8001

2 **Recopie**, puis **complète** avec < (plus petit) ou > (plus grand).

2081 … 2180 3045 … 3054
9480 … 948 5148 … 5418
4002 … 3989 928 … 1289

• Exercices 1, 2, 3, 4

Exercices d'application et de systématisation de la notion nouvelle. Ils sont le plus souvent décontextualisés et de difficulté croissante.

3 Le vent a mélangé les étiquettes de Ludivine. **Aide**-la à les remettre dans l'ordre croissant.

2098 4500 6108 7900 6189 2980 9700 6180 7099

4 **Reproduis** la droite numérique et les nombres. **Observe** l'exemple, puis **relie** chaque nombre à son emplacement approximatif.

6300 5902 7125 8412 7750 9650

6000 7000 8000 9000

Le coin du malin

Le nombre mystérieux

J'ai 4 chiffres tous différents et plus grands que 5.
Je suis plus petit que 7000.
Mon chiffre des unités est compris entre mon chiffre des dizaines et celui des centaines.
Mon chiffre des centaines est le plus grand de mes chiffres.
Qui suis-je ?

Problème

Dans cette liste de sommets alpins, il manque l'altitude du Mont-Blanc.
Elle est comprise entre 4800 m et 5200 m, et elle mesure exactement 1600 m de plus qu'un sommet de la liste.
Quelle est l'altitude du Mont-Blanc ?

Les Écrins : 4102 m
Mont-Buet : 3099 m
Les Diablerets : 3210 m
Mont-Thabor : 3181 m
Mont-Blanc : ?

17

• Problème

Situation problème contextualisée, visant l'application des notions et compétences travaillées dans la page à un niveau de complexité un peu supérieur à celui des exercices.

Les leçons

• Bandeau supérieur (de gauche à droite) :

– Logo signalant le domaine des programmes de sciences et technologie dans lequel s'inscrit le sujet de la double page.
– Titre sous forme d'une question ciblant la problématique générale de la double page.
– Objectifs de la double page.

• Cherchons ensemble

Questionnement préliminaire destiné à lancer une discussion collective, favoriser l'expression des conceptions personnelles des élèves, organiser la problématique scientifique conduisant aux activités d'investigation.

• J'observe

Observation et analyse de documents, guidées par des questions.
Ce travail documentaire peut être mené individuellement, par groupes ou collectivement.
Il apporte des informations et des éléments de réponses à certaines questions, en même temps qu'il alimente le questionnement et les hypothèses pour d'autres activités d'investigation.

Le vivant

Qu'est devenue la

Cherchons ensemble

- Comment les chenilles apparaissent-elles ?
- Comment naissent les papillons ?
- Que mangent les chenilles et les papillons ?

J'observe

▶ Doc. 1 : Une chenille de piéride du chou sur une feuille de chou.

◀ Doc. 2 : Quelques jours plus tard, une chrysalide est accrochée là où était la chenille.

? Que mange la chenille ?

▶ Doc. 3 : Chrysalide vide.

Deux semaines plus tard, la chrysalide est vide (Doc. 3), mais ce type de papillon vole et butine les fleurs dans les parages (Doc. 4).

▶ Doc. 4 : Papillon butinant une fleur.

? Comment se nourrit le papillon ?

? Qu'est devenue la chenille du **Doc. 2** après 3 semaines ?

14

de sciences

chenille ?

Objectif : Connaître la métamorphose en tant qu'étape de développement de certains animaux.

▸ Je recherche

• Robin observe les différentes étapes du développement d'un papillon : le **Paon du jour**.

1er mars : Un papillon femelle vient de pondre ses œufs sur une feuille. Taille d'un œuf : 1 mm.

6 mars : Les jeunes chenilles sortent des œufs. Longueur : 2 mm.

17 mars : Chaque chenille mange une grande quantité de feuilles pour grandir. Chaque espèce se nourrit d'une plante particulière. Longueur : 3 cm.

30 mars : La chenille a cessé de manger et s'est suspendue à une branche pour devenir une nymphe (ou chrysalide). À l'intérieur, le corps de l'animal est en train de se transformer complètement : c'est la métamorphose. Longueur : environ 3 cm.

15 avril : Un papillon sort de la chrysalide. La chenille s'est métamorphosée en papillon !

20 avril : Ce papillon mâle recherche une femelle pour se reproduire. Il se nourrit du nectar des fleurs. Longueur du corps : 3 cm.

• Comment se nourrit l'animal à chaque étape de son développement ?

• Comment s'appellent les transformations importantes que subit le corps de l'animal au stade de nymphe ? Combien de temps durent ces transformations ?

• À quelle période de son développement l'animal s'allonge-t-il ?

Atelier

• À partir des documents de cette page, réalise une frise chronologique pour expliquer le développement du papillon.

J'AI COMPRIS

Au cours de leur croissance, certains animaux changent complètement d'aspect : c'est la métamorphose. Ainsi, les œufs d'un papillon femelle donnent naissance à de petites chenilles. Celles-ci grandissent rapidement en mangeant des feuilles. Lorsque la chenille a atteint une taille suffisante, elle forme une chrysalide, à l'intérieur de laquelle son corps se transforme profondément. Il en sort un papillon adulte, qui s'envole pour se reproduire.

• Je recherche

Cette rubrique propose une ou deux activités d'investigation, le plus souvent expérimentales, mettant en évidence les composantes de la démarche suivie (problème envisagé, hypothèses testées, protocole expérimental, résultats, conclusion…)
Chaque fois que possible, il est bien sûr souhaitable que les élèves puissent réaliser concrètement les expériences proposées.
Le travail sur le manuel constituera alors un réinvestissement et une évaluation des connaissances et compétences mises en jeu.

• Atelier

Suggestion d'activités pratiques prolongeant la recherche, à mener selon le choix de l'enseignant soit en classe, soit en autonomie à la maison.

• J'ai compris

Texte synthétique résumant les connaissances essentielles à acquérir sur le thème. Ce texte peut servir de référence pour l'élaboration des traces écrites de la classe sur le cahier de sciences.

Qu'est devenue la

Cherchons ensemble

- **Comment les chenilles apparaissent-elles ?**
- **Comment naissent les papillons ?**
- **Que mangent les chenilles et les papillons ?**

J'observe

Doc. 1 : Une chenille de piéride du chou sur une feuille de chou.

Doc. 2 : Quelques jours plus tard, une chrysalide est accrochée là où était la chenille.

? Que mange la chenille ?

Doc. 3 : Chrysalide vide.

Deux semaines plus tard, la chrysalide est vide (**Doc. 3**), mais ce type de papillon vole et butine les fleurs dans les parages (**Doc. 4**).

Doc. 4 : Papillon butinant une fleur.

? Comment se nourrit le papillon ?

? Qu'est devenue la chenille du **Doc. 2** après 3 semaines ?

chenille ?

Objectif : Connaître la métamorphose en tant qu'étape de développement de certains animaux.

▸ Je recherche

• Robin observe les différentes étapes du développement d'un papillon : le **Paon du jour**.

1er mars : Un papillon femelle vient de pondre ses œufs sur une feuille. Taille d'un œuf : 1 mm.

6 mars : Les jeunes chenilles sortent des œufs. Longueur : 2 mm.

17 mars : Chaque chenille mange une grande quantité de feuilles pour grandir. Chaque espèce se nourrit d'une plante particulière. Longueur : 3 cm.

30 mars : La chenille a cessé de manger et s'est suspendue à une branche pour devenir une nymphe (ou chrysalide). À l'intérieur, le corps de l'animal est en train de se transformer complètement : c'est la métamorphose. Longueur : environ 3 cm.

15 avril : Un papillon sort de la chrysalide. La chenille s'est métamorphosée en papillon !

20 avril : Ce papillon mâle recherche une femelle pour se reproduire. Il se nourrit du nectar des fleurs. Longueur du corps : 3 cm.

• Comment se nourrit l'animal à chaque étape de son développement ?

• Comment s'appellent les transformations importantes que subit le corps de l'animal au stade de nymphe ? Combien de temps durent ces transformations ?

• À quelle période de son développement l'animal s'allonge-t-il ?

Atelier

• À partir des documents de cette page, réalise une frise chronologique pour expliquer le développement du papillon.

J'AI COMPRIS

Au cours de leur croissance, certains animaux changent complètement d'aspect : c'est la métamorphose. Ainsi, les œufs d'un papillon femelle donnent naissance à de petites chenilles. Celles-ci grandissent rapidement en mangeant des feuilles. Lorsque la chenille a atteint une taille suffisante, elle forme une chrysalide, à l'intérieur de laquelle son corps se transforme profondément. Il en sort un papillon adulte, qui s'envole pour se reproduire.

Objectifs : Écrire en chiffres et en lettres, décomposer des nombres de 4 chiffres.

Dans la tête : Dictée de nombres de 3 et 4 chiffres. Insister sur les nombres comportant un zéro.

Les nombres jusqu'à 9999 (1)

Cherchons ensemble

Dans son potager, Albert remarque que les choux sont dévorés par des chenilles appelées « piéride du chou ». Voici les informations qu'il a trouvées sur Internet à propos de cet animal.

> Pour 5 milliers d'œufs pondus, on estime que :
> - 14 centaines d'œufs n'éclosent pas ;
> - 3 milliers de chenilles meurent de maladie ;
> - 22 dizaines de chenilles sont mangées par les oiseaux ;
> - 36 dizaines meurent au stade de chrysalide.

• Combien d'œufs deviennent finalement des papillons ?

1 **Décompose** chaque nombre comme dans l'exemple.

8236 = 8000 + 200 + 30 + 6

2513   3504   836   9800   7035

2 **Écris** 12 nombres qui se suivent :

a - de 10 en 10, à partir de 995 ;

b - de 100 en 100, à partir de 7834.

3 **Écris** les nombres en chiffres ou en lettres.

- sept mille huit cents
- six cent quatre-vingt neuf
- quatre mille soixante-douze
- 2118
- 7059
- 5602

4 **Recopie** et **complète** les décompositions de 3748.

- 3748, c'est … dizaines et … unités.
- 3748, c'est … centaines et … unités.
- 3748, c'est … milliers et … unités.

5 **Recopie** et **continue** les séries.

- 3427 → 3528 → 3629 → … → … → …
- 4583 → 4673 → 4763 → … → … → …
- 5534 → 4533 → 3532 → … → … → …

6 **Écris** chaque nombre en chiffres.

a - 36 centaines, 8 dizaines et 12 unités.

b - 15 centaines et 36 dizaines.

c - 6 centaines, 12 dizaines et 47 unités.

Retiens bien

m	c	d	u
2	5	6	3

chiffre des milliers → 2 ; chiffre des centaines → 5 ; chiffre des dizaines → 6 ; chiffre des unités → 3

2 563, c'est 2 milliers, 5 centaines, 6 dizaines et 3 unités.

Problème

Dans son portefeuille, M. Lécran a des billets de 500 €, 100 €, 50 € et 10 €.
Il achète un téléviseur à 1780 € et veut payer avec le moins de billets possible.
Combien de billets de chaque sorte va-t-il donner ?

Objectifs : Comparer, ranger, encadrer des nombres de 4 chiffres.

Dans la tête : Interrogation rapide (jeu du furet) sur la suite des nombres de 10 en 10, puis de 100 en 100 avec passage d'un millier.

Les nombres jusqu'à 9999 (2)

Cherchons ensemble

Dans le sud de la France, la chenille de L. Dispar fait des ravages en dévorant les feuilles de chênes. Des scientifiques ont estimé les populations de chenilles dans 4 arbres pour les comparer (voir tableau).

a - Dans quel arbre la population est-elle la plus grande ? La plus petite ?

b - En recomptant précisément les chenilles, les scientifiques ont trouvé :

2434 ; 3024 ; 2643 ; 2089.

Associe chaque population à l'arbre correspondant.

c - **Range**-les dans l'ordre croissant : ... < ... < ... < ...

Arbre A	Entre 2400 et 2800
Arbre B	Entre 2900 et 3300
Arbre C	Entre 1700 et 2100
Arbre D	Entre 2200 et 2600

1 **Encadre** chaque nombre comme l'exemple 5823 .

- à la centaine : 5800 < 5823 < 5900
- au millier : 5000 < 5823 < 6000

4035 6999 1010 915 8001

2 **Recopie**, puis **complète** avec < (plus petit) ou > (plus grand).

2081 ... 2180 3045 ... 3054

9480 ... 948 5148 ... 5418

4002 ... 3989 928 ... 1289

3 Le vent a mélangé les étiquettes de Ludivine. **Aide**-la à les remettre dans l'ordre croissant.

2098 4500 6108 7900 6189 2980 9700 6180 7099

4 **Reproduis** la droite numérique et les nombres. **Observe** l'exemple, puis **relie** chaque nombre à son emplacement approximatif.

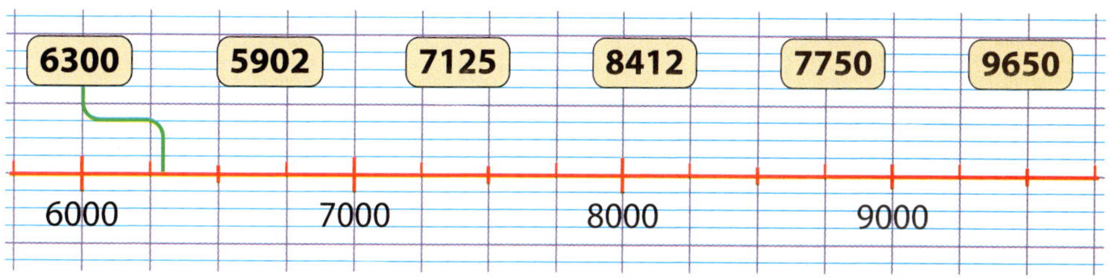

Le coin du malin

Le nombre mystérieux

J'ai 4 chiffres tous différents et plus grands que 5.
Je suis plus petit que 7000.

Mon chiffre des unités est compris entre mon chiffre des dizaines et celui des centaines.

Mon chiffre des centaines est le plus grand de mes chiffres.

Qui suis-je ?

Problème

Dans cette liste de sommets alpins, il manque l'altitude du Mont-Blanc.
Elle est comprise entre 4800 m et 5200 m, et elle mesure exactement 1600 m de plus qu'un sommet de la liste.

Quelle est l'altitude du Mont-Blanc ?

Les Écrins : 4102 m
Mont-Buet : 3099 m
Les Diablerets : 3210 m
Mont-Thabor : 3181 m
Mont-Blanc : ?

Objectifs : Mesurer à la règle graduée des longueurs exprimées en centimètres et millimètres.

Dans la tête : Calcul des doubles jusqu'à 2 fois 20. Additions de 2 nombres à un chiffre (somme ⩾ 10).

Mesurer des longueurs

Cherchons ensemble

Le ver de farine est la larve d'un insecte appelé « ténébrion meunier ». Les dessins montrent les 3 stades de son développement.

a - **Reproduis** le tableau et **complète**-le en mesurant la longueur de l'animal sur les 3 dessins avec ta règle graduée.

	longueur en cm et mm
larve	
nymphe	
adulte	

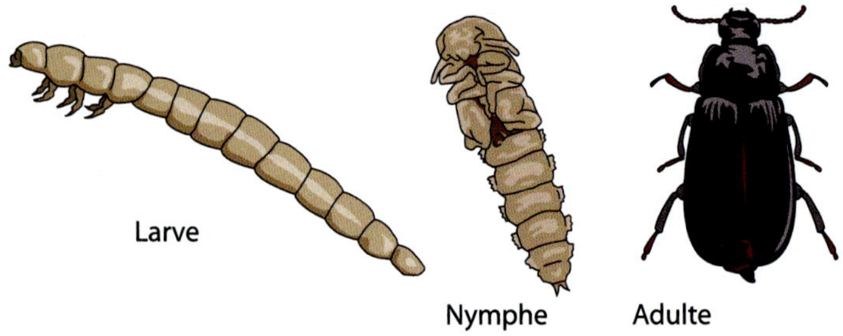

b - Dans la réalité, l'animal est 2 fois plus petit que sur les dessins.

• **Calcule** la vraie longueur de l'adulte.

1 **Mesure** les segments avec ta règle graduée et **indique** leur longueur en cm et mm.

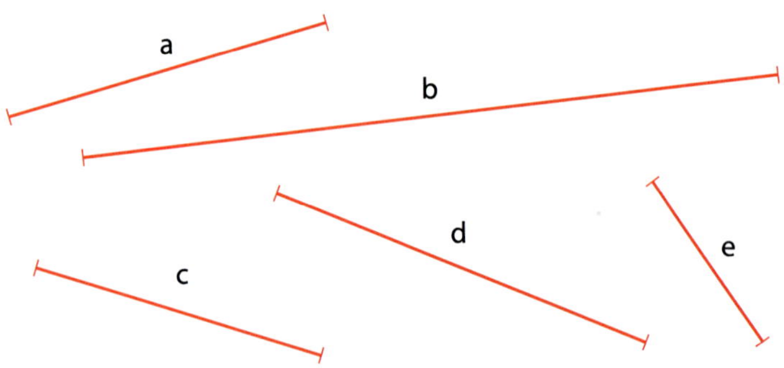

2 **Trace** une ligne droite (d) et place un point A sur cette droite.

• **Place** un point B sur la droite tel que le segment AB mesure 3 cm 2 mm.

• **Place** un point C sur la droite tel que le segment AC ait la même longueur que le segment rouge.

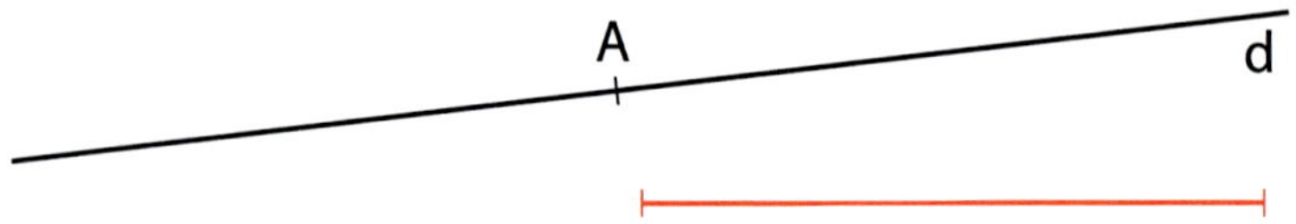

3 **Complète** les égalités.

1 cm = … mm

48 cm = … mm

30 mm = … cm

16 cm 6 mm = … mm.

403 mm = … cm … mm.

5028 mm = … cm … mm.

4 **Indique** la bonne unité (cm ou mm) pour que la mesure de l'animal soit possible.

Une fourmi : 12 …

Un papillon : 4 …

Un chat : 48 …

Une souris : 85 …

Le coin du malin

Reproduis ce cadre sur ton cahier, puis **trace** dans le cadre une ligne brisée mesurant 45 cm.

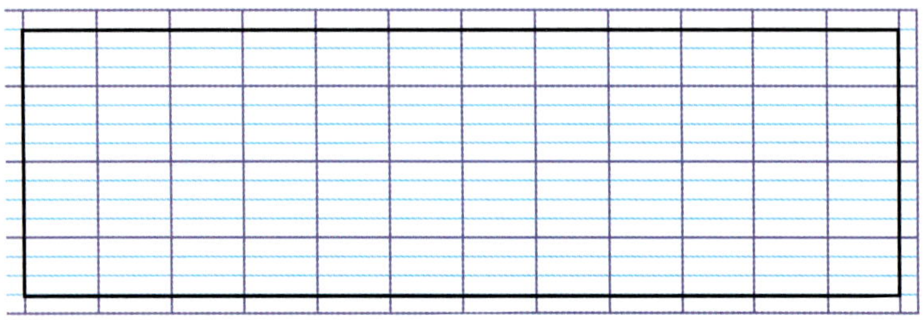

Problème

Combien mesure chaque chenille ?
(N'utilise pas ta règle graduée.)

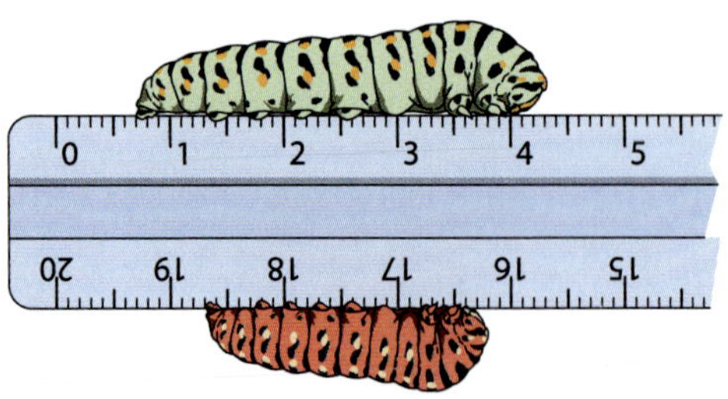

Objectifs : Effectuer des conversions et des opérations avec des longueurs en cm et en mm.

Dans la tête : Additionner un nombre à un chiffre à un nombre de 2 chiffres.

Calculer des longueurs

Cherchons ensemble

La photo représente un têtard à 4 pattes avec sa taille réelle.
Dans 3 mois, il sera devenu une grenouille adulte de 12 cm de longueur.
De quelle longueur l'animal se sera-t-il allongé ?

a - **Mesure** le têtard sur la photo et **indique** sa longueur.

b - **Calcule** l'allongement de l'animal durant les 3 mois.

1 **Mesure** les segments et **calcule** la longueur totale de la ligne brisée.

2 **Calcule** la longueur des lignes formées par :

a - 2 segments de 8 cm 2 mm et 5 cm 7 mm ;

b - 2 segments de 3 cm 4 mm et 6 cm 6 mm ;

c - 2 segments de 77 cm et 77 mm ;

d - 2 segments de 204 mm et 12 cm.

3 **Trouve** quelle longueur il faut rajouter :

a - à un segment de 36 mm pour obtenir une ligne de 100 mm ;

b - à un segment de 4 cm 5 mm pour obtenir une ligne de 10 cm ;

c - à un segment de 8 cm 7 mm pour obtenir une ligne de 50 cm ;

d - à un segment de 12 cm 4 mm pour obtenir une ligne de 26 cm 7 mm ;

e - à un segment de 208 mm pour obtenir une ligne de 30 cm 2 mm.

3 **Range** les longueurs de la plus grande à la plus petite.

300 mm　　29 cm 29 mm　　298 cm　　30 cm 4 mm　　29 cm 8 mm

Le coin du malin

Les chenilles processionnaires se déplacent en files, accrochées les unes aux autres.
Chaque chenille mesure 2 cm 5 mm.

Quelle est la longueur d'une file de 50 chenilles ?

Problème

Au moment de muer, la couleuvre mesurait 61 cm et sa peau s'est séparée en 3 morceaux. Namir a trouvé un morceau de 24 cm et un autre de 13 cm 6 mm.

Combien mesure le 3e morceau ?

Objectifs : Reconnaître et tracer un axe de symétrie, une figure symétrique d'une autre par rapport à une droite.

Dans la tête : Additionner un nombre à un chiffre à un nombre de 2 chiffres. Tables de multiplication de 3, 4 et 5.

Symétrie axiale

Cherchons ensemble

• **Décalque** les contours du papillon « sphinx tête de mort », puis **plie** ta feuille de sorte que les deux moitiés de la figure se superposent.
La ligne droite formée par la pliure est appelée **axe de symétrie** de la figure.
• Si tu devais tracer cette droite sur la photo, par quels points passerait-elle ?

1 **Indique** dans quel(s) cas les deux figures sont symétriques par rapport à la droite rouge.

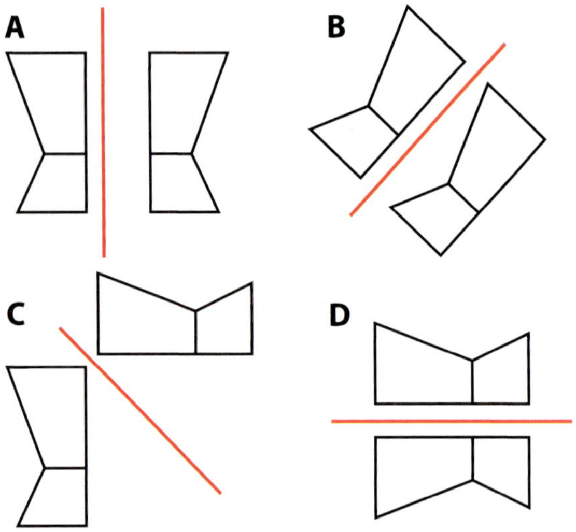

2 **Reproduis** les figures, puis **trace** sur chacune tous les axes de symétrie que tu trouves.

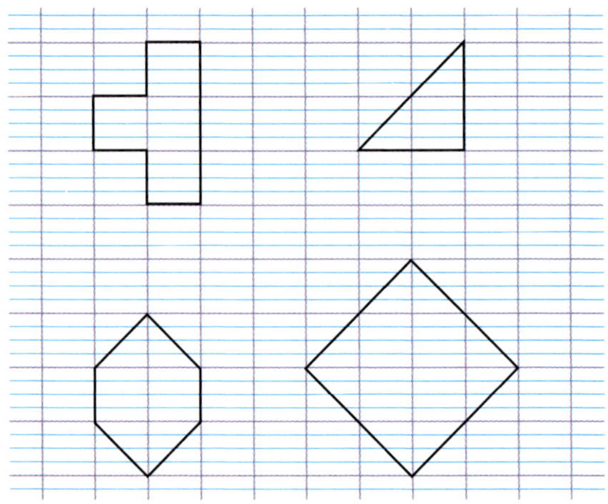

Le coin du malin

Reproduis, puis **complète** la figure pour qu'elle soit symétrique par rapport aux 2 droites rouges.

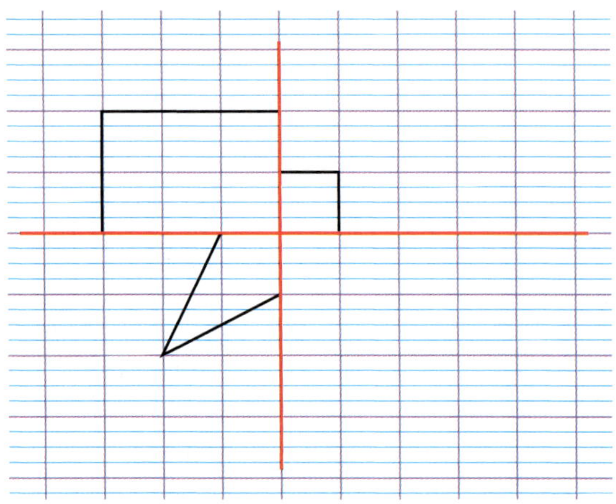

Problème

Reproduis la figure, puis **trace** son symétrique par rapport à la droite rouge.

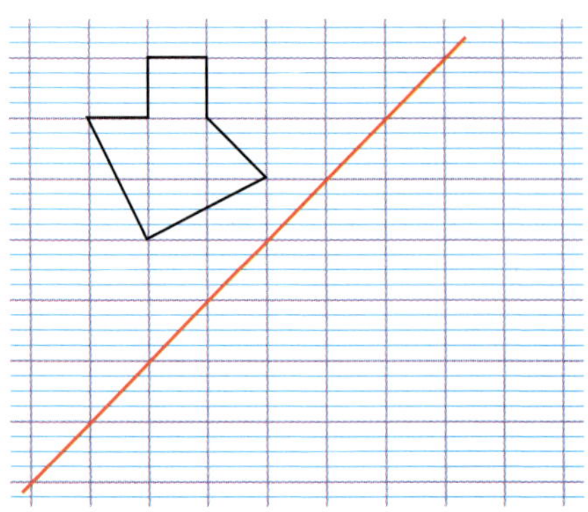

Objectifs : Rechercher et exploiter les données d'un tableau.
Dans la tête : Tables de 3, 4 et 5. Alterner les annonces dans les 3 tables.

Exploiter un tableau

1 Les papillons.

Isabelle de France

Le tableau présente des informations sur 4 espèces de papillons.

Nom du papillon	Piéride du chou	Isabelle de France	Tordeuse du pêcher	Phalène hiémale
Nombre d'œufs pondus	20 à 50	90	50	120
Développement de la chenille	2 à 3 semaines	29 à 45 jours	2 à 3 semaines	40 jours
Lieu de vie des chenilles	chou, chou-fleur, navet	pin	pêcher, poirier, pommier	abricotier, prunier, cerisier, pommier
Taille en mm du papillon adulte	40 à 60	90 à 100	16	70 à 80

a - Quel est le plus grand de ces papillons adultes ? Le plus petit ?

b - Quelles chenilles peut abriter le pommier ?

c - Quelles chenilles se développent pendant un mois ou plus ?

d - Quel papillon femelle pond plus de 100 œufs ?

e - Dans la réalité, le papillon Isabelle de France est-il plus grand, plus petit ou pareil que sur la photo ?

f - Imaginons que 100 papillons femelles de la piéride du chou pondent dans un potager. Quel nombre maximal de chenilles peut naître si tous les œufs éclosent ?

2 De ville en ville.

Dans chaque case du tableau, on trouve la distance en kilomètres, par la route, entre les 2 villes inscrites sur la ligne et la colonne correspondantes.

Distance de ville à ville (km)	Paris	Lyon	Marseille	Nice	Strasbourg	...	Bordeaux	Toulouse
Paris	0	462	...	932	490	382	582	689
Lyon	462	0	312	...	487	655	540	535
Marseille	...	312	0	190	799	970	648	406
Nice	932	472	190	0	783	1 127	806	563
Strasbourg	490	487	799	783	0	865	1 064	1 017
...	382	655	970	1 127	865	0	325	566
Bordeaux	582	540	...	806	1 064	325	0	245
Toulouse	689	535	406	563	1017	566	245	0

a - Quels nombres doit-on inscrire dans la case rouge et dans la case verte ?

b - Quelle est la distance entre Paris et Lyon ? Entre Lyon et Marseille ? Entre Nice et Bordeaux ?

c - Quelle ville est la plus proche de Nice ? Laquelle est la plus éloignée de Strasbourg ?

d - Il manque le nom d'une ville dans le tableau. Trouve-la en utilisant les distances suivantes :
Rennes - Bordeaux : 439 km ;
Nantes - Marseille : 970 km ; Lille - Paris : 222 km.

e - Pour aller de Paris à Marseille, on passe par Lyon. Calcule la distance Paris - Marseille qui manque dans le tableau.

f - Calcule les trajets suivants : Nice - Marseille - Toulouse ; Lyon - Strasbourg - Paris.

Comment peuvent-ils

Le vivant

Cherchons ensemble

- **Comment les crabes peuvent-ils grandir avec leur carapace ?**
- **Comment les moules peuvent-elles grandir avec leur coquille ?**

J'observe

- Quand la carapace du crabe devient trop petite, il en change : c'est la mue. Une fois sorti de son ancienne carapace, le crabe se gonfle d'eau et grossit. Sa nouvelle « peau » commence alors à durcir pour former une nouvelle carapace plus grande (Doc. 2).

▶ Doc. 1 : Le crabe possède une carapace rigide.

▲ Doc. 2 : Un crabe en train de muer.

? À quel moment la carapace du crabe est-elle la moins dure ?

? Comment le crabe peut-il grandir malgré sa carapace rigide ?

◀ Doc. 3 : Des moules d'âges différents.

? Qu'y a-t-il de commun et de différent entre une jeune moule et une moule adulte ?

? Quelle hypothèse peut-on formuler pour expliquer comment la moule grandit ?

grandir ?

Objectif : Découvrir la croissance par mue des arthropodes et la croissance des mollusques.

▸ Je recherche

1. Pour comprendre comment la moule peut grandir, José a trouvé cette photo et ce texte sur une encyclopédie.

Le corps de la moule est entouré d'une fine membrane : le manteau. Le bord de ce manteau sécrète du calcaire pour former régulièrement de nouvelles couches sur le bord de la coquille. C'est ce qui forme les stries de croissance visibles sur la coquille.

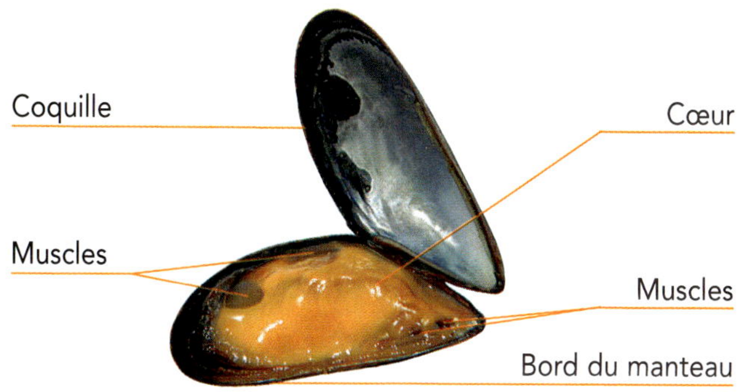

• Comment la coquille de la moule grandit-elle ?

2. En observant la croissance des criquets dans son élevage, Vanessa a tracé ce diagramme en dessinant un criquet à différents stades de son développement. Elle a noté ce qui se passait à plusieurs reprises.

Le petit criquet est recouvert d'une carapace rigide.
À un moment donné,
il sort de sa carapace et se gonfle d'air afin d'augmenter la taille de son corps.
Sa peau se durcit dans les heures qui suivent pour former une nouvelle carapace.

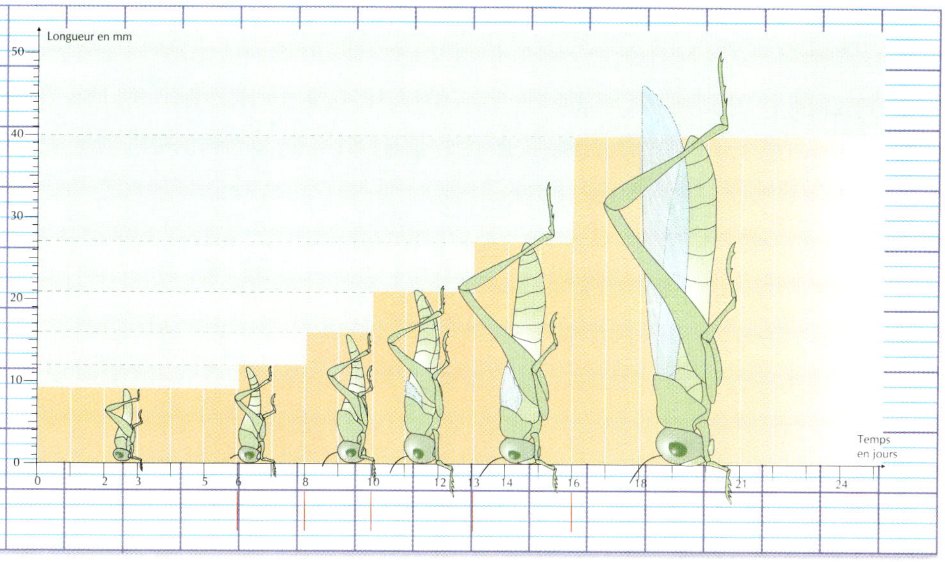

• Comment appelle-t-on ce changement de carapace ? Combien de fois a-t-il lieu ?
• De quelle longueur le corps du criquet s'est-il allongé lors de chaque transformation ?

Atelier

• Si un élevage d'insectes est disponible (phasmes, grillons…), mesure leur longueur 2 fois par semaine et coupe chaque fois une petite bande de papier de même longueur que l'insecte. Colle les bandes les unes à côté des autres pour réaliser un diagramme comme celui du criquet.

J'AI COMPRIS

Certains animaux comme les crabes, les insectes, les araignées ou les mille pattes, possèdent une carapace rigide. Pour grandir ils quittent leur carapace : c'est la mue.
Les animaux recouverts d'une coquille sécrètent du calcaire sur le bord de leur coquille pour l'agrandir.

Objectifs : Poser et effectuer une addition de plusieurs nombres.
Dans la tête : Additions du type 37 + 8. Tables de 3, 4 et 5.

L'addition posée

Cherchons ensemble

Pour étudier les conditions de croissance des moules, des scientifiques ont compté le nombre de moules de différentes tailles accrochées sur des rochers des deux côtés d'une jetée. Ils ont obtenu le tableau ci-contre.
Pour calculer le nombre total de moules accrochées du côté sud, Djamel a posé une addition.

Taille des moules	Nombre de moules	
	Côté sud	Côté nord
Moins de 4 cm	2356	2547
Entre 4 et 5 cm	1748	1460
Entre 5 et 6 cm	1063	812
Plus de 6 cm	825	409

	m	c	d	u
			②	
	2	3	5	6
+	1	7	4	8
+	1	0	6	3
+		8	2	5
	...	...	...	2

a - **Recopie**-la et **termine** le calcul.

b - **Pose** et **effectue** l'addition pour le côté nord.
De quel côté de la jetée les moules semblent-elles grandir le plus vite ?

1 **Recopie** et **effectue** les additions. (Attention à bien aligner les chiffres !)

	4	8	2	3
+	1	0	3	5
+		9	1	2

	1	7	3	6
+		2	0	5
+	2	8	1	2
+	3	4	5	0

2 **Pose** et **calcule** les additions.

254 + 12 + 326

816 + 215 + 501

2023 + 715 + 1906

7203 + 28 + 1025 + 314

407 + 5058 + 18 + 1295 + 2360

3 **Vérifie** chaque addition. Si elle est fausse, **indique** pourquoi et **calcule** le bon résultat.

```
    3 4 7          4 5 3 6          3 0 8 7          4 5 5
+ 1 2 5 0      +       8 3      +     2 7 5      + 3 0 7 2
+   4 6 9      +     2 0 9      +     9 6 2      +   1 9 8
---------      + 1 0 7 5        ---------        + 2 6 2 7
  9 4 1 0      ---------          4 3 1 4        ---------
                 5 9 0 3                           8 1 3 4
```

4 Bastien a taché son ticket de caisse. Quel est le nombre caché ?

Le coin du malin

Chaque signe représente un chiffre.
Indique lequel pour que l'addition soit juste.

```
    2 ★ ● 8
+     4 2 7
+   ★ 3 8 ●
-----------
    8 3 1 ★
```

Problème

Agathe est pilote de rallye. Elle a couru cette année les 5 courses ci-contre et a parcouru en plus 78 km avec sa voiture de course.

a - Combien de km au total a-t-elle parcourus ?

b - Le compteur de sa voiture affichait 4672 km en début d'année. Combien affiche-t-il maintenant ?

Tour de Normandie : 723 km
Challenge PACA : 1033 km
Tour de Corse : 1075 km
Rallye des sables d'or : 213 km
Rallye de la côte d'Albâtre : 652 km

Objectifs : Soustraire en avançant sur la droite numérique ou en ajoutant un même nombre aux 2 termes.

Dans la tête : Calcul de compléments à la dizaine supérieure, du type « de 40 à 74 » et du type « de 30 à 100 ».

La soustraction : calcul réfléchi

Cherchons ensemble

Dans leur élevage de phasmes, Marc et Fatima ont mesuré plusieurs animaux avant et après leur mue. Ils veulent calculer leur allongement pour les comparer. Marc calcule 112 – 83 en avançant sur la droite numérique.

Phasmes	Longueur (mm)		Allongement (mm)
	Avant la mue	Après la mue	
A	83	112	112 – 83 = …
B	66	94	… = …
C	58	87	87 – 58 = …
D	39	61	… = …

a - **Termine** son calcul, puis **calcule** de la même façon l'allongement du phasme B.

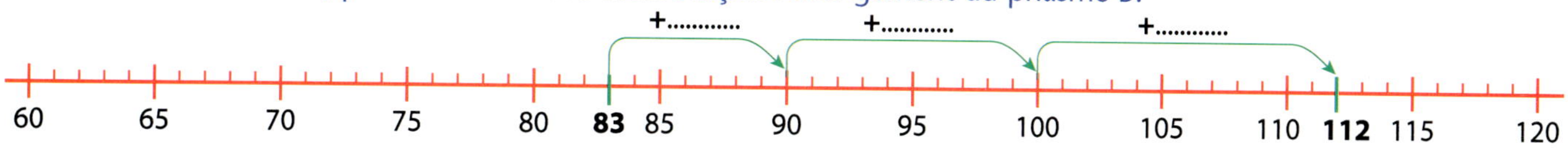

b - **Observe** comment Fatima calcule 87 – 58.

87 – 58 = 89 – 60 = … (+ 2 ; + 2)

• **Termine** et **calcule** de la même façon l'allongement du phasme D.

1 **Effectue** les soustractions en imaginant les sauts sur la droite numérique.

65 – 29 = … 72 – 16 = … 45 – 28 = … 153 – 26 = … 194 – 137 = … 116 – 75 = …

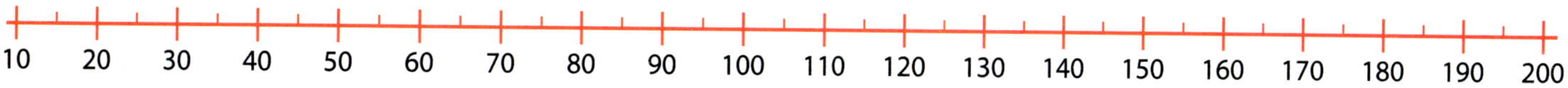

2 **Effectue** les soustractions en présentant tes calculs comme Fatima.

61 – 48 = … 73 – 27 = … 42 – 15 = …

155 – 37 = … 262 – 229 = … 424 – 266 = …

3 Sans calculer les différences, **recherche** dans la liste celles qui sont égales à 347 – 185.

348 – 186 247 – 85 350 – 190

337 – 175 307 – 155 547 – 285

4 **Observe** les séries et **écris** pour chacune les 10 nombres suivants.

1243 ➧ 1203 ➧ 1163 ➧ … 874 ➧ 836 ➧ 798 ➧ …

Retiens bien

La différence entre 2 nombres ne change pas quand on ajoute ou quand on retranche la **même quantité** aux 2 nombres.

Problème

Camille et Vanina font les soldes.
Camille achète l'ensemble à 39 €
et Vanina achète le pantalon à 25 €.

Qui a économisé le plus d'argent par rapport au prix initial ?

Objectifs : Connaître les produits des tables. Calculer un produit en appui sur un produit voisin connu.
Dans la tête : Additions du type 37 + 8. Ajouter 11, 12 ou 13 à un nombre de 2 ou 3 chiffres.

Tables de multiplication et produits voisins

Cherchons ensemble

L'ostréiculteur vend ses huîtres 11 € la douzaine. Il en vend 9 douzaines à M. Coquille et 7 douzaines à M. Plateau.

- Combien d'huîtres chaque client a-t-il emportées et combien a-t-il payé ?

Pour répondre à ces questions, tu vas utiliser des résultats du tableau ci-contre. C'est une partie de la table de Pythagore à laquelle on a ajouté 11 et 12.

a - **Reproduis** la table et **complète**-la.

b - **Réponds** aux questions.

×	6	7	8	9	10	11	12
6	36						
7		49					
8			64		80	88	96
9				81			
10					100		

1 Parmi ces nombres, **trouve** tous ceux qui apparaissent dans les tables de multiplication (de 0 à 10).
Écris chacun avec le produit qui lui correspond.

15	17	21	23	28	34
40	43	49	52	56	59
60	63	64	65	71	72
78	81	89	90	91	98

2 **Recopie** et **complète** les parties de tables.
(Attention, les nombres ne sont pas toujours dans l'ordre.)

×		5		7
	28			49
		40		
9			54	
	40			

×		3		8
	3	9		
			20	16
				72
			60	

3 **Reproduis** le tableau ci-contre.
À partir du résultat déjà inscrit (12 x 12 = 144), **calcule** les produits des cases voisines en utilisant l'addition ou la soustraction.

×	11	12	13
11			
12		144	
13			

4 **Calcule** le produit 20 × 6.
Utilise ce résultat pour calculer ensuite les produits ci-dessous.

21 × 6	22 × 6	23 × 6
19 × 6	18 × 6	17 × 6
20 × 7	19 × 7	21 × 7

Le coin du malin

Dans ce jeu, tu dois obtenir 88 en effectuant diverses opérations avec les 4 nombres du tableau et les résultats intermédiaires. Tu ne peux utiliser chaque nombre qu'une seule fois.

Écris tes calculs. **Refais** ensuite le même travail pour obtenir 39, puis 93.

Le compte est bon !

88

7	4	9	6

Problème

Le poissonnier a acheté au pêcheur :
– 13 gros crabes à 9 €,
– 11 homards à 12 €,
– 8 poissons à 7 €.
Combien doit-il payer au total ?

Objectifs : Identifier et nommer différentes figures géométriques. Reconnaître un polygone.

Dans la tête : Tables de 6 et de 7. Interrogations du type « 8 fois 6 » et « 6 multiplié par 8 ».

Reconnaissance de figures

Cherchons ensemble

Jun a réalisé une silhouette de criquet avec des pièces en carton.

a - Quelles figures géométriques reconnais-tu (carré, etc.) ?
Écris les lettres correspondantes.

b - Indique comment vérifier qu'une figure est un carré.
Fais de même pour un rectangle.

c - Toutes les pièces en forme de **polygones** sont vertes.

• Écris une définition d'un polygone.

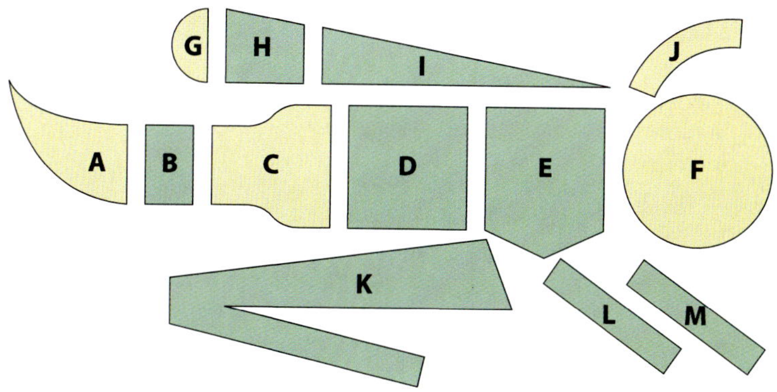

1 Observe les figures et indique lesquelles sont des polygones.

• Parmi ces polygones, lesquels sont des carrés ? Lesquels sont des rectangles ?

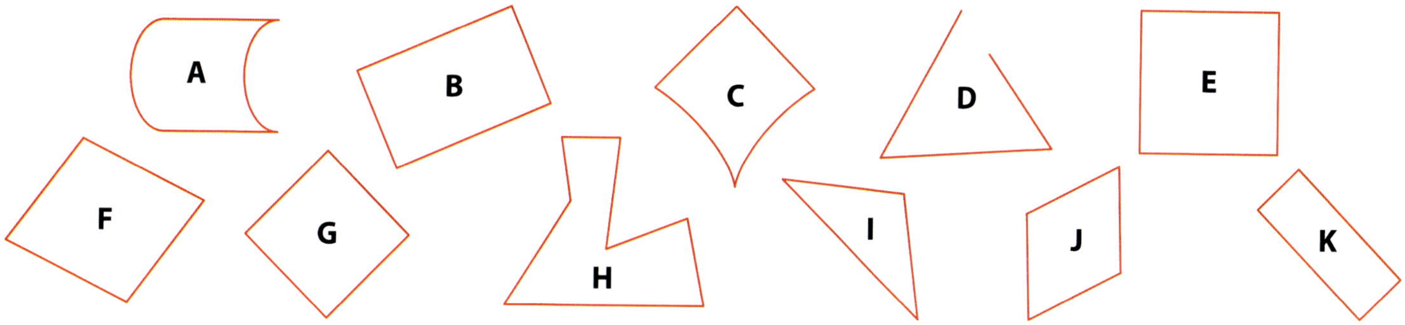

2 Lis chaque portrait et indique à quelle figure il correspond.

Portrait n° 1 :
– Je suis un polygone.
– Je ne suis pas un triangle.
– Un de mes côtés mesure 23 mm.

Portrait n° 2 :
– Je suis un polygone.
– Le nombre de mes côtés est pair.
– Mes côtés n'ont pas tous la même longueur.

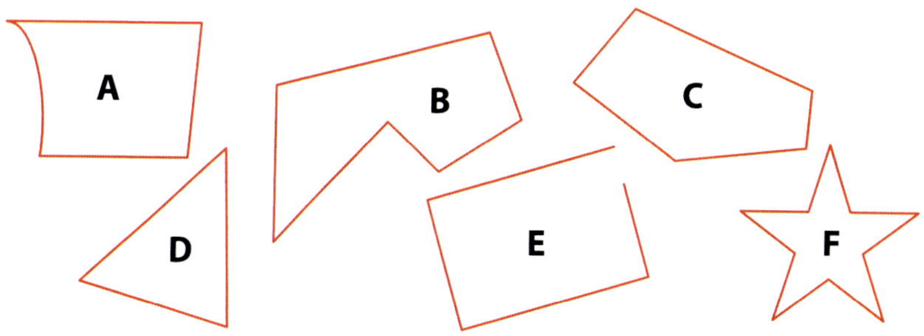

Retiens bien

Un **polygone** est une ligne brisée (formée de segments) fermée.
Le **carré** et le **rectangle** sont des polygones particuliers.

Problème

Reproduis ce rectangle puis trace des segments à l'intérieur pour le partager en 8 triangles identiques.
Essaye de trouver plusieurs solutions !

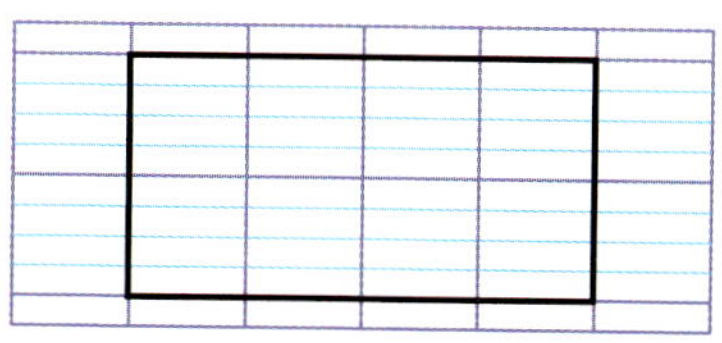

Objectifs : Calculer, comparer des périmètres de figures.
Dans la tête : Doubles jusqu'à 2 fois 50. Tables de 6 et de 7.

Périmètre d'une figure

Cherchons ensemble

Dans la ruche, les abeilles bâtissent des alvéoles où les larves se développent. C'est là que se trouve le miel ! Ces alvéoles ont la forme du polygone ci-contre, mais dans la réalité, elles sont beaucoup plus petites : chaque côté mesure 2 mm et la moitié d'un mm.

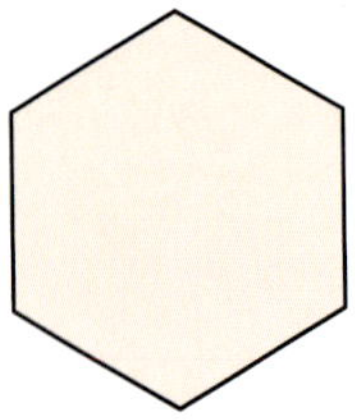

• **Calcule** le **périmètre** de l'alvéole (c'est la longueur de son contour) sur le dessin, puis dans la réalité.

1 En utilisant uniquement ton compas, **compare** le périmètre du polygone et la longueur du segment AB. Quel est le plus long ?

2 Pour chaque figure, **mesure** la longueur des côtés et **note** les valeurs dans un tableau, comme dans l'exemple de la figure 1. **Calcule** ensuite son périmètre.

Côtés	Longueurs
AB	....
BC	....
CD	....
AD	....

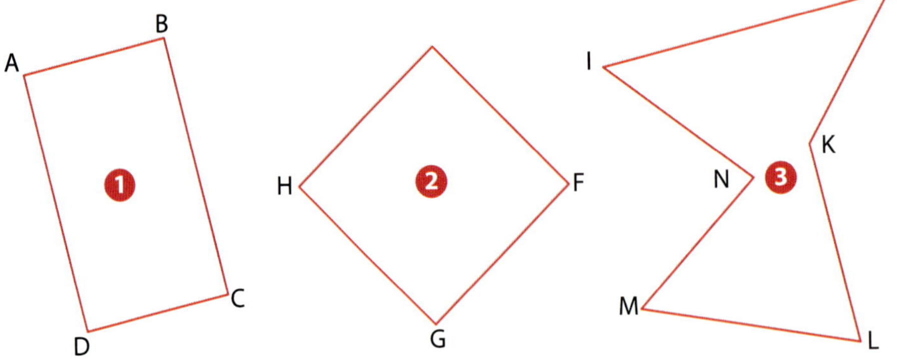

Le coin du malin

Estelle trace des rectangles de plus en plus grands en « empilant » plusieurs fois le même petit rectangle, de côtés 2 cm et 3 cm (il n'est pas dessiné en vraie grandeur ci-contre).

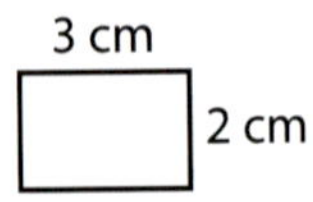

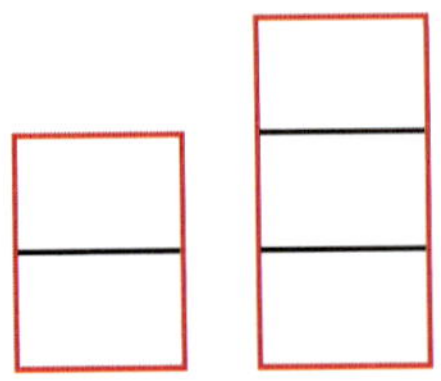

Calcule le périmètre de la figure rouge obtenue en empilant 2 petits rectangles. **Effectue** le calcul pour 3, puis 20, puis 22 petits rectangles.

Problème

Un polygone de 7 côtés a un périmètre de 23 cm. 5 côtés ont une longueur égale à 3 cm. Les 2 derniers côtés ont même longueur.

Quelle est cette longueur ?

Objectifs : Lire et exploiter les données d'un diagramme type « histogramme ».
Dans la tête : Calcul de compléments à la dizaine supérieure, du type « de 40 à 74 » et de type « de 30 à 100 ».

Exploiter un diagramme (1)

1 La croissance du phasme.

Clémence a mesuré son phasme tous les deux jours, depuis sa naissance jusqu'à l'âge de 2 mois où il a atteint sa taille adulte. Elle a reporté ces valeurs dans un diagramme.

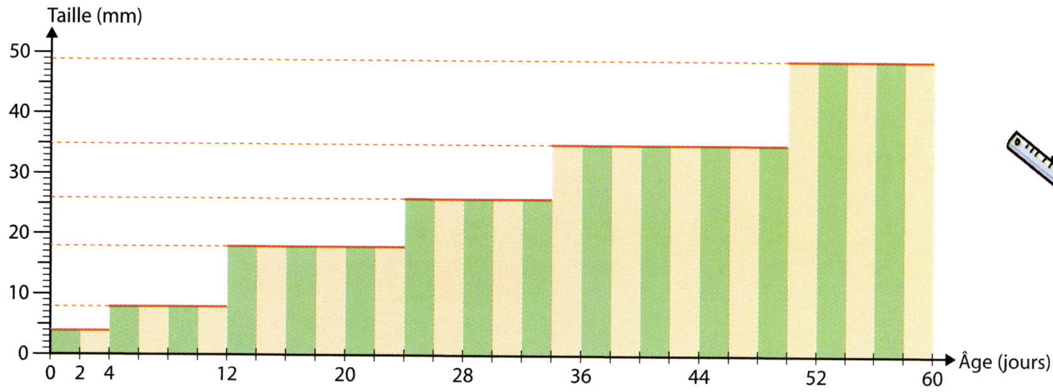

a - Quelle est la taille du phasme âgé de 20 jours ? Âgé de 40 jours ?

b - Quelle est la taille du phasme à l'âge adulte ?

c - Quel peut être l'âge du phasme lorsqu'il mesure 26 mm ?

d - Combien de fois le phasme s'allonge-t-il durant sa croissance ?

e - Durant sa croissance, quelle est la taille que le phasme garde durant 16 jours ?

f - De quelle longueur le phasme s'allonge-t-il le 24e jour ? Le 34e jour ?

g - Lors de quelle mue le phasme s'allonge-t-il le plus ? Que vaut alors cet allongement ?

h - Lors d'une mue, le phasme s'allonge tellement que sa taille fait plus que doubler. Quel jour cela se passe-t-il ?

2 Ça va chauffer !

Dans sa maison, Mme Lachauffe utilise une chaudière au fioul pour le chauffage et la production d'eau chaude. Elle a mesuré sa consommation de fioul chaque mois de l'année et tracé un diagramme.

a - Quelle quantité de fioul a été consommée en avril ? En juillet ? En octobre ? En décembre ?

b - Quel mois la consommation a-t-elle été maximale ? Minimale ?

c - Au cours de quel mois la chaudière a-t-elle brûlé exactement 180 L de fioul ?

d - Quels sont les mois où la consommation a dépassé 200 L ?

e - Il y a 2 mois dans l'année où la chaudière a brûlé la même quantité de fioul : lesquels ?

f - Durant quelle période de l'année la consommation de fioul diminue-t-elle mois après mois ? Augmente-t-elle mois après mois ? Propose une explication pour ces variations.

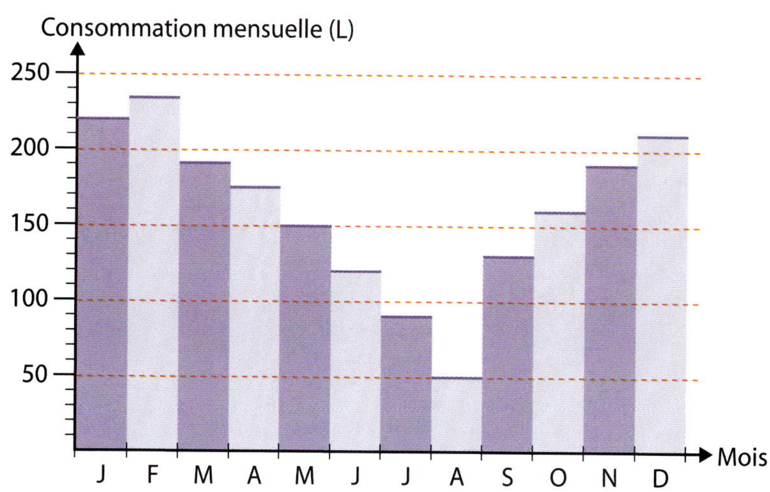

g - À la fin du mois de septembre, Mme Lachauffe a fait remplir complètement sa cuve de fioul, qui contient 3 000 L. Quelle quantité de fioul reste-t-il dans la cuve à la fin du mois d'octobre ?

Objectifs : Maîtriser les notions mathématiques étudiées de la page 16 à la page 20.

Module 1

1 **Écris** les nombres en chiffres. (Page 16)

a - Deux mille huit cent cinq
b - Quatre mille six cent quinze
c - Mille neuf cent quarante
d - Huit mille huit cent dix
e - Trois mille quarante-six
f - Mille six cent deux
g - Sept mille soixante-dix-sept
h - Neuf mille quatre-vingt-dix

2 **Écris** les nombres en chiffres. (Page 16)

a - 2 milliers, 6 centaines et 48 unités
b - 4 milliers, 57 dizaines et 9 unités
c - 23 centaines et 84 unités
d - 6 milliers, 15 centaines et 74 unités
e - 1 millier et 36 dizaines
f - 12 centaines, 4 dizaines et 23 unités
g - 35 centaines, 47 dizaines et 19 unités
h - 8 milliers, 4 dizaines et 238 unités

3 **Recopie** et **complète** avec les signes < ou >. (Page 17)

2375 … 1475 4203 … 432

2547 … 5274 6098 … 6101

3802 … 2903 9999 … 1000

4 **Range** chaque série de nombres du plus petit au plus grand. (Page 17)

a - 2179 ; 2097 ; 1927 ; 2197.
b - 8308 ; 6908 ; 9306 ; 986 ; 8310 ; 6895.
c - 7042 ; 2704 ; 7420 ; 2470 ; 2694 ; 7024.

5 **Mesure** les segments et **indique** leur longueur en centimètres et millimètres. (Page 18)

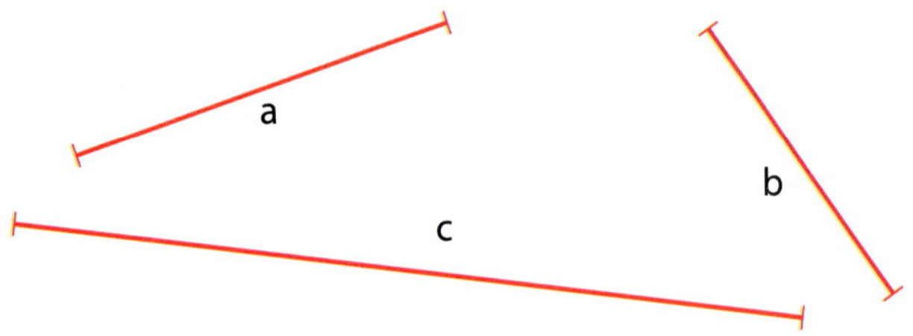

6 **Mesure** les segments et **calcule** la longueur totale de chaque ligne brisée. (Page 19)

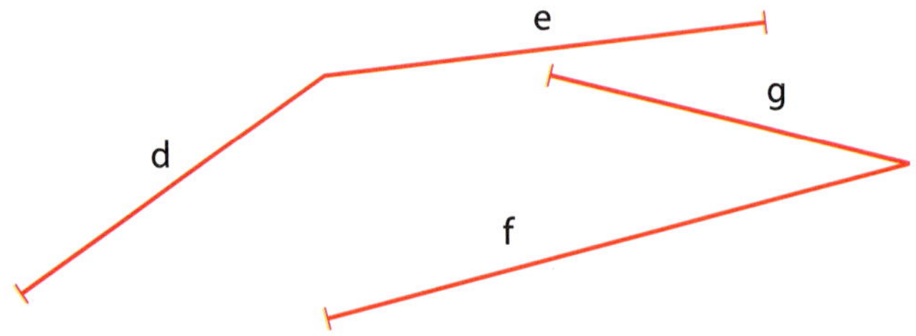

7 **Reproduis** la figure puis **trace** son symétrique par rapport à la droite rouge. (Page 20)

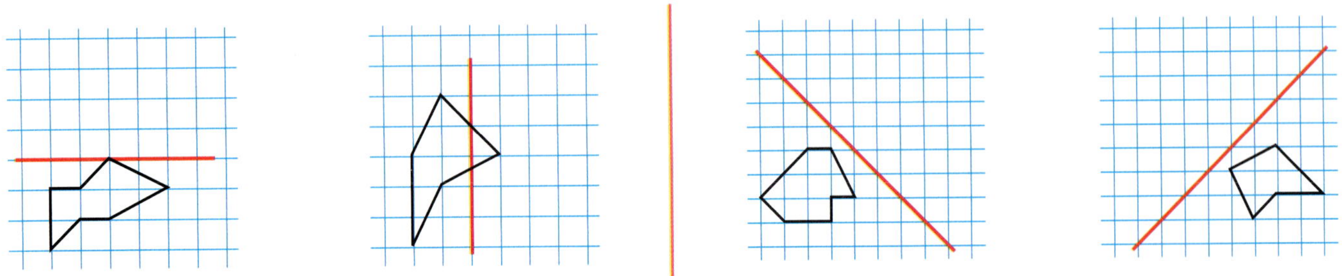

Objectifs : Maîtriser les notions mathématiques étudiées de la page 24 à la page 28.

ENTRAÎNEMENT 1

Module 2

1 **Pose** et **calcule** les additions. (Page 24)

a - 347 + 821 + 94
b - 1729 + 482 + 236
c - 4820 + 2589 + 1904
d - 846 + 3527 + 708
e - 457 + 2309 + 1740 + 98
f - 2677 + 3285 + 76 + 907
g - 435 + 2392 + 82 + 758 + 6235
h - 358 + 84 + 67 + 292 + 480 + 596

2 **Recopie** et **effectue** les soustractions sans les poser. (Page 25)

53 – 27 44 – 19 162 – 38 271 – 47 | 92 – 65 383 – 236 121 – 75 142 – 67

3 Sans calculer les différences, **recherche** dans la liste celles qui sont égales à (Page 25) :

358 – 134

258 – 34 348 – 144 360 – 136
658 – 334 359 – 135 318 – 104

584 – 167

587 – 170 384 – 67 580 –171
524 – 107 473 – 56 694 – 277

4 **Recopie** et **complète** les tableaux des multiplications. (Page 26)

×		7		9		5
	24				48	
3					24	
	2					
		56	16			

×		9		11		
2			12			24
	49	63			56	
					40	
		72				

5 **Mesure** la longueur des côtés et **calcule** le périmètre de chaque figure. (Page 28)

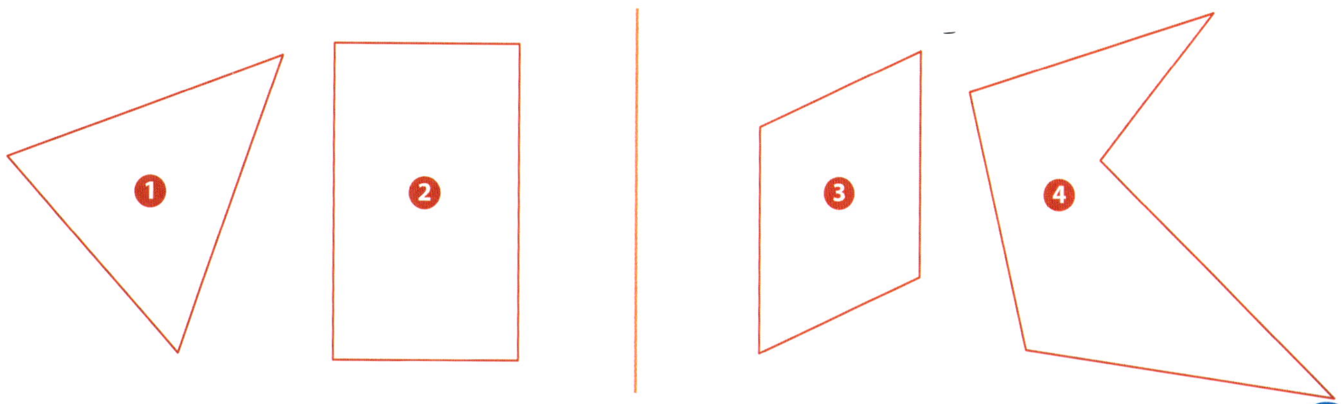

BILAN 1

Objectifs : Évaluer les notions mathématiques étudiées de la page 18 à la page 28.

1 **Décompose** comme dans l'exemple.

7453 = 7000 + 400 + 50 + 3

3296 4074 938 3205 1012 5890

2 **Écris** les nombres en chiffres.

a - Trois mille deux cent quatorze

b - Six mille quatre-vingt-douze

c - Quatre mille trois cent six

3 **Écris** les nombres en chiffres.

a - 6 milliers, 9 centaines, 3 dizaines et 7 unités

b - 1 millier, 18 centaines et 47 unités

c - 58 centaines, 4 dizaines et 19 unités

d - 7 milliers et 16 dizaines

4 **Recopie** et **complète** avec les signes < ou >.

1603 … 1360 7534 … 7543

4092 … 2409 3234 … 432

2800 … 380 5005 … 666

8306 … 8630 999 … 1009

5 **Pose** et **calcule** les additions.

a - 438 + 1272 + 5390

b - 75 + 2630 + 3708 + 583

c - 69 + 3072 + 543 + 2307 + 48

6 **Effectue** les soustractions sans les poser.

63 – 48 82 – 37

152 – 26 281 – 131

114 – 76 123 – 85

7 Sans calculer les différences, **recherche** dans la liste celles qui sont égales à 349 – 175.

309 – 171 350 – 176 370 – 180

249 – 75 450 – 376 344 – 170

8 **Calcule** le produit 11 × 10. **Utilise** ce résultat pour calculer ensuite les produits ci-dessous.

11 × 9 11 × 8 11 × 11 11 × 12 12 × 12

9 **Recopie** et **complète** le tableau des multiplications.

×			4	9		
	30	40				
	42		28			35
			32	72		
					21	

10 M. Leclic a 4000 € à dépenser pour acheter du matériel multimédia. Il voudrait l'ordinateur à 1550 €, le téléviseur à 1769 €, l'enregistreur de DVD à 375 € et l'appareil photo à 479 €.
M. Leclic pourra-t-il acheter tous ces articles ?

11 La fermière a vendu 7 boîtes de 12 œufs, 9 boîtes de 6 œufs et une caisse de 144 œufs.
Combien d'œufs a-t-elle vendus en tout ?

12 **Mesure** les segments avec ta règle graduée et indique leur longueur en cm et mm.

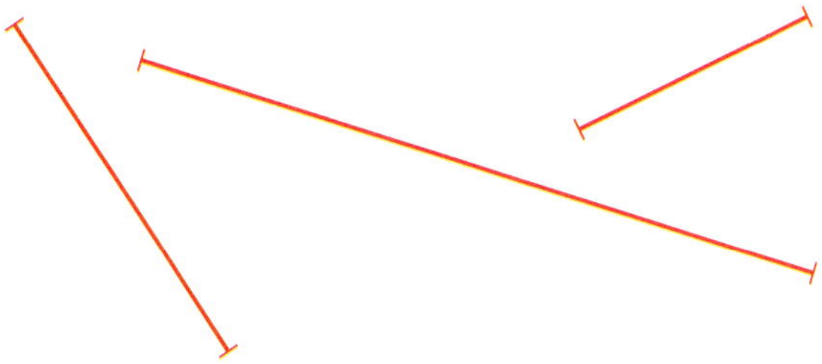

13 **Mesure** les segments et **calcule** la longueur des lignes brisées.

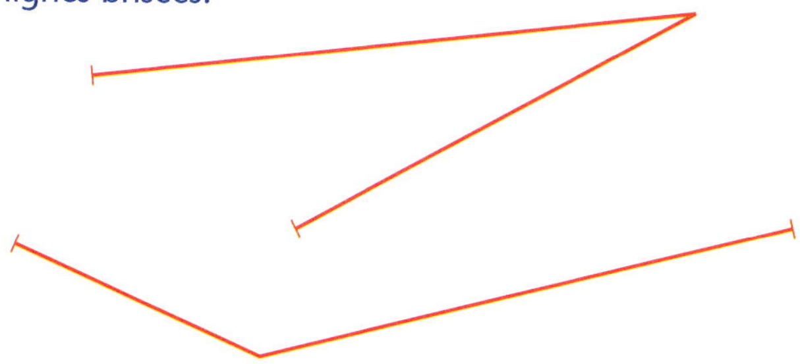

14 **Recopie** et **complète** les égalités.

36 cm = … mm

12 cm 8 mm = … mm

970 mm = … cm

507 mm = … cm … mm

15 **Calcule** la longueur de la ligne formée par les 2 segments.

a - 8 cm 5 mm et 14 cm 8 mm

b - 15 cm 3 mm et 218 mm

16 **Reproduis** ces figures puis **trace** tous les axes de symétrie que tu trouves.

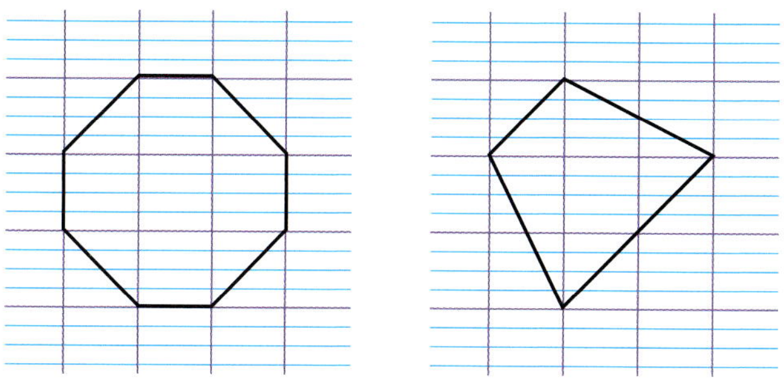

17 **Reproduis** la figure, puis **trace** son symétrique par rapport à la droite rouge.

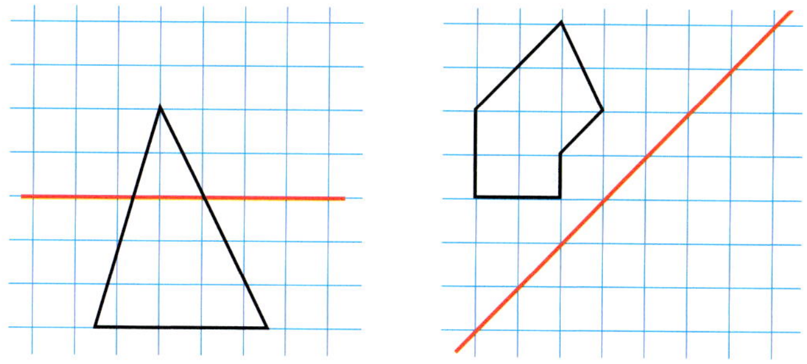

18 **Indique** quelles figures sont des polygones.

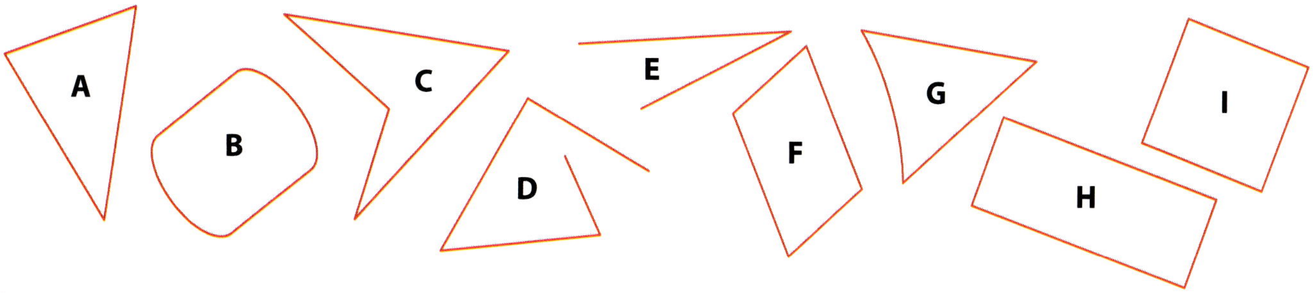

19 Quelle est la longueur de chaque segment ? (N'**utilise** pas ta règle.)

20 Un rectangle a un périmètre de 28 cm. Les grands côtés ont une longueur de 8 cm. Quelle est la longueur des petits côtés ?

Que devient l'eau qui

Cherchons ensemble

- **Comment peut-on faire bouillir de l'eau ?**
- **Que se passe-t-il dans l'eau quand elle bout ?**
- **Qu'est-ce que la vapeur d'eau ?**

▶ **Doc. 1 :** Buée déposée sur un objet froid placé au-dessus d'un récipient d'eau bouilante.

▶ J'observe

Lorsque de l'eau est chauffé suffisamment, elle se met à bouillir : c'est l'ébullition. Des bulles (Doc. 2) apparaissent dans l'eau liquide. Elles contiennent de la vapeur d'eau, c'est-à-dire de l'eau à l'état de gaz.
Cette vapeur monte au-dessus du récipient et se mélange à l'air, mais on ne la voit pas : la vapeur est invisible.
Quand la vapeur se refroidit, l'eau redevient liquide : c'est la condensation. Elle forme alors de la buée en se déposant sur les objets (Doc. 1 et Doc. 3) ou un brouillard lorsque des gouttelettes d'eau liquide restent dans l'air (Doc. 2).

? Sous quelle forme l'eau a-t-elle voyagé du récipient aux vitres (**Doc. 3**) ?

? Peut-on voir cette eau durant son voyage (**Doc. 3**) ? Pourquoi ?

▶ **Doc. 3 :** Buée sur les vitres de la pièce où de l'eau bout.

? Où y a-t-il de la vapeur sur ces photos ?

? Où y a-t-il de l'eau liquide ?

▶ **Doc. 2 :** De l'eau en train de bouillir.

? De quoi sont constituées les bulles visibles dans le récipient (**Doc. 2**) ?

? Pourquoi se forment-elles au fond du récipient (**Doc. 2**) ?

bout ?

Objectifs : Concevoir l'existence de l'eau à l'état de vapeur invisible. Connaître les conditions de changement d'état liquide/vapeur.

▶ Je recherche

1. Mélinda observe la casserole d'eau que son père a mise sur un réchaud pour la faire bouillir. Elle a mis un thermomètre dans l'eau.

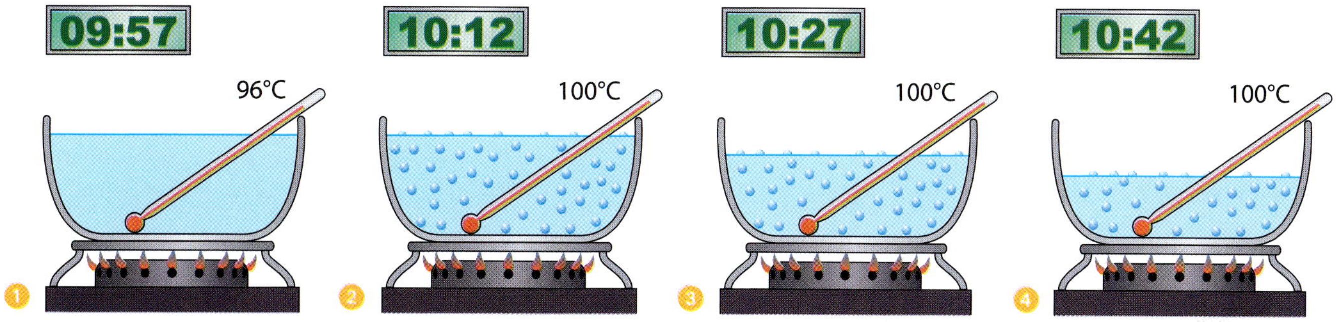

- Quelles conclusions Mélinda peut-elle tirer de ses observations ?
- Que devient l'eau qui disparaît de la casserole ?
- Combien de temps s'écoule entre deux observations successives de Mélinda ?

2. Mélinda se demande si la température de l'eau en train de bouillir va changer si le réchaud chauffe plus ou moins fort. Avec son père, elle fait l'expérience suivante.

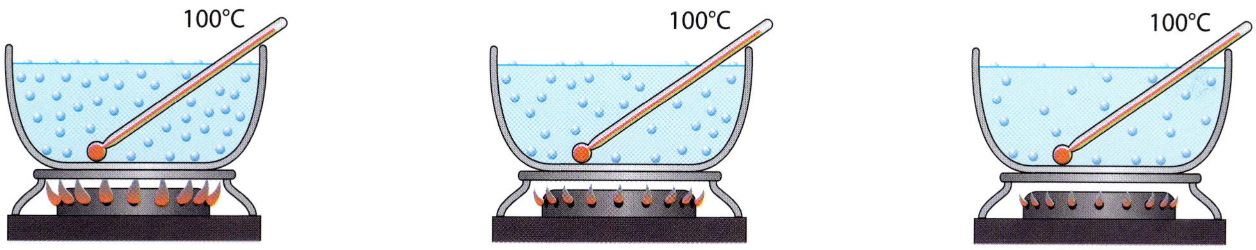

- Que peut-elle en conclure ?
- Qu'est-ce qui change dans les trois expériences ?

Atelier

- La température d'ébullition dépend-elle de la quantité d'eau de départ ?

Avec l'aide d'un adulte, fais bouillir successivement différentes quantités d'eau dans une casserole et note à chaque fois à quelle température elle bout. Utilise un thermomètre dont la graduation va plus haut que 100 ° C.

J'AI COMPRIS

Pour faire bouillir de l'eau, il faut la chauffer jusqu'à 100 degrés environ. L'eau passe alors de l'état liquide à l'état de gaz invisible : la vapeur d'eau. Quand la vapeur d'eau se refroidit, l'eau redevient liquide : c'est la condensation. Elle forme alors de la buée sur les objets ou du brouillard mélangé à l'air.

Objectifs : Lire l'heure sur différents types d'horloges et l'exprimer de différentes façons.

Dans la tête : Tables de 6 et de 7. Doubles jusqu'à 2 fois 50.

Lire l'heure

Cherchons ensemble

Ce matin, avec sa classe, Tess fait des expériences sur l'ébullition.
À différents instants, elle relève la température et regarde l'horloge de la classe.

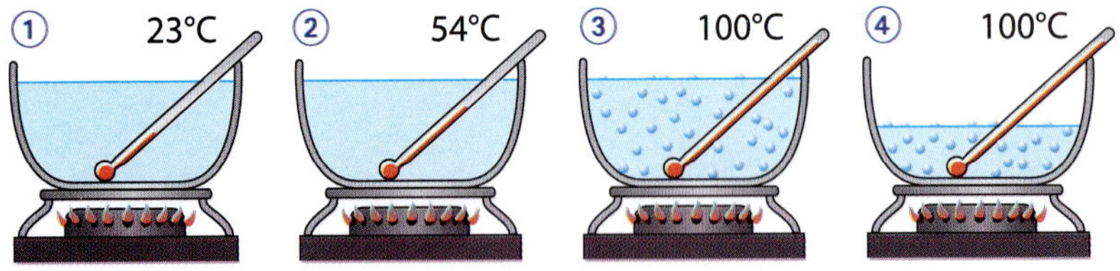

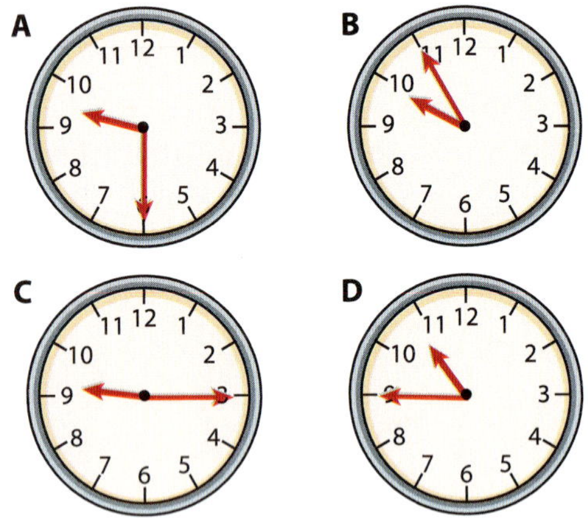

a - Pour chaque horloge, **écris** l'heure affichée en heures et en minutes, puis **indique** à quel dessin de l'expérience elle correspond.

b - Comment peut-on dire l'heure des horloges A, C et D sans prononcer le mot « minute » ?

c - **Propose** deux façons possibles d'exprimer l'heure de l'horloge B.

1 **Recopie** et **complète** les phrases.

a - Un jour complet, c'est … heures.

b - Une heure, c'est … minutes.

c - Une demi-heure, c'est … minutes.

d - 15 minutes, c'est … d'heure.

e - 45 minutes, c'est … d'heure.

f - La grande aiguille fait un tour complet en … minutes.

2 **Écris** l'heure affichée par chaque horloge en heures et minutes. (Attention aux indications « matin » et « soir ».)

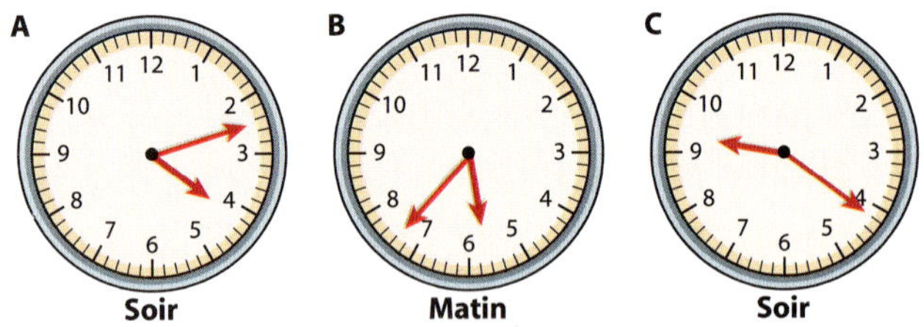

3 Pour chaque horloge, **calcule** le nombre de minutes qui restent avant l'heure suivante.
Écris l'heure affichée en utilisant le mot « moins ».
(Dans les 3 cas, c'est le matin.)

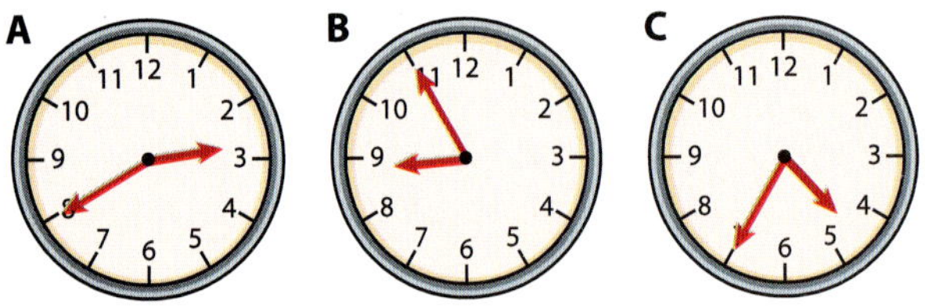

4 **Trace** cet axe du temps. **Place** sur cet axe chaque heure possible affichée par une horloge en faisant un trait de la couleur de l'horloge (voir exemple pour l'horloge A).

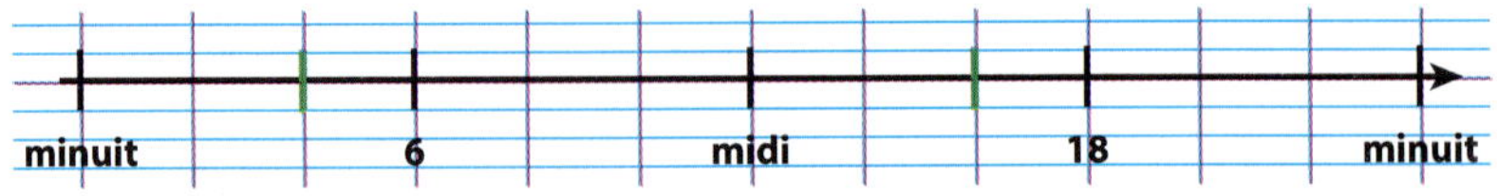

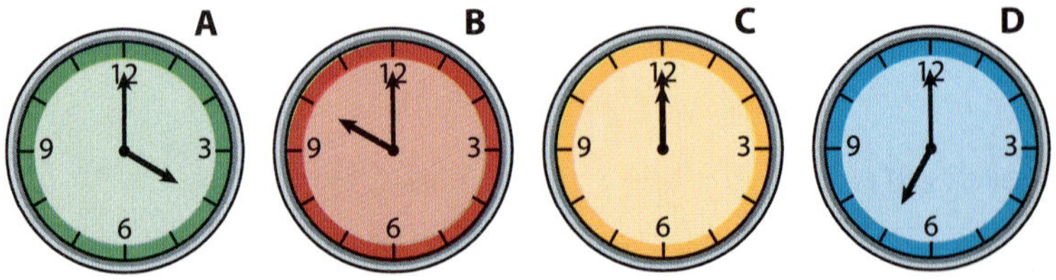

Retiens bien

- 8 h 15 min, c'est aussi « 8 h et quart ».
- 8 h 45 min, c'est aussi « 9 h moins le quart ».
- 10 h 40 min, c'est aussi « 11 h moins 20 ».

Problème

Quelle heure sera-t-il dans trois quarts d'heure ?

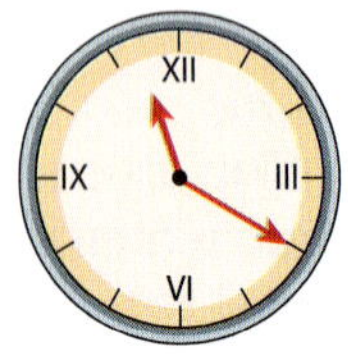

Objectifs : Effectuer diverses opérations sur les durées exprimées en heures, minutes et secondes.

Dans la tête : Tables de 8 et de 9. Interrogations du type « 7 fois 9 » et « 9 multiplié par 7 ».

Calculer des durées (1)

Cherchons ensemble

Dans son expérience sur l'ébullition, Tess a attendu que les dernières gouttes d'eau se vaporisent (dessin C).

a - **Calcule** la durée qui s'est écoulée entre les instants A et B, puis entre les instants B et C.

b - Quelle a été la durée totale de l'ébullition entre A et C ?

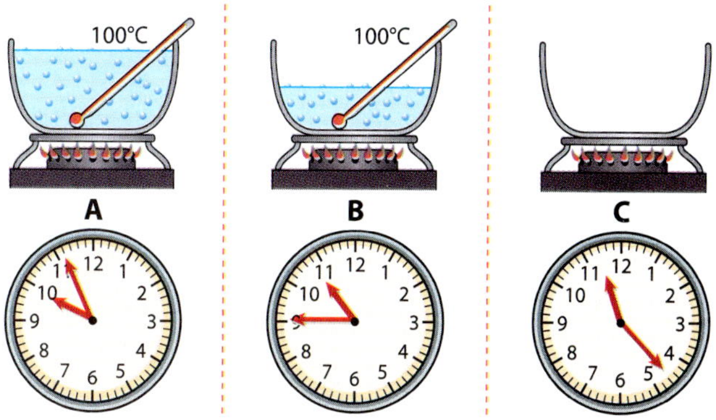

1 **Calcule** la durée écoulée dans chaque cas.

22:08	09:12	12:37
↓	↓	↓
22:31	11:27	13:23

2 **Observe** comment Moussa calcule la durée écoulée entre 9 h 54 min et 12 h 36 min.

+ 6 min   + 2 h   + 36 min

9 h 54 min → 10 h → 12 h → 12 h 36 min

Durée totale : 2 h 42 min

Calcule de la même façon la durée écoulée :
- entre 12 h 35 min et 16 h 22 min ;
- entre 20 h 48 min et 22 h 6 min.

3 Sur la montre d'Anaëlle, une trotteuse verte indique les secondes. Elle fait un tour complet en 60 secondes.

a - Pour chaque horloge, **écris** l'heure exacte en heures, minutes et secondes.

b - **Calcule** la durée entre les instants A et B, puis entre les instants B et C.

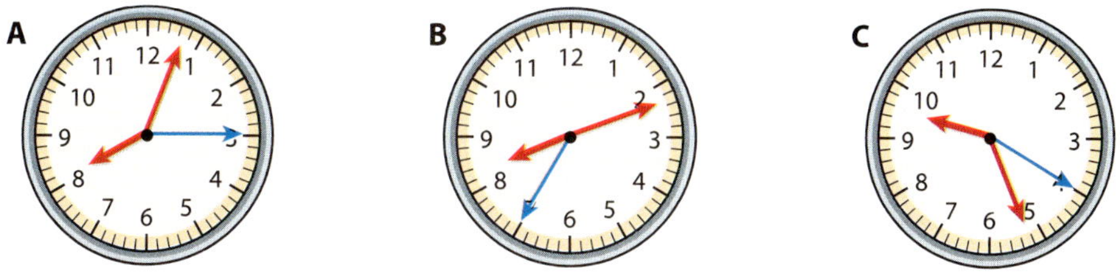

4 La chanson préférée de Nathan dure 70 secondes (70 s). Il l'écoute sans arrêt 5 fois de suite. Pendant combien de temps l'a-t-il écoutée ?
- **Exprime** ce temps en secondes, puis en minutes et secondes.

Le coin du malin

Paul regarde sa montre. Il ne voudrait pas manquer l'émission scientifique qui commence à 15 h 10 min. Sa montre retarde de 10 min et il lui faut encore un quart d'heure pour rentrer chez lui. Va-t-il arriver à temps ?

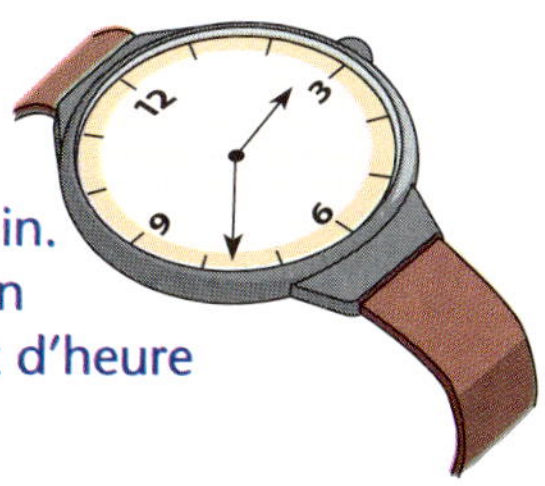

Problème

Après avoir préparé sa tarte pendant 28 minutes, Romain l'a mise au four à 18 h 47 min. À 19 h 23 min, la tarte était cuite.
- Combien de temps la cuisson a-t-elle duré ?
- À quelle heure Romain avait-il commencé à préparer sa tarte ?

Objectifs : Calculer le complément à 100 d'un nombre quelconque et à 1000 d'un nombre se terminant par zéro.

Dans la tête : Calcul de compléments : à la dizaine supérieure, du type « de 40 à 100 » et du type « de 300 à 1000 ».

Compléments à 100 et à 1000

Cherchons ensemble

Pour étudier l'ébullition, Tonio fait chauffer de l'eau et note sa température toutes les minutes. Au début de l'expérience, l'eau est à 17 degrés. Tonio se demande de combien de degrés la température devra alors augmenter pour atteindre 100 degrés.

- **Observe** son calcul et **complète** sa conclusion.

$17 \xrightarrow{+3} 20 \xrightarrow{+80} 100$ De 17 à 100, c'est … 17 + … = 100

- **Fais** le même calcul pour chaque température du tableau.

Temps (min)	0	1	2	3	4	5
Température (°C)	17	25	39	64	88	100

1 En présentant tes calculs comme Tonio, **calcule** les compléments :

- de 28 à 100
- de 15 à 100
- de 72 à 100
- de 89 à 100
- de 3 à 100
- de 64 à 100

2 **Calcule** et **complète**.

75 + … = 100
14 + … = 100
36 + … = 100
92 + … = 100
49 + … = 100
51 + … = 100
7 + … = 100
33 + … = 100

3 **Complète** le calcul du complément de 320 à 1000.

$320 \xrightarrow{+80} 400 \xrightarrow{+600} 1000$

De 320 à 1000, c'est … 320 + … = 1000

Calcule de la même façon les compléments :

- de 280 à 1000
- de 150 à 1000
- de 670 à 1000
- de 820 à 1000

4 **Calcule** et **complète**.

750 + … = 1000
140 + … = 1000
630 + … = 1000
770 + … = 1000
90 + … = 1000
890 + … = 1000
910 + … = 1000
20 + … = 1000
520 + … = 1000
0 + … = 1000

5 **Fais** une liste de toutes les étiquettes égales à 100, puis une autre liste de toutes les étiquettes égales à 1000.

72 + 27 | 44 + 56 | 75 + 25 | 910 + 90 | 12 + 88 | 32 + 78 | 53 + 57

710 + 290 | 840 + 60 | 510 + 590 | 470 + 530 | 160 + 740

Le coin du malin

Le nombre mystérieux

Mon complément à 1000 est 4 fois plus grand que moi. Qui suis-je ?

Problème

Mme Ducadeau dispose de 1000 €. Elle achète divers appareils électroniques pour ses enfants : un baladeur à 90 €, une console de jeu à 230 €, un ordinateur à 490 €.

- Combien d'argent lui reste-t-il après tous ces achats ?

Objectifs : Poser et effectuer une soustraction avec retenues.
Dans la tête : Soustractions du type 13 – 7, avec passage de la dizaine. Tables de 8 et de 9.

La soustraction posée

Cherchons ensemble

Cassandra et Tonio font bouillir de l'eau pendant un quart d'heure sur des réchauds différents. Dans le récipient gradué de Cassandra, le niveau de l'eau est passé de 235 cL à 187 cL. Pour calculer la quantité d'eau qui est partie, Cassandra pose une soustraction.

	2	3	15
–	1	8	7
		①	
	...	...	8

a - **Recopie** la soustraction et **termine** le calcul.

b - Dans le récipient de Tonio, le niveau de l'eau est passé de 312 cL à 246 cL.

- **Pose** et **effectue** la soustraction pour calculer la quantité d'eau qui est partie.
- Sur quel réchaud l'eau part-elle le plus vite ? **Propose** une explication.

1 **Recopie** et **effectue** les soustractions.

	6	5	8
–	2	7	3

	2	4	3	0
–			8	9

	3	4	0	6
–	2	6	5	9

2 **Pose** et **calcule** les soustractions.

967 – 286

8705 – 3899

1074 – 980

3012 – 2093

3 **Observe** à gauche comment on peut vérifier qu'une soustraction est juste en effectuant une addition : on doit retrouver le nombre du haut en additionnant les deux autres.
Vérifie de cette façon les autres soustractions. Quand l'une est fausse, **pose**-la et **calcule** le bon résultat.

$$\begin{array}{r} 728 \\ -\ 456 \\ \hline 272 \end{array} \rightarrow \begin{array}{r} 456 \\ +\ 272 \\ \hline 728 \end{array} \qquad \begin{array}{r} 528 \\ -\ 345 \\ \hline 273 \end{array} \qquad \begin{array}{r} 3406 \\ -\ 912 \\ \hline 2494 \end{array} \qquad \begin{array}{r} 6715 \\ -\ 3786 \\ \hline 3021 \end{array} \qquad \begin{array}{r} 5618 \\ -\ 4909 \\ \hline 709 \end{array}$$

Le coin du malin

Chaque signe représente un chiffre. **Indique** lequel pour que la soustraction soit juste.

	9	●	2	★
–	★	8	●	▲
	★	6	7	▲

Problème

Le tableau indique la longueur de 3 fleuves.
Quelle est la différence de longueur entre :
– l'Amazone et le Missisipi ?
– le Missisipi et le Rhône ?
– l'Amazone et le Rhône ?

- Amazone : 7025 km
- Missisipi : 3779 km
- Rhône : 812 km

Objectifs : Comprendre la règle des zéros dans les multiplications par 10 ou par 100. L'utiliser dans les multiplications par 20, 200, etc.
Dans la tête : Tables de 6, 7, 8 et 9. Mêler les diverses tables.

Multiplier par 10, 20, 100, 200...

Cherchons ensemble

M. Laflotte livre des barils d'eau potable de 10 L, 20 L, 100 L et 200 L dans des refuges isolés qui n'ont pas l'eau courante.
Dans le premier, il a livré 25 barils de 10 L et 12 barils de 100 L.
Il calcule combien cela représente de litres en tout.

a - **Recopie** et **termine** ses calculs, puis **indique** le nombre total de litres.

b - Dans le 2e refuge, il livre 8 barils de 20 L et 7 barils de 200 L.
Recopie et **termine** les calculs ci-dessous, puis **indique** le nombre total de litres livrés.

20 × 8 = 8 × 20 = 8 × 2 × 10 = 16 × 10 = …

200 × 7 = 7 × 200 = 7 × 2 × 100 = … × 100 = …

c - **Explique** comment on peut facilement multiplier par 10 ou 100, puis par 20 ou 200…

1 **Calcule.**

32 × 10 = …	10 × 91 = …	478 × 10 = …
10 × 0 = …	609 × 10 = …	10 × 260 = …
15 × 100 = …	100 × 40 = …	100 × 99 = …

2 **Calcule.**

7 × 30 = …	9 × 50 = …	80 × 6 = …
7 × 60 = …	15 × 20 = …	0 × 70 = …
4 × 300 = …	500 × 9 = …	21 × 200 = …

3 **Recopie** et **complète.**

73 × … = 730	… × 10 = 8300	100 × … = 9400	90 × … = 900
… × 700 = 3500	… × 50 = 200	… × 100 = 3000	8 × … = 800
50 × … = 4000	… × 40 = 160	20 × … = 460	25 × … = 5000

4 Émilie et Mickaël jouent aux fléchettes.
Ils ont noté dans un tableau le nombre de fléchettes envoyées dans chaque zone de la cible.
Calcule le score de chacun et **indique** qui a gagné.

	500	200	100	50
Émilie	2	7	8	6
Mickaël	3	7	6	4

Retiens bien

- Pour multiplier un nombre par 10 ou par 100, on écrit 1 ou 2 zéros à droite du nombre.
  46 x 10 = 460 46 x 100 = 4600
- Pour multiplier un nombre par 40 ou par 400, on multiplie d'abord le nombre par 4, puis on écrit 1 ou 2 zéros à droite du nombre obtenu.
  8 x 40 = 320 8 x 400 = 3200

Problème

Cette eau minérale est vendue en packs de 6 bouteilles. Elle est transportée en palettes contenant chacune 5 rangées de 10 packs.

a - Combien de bouteilles contient une palette ?

b - Le camion a chargé 20 palettes.
Combien transporte-t-il de bouteilles ?

Objectifs : Exploiter, compléter un diagramme du type « histogramme ».
Dans la tête : Multiplier par 20, 30, 40, 200, 300, 400… un nombre à un chiffre.

Exploiter un diagramme (2)

1 Ça va bouillir !

Marine a noté toutes les minutes la température de l'eau en train de chauffer.
Avec les valeurs qu'elle a trouvées, elle a tracé un diagramme et a commencé à remplir un tableau.

a - **Reproduis** le tableau sur ton cahier et **complète**-le à l'aide du diagramme.

b - Au bout de combien de minutes la température a-t-elle dépassé 50 degrés ?

c - Au bout de combien de minutes la température a-t-elle arrêté d'augmenter ?
Quelle est alors sa valeur ?

d - De combien de degrés la température a-t-elle augmenté pendant les 5 premières minutes ?
Pendant les 5 minutes suivantes ?

e - Par trois fois, Marine a constaté la même augmentation de température en une minute.
Quelle est cette augmentation et quand cela s'est-il passé ?

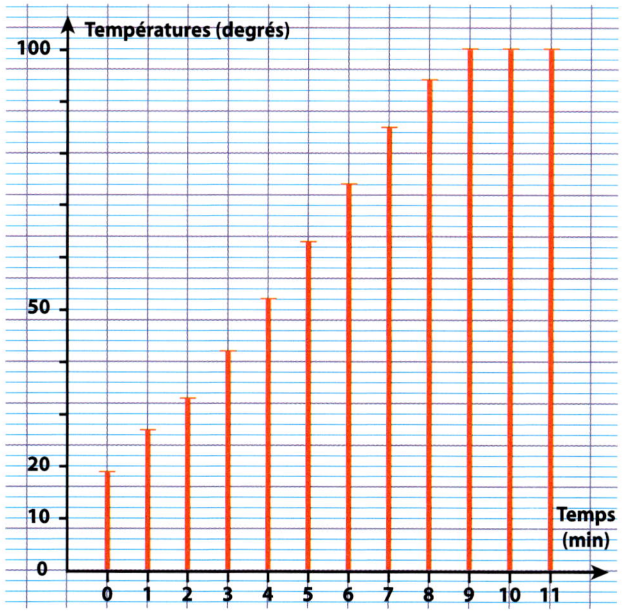

Temps (min)	0	1	2	3	4	5	6	7	8	9	10	11
Température (degrés)	19	…	…	…	52	63	74	85	…	…	…	…

2 Quand a-t-il le plus plu ?

Quentin et Rebecca sont allés à la station météorologique demander les hauteurs de pluie tombées chaque mois de l'année. Quentin a commencé un tableau et Rebecca un diagramme.

Mois	J	F	M	A	M	J	Jt	A	S	O	N	D
Hauteur (mm)	65	80	92	…	…	…	…	50	98	81	75	60

a - D'après le diagramme, quelle hauteur d'eau est tombée en avril ? En mai ? En juin ? En juillet ?

b - **Reproduis** sur ton cahier le diagramme ci-contre.
À l'aide des valeurs du tableau, **complète** le diagramme pour les mois d'août à décembre.

c - Quel mois de l'année la pluie a-t-elle été la plus abondante ? La moins abondante ?

d - Quelle hauteur d'eau totale est-il tombé de janvier à juin ? De juillet à décembre ? Au cours de toute l'année ?

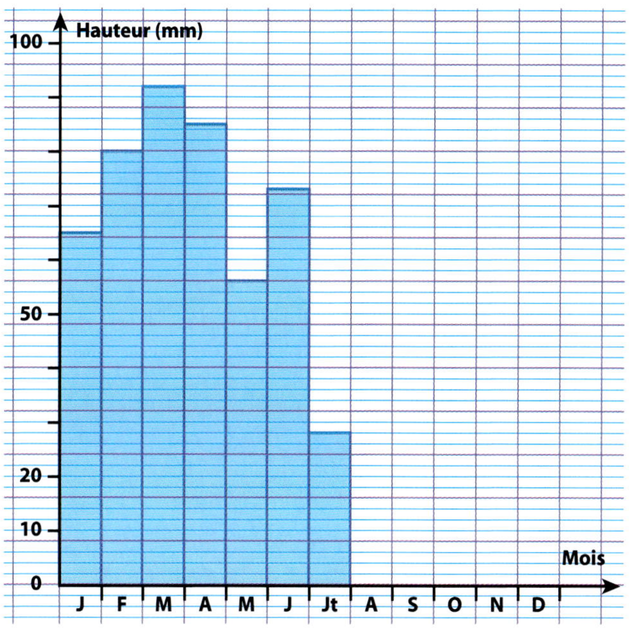

Que devient l'eau quand

La matière

Cherchons ensemble

- **Où va l'eau quand on fait sécher du linge mouillé ?**
- **Comment faire sécher un objet le plus rapidement possible ?**
- **D'où provient la buée qui apparaît sur un objet froid ?**

J'observe

- Laissée à l'air libre, l'eau liquide s'évapore lentement pour devenir de la vapeur d'eau mélangée à l'air (**Doc. 1**).
Grâce à l'évaporation, l'atmosphère contient toujours de la vapeur d'eau qui peut se condenser en buée en refroidissant (**Doc. 2**).

? Où est passée l'eau qui mouillait le sol sur la photo A ?

? Qu'est-ce qui a favorisé l'évaporation de l'eau ?

Doc. 1 : Après la pluie A et quelques heures plus tard B.

Doc. 2 : De la buée sur des lunettes froides.

? De quoi est constituée cette buée ?

? D'où provient-elle et pourquoi s'est-elle formée sur les lunettes ?

un objet sèche ?

Objectif : Concevoir le phénomène d'évaporation et les facteurs qui le favorisent.

▶ Je recherche

Éric et Laurent se demandent dans quelles conditions l'eau s'évapore le plus rapidement.

1. Éric fait l'hypothèse que l'eau s'évapore vite si elle est « étalée », c'est-à-dire si sa surface à l'air libre à une grande aire. Pour vérifier son hypothèse, il fait l'expérience ci-dessous en plaçant les deux récipients l'un à côté de l'autre.

A : Début de l'expérience B : 2 jours plus tard

- Pourquoi Éric a-t-il pris soin de mettre la même quantité d'eau dans les deux récipients et de les placer au même endroit ?
- L'hypothèse d'Éric est-elle vérifiée ?

2. Laurie réalise l'expérience ci-dessous en mettant la même quantité d'eau dans 3 verres identiques.

A

B

C
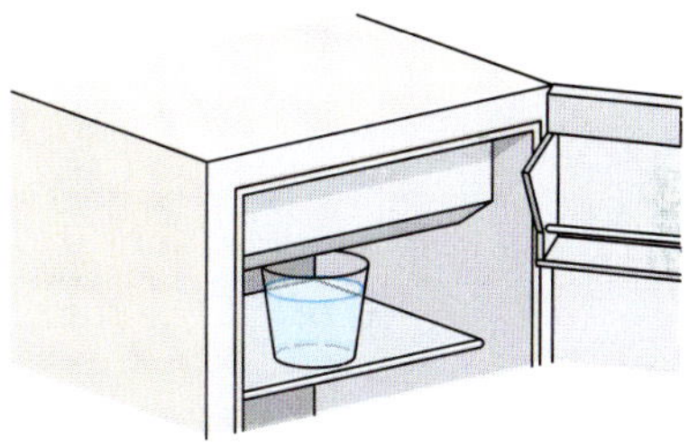

Un jour plus tard, elle constate que c'est dans le verre A qu'il reste le moins d'eau et dans le verre C qu'il en reste le plus.

- Quelle hypothèse Laurie vérifie-t-elle et quelle est sa conclusion ?
- Pourquoi les 3 verres doivent-ils être identiques ?
- Quel problème particulier pose le verre C ?

Atelier

- Le vent fait-il sécher les objets plus vite ? Pour le savoir, fais une expérience avec deux assiettes identiques contenant la même quantité d'eau et posées à proximité l'une de l'autre. À l'aide d'un ventilateur, souffle de l'air sur une seule des assiettes et observe le résultat au bout de quelques heures.

J'AI COMPRIS

Lorsque de l'eau liquide est à l'air libre, elle se transforme lentement en vapeur d'eau : c'est l'évaporation. L'évaporation est favorisée par la chaleur, la ventilation et l'étalement de l'eau. La vapeur d'eau contenue dans l'air peut former de la buée en se refroidissant.

Objectifs : Classer et ranger des surfaces selon leur aire.

Dans la tête : Multiplication par 20, 30, 40, 200, 300, 400… d'un nombre à un chiffre.

Comparer des surfaces (1)

Cherchons ensemble

Jérémy a mis la même quantité d'eau dans ses deux bacs. Il voudrait prévoir dans quel bac l'eau va s'évaporer le plus vite : c'est celui qui a la surface la plus étendue, c'est-à-dire celui dont l'**aire** est la plus grande.
Jérémy a mesuré ses deux bacs, puis les a dessinés ci-dessous.

a - **Recherche** un moyen pour comparer leur aire (tu peux mesurer, décalquer puis découper…).

b - **Indique** celui qui a l'aire la plus grande.

1 **Compare** l'aire des deux rectangles rouges.
Fais de même pour les deux rectangles verts.

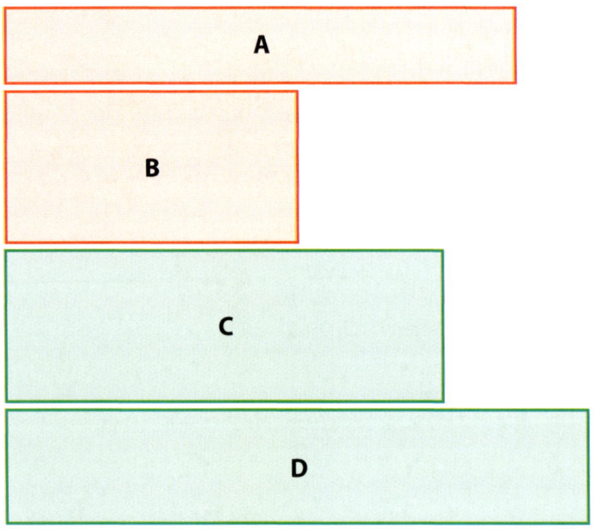

2 **Trouve** les deux figures qui ont la même aire.
Range les autres figures de l'aire la plus petite à l'aire la plus grande.

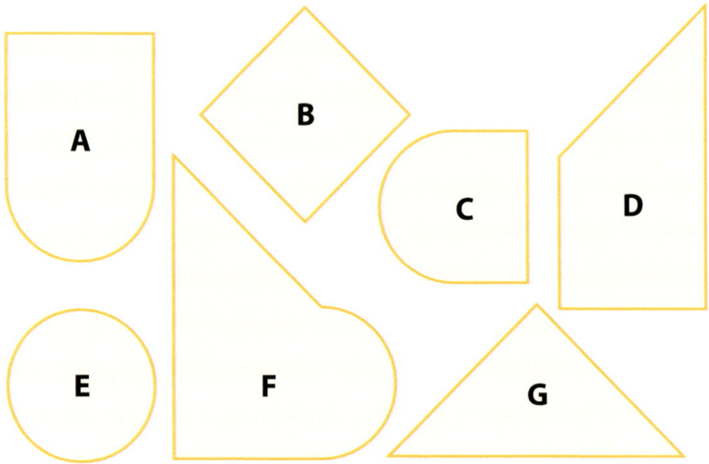

Le coin du malin

Compare l'aire des deux figures.

Problème

Reproduis cette figure, puis **trace** une autre figure ayant la même aire, mais de forme différente.

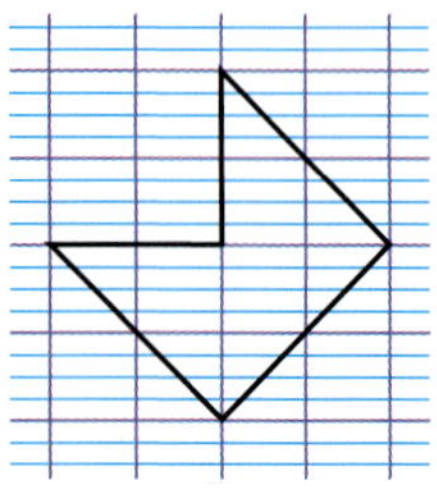

Objectifs : Reconnaître, tracer des surfaces d'aire double, triple… d'une aire donnée.

Dans la tête : Tables de 6, 7, 8 et 9.

Comparer des surfaces (2)

Cherchons ensemble

Sur une feuille quadrillée, **trace** 3 triangles identiques au triangle rouge, puis **découpe**-les.
Utilise ensuite ces triangles pour répondre aux questions.

a - Quelles sont les figures qui ont une aire double de celle du triangle rouge ?

b - Quelles sont les figures qui ont une aire triple de celle du triangle rouge ?

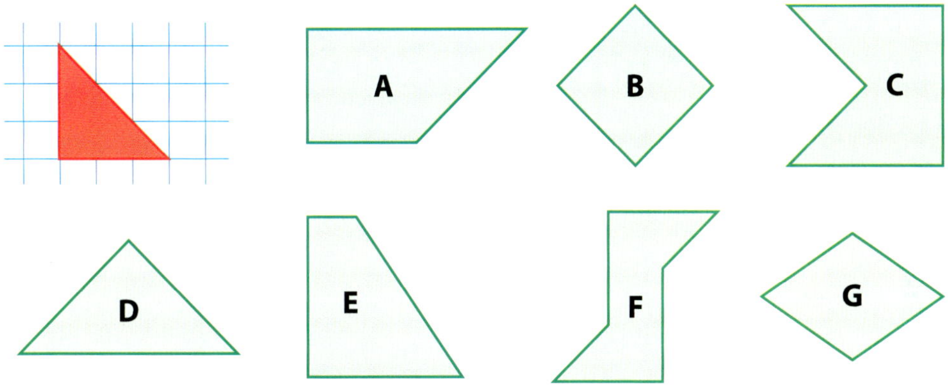

1 **Observe** les pièces du Tangram et indique celles qui ont une aire :
- égale à l'aire du triangle A,
- double de l'aire du triangle A,
- quadruple (4 fois) de l'aire du triangle A.

Utilise ces résultats pour comparer l'aire des deux figures construites avec certaines pièces du Tangram.
Justifie ta réponse.

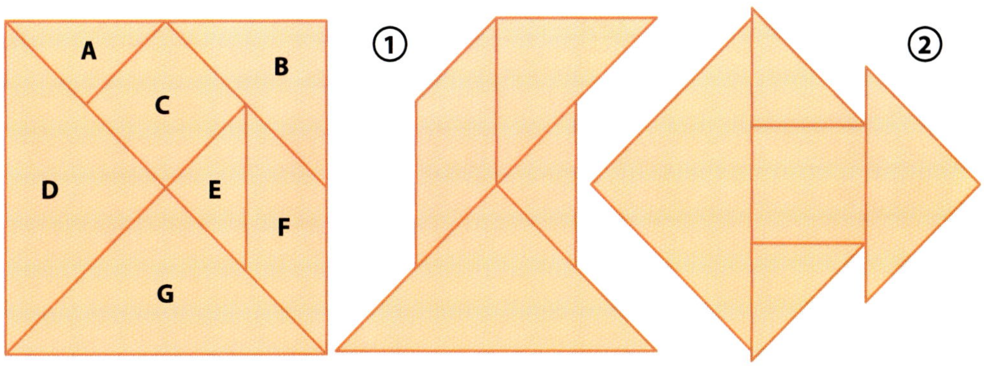

2 Combien de fois l'aire du petit rectangle est-elle contenue dans l'aire du grand ?

Le coin du malin

En utilisant toutes les pièces de son Tangram, Marina a réalisé successivement ces 2 figures.

Compare leurs aires.

Problème

Reproduis ce carré, puis **trace** 3 figures de formes différentes ayant une aire double de celle du carré.

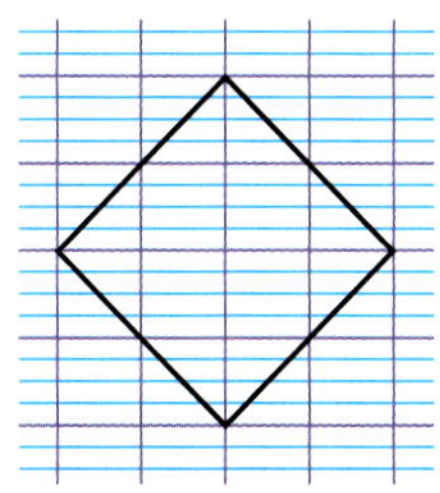

Objectifs : Connaître et utiliser les règles de priorité liées aux parenthèses dans les calculs.

Dans la tête : Tables de multiplication (révision générale).

Calculs avec parenthèses

Cherchons ensemble

Dans la petite mare près de chez elle, Manon a observé que le niveau de l'eau baissait à cause de l'évaporation. En faisant des expériences, elle a établi qu'il s'évaporait à sa surface environ :
- 25 L d'eau les jours ensoleillés sans vent,
- 70 L d'eau les jours ensoleillés avec du vent,
- 16 L d'eau les jours sans soleil ni vent.

Cette semaine, il y a eu 4 jours sans vent dont 2 ensoleillés, et 3 jours ensoleillés avec du vent. Pour savoir quelle quantité d'eau s'est évaporée de la mare pendant la semaine, Manon écrit un calcul avec des parenthèses

(25 × 2) + (70 × 3) + (16 × 2) = …

a - **Explique** à quoi correspond chaque opération entre parenthèses.

b - **Recopie** et **effectue** le calcul en commençant par les opérations entre les parenthèses.

1 **Complète** l'exemple puis calcule de la même façon.

(4 × 5) + (16 – 5) – 3 =
20 + 11 – 3 = …

9 × (13 – 4) = … (6 + 8) × (9 – 7) = …

(17 – 6) – (18 – 9) = … 20 + (9 × 20) – 79 = …

2 **Place** les parenthèses pour que l'égalité soit juste.

18 – 7 + 24 = 35 38 – 23 + 11 = 4

57 – 42 + 15 = 30 18 – 35 – 27 = 10

6 × 8 – 3 = 30 8 + 31 × 2 = 78

4 × 8 – 2 × 16 = 0 7 × 15 – 7 × 2 = 112

3 **Observe** comment Mohamed utilise sa calculatrice pour effectuer son calcul avec des parenthèses.

(27 × 6) – (14 × 11) + 79 = …

2 7 X 6 M+ 1 4 X 1 1 M- 7 9 M+ MRC

a - **Effectue** ce calcul avec ta calculatrice en appuyant dans l'ordre sur les touches indiquées.

b - **Calcule** de la même façon : (143 × 5) + (26 × 12) – (14 × 6) = … 954 + (28 × 12) – (27 × 4) – (183 × 3) = …

4 **Calcule** en utilisant ta calculatrice seulement si c'est nécessaire.

(6 × 8) – (4 × 7) + (20 – 6) = … 280 – (4 × 50) – (22 – 14) = … 585 – (13 × 5) + (42 × 8) = …

150 – (13 × 10) + (59 × 10) = … (191 × 11) – (4250 – 2630) = … (567 + 235) – (45 × 12) = …

Retiens bien

Quand un calcul contient des parenthèses, il faut d'abord effectuer les opérations écrites entre les parenthèses.

9 × (12 – 7) = 9 × 5 = 45

Problème

La directrice de l'école a en réserve 58 crayons. Elle en achète 11 paquets de 25. Elle en donne 30 dans chacune des 5 classes de l'école.

Combien de crayons lui reste-t-il alors ? (**Écris** ton calcul avec des parenthèses.)

Objectifs : Désigner, écrire, décomposer les nombres jusqu'à 6 chiffres. Compter de 10 en 10, de 100 en 100, de 1000 en 1000.

Dans la tête : Complément à 100 et à 1000 (du type de 340 à 1000).

Les nombres jusqu'à 999 999 (1)

Cherchons ensemble

Diego habite près d'un petit lac. Des scientifiques ont calculé que le lac perdait chaque jour en moyenne environ six cent cinquante quatre mille (654 000) litres d'eau par évaporation ! Pour se représenter cette quantité, Diego s'imagine cette eau contenue dans des gros camions citerne de 100 000 L, des petits camions de 10 000 L et des cuves de 1000 L.

a - Combien faudrait-il de gros camions, de petits camions et de cuves pour contenir les 654 000 L d'eau ?

b - **Complète** la décomposition du nombre.

654 000 = (100 000 × …) + (10 000 × …) + (1 000 × …)

c - Un jour d'été, il s'est évaporé du lac environ 785 600 L d'eau.
Réponds à la même question que précédemment pour le nombre 785 600 et **décompose**-le.

1 **Écris** les nombres en lettres.

127 213   63 835   945 201

350 020   706 012   200 075

2 **Écris** les nombres en chiffres.

a - treize mille sept cent quatorze
b - neuf cent trente-trois mille cent vingt et un
c - huit cent quarante-deux mille seize
d - deux cent mille cent soixante-douze

3 Dans la liste des nombres ci-dessous, **indique** ceux que tu peux dire en n'utilisant que des mots des étiquettes.

trois	six	vingt
cent	dix	mille

3 026   17 020   600 010   310 020

3 620   32 110   126 000   23 106

4 **Recopie** chaque série et **prolonge**-la avec les 12 nombres qui suivent.

a - 75 923 → 75 933 → 75 943 → …

b - 94 630 → 95 630 → 96 630 → …

c - 123 760 → 123 860 → 123 960 → …

d - 267 105 → 277 105 → 287 105 → …

5 **Décompose** les nombres comme dans l'exemple.

391 805 = (100 000 x 3) + (10 000 x 9) + 1 000 + (100 x 8) + 5

692 037   120 792   58 004   905 098   17 430   400 615

Retiens bien

L'espace après les 3 premiers chiffres de droite permet de repérer facilement le nombre de « mille ».

centaines de mille	dizaines de mille	unités de mille	centaines	dizaines	unités
c(m)	d(m)	u(m)	c	d	u
9	5	8	6	4	3
neuf cent	cinquante	huit mille	six cent	quarante	trois

Problème

La famille Grandezeaux consomme en moyenne chaque mois 21 000 L d'eau du robinet.
Leur compteur d'eau affiche aujourd'hui 726 000 L.
Combien affichera-t-il dans 6 mois ?

Objectifs : Comparer, ranger, situer sur la droite numérique les nombres jusqu'à 6 chiffres.

Dans la tête : Dictée de nombres jusqu'à 6 chiffres.

Les nombres jusqu'à 999 999 (2)

Cherchons ensemble

Le réchauffement climatique favorise l'évaporation de l'eau. Cela accentue la sécheresse et fait diminuer les réserves d'eau dans le sous-sol.
Pour étudier le phénomène, on a mesuré chaque mois la réserve d'eau disponible dans un grand puits servant à alimenter un village.

a - **Range** ces nombres du plus grand au plus petit.

b - **Explique** comment on doit s'y prendre pour comparer des grands nombres.

Mois	Janvier	Février	Mars	Avril	Mai	Juin	Juillet	Août	Sept.	Oct.	Nov.	Déc.
Réserve (L)	578 000	520 000	430 000	286 000	198 000	184 000	105 000	83 000	90 000	551 000	581 000	713 000

1 **Complète** avec les signes < ou >.

794 365 … 793 976 76 995 … 79 695

100 200 … 101 000 200 309 … 30 209

2 **Range** les nombres dans l'ordre croissant.

214 803 241 803 314 802

84 312 214 308 341 208

3 **Reproduis** la droite numérique et les nombres. **Observe** l'exemple, puis **relie** chaque nombre à son emplacement approximatif.

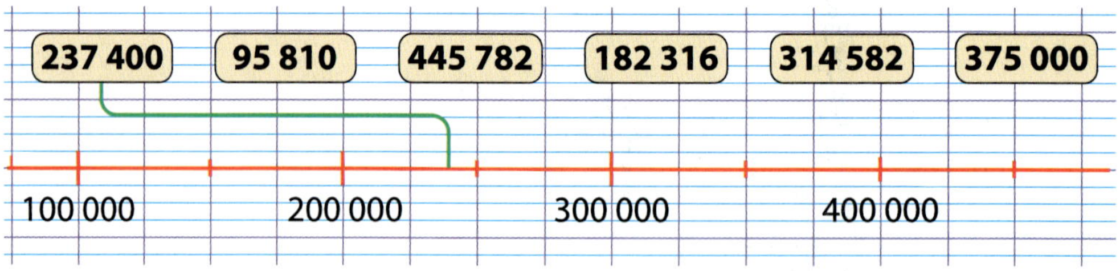

4 **Indique** le nombre correspondant à chaque position sur la droite numérique.

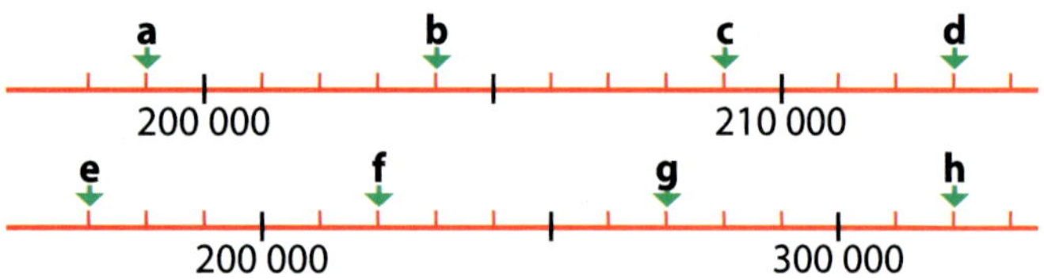

5 Le compteur de Clara fait des sauts irréguliers de 10, 100, 1000, ou 10 000 !
Indique pour chaque saut le nombre ajouté.

109 053 →(a) 109 153 →(b) 110 153 ↓(c)

120 263 ←(e) 120 163 ←(d) 110 163

↓(f)

120 273 →(g) 121 273 →(h) 131 273

Le coin du malin

Observe la série et **écris** les 6 nombres suivants.

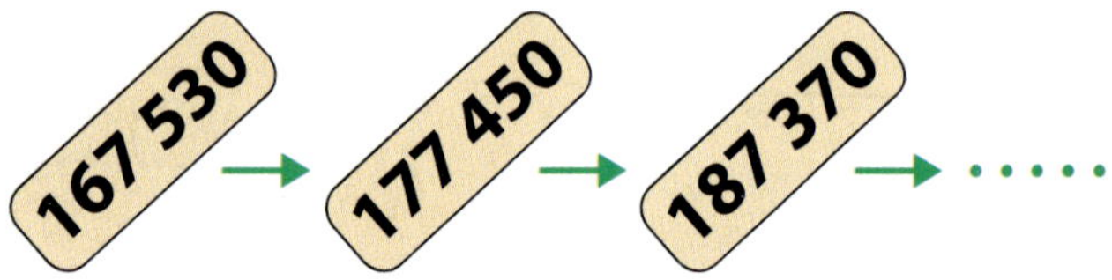

Problème

M. Labielle vient d'acheter une voiture dont le compteur affiche 26 835 km.
Il devra ramener sa voiture au garage pour une révision tous les 20 000 km.
Combien de fois fera-t-il réviser sa voiture jusqu'à ce que le compteur affiche 150 000 km ?

Objectifs : Compter, calculer des sommes en euros et centimes d'euros.

Dans la tête : Recherche de compléments à 100 et à 1000. Dictée de nombres jusqu'à 6 chiffres.

Utiliser la monnaie

1 Le sèche-cheveux.

Laura va avec sa grand-mère acheter un sèche-cheveux qui coûte 46 €. Dans son porte-monnaie, elle possède 2 billets de 20 €, 4 billets de 10 €, 2 pièces de 2 € et 5 € pièces de 1 €.

a - Quelle somme d'argent possède Laura ?

b - Laura se demande comment payer le sèche-cheveux en donnant le moins possible de billets et de pièces.
Que devra-t-elle donner ?

c - Finalement, c'est la grand-mère de Laura qui décide de payer le sèche-cheveux. Elle donne au vendeur un billet de 100 €.
Combien doit lui rendre le vendeur ?

d - Le vendeur n'a que des billets de 20 € et de 5 €, et des pièces de 2 €. Pourra-t-il rendre la monnaie ?
Si oui, comment pourra-t-il réaliser la somme ?

2 La vieille tirelire.

En ouvrant sa vieille tirelire, Djalil a retrouvé toutes les pièces dessinées ci-contre.
Ce ne sont que des centimes d'euros : 50 c, 20 c, 10 c, 5 c, 2 c, 1 c.

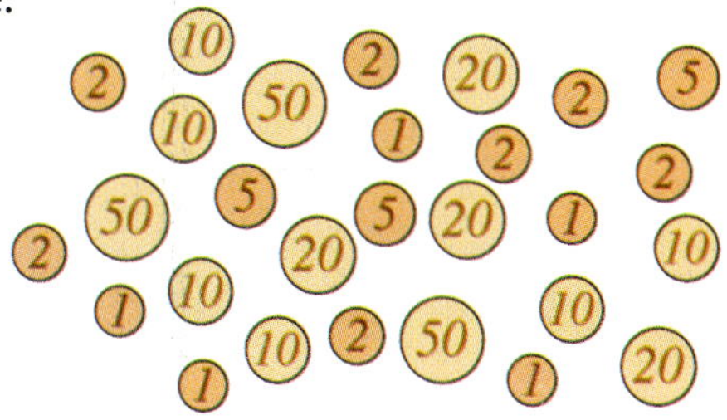

a - Combien de centimes Djalil possède-t-il au total ?

b - Djalil demande à ses parents de lui échanger ses centimes contre des pièces de 1 € (1 € = 100 c).
Combien obtiendra-t-il de pièces de 1 € et combien de centimes lui restera-t-il ?

c - Combien lui manque-t-il de centimes pour avoir un nombre « rond » d'euros ?

3 Qui est le plus riche ?

Rose, Sophia et Alice ont sorti toutes leurs pièces de leur tirelire pour compter leur fortune.
Rose a 6 euros et 17 centimes. Sophia a 4 euros et 246 centimes. Alice a 5 euros et 196 centimes.

a - Qui a le plus d'argent ? Le moins d'argent ?

b - Tout en gardant la même somme d'argent, chaque fille veut échanger ses pièces pour avoir le moins de pièces possible.
Combien de pièces de chaque sorte obtiendra chaque fille ? (Tous les types de pièces peuvent être utilisés.)

4 Au marché.

Chez le marchand de légumes, M. Verdure achète pour 5 € 57 c de tomates, 3 € 75 c de courgettes, 4 € 82 c d'aubergines, et deux salades à 85 c chacune.

Combien doit-il payer au total ?

5 Les mille euros.

M. Émile possède 7 billets de 50 €, 12 billets de 20 €, 7 billets de 10 € et 15 pièces de 2€.

a - Quelle somme d'argent possède-t-il ?

b - Il a besoin d'avoir 1 000 €. Comment lui donner la somme manquante en utilisant le moins de billets et de pièces possible ? (Les plus gros billets disponibles sont les billets de 50 €.)

Objectifs : Maîtriser les notions mathématiques étudiées de la page 36 à la page 40.

ENTRAÎNEMENT 2

Module 3

1 **Complète** avec le complément à 100 ou à 1000. (Page 38)

50 + … = 100	250 + … = 1000	51 + … = 100	1000 + … = 1000
99 + … = 100	720 + … = 1000	8 + … = 100	10 + … = 1000
42 + … = 100	630 + … = 1000	0 + … = 100	930 + … = 1000
75 + … = 100	450 + … = 1000	19 + … = 100	510 + … = 1000

2 **Recopie** et **effectue** les soustractions. (Page 39)

$$\begin{array}{r} 659 \\ -\ 284 \\ \hline \end{array} \qquad \begin{array}{r} 2861 \\ -\ 1289 \\ \hline \end{array} \qquad \begin{array}{r} 1245 \\ -\ 708 \\ \hline \end{array} \qquad \begin{array}{r} 5405 \\ -\ 4728 \\ \hline \end{array}$$

3 **Pose** et **calcule** les soustractions. (Page 39)

739 – 273	842 – 629	842 – 787	2036 – 1829
3528 – 1355	6742 – 2728	7305 – 908	3061 – 2983

4 **Complète** les opérations. (Page 40)

28 × 10 = …	10 × 76 = …	780 × 10 = …	82 × … = 820	… × 100 = 6900
46 × 100 = …	100 × 37 = …	59 × 100 = …	… × 10 = 5400	24 × … = 2400
12 × 20 = …	7 × 40 = …	70 × 9 = …	7 × … = 350	… × 80 = 480
8 × 600 = …	500 × 9 = …	6 × 600 = …	10 × … = 1010	34 × … = 6800

5 **Indique** l'heure (du matin) de deux façons différentes. (Page 36)

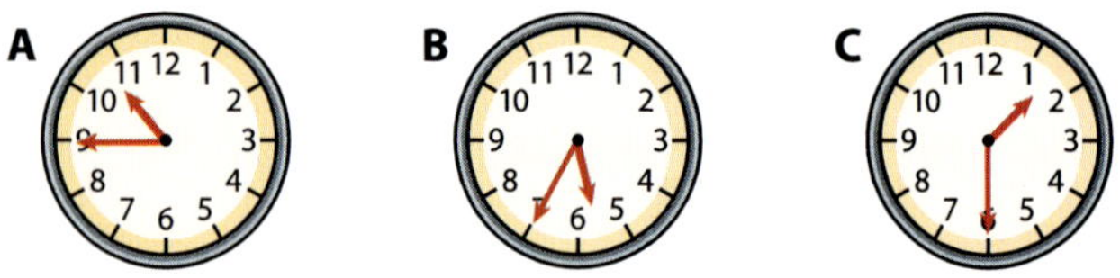

6 **Indique** l'heure affichée en heures et minutes. (Page 36)

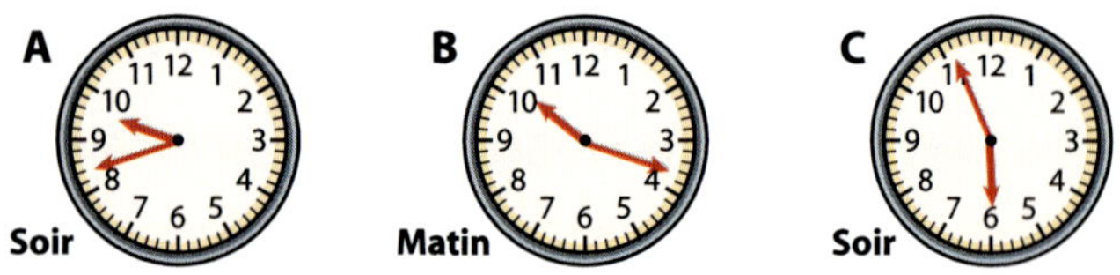

7 **Calcule** la durée écoulée dans chaque cas. (Page 37)

a - Entre 19 h 21 min et 22 h 44 min

b - Entre 5 h 46 min et 6 h 12 min

c - Entre 18 h 32 min 26 s et 18 h 34 min 50 s

d - Entre 9 h 45 min et 11 h 21 min

e - Entre 18 h 42 min et 20 h 18 min

f - Entre 4 h 12 min 35 s et 4 h 14 min 20 s

Objectifs : Maîtriser les notions mathématiques étudiées de la page 44 à la page 48.

ENTRAÎNEMENT 2

Module 4

1 **Recopie** et **calcule.** (Page 46)

7 × (9 – 5) = … 35 – (5 × 4) = … (8 + 7) × (16 –14) = … (6 × 7) – (4 × 3) = …

18 + (15 – 9) = … 38 – (12 + 16) = … (8 – 5) × (50 – 40) = … 55 – (5 × 9) –10 = …

2 **Recopie** et **place** des parenthèses pour que l'égalité soit juste. (Page 46)

18 – 12 – 6 = 12 17 – 11 + 9 = 15 9 – 4 × 5 + 15 = 1003 + 4 × 2 + 3 = 14

7 × 9 – 5 = 58 36 – 6 × 5 = 6 5 × 6 – 4 × 7 = 70 9 × 7 – 4 × 8 = 31

3 **Écris** les nombres en lettres ou en chiffres. (Page 47)

238 542 127 265 87 542 450 680 200 421 90 045

a - trois cent quarante-cinq mille six cent vingt-deux

b - soixante-dix-huit mille sept cent trente-six

c - huit cent quarante-deux mille trois cent douze

d - trois cent dix mille quatre-vingt-deux

e - six cent mille quatre cent huit

f - quatre-vingt-sept mille quarante-huit

4 **Décompose** les nombres comme dans l'exemple. (Page 47)

271 094 = (100 000 × 2) + (10 000 × 7) + 1 000 + (10 × 9) + 4

273 628 62 740 418 921 408 600 91 502 370 040

58 321 845 390 110 657 108 080 30 504 901 800

5 **Complète** avec les signes < ou >. (Page 48)

86 351 … 89 546 783 250 … 583 960 406 810 … 460 809 67 542 … 76 524

148 400 … 200 400 760 480 … 760 500 270 030 … 37 030 950 408 … 905 480

6 **a** - Parmi ces figures, lesquelles ont la même aire ?

b - Quelle figure a l'aire la plus grande ? (Page 44)

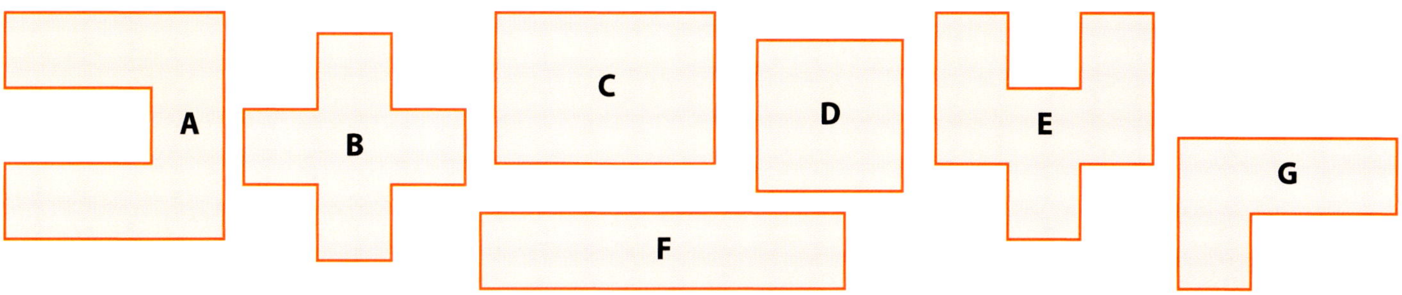

Objectifs : Évaluer les notions mathématiques étudiées de la page 36 à la page 48.

BILAN 2

1 **Calcule** les compléments à 100.

28 + … = 100
87 + … = 100
1 + … = 100
55 + … = 100
91 + … = 100
100 + … = 100

2 **Calcule** les compléments à 1000.

350 + … = 1000
440 + … = 1000
80 + … = 1000
910 + … = 1000
0 + … = 1000
790 + … = 1000

3 **Pose** et **calcule** les soustractions.

518 – 375
1283 – 839
6025 – 2438
2103 – 1845

4 **Fais** une addition pour vérifier si chaque soustraction est juste. Quand l'une est fausse, **pose**-la et **calcule** le bon résultat.

7 4 3	1 4 3 6	5 2 0 5
– 3 6 8	– 1 2 7 6	– 4 8 1 6
4 7 5	1 6 0	4 8 9

5 **Complète** les opérations.

35 × 10 = …
47 × 100 = …
… × 10 = 7430
… × 100 = 5500
8 × 70 = …
9 × 600 = …
15 × … = 300
… × 500 = 3500

6 **Effectue** les calculs avec les parenthèses.

8 × (12 – 6) = …
(5 × 9) – 20 = …
14 – (15 – 8) = …
36 – (9 + 7) = …
(16 – 9) × (4 + 3) = …
(8 × 6) – (7 × 3) = …
14 + (6 × 4) – 18 = …
3 × (6 + 4) × 9 = …

7 **Écris** les nombres en chiffres.

a - cinquante-neuf mille cent soixante-quinze
b - six cent deux mille trois cent quarante
c - quatre cent vingt mille dix-huit

8 **Recopie** et **prolonge** chaque série avec les 12 nombres qui suivent.

89 632 → 89 732 → 89 832 → …
287 760 → 288 760 → 289 760 → …

9 **Complète** avec les signes < ou >.

57 814 … 57 184
126 020 … 12 603
250 730 … 270 530
400 580 … 405 800

10 **Range** les nombres dans l'ordre décroissant.

74 035 470 035 407 530
740 350 743 500 470 305

11 Le poissonnier a apporté 1000 € pour acheter du poisson aux pêcheurs qui arrivent au port.
Il achète pour 340 € à un premier pêcheur, pour 275 € à un deuxième et pour 135 € à un troisième.
Combien d'argent lui reste-t-il ?

12 Mme Grenier est partie à la brocante avec 30 € en poche. Elle a vendu 16 cartes postales à 2 € l'une, puis elle a acheté 6 tasses à 3 € l'une.
Quelle somme d'argent a-t-elle en poche après cela ?
(**Écris** tes calculs avec des parenthèses.)

13 **Indique** l'heure affichée en heures et minutes.

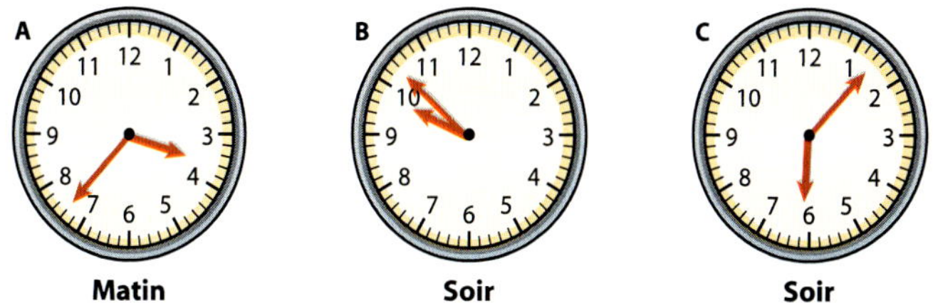

14 **Écris** l'heure affichée en utilisant le mot « moins ». (C'est le matin.)

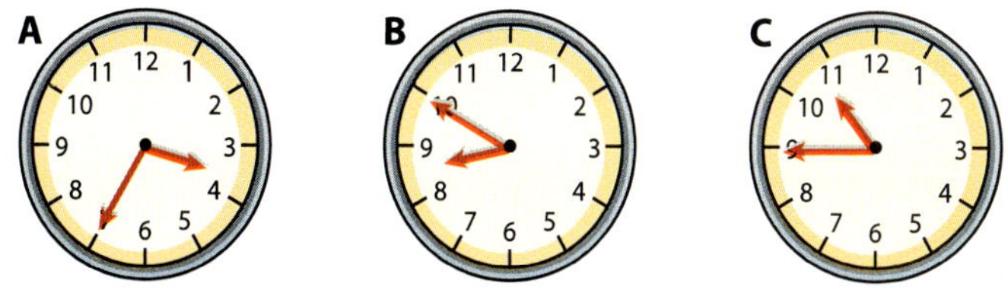

15 **Indique** dans chaque cas la durée écoulée entre les deux affichages.

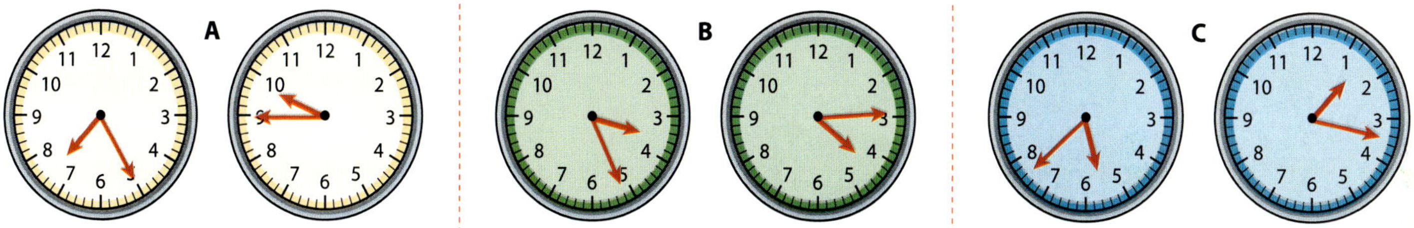

16 **Indique** la durée écoulée en minutes et secondes.

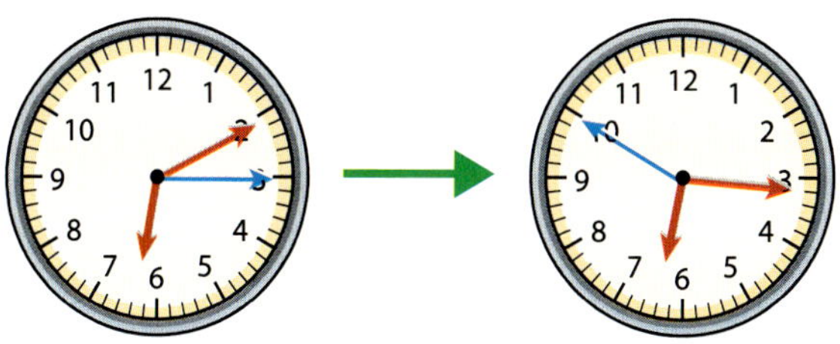

17 **Calcule** la durée écoulée.

a - entre 12 h 22 min et 16 h 38 min

b - entre 10 h 35 min et 11 h 10 min

c - entre 19 h 35 min et 21 h 05 min

d - entre 11 h 49 min et 14 h 23 min

e - entre 10 h 38 min 15 s et 10 h 42 min 55 s

18 **Compare** l'aire des deux figures.

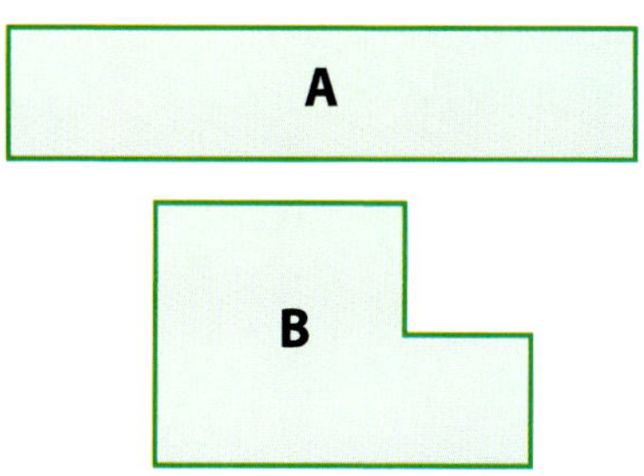

19 **Range** les figures de l'aire la plus petite à l'aire la plus grande.

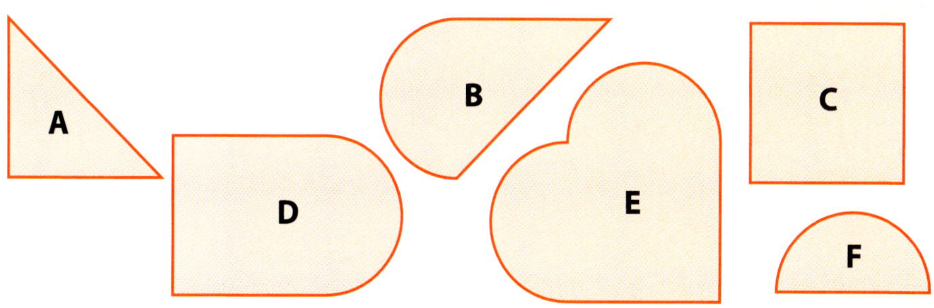

20 Le TGV est parti de Paris à 19 h 50 min.
Il a roulé durant 1 h 25 min, a fait un arrêt de 3 min, puis a roulé à nouveau 1 h 42 min jusqu'à Marseille.
À quelle heure le TGV est-il arrivé à Marseille ?

21 **Reproduis** ce triangle sur ton cahier.
Trace ensuite 3 figures de formes différentes ayant chacune une aire triple de celle du triangle.

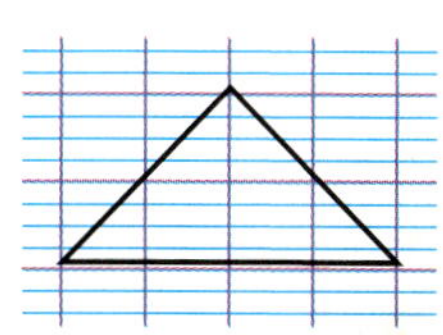

Qu'est-ce qui est vertical

Le ciel et la Terre

Cherchons ensemble

- Qu'est-ce que la verticale et l'horizontale ?
- Comment vérifier qu'une ligne est verticale ou horizontale ?

J'observe

Doc. 1 : Utilisation d'un fil à plomb par un maçon.

? Dans quel but le maçon utilise-t-il un fil à plomb ?

Doc. 2 : La tour de Pise.

? Quelle est la particularité de cette tour ?

? A-t-elle été construite ainsi ? Que lui est-il arrivé ?

Doc. 3 : L'eau de l'étang est calme, sa surface est horizontale.

? Y a-t-il d'autres lignes horizontales sur cette photo ?

Doc. 4 : Un niveau à bulle. Quand la bulle est bien entre les repères, le niveau est horizontal.

? La surface, sur laquelle le niveau à bulle est posé, est-elle horizontale ?

ou horizontal ?

Objectifs : Vérifier la verticalité avec le fil à plomb et l'horizontalité avec le niveau à bulle. Vérifier l'orthogonalité entre une ligne verticale et une ligne horizontale.

Je recherche

1. Léa utilise son fil à plomb pour vérifier si différents murs sont verticaux. Dans chaque dessin, le fil à plomb est immobile.

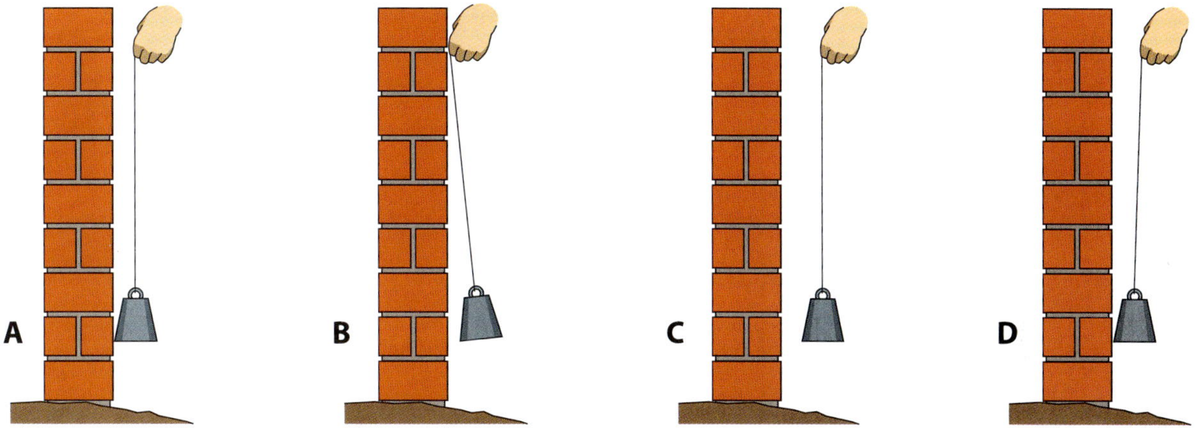

• Dans chaque cas, indique si Léa peut savoir si le mur est vertical ou ne l'est pas. Sinon, indique comment elle doit effectuer une vérification complémentaire.

2. Samy se demande si une ligne verticale et une ligne horizontale qui se coupent, font entre elles un angle droit. Il réalise le montage ci-dessous avec un fil à plomb et une bassine d'eau.

• Dans le dessin, quelle ligne est verticale ? Quelle ligne est horizontale ?

• Aide Samy à terminer son expérience en utilisant ton équerre.

• À quelle conclusion Samy arrivera-t-il ?

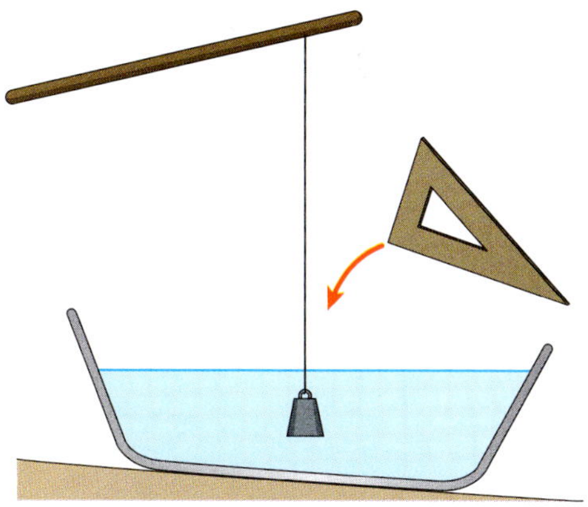

Atelier

• Fabrique ton fil à plomb avec une ficelle d'environ 2 mètres de longueur, un gros écrou et un carré de carton de la même taille que l'écrou.
Perce un trou bien au milieu du carré de carton.
Attache l'écrou à une extrémité de la ficelle et fais passer l'autre extrémité dans le trou du carré de carton.

J'AI COMPRIS

Une ligne est verticale si elle a la même direction qu'un fil à plomb. La surface d'un liquide au repos (immobile) est horizontale. On peut vérifier qu'une ligne est horizontale à l'aide d'un niveau à bulle. Une ligne verticale et une ligne horizontale qui se coupent sont perpendiculaires.

Objectifs : Reconnaître et tracer des droites perpendiculaires.

Dans la tête : Additions du type 260 + 70, puis 260 + 76 (d'abord sans, puis avec passage de la centaine).

Droites perpendiculaires

Cherchons ensemble

Alan fait une expérience pour vérifier que le fil à plomb est bien **perpendiculaire** à la surface de l'eau. Il a commencé à dessiner son expérience.

Reproduis approximativement ce dessin sur papier uni, en traçant les traits à la règle.

Utilise ensuite ton équerre pour tracer la ficelle du fil à plomb : elle part du point A, et elle est perpendiculaire à la ligne bleue.

Sur ton dessin, **code** les angles droits de cette façon :

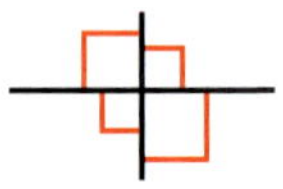

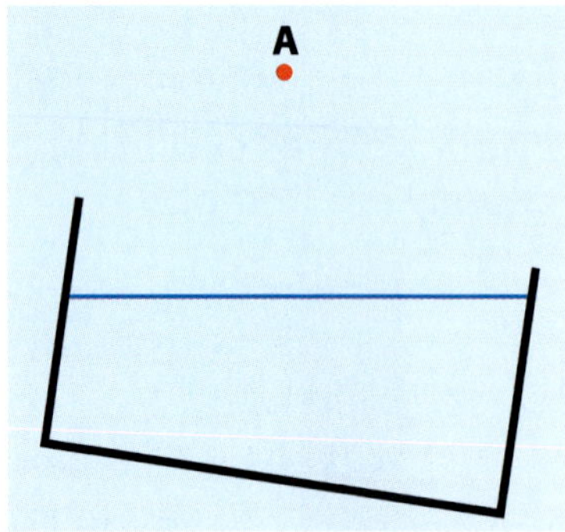

1 À l'aide de ton équerre, **recherche** les droites perpendiculaires.

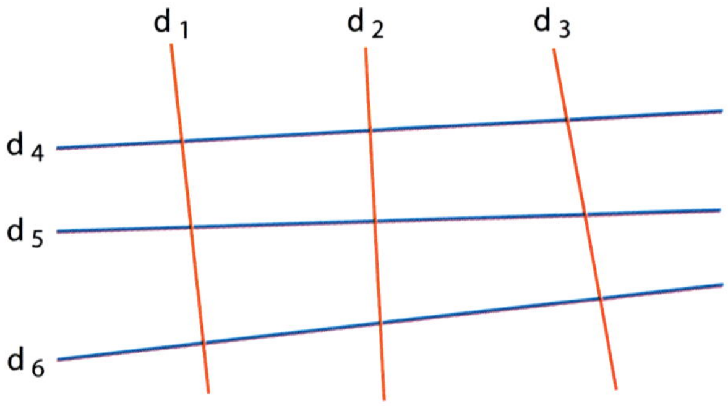

2 **Recherche** quels côtés du polygone sont perpendiculaires et **indique** les sommets correspondants.

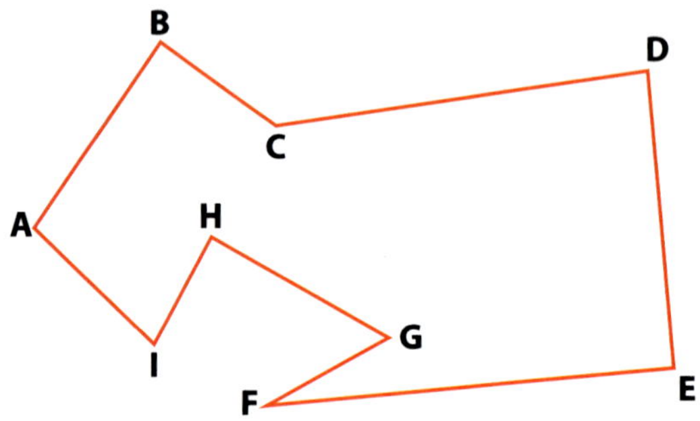

3 **Reproduis** la figure ci-contre :
- **trace** la droite bleue,
- **place** un point A n'importe où sur la droite et un point B en dehors de la droite.

Trace ensuite 2 droites perpendiculaires à la droite bleue, l'une passant par le point A et l'autre passant par le point B.

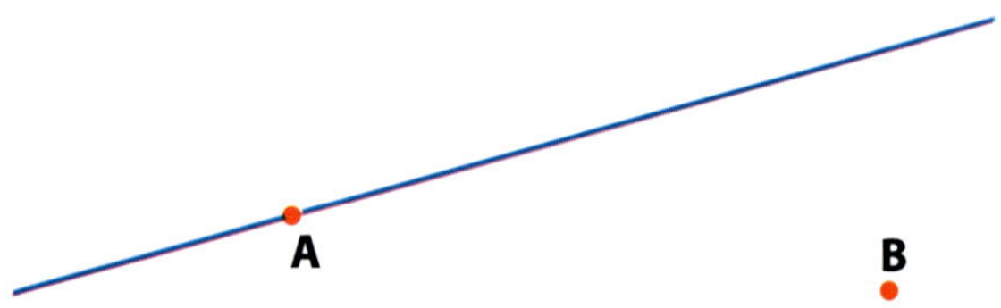

Retiens bien

Pour vérifier que deux droites sont perpendiculaires, ou pour tracer une droite perpendiculaire à une autre, on utilise les deux côtés de l'angle droit de l'équerre.

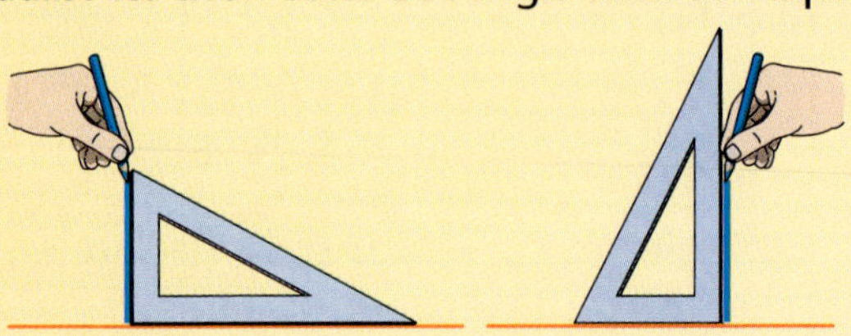

Problème

On a tracé deux côtés d'un rectangle.
Mesure-les et **reproduis** la figure.

Termine le tracé du rectangle.

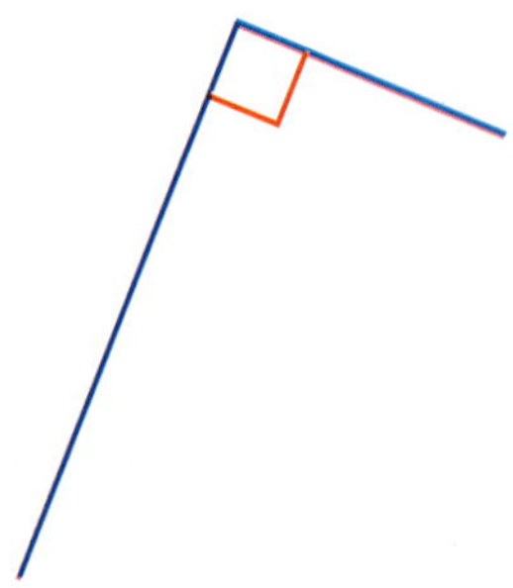

Objectifs : Reconnaître le parallélisme entre droites par divers procédés.
Dans la tête : Soustractions du type 80 – 26, 280 – 26 (d'abord sans, puis avec passage de la centaine).

Droites parallèles (1)

Cherchons ensemble

Anita a orienté ses deux rayons laser rouges pour qu'ils frôlent la surface horizontale de l'eau dans les deux récipients. Les deux rayons rouges sont **parallèles** : ils sont écartés partout de la même distance et ne se rencontrent jamais, même si on les prolonge. Les lignes d'un quadrillage sont également parallèles.

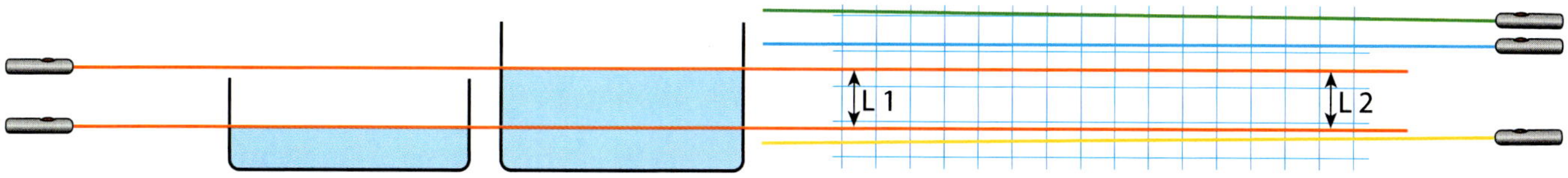

a - Que peux-tu dire des longueurs L1 et L2 sur les deux bords du quadrillage ?

b - **Indique** si chacun des autres rayons laser (vert, bleu, jaune) est parallèle aux rayons rouges.
Explique comment tu le sais.

1 **Observe** les deux positions de l'équerre graduée et **indique** pour chaque droite rouge si elle est parallèle à la droite bleue.
Utilise ta propre équerre pour vérifier si chaque droite verte est parallèle à la droite bleue.

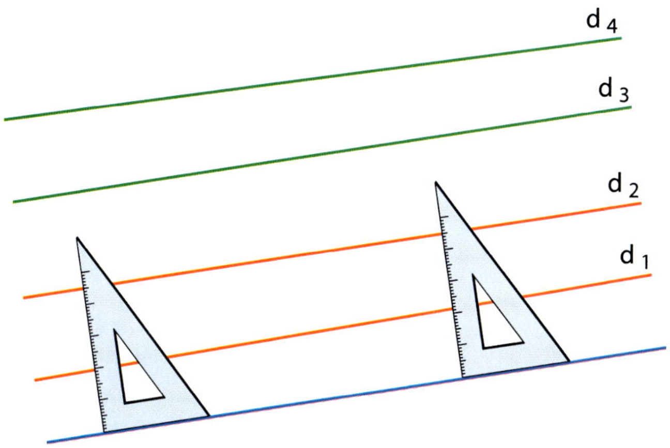

2 En utilisant la méthode de ton choix (équerre ou quadrillage), **trouve** quels sont les couples de droites parallèles.

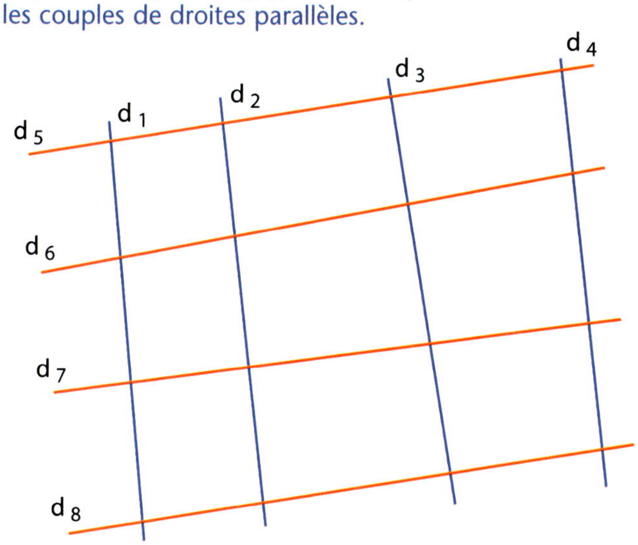

Retiens bien

Deux droites parallèles ne se rencontrent jamais et sont toujours séparées par la même distance.

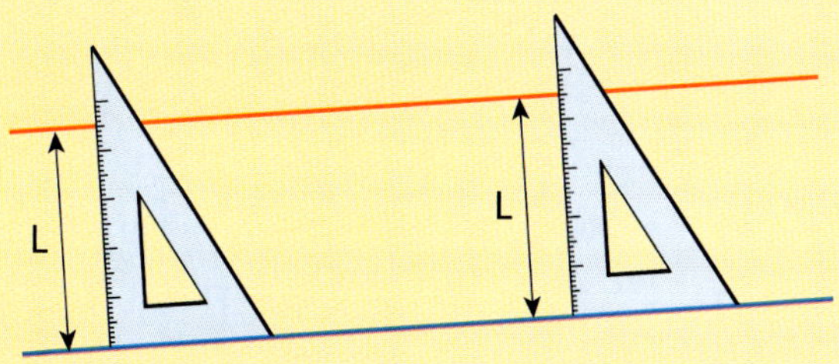

Problème

En t'aidant seulement du quadrillage, **indique** quels côtés de ce polygone sont parallèles.

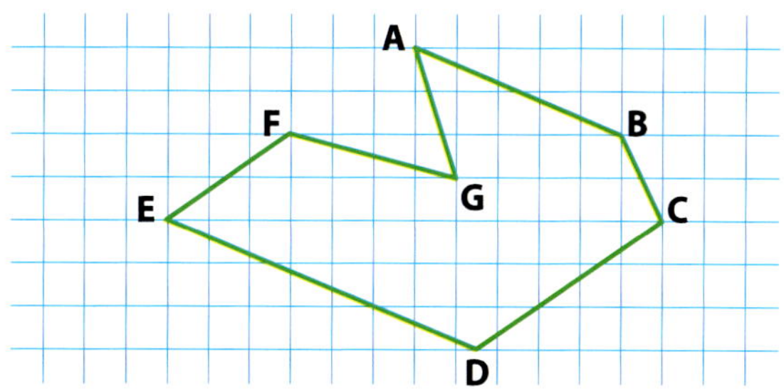

Objectifs : Calculer des produits en décomposant les nombres et en appui sur des produits connus.

Dans la tête : Additions du type 260 + 70, puis 260 + 76 (d'abord sans, puis avec passage de la centaine).

La multiplication : calcul réfléchi

Cherchons ensemble

Un des murs de la salle de bains comporte 9 carreaux verticalement et 17 carreaux horizontalement. Pour savoir combien de carreaux en tout il y a sur le mur, Clara et Martin calculent de 2 façons différentes.

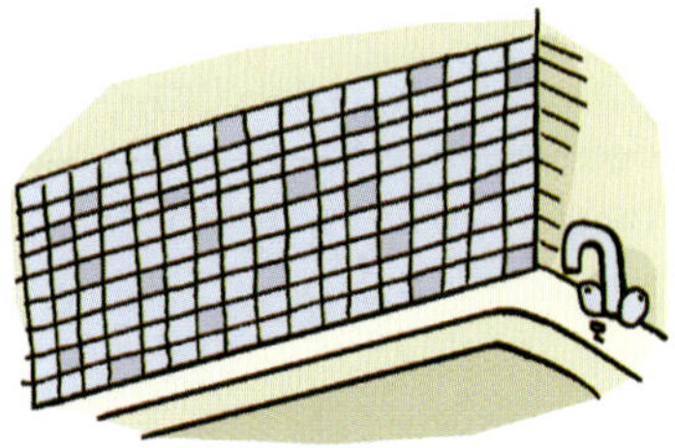

a - **Recopie** et **termine** leurs calculs.

$17 \times 9 = (10 \times 9) + (7 \times 9)$
$17 \times 9 =$ .... + ...
$17 \times 9 =$ …

$17 \times 9 = (17 \times 10) - 17$
$17 \times 9 =$ .... $- 17$
$17 \times 9 =$ …

b - Le sol du couloir comporte 7 rangées de 36 carreaux.
Calcule comme Clara pour trouver le nombre total de carreaux.

c - Un autre mur de la salle de bains comporte 11 carreaux verticalement et 23 carreaux horizontalement.
Calcule comme Martin pour trouver le nombre total de carreaux.

1 **Calcule** les produits en écrivant tes calculs comme Clara.

$15 \times 6 =$ … $26 \times 7 =$ … $33 \times 8 =$ …
$52 \times 9 =$ … $48 \times 4 =$ … $18 \times 7 =$ …
$39 \times 8 =$ … $56 \times 9 =$ … $87 \times 6 =$ …

2 **Calcule** les produits en écrivant tes calculs comme Martin.

$25 \times 9 =$ … $37 \times 9 =$ … $46 \times 9 =$ …
$32 \times 9 =$ … $53 \times 9 =$ … $75 \times 9 =$ …
$24 \times 11 =$ … $36 \times 11 =$ … $48 \times 11 =$ …

3 **Recopie** et **complète** l'exemple, puis **calcule** les produits de la même façon.

$247 \times 3 = (200 \times 3) + (40 \times 3) + (7 \times 3)$
$247 \times 3 =$ .... + ... + ...
$247 \times 3 =$ …

$234 \times 2 =$ … $318 \times 3 =$ … $163 \times 5 =$ …
$472 \times 4 =$ … $249 \times 5 =$ … $637 \times 3 =$ …

4 **Calcule** d'abord les produits de la première ligne. **Utilise** ensuite ces résultats pour calculer les autres produits.

12×2 12×5 12×10
12×4 12×8 12×9
12×20 12×40 12×60
12×64 12×500 12×504

Le coin du malin

Trouve un moyen pour calculer facilement les produits.

341×101

341×202

Problème

La maîtresse a 28 élèves dans sa classe.
Elle doit acheter pour chaque élève 3 cahiers, 6 protège-cahiers, 4 crayons, deux fois plus de feutres, et un livre de mathématiques pour 2 élèves.
Combien d'objets de chaque sorte la maîtresse doit-elle acheter ?

Objectifs : Poser et calculer une multiplication par un nombre à un chiffre.

Dans la tête : Tables de multiplication : révision générale.

La multiplication posée (1)

Cherchons ensemble

Dans le quartier où habitent Cassandra et Manuel, il y a 8 immeubles identiques comportant chacun 326 fenêtres. Pour trouver combien de fenêtres cela représente en tout, Cassandra effectue un calcul en ligne et Manuel pose une multiplication.

- **Recopie** et **termine** leurs calculs.

$326 \times 8 = (300 \times 8) + (\ldots \times \ldots) + (\ldots \times \ldots) = \ldots$

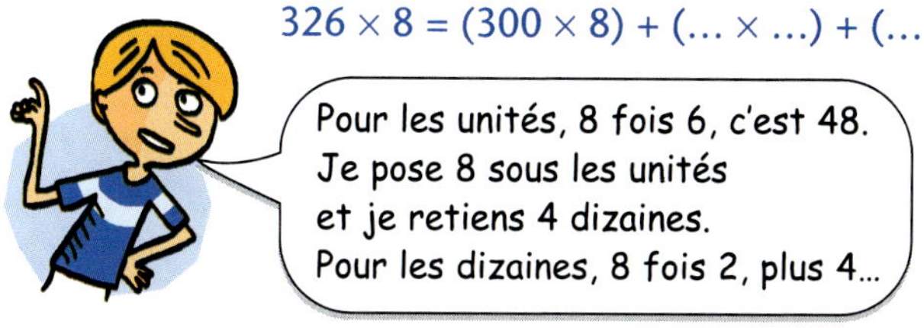

		(4)	
	3	2	6
×			8
...	...	...	8

- Quelle est la méthode la plus rapide ?

1 **Recopie** et **effectue** les multiplications.
(**Essaye** de garder les retenues dans la tête. Sinon, **écris-le**.)

	6	2	8
×			7

	1	0	2	3
×				5

	2	4	5	7
×				6

2 **Pose** et **effectue** les multiplications.

895×7 | 609×8

770×6 | 317×5

$2\,475 \times 4$ | $3\,802 \times 9$

3 **Recopie** les multiplications, puis **remplace** les points par des chiffres pour qu'elles soient justes.

	•	5	7	
×			9	
2	3	1	•	

	7	•	•
×			4
3	0	6	0

	2	•	6	5
×				•
1	6	5	2	0

4 **Effectue** les multiplications avec la méthode la plus rapide. (Certaines peuvent être calculées de tête, d'autres doivent être posées.)

140×2 | $2\,027 \times 5$ | 300×8

$1\,234 \times 7$ | 12×9 | 45×11

$2\,500 \times 2$ | 3×700 | $6\,813 \times 6$

5 **Trouve** l'intrus !
Le tableau comporte 4 couples de nombres et un intrus.
Un couple est formé par un nombre et le résultat qu'on obtient quand on le multiplie par 4.

16	234	432
54	64	20
80	108	936

Le coin du malin

L'un des 4 nombres ci-contre est le résultat de la multiplication : 34 716 x 6.
Sans effectuer cette multiplication, **trouve** lequel et **explique** comment tu as fait.

208 294
208 296
28 296
180 296

Problème

Le patron du restaurant a acheté 8 packs d'eau à 2 € 38 c, 6 paquets de cacahouètes à 1 € 95 c et 7 plaquettes de beurre à 1 € 27 c.
Combien doit-il payer au total ?
(Tu peux calculer avec les prix en centimes.)

Objectifs : Rechercher des produits ou sommes de produits égaux à un nombre donné.

Dans la tête : Tables de multiplication : révision générale.

Décomposer un nombre en produits

Cherchons ensemble

Habib dispose de 100 carreaux et voudrait les placer sur un mur pour obtenir un rectangle carrelé.

a - Quels sont les différents rectangles qu'Habib peut réaliser en utilisant tous ses carreaux ? (**Indique** le nombre de carreaux sur chaque côté du rectangle.)

b - Mélissa dispose de seulement 60 carreaux. **Trouve** les différents rectangles qu'elle peut obtenir avec tous ses carreaux.

1 Sur ce jeu de piste, le pion doit atteindre la case n° 48 en faisant toujours des sauts identiques.

a - Pourra-t-il atteindre 48 en faisant toujours des sauts de 12 cases ?

b - Quels sont les différents sauts possibles pour atteindre la case n° 48 ?

c - **Trouve** tous les sauts possibles pour atteindre la case n° 52, puis la case n° 80, puis la case n° 58.

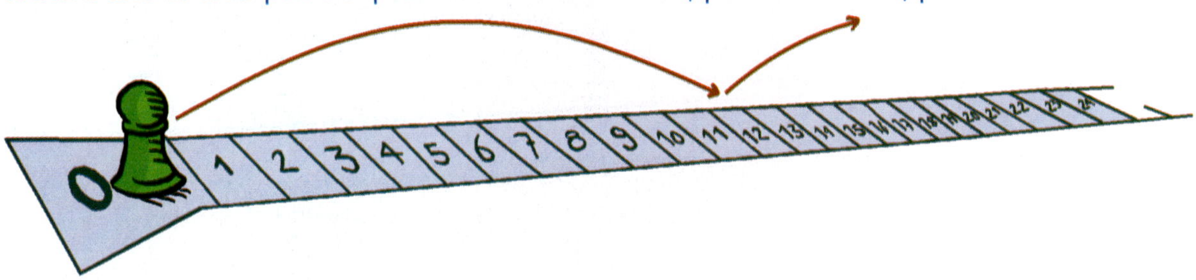

2 **Trouve** toutes les façons de décomposer chaque nombre en un produit de 2 nombres.

36	40	25	17
31	54	75	64

3 **Fais** comme dans l'exercice n° 2 avec ces nouveaux nombres.

83	84	96	99
120	150	180	200

4 **a** - **Observe** les exemples, puis trouve au moins 4 façons d'obtenir le nombre 20 avec les mêmes « moules » de calculs !

(… × …) + (… × …) = 20

(4 × 2) + (6 × 2) = 20

… × (… + …) = 20

2 × (5 + 5) = 20

b - **Utilise** ensuite les mêmes moules de calculs pour obtenir les nombres 16, 32 et 90.

Le coin du malin

• Dans le jeu de piste de l'exercice 1, le pion pourra-t-il atteindre la case 242 en faisant des sauts de 11 cases ?

• Cela sera-t-il possible si le pion fait des sauts de 12 cases ? **Justifie** tes réponses.

Problème

Pour ses travaux de maçonnerie, M. Truelle vient d'acheter 256 kg de ciment. Le ciment est vendu en sacs de 50 kg, 20 kg et 8 kg.

Combien de sacs de chaque sorte a-t-il achetés ?

Objectifs : Reconnaître des solutions fausses et expliquer pourquoi.

Dans la tête : Calcul de doubles jusqu'à 2 fois 100.

Analyser des solutions (1)

Pour chaque problème de cette page, **lis** l'énoncé et les solutions des enfants.

Dis si chaque solution convient ou non. Si elle ne convient pas, **explique** pourquoi.

1 Vertical et horizontal.

Pour représenter la ficelle (rouge) verticale du fil à plomb et la ligne (bleue) horizontale de la surface de l'eau, fais la construction suivante :

a - Trace une droite rouge et place un point A en dehors de cette droite.

b - Trace en bleu la droite passant par A et perpendiculaire à la droite rouge.

Clovis

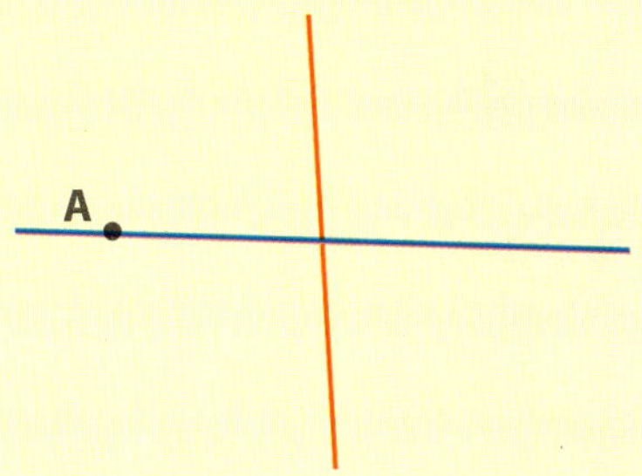

Thibaud

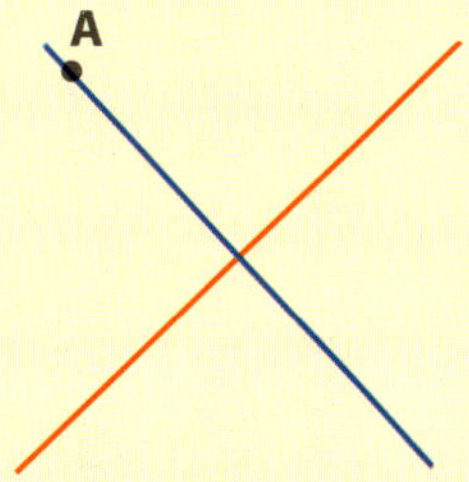

Simon

2 Vive la lecture !

Ingrid achète 8 livres de poche coûtant chacun 3 € 70 c. Combien doit-elle payer en tout ?

Laetitia

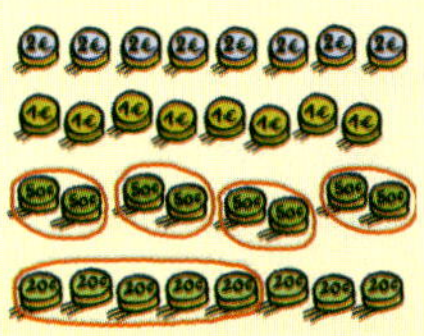

16 € → 20 €
8 €
4 € → 20 €
1 € 60 c

Elle doit payer 29 euros et 60 centimes.

Coralie

$$\begin{array}{r} {\scriptstyle ①} \\ 370 \\ \times \quad 8 \\ \hline 296 \end{array}$$

ça fait 296 euros.

Lisa

3 × 8 = 24
70 × 8 = 560

$$\begin{array}{r} 24 \\ +\ 560 \\ \hline 584 \end{array}$$

Ingrid paye 5 euros et 84 centimes.

3 L'école à 3 classes.

Dans cette école maternelle, il y a 27 élèves dans la classe des petits et 24 élèves dans la classe des moyens. Dans la classe des grands, il y a 2 élèves de plus que chez les moyens.
Combien y a-t-il d'élèves en tout dans l'école ?

Damien

$$\begin{array}{r} 27 \\ +\ 24 \\ +\ \ 2 \\ \hline 53 \end{array}$$

Il y a 53 élèves dans l'école.

Yacine

grands : 24 × 2 = 48

27 + 24 + 48 =
51 + 48 = 99

Il y a en tout 99 élèves.

Pablo

24 + 2 = 26 grands

$$\begin{array}{r} 27 \\ +\ 24 \\ +\ 26 \\ \hline 67 \end{array}$$

Ça fait 67 élèves en tout.

Que signifient vertical ou

Cherchons ensemble

- Pourquoi le fil à plomb s'arrête-t-il toujours dans la même position ? À quelle direction particulière correspond la verticale ?
- Y a-t-il un rapport entre la verticale et la direction que suit un objet qui tombe ?
- La ligne d'horizon est-elle une ligne parfaitement droite ?

J'observe

- Où qu'on soit sur la Terre, on se tient debout de la même façon et le fil à plomb indique la verticale : c'est la direction du centre de la Terre. En effet, à cause de la pesanteur, la Terre attire tous les corps et les fait tomber vers son centre.

? Des fils à plomb assez éloignés sont-ils parallèles entre eux ?

? Quelle direction prendrait un fil à plomb tenu par le personnage D ?

? Quelle direction suivrait un caillou lâché par le personnage E ?

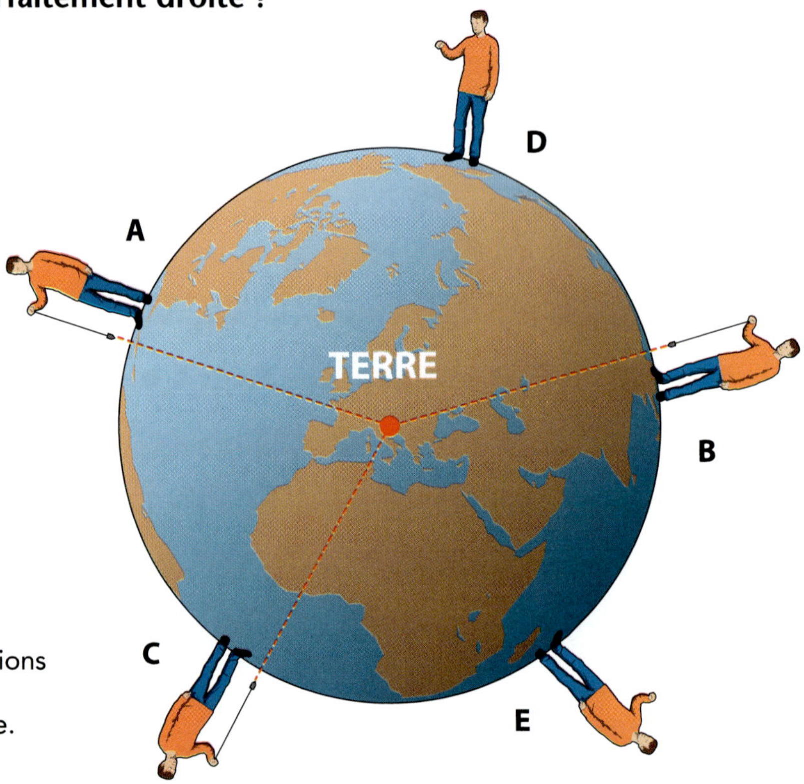

▶ **Doc. 1 :** Des directions verticales sur la Terre.

▶ **Doc. 2 :** La ligne d'horizon observée depuis le sol.

▶ **Doc. 3 :** La ligne d'horizon observée depuis un satellite à très haute altitude.

? Quelle est la forme géométrique de la ligne d'horizon dans les deux photos (**Doc. 2** et **Doc. 3**) ?

? Comment apparaîtrait la ligne d'horizon observée d'encore plus loin que le **Doc. 3** ?

horizontal sur Terre ?

Objectifs : Concevoir que la Terre attire tous les corps vers son centre et que la verticale est la direction du centre de la Terre.

Je recherche

1. Thomas se demande si un objet qui tombe suit une direction particulière. Il réalise l'expérience suivante.

A – Il accroche un fil à plomb au plafond et repère sur le sol, en traçant une croix, le point qui est à la verticale du crochet.

B – Après avoir décroché le fil à plomb, il pose une petite boule de pâte à modeler au centre de la croix puis place un gros écrou juste sous le crochet.

C – Il lâche l'écrou, qui se met à tomber vers le sol.

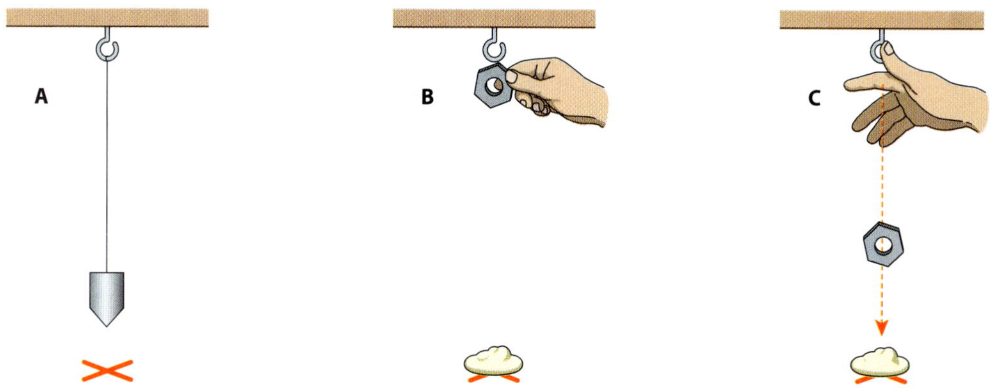

• D'après la direction prise par l'écrou, la pâte à modeler va-t-elle être écrasée ? Quelle conclusion Thomas pourra-t-il tirer ?

2. Maryll a fabriqué un niveau à eau avec deux bouteilles coupées reliées par un tuyau. L'ensemble forme un seul et même récipient et l'eau qu'il contient se met au même niveau dans les deux bouteilles. Maryll utilise son niveau pour tracer sur un mur une ligne horizontale qui passe par le point A.

• Par quel autre point (B, C, D, E) la ligne horizontale passera-t-elle ? Pourquoi ? Maryll trace ensuite une autre ligne horizontale passant par le point M. Comment seront les deux lignes horizontales ?

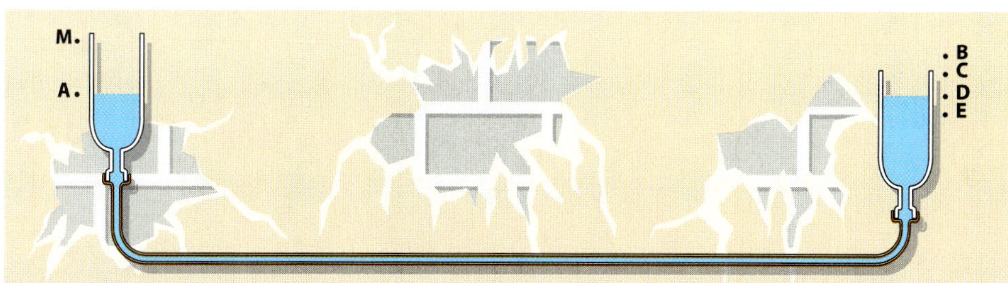

Atelier

• Sur une boule de polystyrène qui représente la Terre, dessine approximativement les continents. Avec des piques à olive, plante des bâtons « verticaux » à différents endroits : ils doivent tous être dirigés vers le centre de la boule !

J'AI COMPRIS

Partout sur la Terre, la verticale correspond à la direction du centre de la Terre. C'est aussi la direction que suit un objet qui tombe. Vue de très loin, la ligne d'horizon apparaît courbe.

Objectifs : Tracer une droite parallèle à une autre en utilisant la propriété de l'écart constant.

Dans la tête : Calcul de doubles jusqu'à 2 fois 100.

Tracer des droites parallèles

Cherchons ensemble

Sur le mur de sa chambre, Rose veut peindre une bande horizontale large de 35 cm. Avec son niveau à eau, elle a tracé une première ligne bleue horizontale. Elle doit ensuite tracer une 2e droite, parallèle à la première et distante de 35 cm. Avec son équerre, elle a tracé 2 traits perpendiculaires à la première ligne, puis elle utilise sa règle graduée.

a - **Explique** comment elle va terminer son tracé.

b - **Trace** de la même façon, sur une feuille de papier uni, 2 droites parallèles écartées de 35 mm.

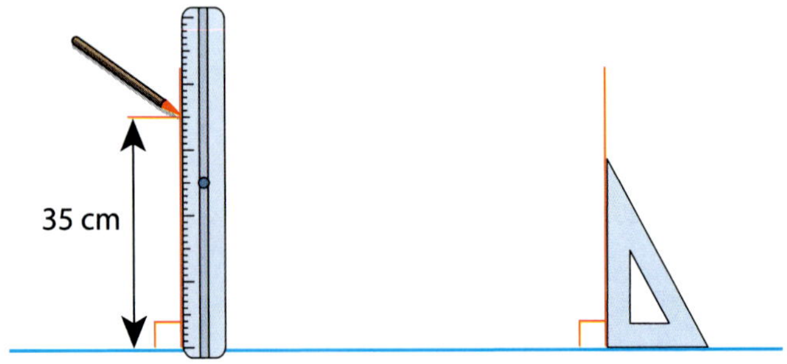

1 Sur papier uni :
- **trace** une droite et appelle-la « d »,
- **place** un point A en dehors de la droite,
- **trace** une autre droite passant par A et parallèle à la droite « d ».

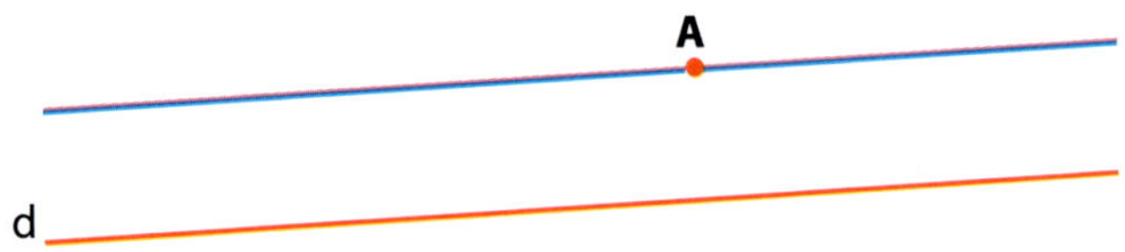

2 Sur papier uni :
- **trace** une droite et appelle-la « d »,
- **trace** une autre droite parallèle à la droite « d » et distante de 2 cm.

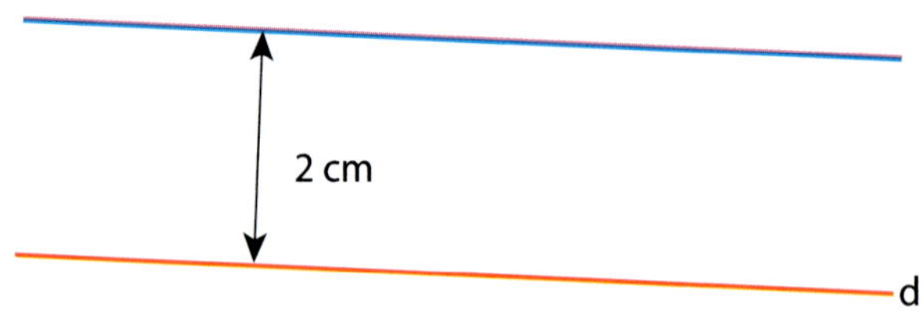

3 **Reproduis** sur papier uni ces deux droites parallèles en respectant leur écartement. (**Commence** par mesurer cet écartement.)

4 On a tracé les deux premiers côtés d'un polygone. Celui-ci a 4 côtés, et le côté AB est parallèle à son côté opposé. **Reproduis** approximativement la figure à la règle, puis **termine** le tracé du polygone.

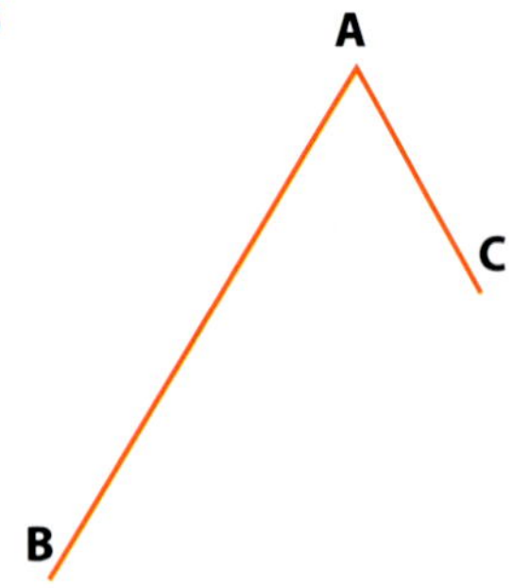

Le coin du malin

Reproduis ce dessin sur le quadrillage de ton cahier. Sans mesurer, **trace** ensuite la droite passant par C et parallèle à la droite rouge.

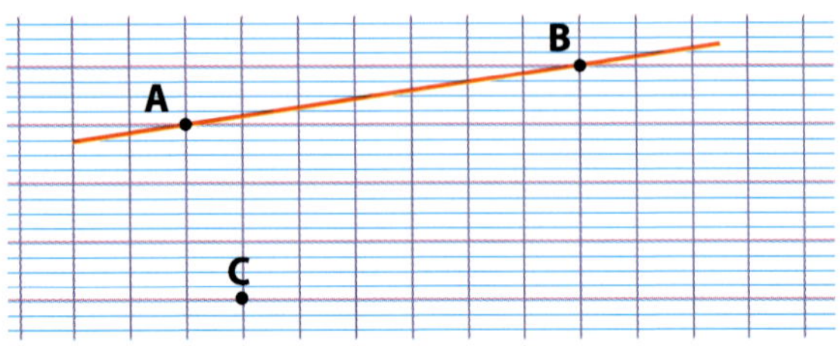

Problème

Dans cette figure, le segment DE est parallèle au segment BC, et se trouve à égale distance du point A et du segment BC. **Trace** approximativement à la règle le triangle ABC, puis **trace** le segment DE.

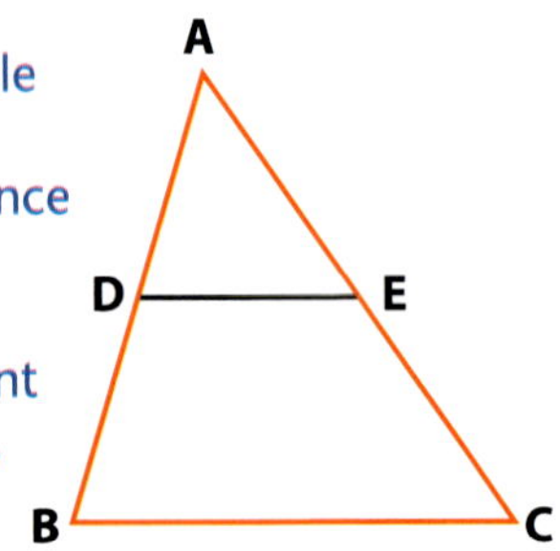

Objectifs : Connaître et utiliser les propriétés du cercle.

Dans la tête : Dictée de nombres jusqu'à 999 999.

Le cercle (1)

Cherchons ensemble

Pour dessiner la Terre, Pamela a tracé un cercle avec son compas.

a - Le **centre** du cercle est le point où elle a planté la pointe de son compas. Quel est ce point ?

b - **Mesure** la longueur des segments OA, OB, OC et OD. Que constates-tu ?
Ces segments sont des **rayons** du cercle.
Leur longueur est appelée le rayon du cercle.

c - Les 3 points C, O et D sont alignés.
Le segment CD est un **diamètre** du cercle.
Compare sa longueur avec celle du rayon.
Que constates-tu ?

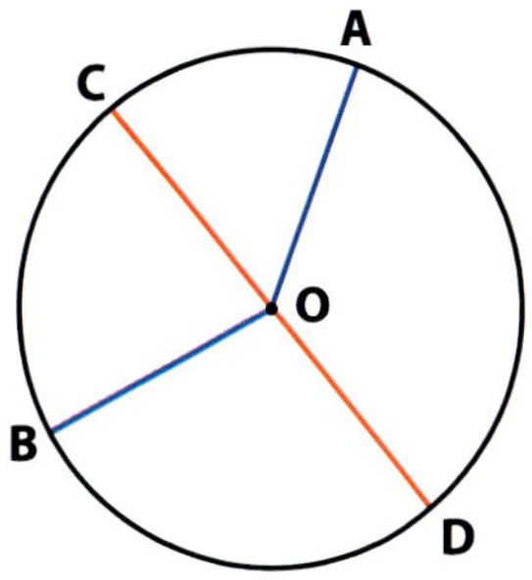

1 **Trace** un segment AB de 3 cm de longueur.
Trace ensuite un cercle ayant pour centre le point A et le segment AB comme rayon.

2 **a** - À l'aide de ta règle graduée, **recherche** quel est le point qui est le centre du cercle.
b - Combien mesure le rayon de ce cercle ?
c - Combien mesure son diamètre ?

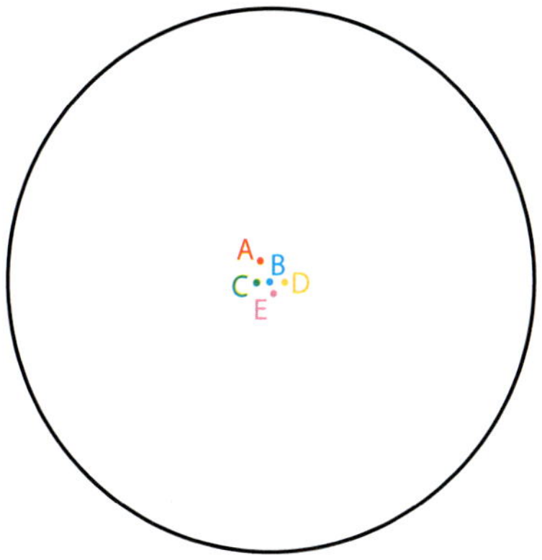

3 **Indique** si chaque phrase est juste ou fausse.
a - Le cercle bleu a pour diamètre BD.
b - le point C est le centre du cercle rouge.
c - Le cercle de centre B passe par le point E.
d - Le segment CD est un rayon du cercle rouge.
e - Le point D est sur le cercle bleu.
f - Le point D est sur le cercle rouge.
g - La longueur du rayon du cercle bleu est égale au double de la longueur du diamètre du cercle rouge.

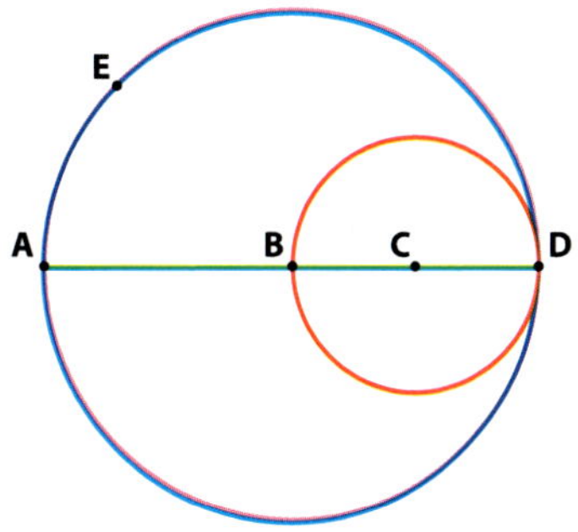

4 **Place** un point et appelle-le « O ».
Trace un cercle ayant pour centre le point O et pour diamètre une longueur de 5 cm.

Retiens bien

O : centre du cercle
OA, OB, OC : rayons du cercle
BC : diamètre

La longueur du diamètre est le double de celle du rayon.

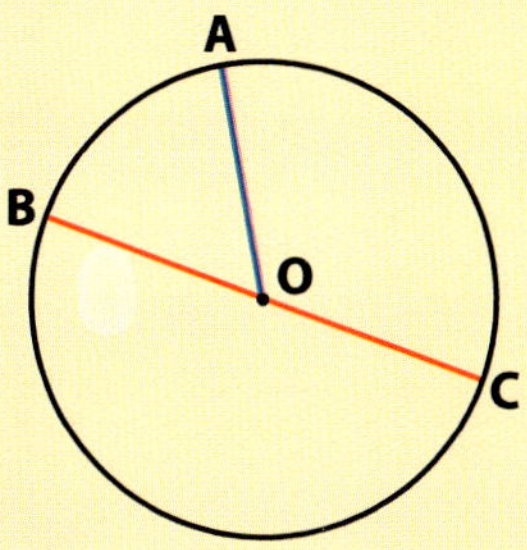

Problème

- **Reproduis** ce cercle sur ton cahier.
- **Trace** 2 droites qui soient des axes de symétrie du cercle.
- Pourrais-tu en tracer d'autres ? Combien ?

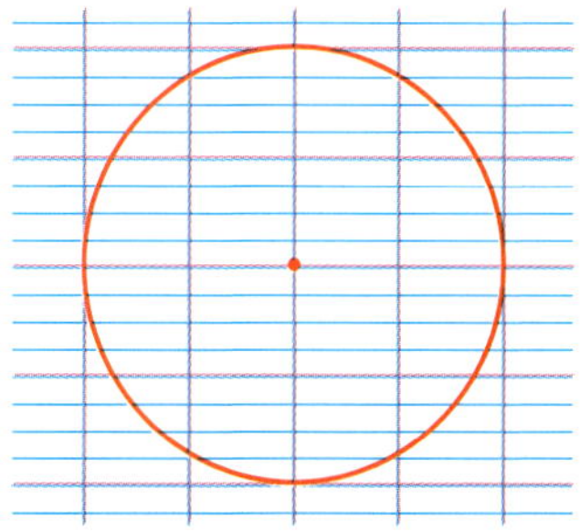

Objectifs : Utiliser le mètre et ses multiples (dam, hm, km) pour exprimer et calculer des distances.

Dans la tête : Additions du type 260 + 70, puis 260 + 76.

Mesurer, calculer des distances

Cherchons ensemble

Pour mesurer les dimensions de leur immeuble, Maureen et Jeremy utilisent un ruban gradué mesurant 10 m de longueur : c'est un **décamètre (dam)**.

a - Pour obtenir la longueur de l'immeuble, ils reportent 4 fois le décamètre et mesurent encore 3 mètres. Pour obtenir la largeur de l'immeuble, ils reportent 2 fois le décamètre et mesurent encore 6 m.

Quelles sont en mètres les dimensions de l'immeuble ?

b - Ils mesurent ensuite la longueur de leur rue en reportant 14 fois le décamètre. « La rue mesure un **hectomètre** et 4 dam ! » dit Maureen.

À combien de mètres équivaut un hectomètre (1 **hm**) ?

c - La sortie de la ville est distante de 2 **kilomètres** (2 **km**).
Combien de fois devraient-ils reporter leur décamètre pour mesurer cette distance ?

1 **Complète** les égalités.

4 dam = … m

6 hm = … m

1 km = … hm

1 km = … dam

8 000 m = … hm

3 500 m = … dam

2 **Complète** avec les signes <, > ou =.

3 hm … 2 950 m

700 m …65 dam

4 km … 400 dam

35 km … 3 510 dam

3 km 8 hm … 3 800 m

6 km 6 dam … 6 600 m

3 Le tableau présente la hauteur verticale de quelques grandes constructions et montagnes.
Recopie ce tableau et **complète**-le en inscrivant les hauteurs exprimées en mètres.

	Tour Eiffel (France)	Empire State Building (USA)	Tours Petronas (Malaisie)	Mont Blanc (France)	Puy de Sancy (France)	Mont Everest (Népal)
Hauteur	3 hm 18 m	38 dam 1 m	4 hm 8 dam 2 m	4 km 8 hm 9 m	18 hm 86 m	884 dam 6 m
Hauteur (m)						

4 M. Trottinet s'entraîne à courir autour du bois.

• Quelle distance parcourt-il quand il fait une boucle complète ?

5 Le circuit de promenade mesure en tout 10 km. Une première partie mesure 6 km 25 dam.

• Combien mesure la 2e partie ?

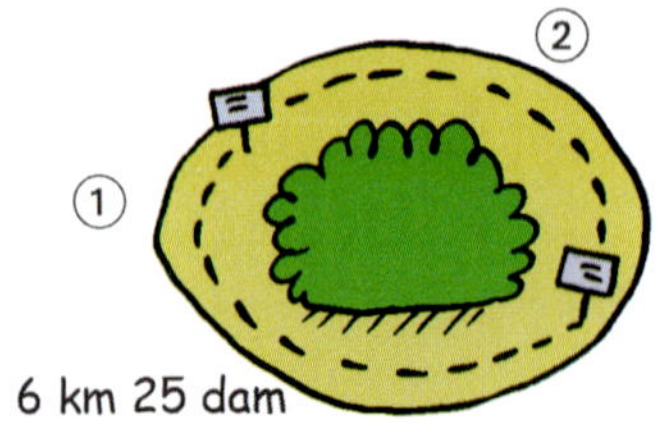

Retiens bien

1 dam = 10 m

1 hm = 100 m

1 km = 1000 m

Problème

4 fois par semaine, Tom part à l'école le matin et revient chez lui le soir. À midi, il va manger chez sa mamie.

• Quelle distance parcourt-il chaque jour ?

• Quelle distance parcourt-il dans la semaine ?

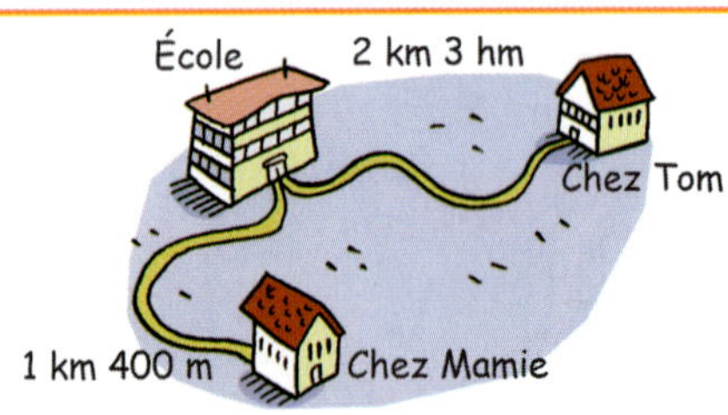

Objectifs : Reconnaître et utiliser les multiples de 5, 10, 100 et 1000.

Dans la tête : Dictée de nombres jusqu'à 999 999. Doubles jusqu'à 2 fois 100.

Les multiples de 5, 10, 100, 1000

Cherchons ensemble

Mathilde, Élise et Ronald s'amusent à réaliser des rectangles avec des petits carreaux. Mathilde a 65 carreaux, Élise en a 80 et Ronald en a 72.

a - En utilisant tous leurs carreaux, ils veulent chacun réaliser un rectangle avec des rangées de 5 carreaux. Qui pourra le faire et pourquoi ?
Ce sera possible si le nombre de carreaux est un **multiple** de 5.

b - Ils veulent maintenant réaliser un rectangle avec des rangées de 10 carreaux. Qui pourra le faire et pourquoi ?

c - **Reproduis** et **complète** le tableau des premiers multiples de 5 et de 10. **Explique** comment on peut facilement reconnaître si un nombre est un multiple de 5 ou un multiple de 10.

×	0	1	2	3	4	5	6	7	8	9	10	11	12
5	0	5	10	15									
10	0	10	20										

1 Parmi ces nombres, **fais** la liste des multiples de 5, puis **fais** la liste des multiples de 10.

405	210	556	55	900 000
1 010	1 001	15	51	55 556
725	2 050	2 500	2 005	723 645

2 Parmi ces nombres, **repère** chaque multiple de 5 et **écris**-le sous la forme du produit correspondant : 55 = 11 × 5 .

55	54	70	100	200
60	59	600	84	5 555

3 **Reproduis** ce tableau puis complète-le. **Observe** les multiples de 100 et de 1 000 et **explique** comment on peut facilement les reconnaître.

×	6	11	21	64	127
10	60				
100	600				
1 000	6 000				

4 Parmi ces nombres, **fais** la liste des multiples de 100, puis **fais** la liste des multiples de 1000.

560	6 000	1 700	5 550	100
90 080	90 800	98 000	1 000	1 100

5 Sans effectuer le calcul, **dis** si le nombre obtenu par l'opération est un multiple de 5.

45 + 15	160 + 51	80 – 22	72 + 58
5 × 1 986	25 × 7	14 × 8	139 × 5

Retiens bien

Les multiples de 5 se terminent par 0 ou par 5.
Les multiples de 10 se terminent par 0.
Les multiples de 100 se terminent par 00.
Les multiples de 1000 se terminent par 000.

Problème

Dans la forêt, 127 gros arbres ont été abattus.
Le camion qui les transporte à la scierie n'en prend que 5 à chaque voyage.

• Combien de voyages le camion devra-t-il faire pour transporter tous les arbres ?

Objectifs : Reconnaître et utiliser les multiples de 25, 50, 250 et 500.

Dans la tête : Multiplier par 50 ou par 500 un nombre à un chiffre. Dictée de nombres jusqu'à 6 chiffres.

Les multiples de 25, 50, 250, 500

Cherchons ensemble

Robin et Mathieu observent deux gratte-ciel de 25 étages. Pour savoir combien il y a de fenêtres en tout sur chaque immeuble, Robin compte les « colonnes » verticales de 25 fenêtres : il utilise les multiples de 25. Mathieu compte les colonnes 2 par 2. 2 colonnes, c'est 50 fenêtres : il utilise les multiples de 50.

a - **Reproduis** et **complète** le tableau des multiples de 25 et de 50.

b - **Explique** ensuite comment on peut reconnaître si un nombre est un multiple de 25 ou un multiple de 50.

×	0	1	2	3	4	5	6	7	8	9	10	11	12
25	0	25	50	75									
50	0	50	100	150									

c - Robin a compté 18 colonnes de fenêtres dans le gratte-ciel de gauche, et 23 dans le gratte-ciel de droite.

- Combien chaque immeuble comporte-t-il de fenêtres en tout ? (**Utilise** les résultats du tableau.)
- Pour quel immeuble Mathieu a-t-il eu un problème pour compter les fenêtres ? Pourquoi ?

1 Parmi ces nombres, **fais** la liste des multiples de 25, puis **fais** la liste des multiples de 50.

125 230 250 85

1 115 2 025 23 505 25 025

2 Sans effectuer le calcul, **dis** si le nombre obtenu par l'opération est un multiple de 25.

$475 - 25$ $650 + 850$ $1250 + 25$

25×16 23×100 52×5

3 **Reproduis** le tableau puis **complète**-le.

Utilise les premiers résultats pour calculer les suivants.

Observe les multiples de 250 et de 500, et **explique** comment on peut facilement les reconnaître.

×	3	5	8	13	16	21
250	750	1 250				
500	1 500	2 500				

4 **Indique** les nombres correspondant aux emplacements repérés par les lettres.

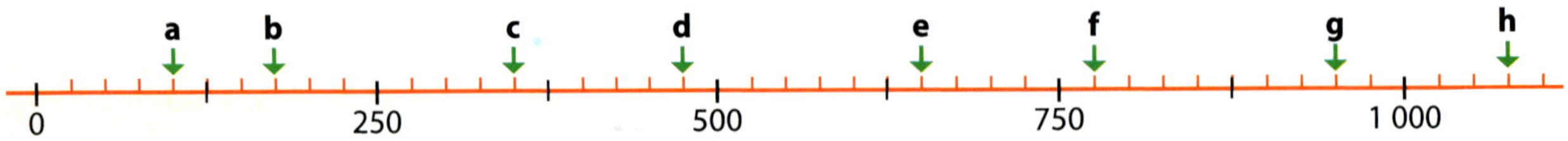

Le coin du malin

Trouve le parcours des multiples de 25.

DÉPART	50	500	85	305	857	1 000	ARRIVÉE
	195	555	725	0	475	385	
	225	480	215	645	205	710	

Problème

2 cyclistes partent en même temps un lundi matin pour effectuer en sens inverse le même trajet de 500 km. Chaque jour, l'un parcourt 25 km et l'autre parcourt 50 km.

- Au cours de quelle journée vont-ils se croiser ? (Tu peux faire un schéma et utiliser le tableau des multiples de 25 et 50.)

Objectifs : Effectuer des calculs intermédiaires pour résoudre un problème.

Dans la tête : Multiple de 5 ou pas ? Puis multiple de 50, puis de 25.

Solutions à étapes (1)

1 Les façades.

Joachim observe les façades de 2 immeubles qui sont côte à côte.
Sur la façade du premier, il compte verticalement 7 fenêtres superposées, et horizontalement 9 fenêtres à chaque étage.
Sur la façade du second, il compte verticalement 11 fenêtres et horizontalement 9 fenêtres.
Au rez-de-chaussée de chaque immeuble, à cause de la place prise par les portes, il y a 4 fenêtres de moins qu'aux autres étages.

• Combien de fenêtres en tout Joachim peut-il compter sur l'ensemble des deux façades ?

2 La course cycliste.

Les concurrents de la course cycliste sont partis précisément à 11 h et quart pour effectuer 2 tours d'une même boucle.

Le vainqueur a mis 28 min 47 s pour effectuer le premier tour et a mis 1 min 36 s de plus pour effectuer le deuxième tour.

• À quelle heure a-t-il franchi la ligne d'arrivée ?

3 Promenons-nous dans le bois…

La boucle complète du circuit de promenade dans le bois du Luat mesure 10 km.
Alexandra commence à marcher à partir du panneau « départ », parcourt le tronçon n° 1 en entier, puis revient sur ses pas jusqu'au départ.

• Quelle distance a-t-elle parcouru en tout ?

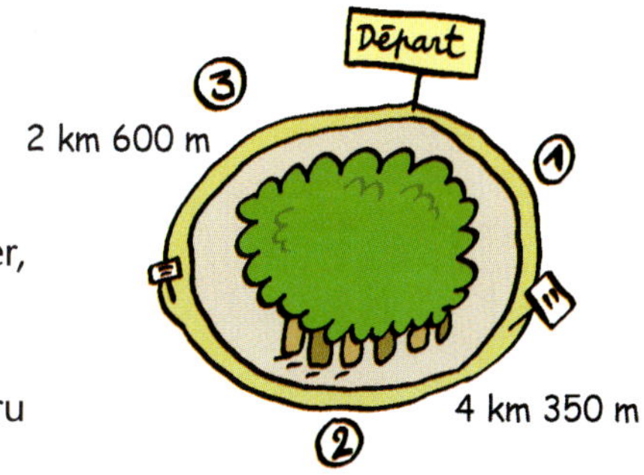

4 L'autobus.

L'autobus commence sa tournée avec 24 passagers à bord.
Au premier arrêt, 12 personnes sortent et 21 personnes rentrent.
Au 2e arrêt, 17 personnes sortent et 9 personnes rentrent.
Au 3e arrêt, 13 personnes sortent et 18 personnes rentrent.

• Combien de passagers l'autobus transporte-t-il après ce 3e arrêt ?

5 Vive le cirque !

La famille Trapèze va assister au grand spectacle de cirque.
Le père achète des billets pour 6 adultes et 3 enfants. Parmi les 6 adultes, 2 sont étudiants et bénéficient d'une réduction de 3 € 50 c par rapport au prix « adulte ».

• Combien M. Trapèze va-t-il payer au total ?

6 À la boulangerie.

M. Farine achète 3 pains à 2 € 50 c, une brioche à 5 € 75 c et 7 croissants à 1 € 25 c.
Il paye avec un billet de 20 € et un billet de 10 €.

• Quelle monnaie doit lui rendre la boulangère ?

Objectifs : Maîtriser les notions mathématiques étudiées de la page 56 à la page 60.

Module 5

1 **Calcule** les produits sans poser de multiplication. (Page 56)

a - 14 × 6	38 × 7	45 × 8	**e** - 26 × 8	74 × 7	89 × 8
b - 228 × 3	436 × 2	161 × 5	**f** - 317 × 6	842 × 5	564 × 7
c - 35 × 11	54 × 11	72 × 11	**g** - 73 × 11	85 × 11	77 × 11
d - 28 × 9	47 × 9	39 × 9	**h** - 43 × 9	32 × 9	64 × 9

2 **Calcule** les produits de la première ligne, puis **utilise** ces résultats pour les autres calculs. (Page 56)

a - 15 × 2	15 × 3	15 × 10	**e** - 24 × 2	24 × 3	24 × 10
b - 15 × 4	15 × 5	15 × 15	**f** - 24 × 4	24 × 5	24 × 8
c - 15 × 20	15 × 23	15 × 200	**g** - 24 × 11	24 × 15	24 × 30
d - 15 × 50	15 × 202	15 × 500	**h** - 24 × 50	24 × 55	24 × 63

3 **Pose** et **effectue** les multiplications. (Page 57)

a - 437 × 4	238 × 6	709 × 5	**c** - 479 × 8	648 × 7	2 348 × 3
b - 532 × 6	245 × 3	417 × 4	**d** - 4 072 × 9	7 860 × 7	12 578 × 6

4 **Indique** quelles droites sont perpendiculaires entre elles. (Page 54)

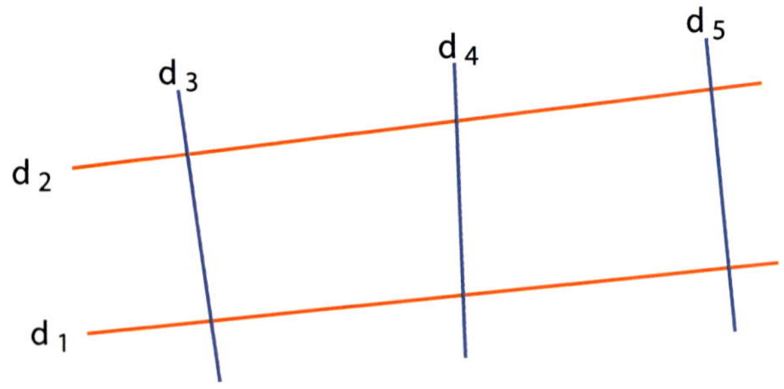

5 **Trace** 2 droites perpendiculaires d_1 et d_2, puis **place** 2 points A et B comme ci-dessous. **Trace** une droite perpendiculaire à d_1 en A et une droite perpendiculaire à d_2 en B. (Page 54)

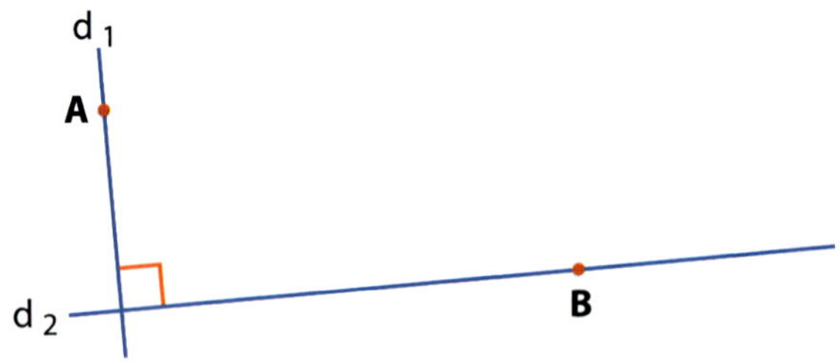

6 **Indique** quelles droites sont parallèles à la droite rouge (Page 55).

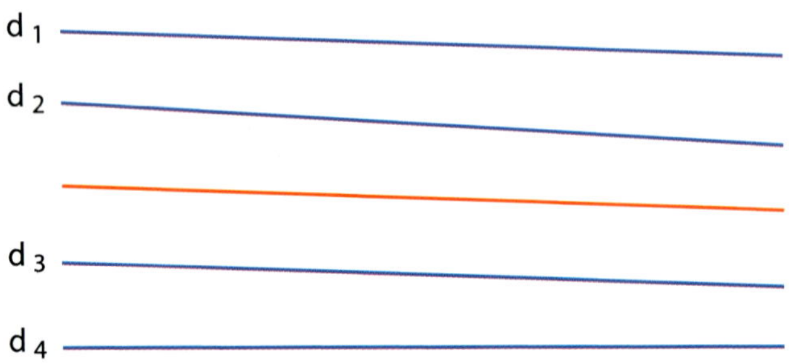

7 **Indique** quels côtés de ce polygone sont parallèles entre eux. (Page 55)

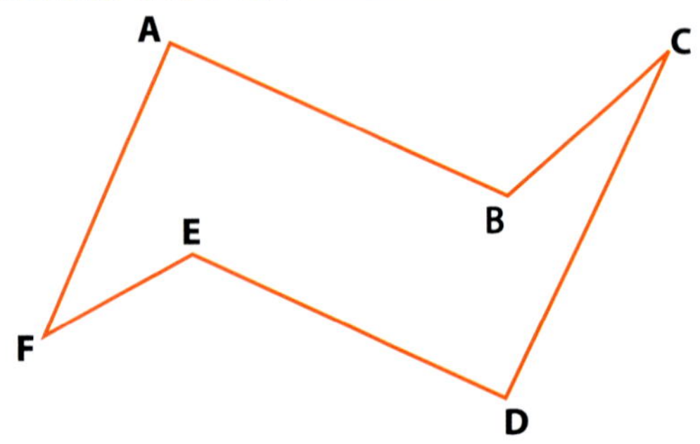

Objectifs : Maîtriser les notions mathématiques étudiées de la page 64 à la page 68.

Module 6

1 Parmi ces nombres, **fais** la liste des multiples de 5, puis celle des multiples de 10. (Page 65)

15	60	58	103
105	501	110	735
3 050	3 005	5 003	14 810

2 Parmi ces nombres, **fais** la liste des multiples de 25, puis celle des multiples de 50. (Page 66)

57	75	150	185
1 125	3 805	3 850	3 300
15 730	56 800	29 150	82 005

3 Sans le calculer, **dis** si le nombre obtenu par l'opération est un multiple de 5. (Page 65)

a - 55 + 65	220 + 75	75 + 18
b - 37 × 5	5 × 421	553 × 7
c - 82 + 88	73 + 54	488 – 13
d - 45 × 3	52 × 7	683 × 10

4 Sans le calculer, **dis** si le nombre obtenu par l'opération est un multiple de 25. (Page 66)

a - 170 + 150	25 + 850	1400 + 250
b - 19 × 25	138 x 8	71 × 300
c - 720 + 830	814 + 615	713 + 1212
d - 175 × 3	234 × 7	5 × 24

5 **Complète** les égalités. (Page 64)

8 dam = … m	12 hm = … m
6 km = … m	73 km = … hm
7500 m = … hm	6300 m = … dam
2 km 7 hm = … m	12 hm 6 dam = … m

6 **Indique** la distance obtenue en ajoutant : (Page 64)

a - 2 hm 6 dam à 4 hm 8 dam ;

b - 3 hm 14 m à 42 dam 7 m ;

c - 860 m à 3 km 48 dam ;

d - 6 hm 8 dam à 4 km 22 dam.

7 **Trace** une droite « d ». **Place** 2 points A et B en dehors de la droite, de chaque côté de cette droite. **Trace** 2 droites parallèles à la droite d, l'une passant par le point A et l'autre passant par le point B. (Page 62)

8 **Trace** une droite « d ». **Trace** ensuite 2 autres droites parallèles à la droite d. L'une doit être distante de 3 cm, l'autre doit être distante de 2 cm 5 mm. (Page 62)

9 **Observe** la figure et **indique** si chaque phrase est juste ou fausse. (Page 63)

a - Le point B est le centre du cercle rouge.

b - le point C est sur le cercle bleu.

c - Le segment BD est un diamètre du cercle rouge.

d - Le segment BC est un rayon du cercle bleu.

e - Le rayon du cercle rouge est égal au diamètre du cercle bleu.

f - Le point E se trouve sur les 2 cercles.

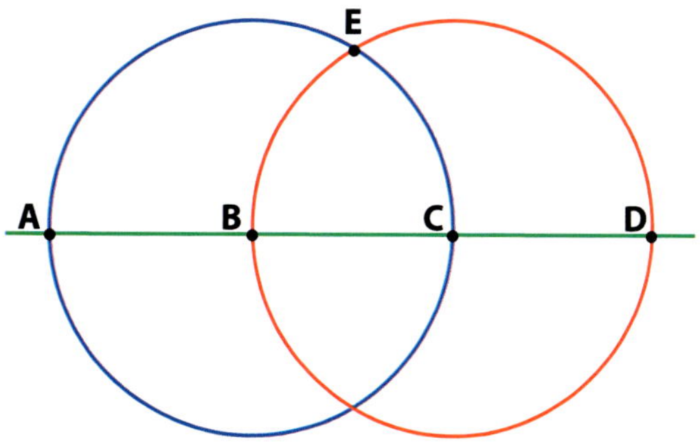

10 **Trace** un segment de 6 cm. **Trace** le cercle qui a ce segment pour diamètre. (Page 63)

11 **Trace** un segment de 2 cm 5 mm et **appelle** A et B ses extrémités. **Trace** un cercle ayant pour centre le point A et pour rayon le segment AB. (Page 63)

Objectifs : Évaluer les notions mathématiques étudiées de la page 56 à la page 69.

Modules 5 et 6

1 **Calcule** les produits sans poser de multiplication.

a - 16 × 4   28 × 6   58 × 7

b - 325 × 3   418 × 6   529 × 7

2 **Calcule** les produits sans poser de multiplication.

a - 32 × 11   45 × 11   57 × 11

b - 27 × 9   56 × 9   83 × 9

3 **Calcule** les produits de la première ligne, puis **utilise** ces résultats pour les autres calculs.

a - 21 × 2   21 × 3   21 × 10

b - 21 × 4   21 × 5   21 × 20

c - 21 × 12   21 × 50   21 × 62

4 **Recopie** et **remplace** les points par des chiffres pour que les multiplications soient justes.

```
   • 3 4          9 • 8
×      8       ×      •
---------      ---------
 5 8 • •        5 • 4 8
```

5 **Pose** et **effectue** les multiplications.

a - 624 × 5   789 × 6   1 354 × 5

b - 3 173 × 6   5 392 × 8   8 607 × 9

6 **Trouve** toutes les façons de décomposer chaque nombre en un produit de 2 nombres.

48   60   64   80

7 Parmi ces nombres, **fais** la liste des multiples de 5, puis **fais** la liste des multiples de 10.

65	56	82	90
125	553	2 010	6 660

8 Sans le calculer, **dis** si le nombre obtenu par l'opération est un multiple de 5.

a - 35 + 90   245 + 136   160 – 75

b - 82 × 5   25 × 31   17 × 20

9 Parmi ces nombres, **fais** la liste des multiples de 25, puis **fais** la liste des multiples de 50.

510	150	320	475
3 500	6 425	6 015	73 100

10 Parmi ces nombres, **fais** la liste des multiples de 100, puis **fais** la liste des multiples de 1000.

850	5 800	12 000	12 500
148 000	900 000	900 100	901 010

11 Mme Lafrippe a acheté 6 paires de chaussettes à 5 € 65 c et 4 tee-shirts à 12 € 95 c.

Combien a-t-elle payé en tout ? (Tu peux calculer avec les prix en centimes.)

12 Ian va nager dans une piscine qui mesure 25 m de longueur. Il part du bord et fait des allers et retours dans son couloir de 25 m. Quand il s'arrête de nager, il a parcouru exactement 235 m.

a - Ian se trouve-t-il alors contre le bord de la piscine ? Pourquoi ?

b - Combien a-t-il effectué d'allers et retours complets ?

13 À l'aide de ton équerre, **recherche** les droites perpendiculaires.

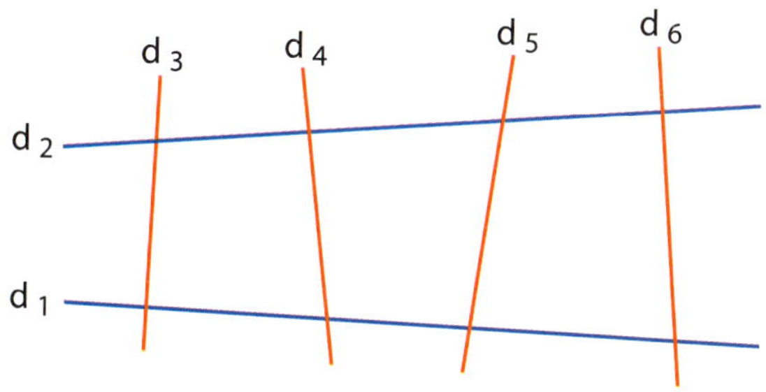

14 **Trace** à la règle une droite « d » et **place** 2 points A et B à peu près comme ci-dessous.
Trace 2 droites perpendiculaires à la droite d, l'une passant par le point A et l'autre par le point B.

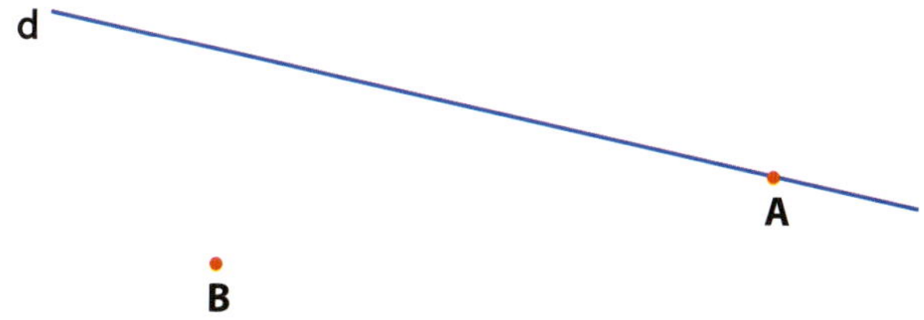

15 **Indique** quelles droites sont parallèles.

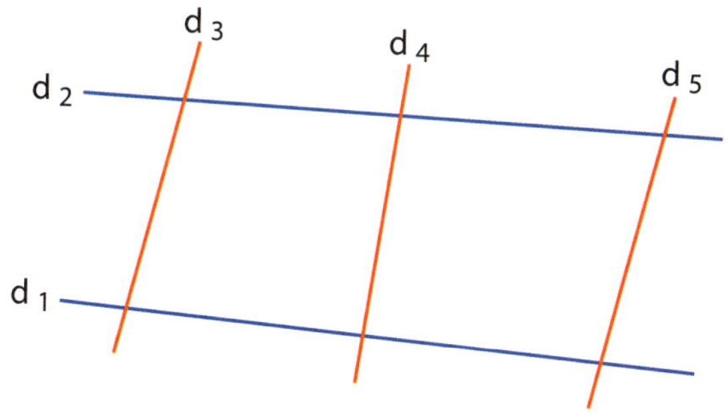

16 **Trace** une droite « d » et **place** un point A en dehors de la droite.
Trace ensuite la droite parallèle à la droite d et passant par A.

17 **Trace** une droite « d ».
Trace ensuite une droite parallèle à la droite d,
et distante de 3 cm de la droite d.

18 **Observe** la figure puis indique le nom que l'on donne :

a - à la figure elle-même ;
b - au point O ;
c - au segment OA ;
d - au segment BC.

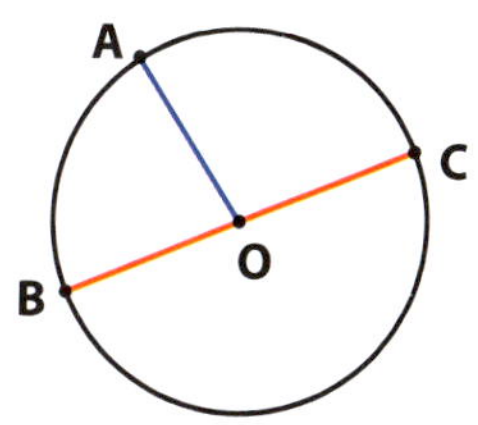

19 **Place** un point quelque part sur ta feuille et appelle-le « D ».
Trace un cercle ayant pour centre le point D et pour rayon 3 cm.

20 **Complète** les égalités.

6 dam = … m	8 hm = … m
7 km = … m	136 dam = … m
350 m = … dam	35 000 m = … hm

21 **Complète** avec les signes $<$, $>$ ou $=$.

12 hm … 120 m	74 dam … 174 m
15 km … 150 dam	36 hm … 360 dam
6 km 4 dam … 640 m	9 km 3 dam … 9 300 m

22 Clément est allé de chez lui au stade, puis du stade à la poste. Il est ensuite revenu chez lui par le même chemin.
Quelle distance a-t-il parcouru en tout ?

23 Arthur est parti à vélo pour aller chez sa grand-mère qui habite à 8 km 500 m de chez lui.
Il a déjà parcouru 67 hm.
Quelle distance lui reste-t-il à parcourir ?

Le corps humain

Où va l'eau que je bois ?

Cherchons ensemble

- Que devient l'eau que je bois ? Où va-t-elle dans mon corps ?
- Pourquoi faut-il boire pour survivre ?
- Pourquoi a-t-on plus soif quand il fait chaud ?

J'observe

Doc. 1 : Un sportif après l'effort.

? Pourquoi ce sportif ressent-il le besoin de boire ?

Doc. 2 : D'où provient la vapeur d'eau qui forme ce brouillard en se refroidissant ?

Doc. 3 : Une envie ressentie plusieurs fois par jour…

? Pourquoi urine-t-on plusieurs fois par jour ?

? À quoi cela peut-il servir pour notre corps ?

Objectifs : Découvrir l'appareil digestif et le principe de l'excrétion.

Je recherche

1. Florence a dessiné deux diagrammes.

Le premier représente la part de l'eau dans le corps d'un adulte et d'un enfant.

- En comparant l'adulte et l'enfant, dans quel cas la part de l'eau est-elle la plus importante ?

Le deuxième diagramme représente la quantité d'eau perdue en un jour par le corps d'un adulte.

- Quelles sont les 3 façons par lesquelles le corps élimine de l'eau ?
- Quelle quantité totale d'eau le corps perd-il quotidiennement ?

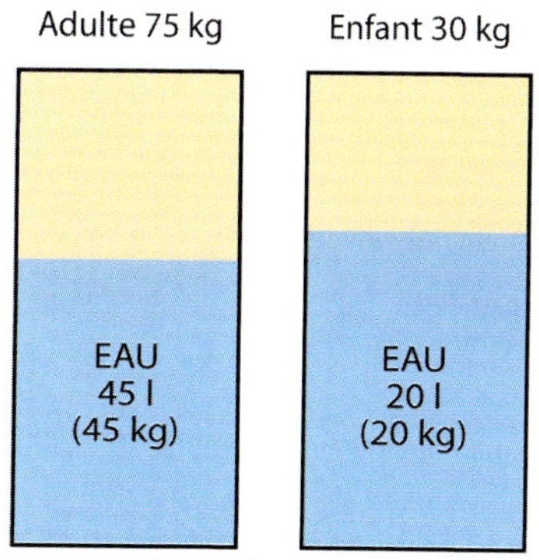

1 - Part de l'eau dans la masse d'une personne

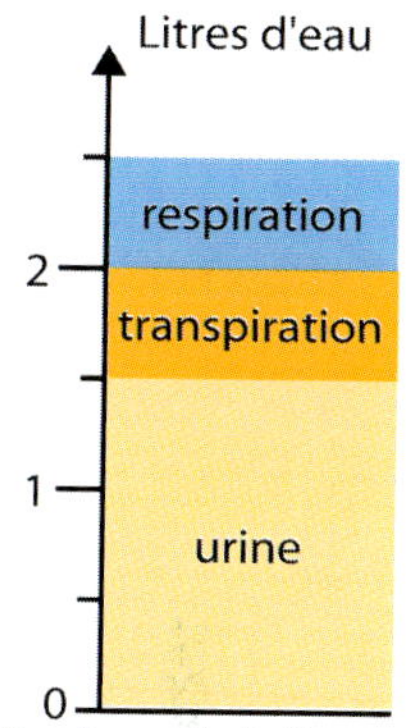

2 - Quantité d'eau perdue par jour (adulte)

2. Observe les documents et réponds aux questions.

L'eau circule dans l'ensemble du corps en étant transportée par le sang.

En traversant les reins, le sang est « filtré ». De l'eau est séparée en entraînant des déchets produits par le fonctionnement de l'organisme.

Cette eau chargée de déchets forme l'urine.

- Dans quel organe l'urine est-elle produite ?
- De quoi l'urine est-elle constituée ?
- Dans quel organe l'urine est-elle stockée avant d'être rejetée à l'extérieur du corps ?

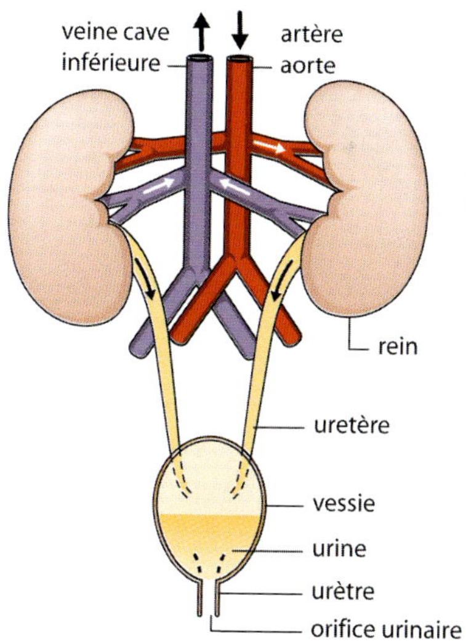

Atelier

- Écris un texte pour expliquer pourquoi il faut boire davantage lorsqu'on fait du sport ou lorsqu'il fait très chaud.

J'AI COMPRIS

L'eau est le principal constituant du corps humain et se trouve partout dans le corps. Elle est indispensable au fonctionnement de tous les organes. Chaque jour le corps d'un adulte perd environ 2 litres et demi d'eau par l'urine, l'évaporation sur la peau et la respiration. Il faut boire régulièrement pour remplacer ces pertes.

Objectifs : Utiliser le litre et ses sous-multiples (dL, cL, mL) pour exprimer et calculer des contenances.

Dans la tête : Multiples de 5 et de 25.

Mesurer, calculer des contenances (1)

Cherchons ensemble

Marion utilise sa bouteille de 1 litre (1 L) pour faire des transvasements.
Avec sa bouteille pleine d'eau, elle peut remplir 4 biberons de 250 **millilitres** (**mL**), ou bien 5 verres de 20 **centilitres** (**cL**).
Avec un verre de 20 cL, elle peut remplir 2 tasses de 1 **décilitre** (**dL**).

a - **Utilise** ces informations pour compléter les égalités ci-dessous.

1 L = … mL 1 L = … cL 1 L = … dL

b - Combien faudrait-il utiliser de tasses pleines pour remplir 2 biberons ?

1 **Recopie** et **complète**, avec la bonne unité, la **contenance** de chaque objet.

A B C D E F

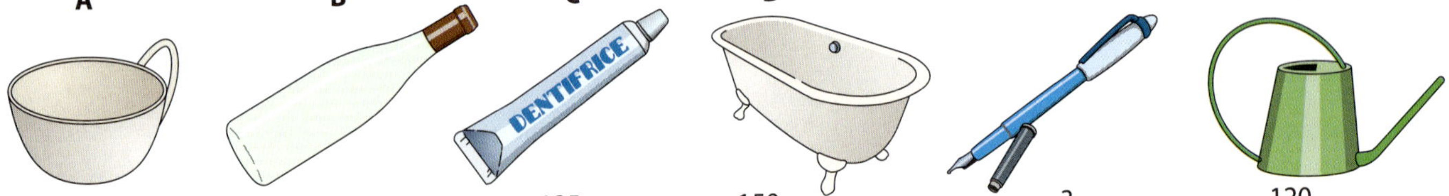

7 … 75 … 125 … 150 … 3 … 120 …

2 **Complète** les égalités.

a - 7 L = … mL 300 cL = … L

15 L = … dL 4 800 dL = … L

b - 347 cL = … L … cL 472 dL = … L … cL

3 L 45 cL = … cL 12 L 74 mL = … mL

3 Victor a découpé des étiquettes sur divers récipients.
Range ces contenances de la plus petite à la plus grande.

4 Quelle quantité d'eau contient chaque verre gradué ?

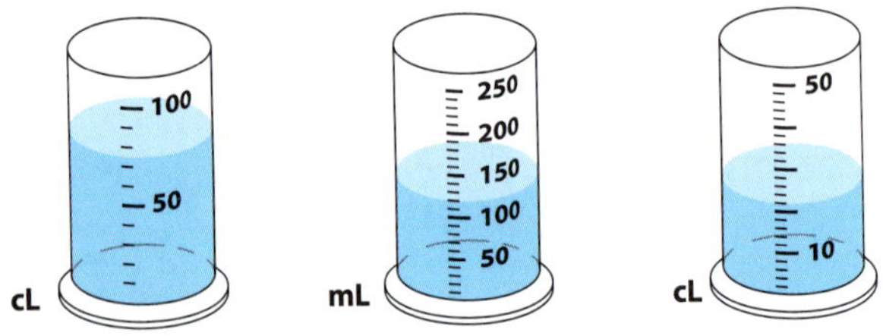

5 La maxi-bouteille de jus de fruit était pleine.
Mehdi a rempli un verre de 25 cL et une grande choppe de 4 dL.
Quelle quantité de jus reste-t-il alors dans la bouteille ?

Retiens bien

1 L = 1000 mL

1 L = 100 cL

1 L = 10 dL

Problème

Tressia a préparé 2 L de lait aromatisé pour fabriquer des yaourts.
Elle remplit avec ce lait des pots de 150 mL.
Combien de pots pourra-t-elle remplir ?
Lui restera-t-il du lait ?

Objectifs : Utiliser le litre et ses multiples (daL, hL) pour exprimer et calculer des contenances.

Dans la tête : Multiples de 50 et de 250.

Mesurer, calculer des contenances (2)

Cherchons ensemble

La bonbonne peut contenir 10 litres de liquide.
10 litres, c'est un **décalitre** : 10 L = 1 **daL**.
Le tonneau peut contenir 100 L de liquide.
100 L, c'est un **hectolitre** : 100 L = 1 **hL**.
L'eau minérale « Delasource » est vendue en bouteilles de 1 litre et demi (1 L 50 cL). Celles-ci sont emballées par packs de 6 bouteilles et livrées aux magasins sur des palettes.
Une palette porte 4 étages de 25 packs.

a - Combien de litres d'eau y a-t-il au total sur la palette ?

b - Avec toute cette eau, combien pourrait-on remplir :
– de bonbonnes de 1 daL ?
– de tonneaux de 1 hL ?

1 **Complète** les égalités.

a - 2 daL = … L

3 hL = … L

4500 L = … daL

500 L = … hL

b - 3 hL 2 daL = … L

73 daL 5 L= … L

1280 L = … hL … daL

45 hL 8 L = … L

2 **Complète** avec les signes <, >, ou =.

a - 300 L … 25 daL

8 daL … 800 L

1000 L … 95 hL

3 hL … 30 daL

b - 48 daL 7 L … 4807 L

326 L … 3 daL 26 L

4 hL 3 L … 430 L

205 daL … 2 hL 5 L

3 Chez le vigneron, le tonneau de 2 hL était plein. Il vient de remplir un cubitainer de 5 L, 2 cubitainers de 10 L, puis une bonbonne de 30 L.

Quelle quantité de vin reste-t-il alors dans le tonneau ?

4 Quelle quantité de liquide obtiendra-t-on si on ajoute le contenu de tous ces récipients pleins ?
Exprime cette quantité en litres, puis **exprime**-la en hL, daL et L.

Le coin du malin

Grâce à sa petite vigne, M. Muscat a fabriqué un hectolitre de jus de raisin.

a - Combien pourra-t-il remplir de bouteilles de 75 cL ?

b - Lui restera-t-il alors encore du jus ?

Problème

Le fabricant de fromage passe successivement dans 3 fermes pour collecter le lait.
Son petit camion-citerne peut contenir 3000 L.
Il charge 12 hL 2 daL dans la première ferme et 93 daL dans la deuxième.

Pourra-t-il charger encore les 9 hL 8 daL produits par la troisième ferme ?

Objectifs : Poser et effectuer une multiplication par un nombre de 2 ou 3 chiffres.

Dans la tête : Tables de multiplication : révision générale.

La multiplication posée (2)

Cherchons ensemble

Omar est soucieux de sa santé. Pour savoir s'il boit assez d'eau, il a mesuré la quantité bue en une journée. Il a trouvé 1 L 36 cL, soit 136 cL. Il se demande alors quelle quantité d'eau il boirait ainsi en 4 semaines, donc en 28 jours. Pour le calculer, il pose la multiplication : 136 x 28.

28 fois 136, c'est 8 fois 136 et 20 fois 136. Je vais calculer ces 2 produits et les additionner.

Je commence par multiplier par les unités. Je n'écris pas les retenues, je les garde dans la tête.

Pour multiplier 136 par 20, je vais multiplier par 2 et ajouter un zéro à droite. J'écris tout de suite le zéro.

	1	3	6	
×		2	8	
…	…	…	…	← 136 × 8
…	…	…	…	← 136 × 20
…	…	…	…	

	1	3	6	
×		2	8	
1	0	8	8	← 136 × 8
…	…	…	…	← 136 × 20
…	…	…	…	

	1	3	6	
×		2	8	
1	0	8	8	← 136 × 8
…	…	…	0	← 136 × 20
…	…	…	…	

a - **Recopie** et **termine** le calcul de la multiplication.

b - Le père d'Omar boit 2 L 75 cL d'eau par jour.
Calcule la quantité d'eau qu'il boit en 28 jours en posant la multiplication.

1 **Recopie** et **calcule** les multiplications.

	3	4	6	
×		3	5	
				← 346 × 5
			0	← 346 × 30

	4	0	8	
×		5	7	
				← 408 × 7
			0	← 408 × 50

2 **Vérifie** chaque multiplication. Quand l'une est fausse, **explique** pourquoi, puis pose-la et **calcule** le bon résultat.

		2	5	8
×			4	3
		7	7	4
	1	0	3	2
	1	8	0	6

			5	1	8
×				7	2
		1	0	3	6
	3	6	2	6	0
	3	7	2	9	6

			8	6	0
×				6	7
		6	0	2	0
		5	1	6	0
	1	1	1	8	0

3 **Observe** à gauche l'exemple de multiplication par un nombre de 3 chiffres.
Recopie-le et **complète** le calcul.
Effectue ensuite l'autre multiplication.

		3	4	7	
×		1	2	6	
	2	0	8	2	← 347 × 6
	6	9	4	0	← 347 × 20
3	4	7	0	0	← 347 × 100

	7	1	5	
×	1	3	8	
				←
				←
				←

4 **Pose** et **calcule** les multiplications.

a - 283 × 27 487 × 36

b - 409 × 53 580 × 42

c - 691 × 243 918 × 473

Problème

On estime que l'être humain a besoin d'au moins 49 L d'eau par jour pour boire, cuisiner, se laver…
Le village de Youssef abrite 807 habitants.
Quelle est la quantité minimale d'eau nécessaire par jour pour les besoins du village ?

Objectifs : Calculer, reconnaître, utiliser les multiples des petits nombres.
Dans la tête : Tables de 3, 4, 6, 7 et 8. Nombres pairs et impairs.

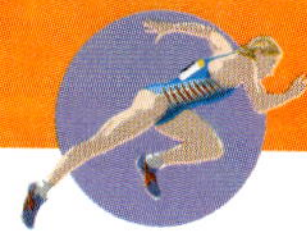

Multiples d'un nombre

Cherchons ensemble

Dans la réserve de son magasin, M. Dutroc entrepose les boissons. Le soda est en packs de 3 bouteilles. Le jus de fruit est en packs de 4 bouteilles.
M. Dutroc a indiqué sur des étiquettes combien il avait compté de bouteilles sur chaque étagère, mais il s'est quelquefois trompé…

a - **Dis** pour quelles étiquettes il est sûr que M. Dutroc s'est trompé, et **explique** comment tu le sais.

b - Pour les autres étiquettes, **indique** le nombre de packs qu'il y a sur l'étagère.

1 **Reproduis** et **complète** le tableau des premiers multiples de 3 et de 4.

a - Quels nombres du tableau sont à la fois multiples de 3 et multiples de 4 ?

b - Propose d'autres nombres plus grands (au moins 5) qui soient à la fois multiples de 3 et de 4.

×	0	1	2	3	4	5	6	7	8	9	10	11	12
3	0	3	6										
4													

2 Parmi ces nombres, lesquels sont multiples de 6 ? **Écris** pour chacun le produit correspondant :

24 = 6 × 4

24	36	44
54	72	92
120	160	600

3 Sur ce jeu de piste, chaque pion avance en sautant toujours le même nombre de cases.

a - Le pion rouge avance par sauts de 8 cases.
Pourra-t-il atteindre la case 52 ?
Pourra-t-il atteindre la case 72 ?
Pourra-t-il atteindre la case 120 ?

b - Le pion vert va passer sur la case 80.
Quels sont les différents sauts possibles qui lui permettront d'atteindre cette case ?

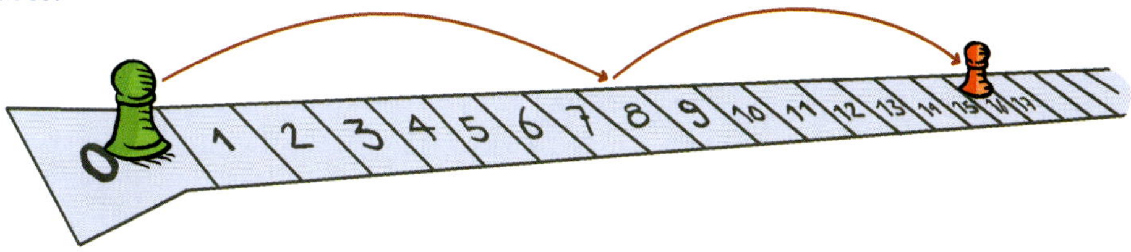

4 **Écris** la suite des multiples de 7 plus petits que 100.

a - Parmi ceux-ci, quels sont les nombres pairs (multiples de 2) ?

b - Quels multiples de 7 sont aussi des multiples de 3 ?

5 **Écris** tous les multiples de 16 compris entre 300 et 400.

Le coin du malin

Jérôme range ses verres dans des cartons.
S'il les range par 6, il lui en reste 3.
S'il les range par 5, il lui en reste 4.
Jérôme a moins de 40 verres.

Combien de verres peut-il avoir ?

Problème

Soisic met bout à bout des bûchettes de 16 cm de longueur. Elle veut former une longue barre de 3 m 50 cm exactement.

Va-t-elle y parvenir ?
Justifie ta réponse.

Objectifs : Traiter une situation de partage du type « combien de fois n dans m » ; déterminer le reste.

Dans la tête : Multiples de 5, 25, 50, 250.

Partages : nombre de parts

Cherchons ensemble

Le père de Bastien est producteur de jus de fruit. Bastien l'aide à mettre ses bouteilles dans des cartons. Le jus de raisin est expédié en cartons de 12 bouteilles.
Bastien a 257 bouteilles à placer dans des cartons.

a - Combien de cartons pourra-t-il remplir ? Lui restera-t-il alors des bouteilles, et si oui, combien ? **Observe** le raisonnement de Bastien et **réponds** aux questions ci-dessus.

b - **Réponds** aux mêmes questions dans les deux cas suivants :

- Bastien doit placer 216 bouteilles de jus d'orange dans des cartons de 6.
- Bastien doit placer 517 bouteilles de jus de pomme dans des cartons de 25.

1 Harry répartit des billes dans des sacs.
Dis pour chaque cas combien de sacs il pourra réaliser, s'il lui restera des billes, et si oui, combien.

a - Il a 45 billes et met 5 billes par sac.
b - Il a 77 billes et met 5 billes par sac.
c - Il a 258 billes et met 10 billes par sac.
d - Il a 370 billes et met 10 billes par sac.
e - Il a 450 billes et met 25 billes par sac.

2 Deborah découpe des petits morceaux de même longueur dans un long ruban.
Dis pour chaque cas combien de morceaux elle pourra réaliser, s'il lui restera du ruban, et si oui, quelle longueur.

a - Le ruban mesure 60 cm, les morceaux 8 cm.
b - Le ruban mesure 120 cm, les morceaux 8 cm.
c - Le ruban mesure 100 cm, les morceaux 28 cm.
d - Le ruban mesure 164 cm, les morceaux 14 cm.

3 Le fleuriste a reçu 127 fleurs.
Il va les mettre en bouquets de 13 fleurs.
Combien de bouquets pourra-t-il réaliser ?
Lui restera-t-il des fleurs et si oui, combien ?

4 Combien y a-t-il de semaines entières dans une année de 365 jours ?
Reste-t-il des jours supplémentaires et si oui, combien ?

5 Chaque bonbon coûte 12 centimes.
Nicolas possède 2 € 30 c.
Combien de bonbons peut-il acheter ? Lui restera-t-il de l'argent après ces achats et si oui, combien ?

6 Un groupe de 82 personnes va voyager en minibus.
Chaque véhicule peut prendre 14 passagers.
Combien de minibus seront pleins ? Combien de passagers occuperont le dernier minibus ?

Le coin du malin

Le pâtissier fait des paquets de 25 chocolats.
Il a 875 chocolats noir à empaqueter.
Sans calculer le nombre de sachets qu'il pourra réaliser, **indique** s'il restera des chocolats noirs ou non.
Fais la même prévision pour les 1150 chocolats au lait, puis pour les 970 chocolats pralinés.

Problème

Quand il est plein, le verre de Natacha contient 15 cL d'eau. Natacha a 2 bouteilles pleines d'eau, l'une d'un litre et demi, l'autre d'un litre.
Combien de verres pleins pourra-t-elle servir avec toute cette eau ?
En restera-t-il et si oui, quelle quantité ?

Objectifs : Sélectionner les données pertinentes pour répondre à des questions.

Dans la tête : Compléments à 100 (« de 37 à 100 ? ») et à 1000 (« de 460 à 1000 »).

Trier des informations (1)

1 L'eau et la santé.

Un bébé de 6 mois a besoin de boire au moins 1 L 25 cL de boisson par jour pour compenser ses pertes d'eau et rester en bonne santé.
Le petit Alexis, qui pèse déjà 8 kg, boit cette quantité en prenant plusieurs biberons de 250 mL pleins d'eau ou de lait.

a - Combien de biberons pleins Alexis doit-il avaler pour boire au total 1 L 25 cL ?

b - Quelle quantité de liquide Alexis boit-il ainsi en une semaine ?

2 Les bons légumes !

Mme Navet est partie au marché avec 35 € dans son porte-monnaie.
Elle a acheté 2 kg de poireaux à 2 € 50 c le kg, 3 kg de pommes de terre à 95 c le kg, et 1 kg 500 g de tomates à 2 € 90 c le kg.
Par contre, elle n'a pas voulu acheter les 2 kg d'aubergines que le marchand lui proposait.

a - Combien pèse la totalité des légumes achetés par Mme Navet ?

b - Combien Mme Navet a-t-elle payé ses pommes de terre ?

3 À bicyclette...

M. Lasselle est parti de chez lui à vélo à 9 h 45. Il a mis 40 min pour aller chez son ami M. Cyclo qui habite à 12 km.
Ensemble, ils sont repartis à 10 h 45 et ont roulé encore 1 h 35 min jusqu'au château distant de 23 km.

a - À quelle heure les deux amis sont-ils arrivés au château ?

b - Combien de temps M. Lasselle est-il resté chez M. Cyclo avant de repartir avec lui à vélo ?

4 La course.

Une course automobile vient de se dérouler sur un circuit mesurant 4 km 250 m. Elle a été gagnée par le célèbre pilote de 28 ans, Yves Paperdre. La course a débuté à 14 h 30 et Yves a franchi la ligne d'arrivée à 16 h 13, après avoir effectué 70 tours du circuit. Son tour le plus rapide a été bouclé en 1 min 23 s.

a - Combien de temps a duré la course ?

b - Quelle distance Yves a-t-il parcourue ?

5 Vive la lecture !

À la librairie, Jonathan regarde le prix des livres sur un présentoir.
La première étagère contient 5 dictionnaires à 28 €.
La 2e étagère présente 2 encyclopédies à 74 €.
La 3e étagère contient 18 livres de poche de 250 pages à 4 € 50 c.
La dernière étagère contient 24 bandes dessinées à 12 € 95 c.

Finalement, Jonathan achète un dictionnaire et 3 bandes dessinées.

a - Combien de livres y a-t-il en tout sur les étagères ?

b - Combien une encyclopédie coûte-t-elle de plus qu'un dictionnaire ?

c - Combien Jonathan doit-il payer pour ses achats ?

Que devient ce que

Cherchons ensemble

- **Que devient la pomme que je mange ? Où va-t-elle dans mon corps ?**
- **Pourquoi faut-il manger pour vivre ?**

J'observe

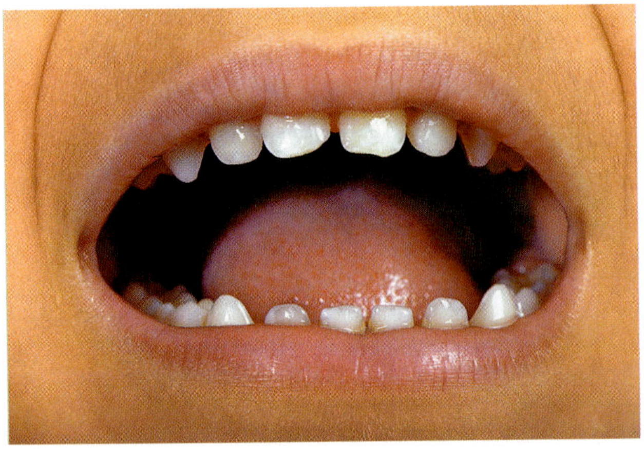

Doc. 1 : Dans la bouche, la salive se mélange aux aliments.

Quel peut être le rôle des dents et de la salive quand on mange ?

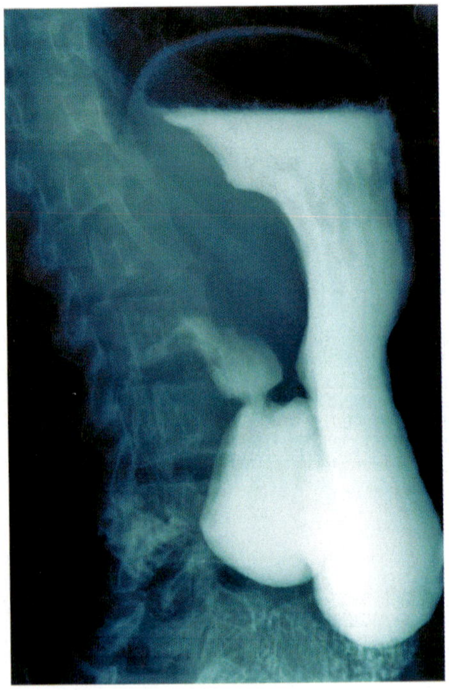

Doc. 2 : Radiographie de l'estomac.

Quelle est la forme générale de l'estomac ?

À quoi sert cet organe ?

Doc. 3 : Radiographie de l'intestin grêle. Il est rendu visible en blanc à cause d'une bouillie spéciale avalée par la personne.

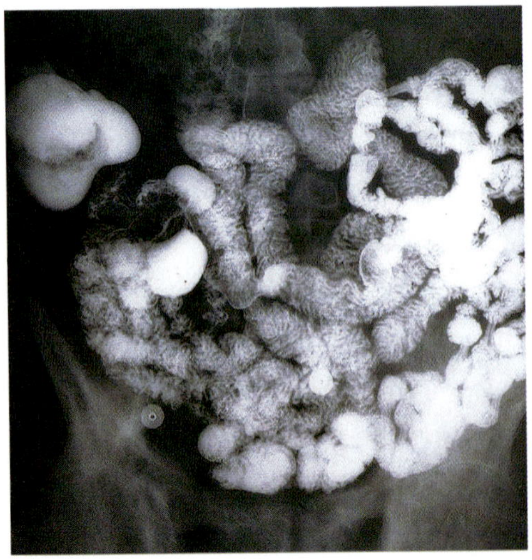

Pourquoi cet intestin est-il aussi long et replié sur lui-même ?

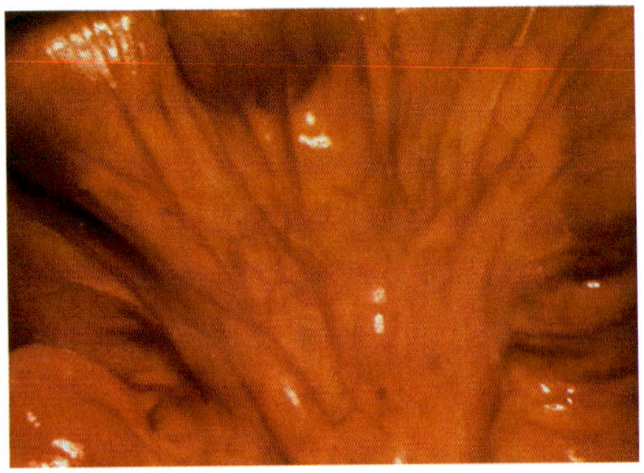

Doc. 4 : Détail d'un repli (villosité) de l'intestin.

À quoi peuvent servir les vaisseaux sanguins irriguant la paroi de l'intestin ?

je mange ?

Objectifs : Découvrir les étapes de la digestion, la circulation et l'utilisation des nutriments.

Je recherche

Observe le schéma légendé de l'appareil digestif et réponds aux questions.

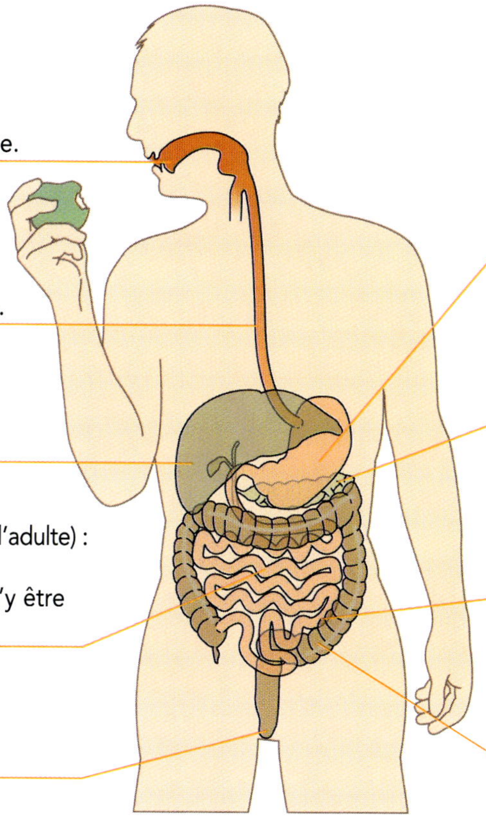

- De quelles différentes façons un aliment est-il transformé tout au long de son cheminement ?
- Quels sont les différents sucs digestifs sécrétés par les organes de l'appareil digestif ?
- Dans quel organe les aliments sont-ils suffisamment transformés pour passer dans le sang ?

Atelier

- À partir de l'observation des documents ci-dessus, réponds à la question « que devient la pomme que je mange ? » en expliquant ses transformations à chaque étape.

J'AI COMPRIS

Au cours de la digestion, les aliments sont broyés et transformés par les sucs digestifs en particules microscopiques appelées nutriments. Ceux-ci traversent les parois de l'intestin et passent dans les vaisseaux sanguins. Transportés par le sang, ils vont nourrir tous les organes de notre corps et leur permettent de fonctionner.

Objectifs : Traiter le partage équitable d'une quantité en n parts égales ; déterminer le reste.

Dans la tête : Partages : dans n, combien de fois 5 ($n \leqslant 100$), puis combien de fois 25 ($n \leqslant 500$) ?

Partages : valeur d'une part

Cherchons ensemble

Pour son anniversaire, Magali veut réaliser 9 sachets identiques de chocolats pralinés à offrir à ses amis. Elle a acheté toute la réserve du pâtissier, soit 194 chocolats. Elle les répartit équitablement dans les 9 sachets, en distribuant le plus possible de chocolats.

a - **Observe** la méthode de Magali, puis **termine** son calcul.

b - **Indique** combien il y aura de chocolats dans chaque sachet et s'il restera des chocolats non distribués.

Je place un chocolat devant chaque sachet : j'ai distribué 9 chocolats. J'en place un 2e devant chaque sachet : ça fait 2 fois 9 chocolats distribués.
J'en place un 3e : ça fait 3 fois 9, etc.
Pour savoir combien je pourrai mettre de chocolats au total dans chaque sachet, il faut chercher combien de fois il y a 9 dans 194.

1 Dans son jardin, Mathieu plante des rangées de salades. Toutes les rangées doivent en contenir le même nombre. Pour chaque cas, **indique** le nombre de salades par rangée, s'il reste des salades et, si oui, combien.

a - Il a 67 salades à répartir sur 5 rangées.

b - Il a 110 salades à répartir sur 5 rangées.

c - Il a 236 salades à répartir sur 10 rangées.

d - Il a 195 salades à répartir sur 25 rangées.

2 L'animatrice du club de vacances partage équitablement des bonbons entre les enfants.
Dis pour chaque cas combien de bonbons aura chaque enfant, s'il restera des bonbons, et si oui, combien.

a - Elle partage 39 bonbons entre 3 enfants.

b - Elle partage 52 bonbons entre 4 enfants.

c - Elle partage 67 bonbons entre 7 enfants.

d - Elle partage 80 bonbons entre 16 enfants.

3 Papy Marcel fait le compte des pièces qu'il a dans son porte-monnaie.
Il veut les partager équitablement entre ses 3 petits-enfants.
Combien chacun aura-t-il ?

4 Claudio a acheté 7 bonbons identiques et a payé 1 € 05 c, soit 105 c.
Combien coûte un bonbon ?

5 Le jeu de tarots comporte 78 cartes. Quand on les distribue entre 4 joueurs, on laisse 6 cartes qui ne sont pas distribuées.
Combien de cartes reçoit chaque joueur ?

Le coin du malin

Le pâtissier dit à Sophia : « Je viens de répartir mes 265 chocolats dans 24 sachets. J'en ai mis le même nombre dans chaque sachet et il ne m'en reste aucun.»
Sophia lui dit qu'il s'est trompé.
Comment le sait-elle ?

Problème

Le directeur de l'école a acheté 8 albums identiques pour la bibliothèque.
Il a payé exactement 100 €.
Combien coûte chaque album ?

Objectifs : Connaître la division et le formalisme associé ; définir le quotient et le reste.

Dans la tête : Partages : dans n, combien de fois 3 ($n \leqslant 60$), puis combien de fois 4 ($n \leqslant 80$) ?

La division : quotient et reste

Cherchons ensemble

Dans son jardin, Jimmy a cueilli 47 pommes. Il veut les partager équitablement entre ses 4 amis. Pour savoir combien chacun aura de pommes, il cherche combien de fois il y a 4 dans 47 : il effectue la **division** de 47 par 4.

« 47 divisé par 4 » s'écrit : **47 : 4**

Chaque enfant aura 11 pommes et il en restera 3.
11 est le **quotient (q)** : c'est le nombre de fois qu'il y a 4 dans 47. 3 est le **reste (r)**.

a - **Observe** comment Jimmy présente sa division et le calcul qui permet de vérifier le résultat.

47 : 4 → q = 11 ; r = 3 **Vérification : 47 = (4 x 11) + 3**

Jimmy a ramassé aussi 93 abricots que son père veut vendre sur le marché par sacs de 12.

b - **Effectue** la division de 93 par 12 pour calculer combien de sacs Jimmy pourra réaliser et combien d'abricots il restera. **Présente** tes calculs comme Jimmy.

1 **Effectue** les divisions en présentant tes résultats comme Jimmy. **Écris** le calcul qui permet de vérifier.

80 : 7 69 : 8
96 : 3 180 : 4
513 : 5 84 : 11

2 **Indique** le quotient et le reste, puis le calcul qui permet de vérifier.

a - Combien de fois y a-t-il 5 dans 78 ?
b - Combien de fois y a-t-il 10 dans 392 ?
c - Combien de fois y a-t-il 25 dans 416 ?

3 **Effectue** les divisions comme Jimmy.
Tu peux utiliser ta calculatrice pour faire des essais en calculant des multiples de 16, 23 et 54.

292 : 16 150 : 23 428 : 54

4 Marina cherche un nombre compris entre 200 et 300. Quand on le divise par 18, le quotient se termine par 4 et le reste est égal à 8. Quel est ce nombre ?

5 Sous chaque division, les 4 égalités sont exactes, mais une seule correspond à la vérification de la division. **Indique** laquelle, puis **écris** le quotient et le reste de la division.

a - 83 : 4

83 = (4 × 10) + 43 83 = (4 × 20) + 3
83 = (4 × 19) + 7 83 = (4 × 15) + 23

b - 121 : 8

121 = (8 × 14) + 9 121 = (8 × 10) + 41
121 = (8 × 15) + 1 121 = (8 × 12) + 25

Retiens bien

La division est l'opération qui permet de trouver le résultat d'un partage.

52 : 6 → quotient = **8** ; reste = **4**
car 52 = (6 x **8**) + **4**

Le reste doit toujours être plus petit que le nombre par lequel on divise : 4 < 6.

Problème

Hector est en train de partager un paquet de biscuits entre ses 6 copains et lui-même. Chacun en a le même nombre et il reste encore 15 biscuits dans le paquet.

a - Combien en restera-t-il quand le partage sera terminé ?

b - À la fin, Hector a 7 biscuits. Combien y en avait-il en tout dans le paquet ?

Objectifs : Définir le décimètre et l'utiliser avec le mètre et ses sous multiples, pour calculer des longueurs.

Dans la tête : Division : dans *n*, combien de fois 6 ($n \leqslant 120$) ? Trouver le quotient et le reste.

Calculer des longueurs (2)

Cherchons ensemble

Si l'on dépliait l'intestin grêle d'un adulte de taille moyenne, on constaterait que sa longueur mesure environ 7 m 50 cm. C'est aussi 75 **décimètres (dm)**.

a - **Utilise** cette information pour compléter les égalités :

1 m = … dm 1 dm = … cm 1 dm = … mm

b - Le gros intestin mesure environ 1 m 40 cm.
Exprime cette longueur en décimètres.

c - **Calcule** la longueur totale de l'ensemble des deux intestins humains.
Exprime cette longueur en décimètres, puis en mètres et décimètres.

1 **Complète** la longueur de chaque objet avec la bonne unité (m, dm, cm, mm).

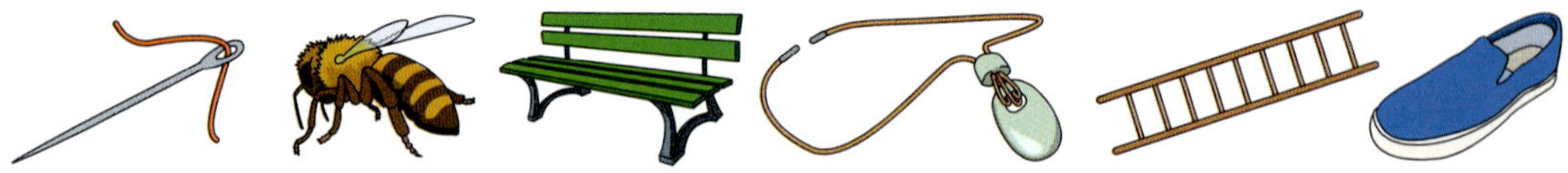

35 … 2 … 24 … 5 … 4 … 28 …

2 Jeff a une règle qu'il nomme « double-décimètre ». Pourquoi l'appelle-t-il ainsi ?

3 **Complète** les égalités.

4 dm = … cm
12 dm = … mm
6 m = … dm
70 cm = … dm
5 dm 8 cm = … cm
420 mm = … dm … mm

4 **Complète** avec les signes <, > ou =.

53 dm … 5 m
4 dm … 40 cm
32 m 7 dm … 327 cm
205 dm … 2 m 5 cm

5

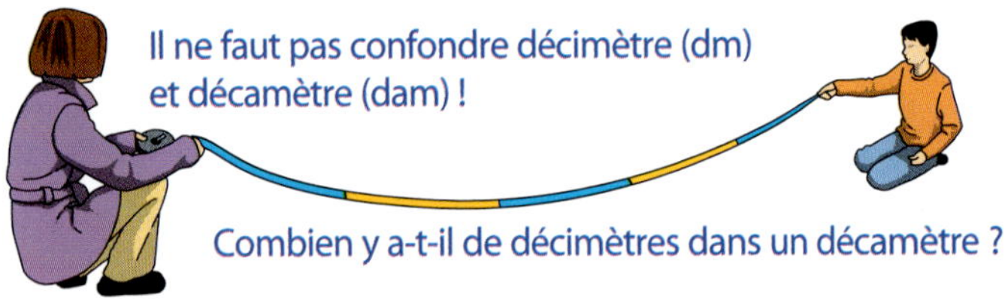

6 Tess a un rouleau de réglisse qui, une fois déroulé, mesure 4 dm. Elle veut le partager en 5 morceaux égaux pour en donner à des amis.

Quelle sera la longueur de chaque morceau ?

Le coin du malin

Hélène possède 7 rubans de soie. Les uns sont rouges et mesurent 4 dm, les autres sont bleus et mesurent 7 dm. Mis bout à bout, ils forment un long ruban de 4 m.

Combien de rubans de chaque couleur Hélène possède-t-elle ?

Problème

M. Bricolo achète 4 baguettes de bois de 2 m de long. Il coupe 3 dm sur chacune puis il assemble bout à bout les 4 baguettes raccourcies.

Quelle est la longueur de la grande barre ainsi obtenue ?

Objectifs : Calculer des durées en heures, minutes et jours.
Dans la tête : Division : dans n, combien de fois 7 ($n \leqslant 140$) ? Trouver le quotient et le reste.

Calculer des durées (2)

Cherchons ensemble

Des scientifiques ont étudié le temps de séjour des aliments dans les différentes parties du tube digestif, selon les personnes et les aliments.
Ils ont obtenu le tableau ci-contre.

a - **Calcule** la valeur minimale et la valeur maximale de la durée totale de la digestion.

b - **Calcule** l'écart entre durée minimale et durée maximale pour chaque partie du tube digestif.

• Pour laquelle cet écart est-il le plus important ?

	Durée minimale	Durée maximale
Estomac	1 h 50 min	7 h 15 min
Intestin grêle	5 h 45 min	9 h 10 min
Gros intestin	14 h 40 min	18 h 20 min

1 Mathilde s'est réveillée ce matin à 7 h 45. Il est actuellement 14 h 32. Depuis combien de temps Mathilde est-elle éveillée ?

2 La séance de cinéma a débuté à 16 h 50. Elle a commencé par un quart d'heure de publicité, puis le film a duré 1 h 52 min.
À quelle heure le film s'est-il terminé ?

3 Antoine prend le TGV à Paris à 12 h 02 et arrive à Lyon à 13 h 57. Après 22 minutes d'attente, il prend un autre train et arrive à Orange à 16 h 19.

a - Combien de temps a duré le trajet Paris - Lyon ?

b - À quelle heure Antoine est-il reparti de Lyon ?

c - Quelle a été la durée totale de son voyage de Paris à Orange ?

4 Geoffroy entend à la radio qu'il est 15 h 40. Il regarde alors sa montre et constate qu'elle retarde de 3 minutes. Quelle heure indique-t-elle ?

5 Roxane va à la gare routière pour prendre le car qui doit partir à 19 h 07. Elle y arrive à 18 h 58.

a - Est-elle en retard ou en avance ? De combien ?

b - Le car part finalement avec un retard de 6 minutes. À quelle heure part-il ?

6 M. Labarque quitte le port de Marseille avec son voilier le 18 mai à 17 h.
Il fait escale à Naples le 21 mai à 13 h.
Il en repart le 23 mai à 10 h et arrive à Dubrovnik le 25 mai à 15 h.

a - Quelle a été la durée du trajet Marseille - Naples ?

b - Combien de temps M. Labarque a-t-il séjourné à Naples ?

c - Quelle a été la durée totale de son voyage ?

Le coin du malin

L'autobus repart toutes les 56 min de la gare routière pour effectuer son circuit. Il fait 15 circuits par jour.
Combien d'heures par jour est-il en service ?

Problème

Anaëlle avait commencé à assembler son puzzle de 2000 pièces samedi après-midi. Elle y a consacré une heure et demi chaque jour et vient juste de le terminer. Elle constate qu'il lui a fallu 10 heures et quart au total pour le réaliser.
Quel jour sommes-nous ?

Objectifs : Mesurer l'aire d'une figure en unités quelconques, à l'aide d'un quadrillage.

Dans la tête : Division : dans *n*, combien de fois 8 ($n \leqslant 160$) ? Trouver le quotient et le reste.

Mesurer une aire (1)

Cherchons ensemble

Estelle, Amélie et Valentin veulent comparer l'aire de leur cuisine. Les 3 cuisines sont carrelées avec les mêmes carreaux carrés. Estelle et Valentin ont dessiné un plan de leur cuisine.

a - **Compare** l'aire des deux cuisines dessinées, en expliquant comment tu fais.

b - La cuisine d'Amélie a la forme d'un rectangle. Son petit côté comporte 7 carreaux et son grand côté comporte 11 carreaux.
Compare son aire à celle des autres cuisines.

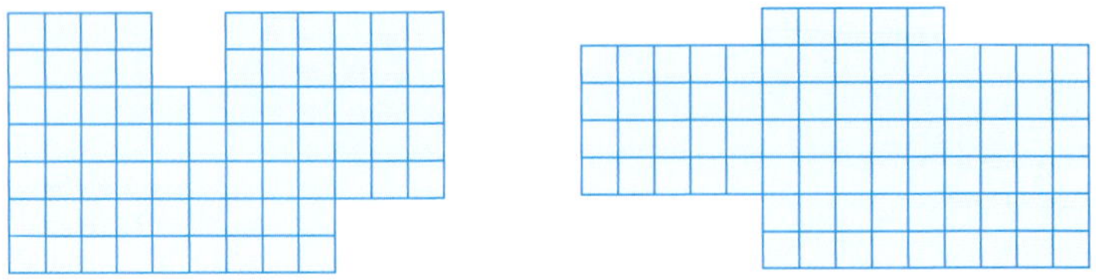

1 Pour chaque série de 4 figures, **range** les figures de l'aire la plus petite à l'aire la plus grande.

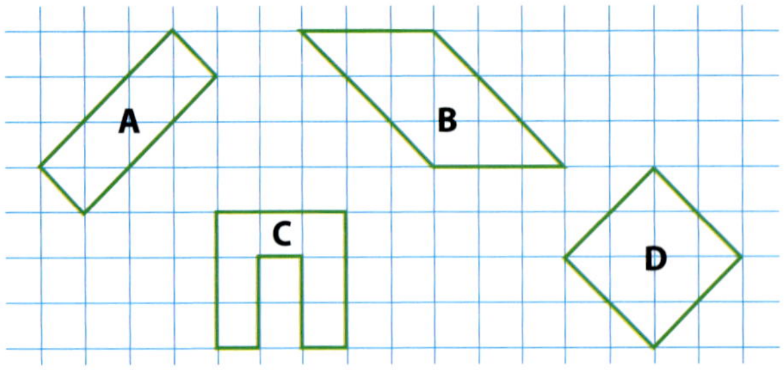

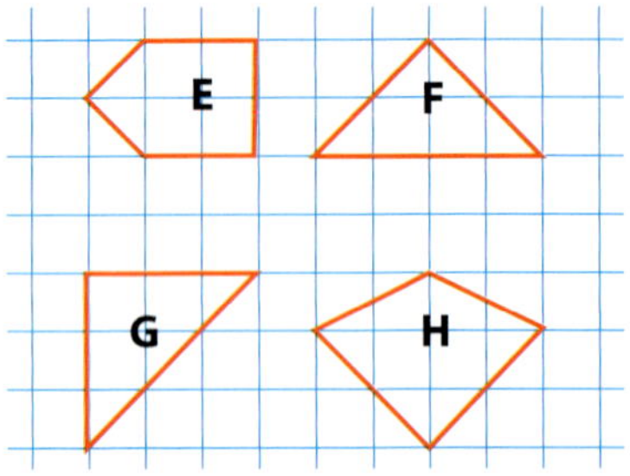

2 Le carreau du quadrillage est l'unité d'aire.
Exprime l'aire de chaque figure avec cette unité.

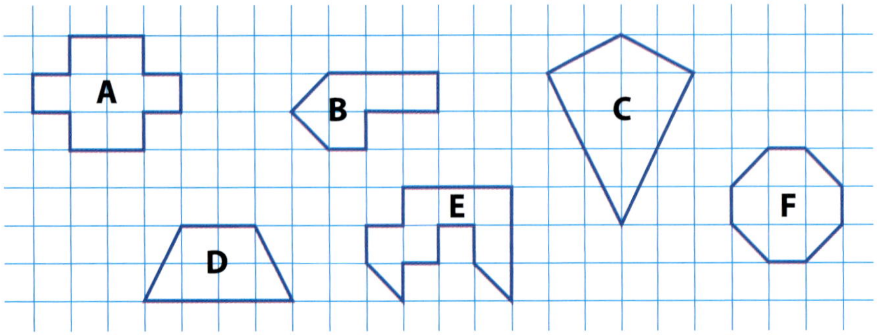

3 **Prends** un carreau de ton cahier comme unité d'aire et construis :

a - un carré ayant pour aire 9 unités ;

b - un rectangle ayant pour aire 18 unités ;

c - un polygone ayant pour aire 23 unités ;

d - un polygone à 4 côtés ayant pour aire 7 unités.

Le coin du malin

Trouve un moyen pour comparer l'aire du cercle et celle du rectangle.
Laquelle est la plus grande ?

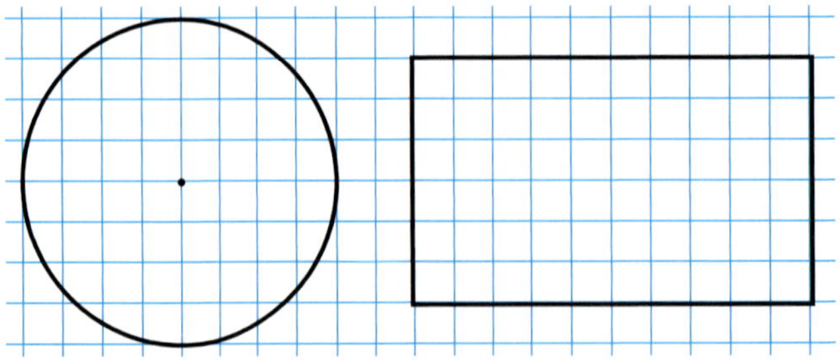

Problème

Prends un carreau de ton cahier comme unité d'aire.

Trace un triangle ayant pour aire 9 unités.

Objectifs : Reconnaître des solutions fausses et expliquer pourquoi.
Dans la tête : Division : dans n, combien de fois 9 ($n \leqslant 200$) ? Trouver le quotient et le reste.

Analyser des solutions (2)

Pour chaque problème de cette page, **lis** l'énoncé et les solutions des enfants. **Dis** si chaque solution convient ou non. Si elle ne convient pas, **explique** pourquoi.

1 Bon appétit !

Quand M. Goinffret commence son repas, l'horloge du restaurant indique 20 h 35. C'est l'heure exacte. Quand M. Goinffret termine son repas, il regarde sa montre qui indique 22 h 10 et qui retarde de 5 min. Combien de temps a duré le repas de M. Goinffret ?

Annouchka

20 h 35 —(+ 25 min)→ 21 h
21 h —(+ 1 h)→ 22 h
22 h —(+ 10 min)→ 22 h 10

Total : 1 h 35 min
Le repas a duré 1 h 35 min.

Sabrina

Fin du repas : 22 h 15
De 20 h 35 à 21 h : 25 min
De 21 h à 22 h 15 : 1h 15 min
25 + 15 = 40

Le repas de M. Goinffret a duré 1 h 40 min.

Christina

22 h 10, moins 5 min : 22 h 05
Le repas s'est terminé à 22 h 05.

20 h 35 —(+ 2 h)→ 22 h 35 —(− 30 min)→ 22 h 05

2 h – 30 min, c'est 1 h 30 min
Durée du repas : 1 h 30 min

2 Les images.

La maîtresse a 125 images à distribuer équitablement à ses 27 élèves.
Combien d'images aura chaque élève ? Restera-t-il des images et si oui, combien ?

Hugo

125 – 27 = 98 → 1 image
98 – 27 = 71 → 2 images
71 – 27 = 44 → 3 images
44 – 27 = 17 → 4 images

La maîtresse distribue 4 images à chaque élève.
Il lui en reste 17.

Coralie

$$\begin{array}{r} 27 \\ \times \quad 5 \\ \hline 135 \end{array}$$ c'est trop

$$\begin{array}{r} 27 \\ \times \quad 3 \\ \hline 81 \end{array}$$

$$\begin{array}{r} 125 \\ -\ 81 \\ \hline 44 \end{array}$$

Chaque élève aura 3 images.
Il en restera 44.

Aurélien

125 = 5 × 25
Comme il y a plus de 25 élèves, chaque élève n'aura que 4 images.

$$\begin{array}{r} 27 \\ -\quad 4 \\ \hline 108 \end{array} \qquad \begin{array}{r} 125 \\ -108 \\ \hline 27 \end{array}$$

Il restera 27 images.

3 À la pêche.

Trois amis sont allés à la pêche et ont pris chacun un poisson. Celui de Piero mesure 8 cm. Celui de Mehdi est 3 fois plus long. Le poisson de Mehdi mesure 3 cm de moins que celui de Rémi. Quelle est la longueur du poisson pêché par Rémi ?

Aïssa

Le poisson de Piero mesure 8 cm.
8 + 3 = 11

Mehdi : 11 cm

11 + 3 =14
Le poisson de Rémi mesure 14 cm.

Lamia

8 × 3 = 24
Poisson de Mehdi : 24 cm

24 + 3 = 27
Le poisson de Rémi mesure 27 cm.

Olga

Longueur du poisson de Mehdi :
8 × 3 = 24

Longueur du poisson de Rémi :
24 – 3 = 21
Il mesure 21 cm.

Objectifs : Maîtriser les notions mathématiques étudiées de la page 76 à la page 80.

Module 7

1 **Vérifie** chaque multiplication. Si elle est fausse, **pose**-la et **calcule** le bon résultat. (Page 78)

257	764	540	417	365
× 52	× 35	× 47	× 162	× 264
474	3820	3780	834	1460
1185	22820	21600	25020	2190
			41700	73000
1659	26640	25380	67554	76650

2 **Pose** et **effectue** les multiplications. (Page 78)

a - 834 × 35 293 × 72 928 × 41

b - 1760 × 89 891 × 372 927 × 614

c - 830 × 79 607 × 48 576 × 60

d - 608 × 704 2345 × 458 3049 × 716

3 Dans chaque cas, **indique** les nombres qui sont des multiples et **écris** les produits correspondants. (Page 79)

Multiples de 4 ?			Multiples de 7 ?			Multiples de 9 ?		
16	30	36	30	54	63	29	45	79
48	58	84	84	91	97	84	91	99
126	360	500	126	630	800	126	450	1000

4 **Complète** les égalités. (Pages 76 et 77)

a - 8 L = … dL 17 L = … mL

900 cL = … L 240 dL = … L

b - 3 daL = … L 48 hL = … L

500 L = … daL 900 L = … hL

c - 45 dL = … L … dL 73 L 50 cL = … dL

360 L = … hL … daL 4 hL 80 L = … daL

d - 203 mL = … dL … mL 31 L 5 cL = … cL

207 L = … hL … L 23 hL 4 daL = … L

5 **Calcule** la quantité obtenue lorsqu'on ajoute : (Pages 76 et 77)

a - 63 cL à 2 L 50 cL – 1 L 5 dL à 2 L 7 dL

b - 3 hL 40 L à 75 L – 6 hL 6 daL à 3 hL 8 daL

c - 1250 mL à 5 L – 56 dL à 2 L 4 dL

d - 30 dL à 4 L – 550 mL à 45 dL

e - 75 daL à 750 L – 3 hL 20 L à 58 daL

f - 68 L à 2 hL 6 daL 4 L – 650 L à 70 hL 5 daL

6 **Calcule** la quantité obtenue lorsqu'on retranche : (Pages 76 et 77)

a - 250 mL à 1 L – 48 cL à 2 L

b - 54 L à 1 hL – 2 daL à 2 hL

c - 50 dL à 10 L – 75 cL à 8 dL

d - 75 cL à 1 L 5 dL – 2 L 4 dL à 5 L

e - 13 daL 7 L à 4 hL – 2 daL à 3 hL 50 L

f - 7 dL 5 cL à 3 L 50 cL – 6 daL 4 L à 8 dal 2 L

Objectifs : Maîtriser les notions mathématiques étudiées de la page 84 à la page 88.

Module 8

1 **Effectue** les divisions. Indique le quotient et le reste, puis **écris** le calcul qui permet de vérifier. (Page 85)

a - 49 : 4 45 : 3

b - 85 : 5 62 : 5

c - 214 : 10 360 : 25

d - 94 : 7 119 : 7

e - 120 : 8 156 : 8

f - 113 : 9 146 : 11

2 **Complète** les égalités. (Page 86)

a - 45 dm = … cm 800 dm = … m

b - 300 mm =… dm 150 cm = … dm

c - 13 dm 3 cm = … cm 850 mm = … dm … cm

d - 4 m 50 cm = … dm 283 dm = … m … cm

3 **Indique** quand s'est terminée la période, d'après son début et sa durée. (Page 87)

a - Début : 10 h 40 ; durée : 3 h 20 min

Début : 14 h 05 ; durée : 7 h 35 min

b - Début : mardi à 17 h ; durée : 2 jours et 3 h

Début : jeudi à 18 h ; durée : 1 jour et 20 h

c - Début : 6 h 18 ; durée : 12 h 43 min

Début : 0 h 35 ; durée : 20 h 50 min

d - Début : dimanche à midi ; durée : 6 jours et demi

Début : samedi à 19 h ; durée : 22 h 30 min

4 **Calcule** le temps écoulé entre les deux instants. (Page 87)

a - Entre 13 h 28 et 15 h 50

b - Entre midi et demi et 16 h 40

c - Entre le lundi à 15 h et le mercredi suivant à 18 h

d - Entre le vendredi à 9 h et le mardi suivant à midi

e - Entre 8 h 45 et 17 h 05

f - Entre 11 h 52 et 23 h 13

g - Entre aujourd'hui 20 h 30 et demain 9 h 45

h - Entre le lundi à 18 h et le lundi suivant à 13 h

5 Le carreau du quadrillage est l'unité d'aire. **Exprime** l'aire de chaque figure avec cette unité. (Page 88)

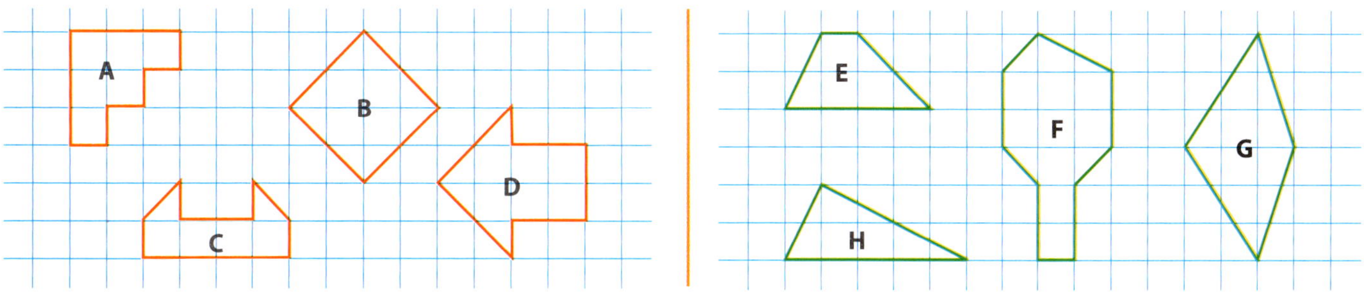

6 **Prends** un carreau de ton cahier comme unité d'aire et **construis** les figures. (Page 88)

a - Un carré ayant pour aire 16 unités

b - Un rectangle ayant pour aire 24 unités

c - Un triangle ayant pour aire 8 unités

d - Un triangle ayant pour aire 10 unités

Objectifs : Évaluer les notions mathématiques étudiées de la page 76 à la page 89.

Modules 7 et 8

1 **Recopie** et **effectue** les multiplications.

$$\begin{array}{r} 2\,5\,7 \\ \times \quad 3\,4 \\ \hline \ldots\ldots\ldots \leftarrow 257 \times 4 \\ \ldots\ldots\ldots \leftarrow 257 \times 30 \\ \hline \ldots\ldots\ldots \end{array} \qquad \begin{array}{r} 6\,0\,9 \\ \times \quad 5\,3 \\ \hline \ldots\ldots\ldots \leftarrow \ldots \\ \ldots\ldots\ldots \leftarrow \ldots \\ \hline \ldots\ldots\ldots \end{array}$$

2 **Vérifie** chaque multiplication. Quand l'une est fausse, **explique** pourquoi, puis **pose**-la et **calcule** le bon résultat.

$$\begin{array}{r} 3\,5\,8 \\ \times \quad 2\,7 \\ \hline 2\,5\,0\,6 \\ 7\,1\,6\,0 \\ \hline 9\,6\,6\,6 \end{array} \qquad \begin{array}{r} 4\,0\,9 \\ \times \quad 4\,6 \\ \hline 2\,4\,5\,4 \\ 1\,6\,3\,6 \\ \hline 4\,0\,9\,0 \end{array} \qquad \begin{array}{r} 8\,5\,0 \\ \times \quad 3\,9 \\ \hline 7\,2\,5\,0 \\ 2\,5\,5\,0 \\ \hline 9\,8\,0\,0 \end{array}$$

3 **Pose** et **effectue** les multiplications.

a - 743 × 62 — 907 × 35

b - 578 × 93 — 384 × 194

4 **Indique** les nombres qui sont multiples de 8 et **écris** les produits correspondants.

48 72 84 96 140 200

5 Sur le jeu de piste, chaque pion part de la case zéro et avance toujours du même nombre de cases.

a - Le pion rouge avance par sauts de 12 cases. Pourra-t-il atteindre la case 62 ? La case 72 ? La case 108 ? La case 142 ?

b - Le pion vert va passer sur la case 64. Quels sont les différents sauts possibles ?

6 Greg répartit des billes dans des sacs.
Dis pour chaque cas combien de sacs il pourra réaliser, s'il restera des billes, et si oui,combien.

a - Il a 65 billes et met 5 billes par sac.

b - Il a 173 billes et met 10 billes par sac.

c - Il a 94 billes et met 13 billes par sac.

7 Valérie partage équitablement des bonbons.
Dis pour chaque cas combien de bonbons aura chaque enfant, s'il restera des bonbons, et si oui, combien.

a - Elle partage 47 bonbons entre 5 enfants.

b - Elle partage 64 bonbons entre 4 enfants.

c - Elle partage 82 bonbons entre 6 enfants.

8 **Effectue** les divisions. **Indique** le quotient et le reste, puis **écris** le calcul qui permet de vérifier.

a - 62 : 5 — 57 : 3

b - 327 : 10 — 80 : 4

c - 58 : 6 — 95 : 7

d - 115 : 11 — 125 : 24

9 Une seule égalité correspond à la vérification de la division. **Indique** laquelle, puis **écris** le quotient et le reste de la division.

97 : 6 ?

97 = (6 × 13) + 19 — 97 = (6 × 15) + 7

97 = (6 × 10) + 37 — 97 = (6 × 16) + 1

10 Tatania fabrique des colliers de 48 perles.
Elle a en tout 257 perles.
Combien de colliers pourra-t-elle fabriquer ?
Lui restera-t-il des perles et si oui, combien ?

11 Julien a acheté 12 pains au chocolat et a payé 14 € 40 c.
Quel est le prix d'un pain au chocolat ?

12 Blanche Neige a cueilli 114 noix qu'elle veut partager équitablement entre les 7 nains.
Combien de noix aura chaque nain ?
En restera-t-il pour Blanche Neige ?

13 Le libraire a reçu 87 exemplaires d'une nouvelle bande dessinée. Il veut en faire 6 piles de même hauteur.
Pourra-t-il y parvenir ?
Combien de livres comportera chaque pile ?

14 **Complète** les égalités.

40 dL = … L
58 dL = … cL
6 dL = … mL
260 L = … dL
453 dL = … L … dL
94 dL = … L … cL

15 **Complète** les égalités.

40 daL = … L
8 hL = … L
220 L = … daL
5000 L = … hL
1080 L = … hL … daL
27 hL 9 L = … L

16 **Complète** avec les signes <, > ou =.

50 daL … 5 L
605 cL … 6 L 5 dL
4 hL … 40 L
100 L … 99 daL
1 daL … 1 dL
6 hL 7 L … 67 L

17 **Range** ces 6 contenances de la plus petite à la plus grande.

2500 mL
75 cL
4 hL
4 L
100 L
50 daL

18 **Complète** les égalités.

50 dm = … m
4 dm = … cm
1 dam = … dm
20 m = … dm
4 m 50 cm = … dm
235 dm = … m … cm

19 **Calcule** le temps écoulé entre les deux instants.

a - entre 10 h 50 et 18 h 30

b - entre 6 h 28 et 10 h 08

c - entre mardi à 15 h et mercredi à 9 h

20 Le carreau du quadrillage est l'unité d'aire.
Exprime l'aire de chaque figure avec cette unité.

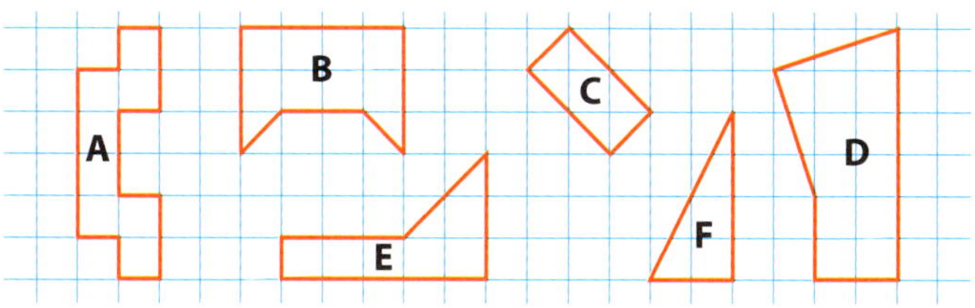

21 **Prends** un carreau de ton cahier comme unité d'aire et **construis** :

a - un carré ayant pour aire 4 unités ;

b - un rectangle ayant pour aire 12 unités ;

c - un polygone à 6 côtés ayant pour aire 23 unités ;

d - un triangle ayant pour aire 12 unités.

22 Chloé a ouvert sa grande bouteille d'eau de 2 L et a servi 4 verres de 15 cL bien pleins.
Quelle quantité d'eau reste-t-il dans la bouteille ?

23 La cuve du vigneron contient 4 hL et demi de vin. Il vide son contenu dans des bonbonnes de 30 L.
Combien de bonbonnes peut-il remplir ?
Reste-t-il du vin et si oui, quelle quantité ?

24 Un match de football dure 1 h 45 min.

a - Le match joué par Oscar a débuté à 14 h 38.
À quelle heure s'est-il terminé ?

b - Le match joué par William s'est terminé à 18 h 07. À quelle heure avait-il commencé ?

25 Lors de cette traversée de l'Atlantique à la voile, le vainqueur a franchi la ligne d'arrivée le 26 mars à 17 h 24.

a - Le navigateur classé deuxième est arrivé avec un retard de 15 h 47 min par rapport au vainqueur. Quand est-il arrivé ?

b - Le vainqueur a mis environ 11 jours et 10 h pour effectuer la traversée.
Quel jour est-il parti ?

Pourquoi y a-t-il le jour

Cherchons ensemble

- **Où se trouve le Soleil pendant la nuit ?**
- **Est-ce qu'il fait jour (ou nuit) partout sur la Terre en même temps ?**

▶ **Doc. 2 :** Le mouvement apparent des étoiles.

▶ J'observe

Durant la journée, on voit le Soleil se déplacer dans le ciel d'est en ouest (**Doc. 1**). La nuit, ce sont les étoiles que l'on voit tourner. En photographiant le ciel étoilé pendant plusieurs heures (**Doc. 2**), chaque étoile produit une trace lumineuse correspondant à son déplacement apparent. Seule l'étoile Polaire ne bouge pratiquement pas.

? De quel côté se trouve l'est sur ce paysage ?

? Sur quelle vue le Soleil culmine-t-il (est-il le plus haut) ?

▶ **Doc. 1 :** Vues successives de gauche à droite du Soleil.

? Quelle est la forme géométrique des traces des étoiles ?

? Où se trouve l'étoile Polaire sur cette photo ?

Le Soleil est une gigantesque « lampe » immobile qui éclaire en permanence la moitié de la Terre. Il est très loin de nous, à 150 millions de kilomètres ! C'est parce que la Terre tourne sur elle-même que nous passons ainsi successivement dans la partie éclairée (c'est alors le jour) et dans la partie sombre (c'est alors la nuit).

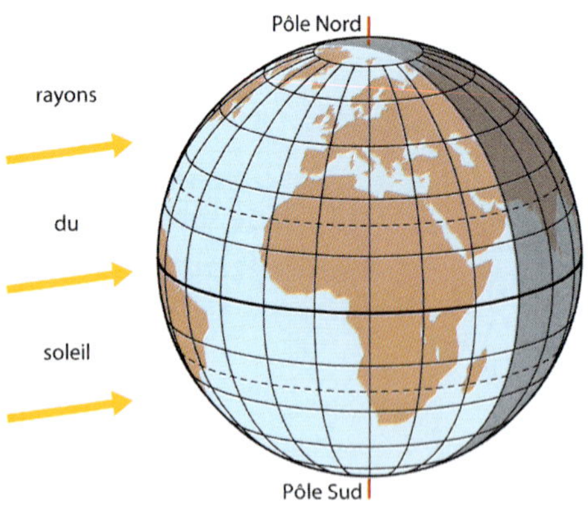

▶ **Doc. 3 :** Ⓐ La Terre dans l'espace

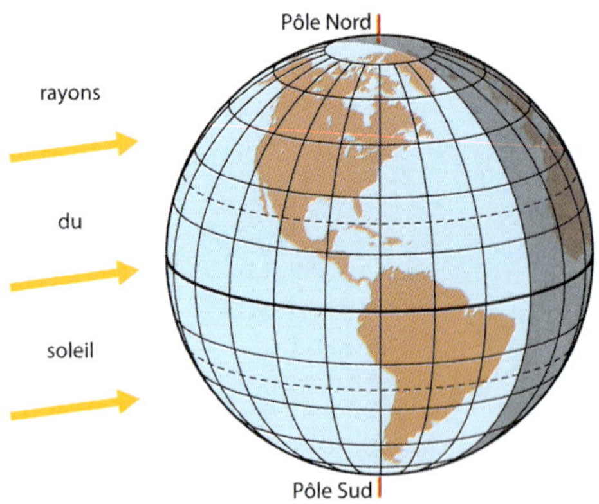

Ⓑ Quelques heures plus tard.

? Dans quel sens la Terre a-t-elle tourné entre les dessins A et B ?

? Quels pays ou continents sont passés du jour à la nuit durant ces quelques heures ?

? Combien de temps met la Terre pour effectuer un tour complet ?

et la nuit ?

Objectifs : Comprendre que le mouvement apparent des astres (Soleils, étoiles) est dû à la rotation de la Terre autour de l'axe des pôles, celle-ci effectuant un tour en un jour.

Je recherche

Afin de mieux connaître le mouvement apparent du Soleil, Mourad repère sa position dans le ciel à différentes heures de la journée. (Il prend bien soin de ne jamais regarder directement le Soleil car c'est très dangereux pour les yeux). Il réalise ainsi le grand dessin ci-dessous. Il complète ensuite son dessin en traçant en pointillés le trajet du Soleil entre son lever et son coucher.

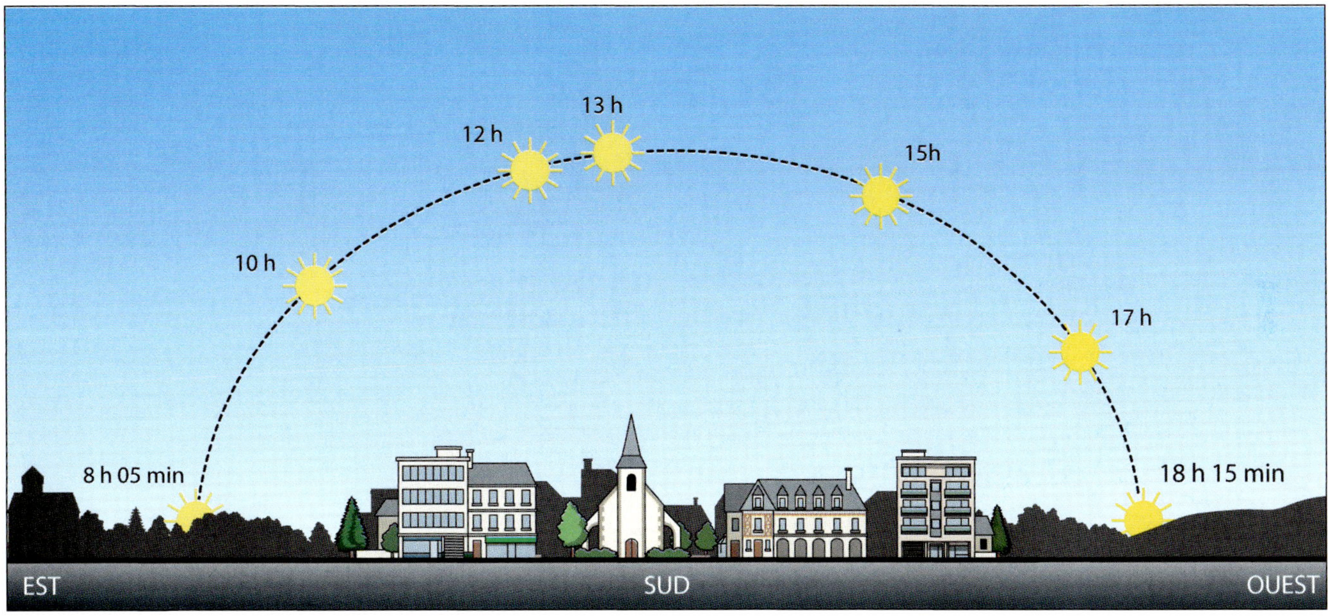

- Dans quelles directions (par rapport aux points cardinaux) le Soleil s'est-il levé et couché ?
- Dans quelle direction le Soleil a-t-il culminé ? À quelle heure approximative cela s'est-il produit ?
- Combien de temps le Soleil est-il resté levé ?

Atelier

- Dans une pièce sombre, éclaire un globe terrestre avec une puissante lampe torche, qui jouera le rôle du Soleil. Repère la France et observe ce qui se passe pendant que le globe fait un tour complet :
– à quel moment le Soleil se lève-t-il, puis se couche-t-il ?
– le trajet dans l'ombre (la nuit) est-il plus long ou moins long que le trajet dans la lumière (la journée) ?

Modifie l'orientation du globe par rapport à la lampe, et observe ce qui change.

J'AI COMPRIS

Durant la journée, nous voyons le Soleil tourner dans le ciel d'est en ouest. Il culmine en milieu de journée dans la direction du sud. La nuit, c'est l'ensemble des étoiles que nous voyons tourner autour de la direction de l'étoile Polaire.

En fait, ces mouvements des astres ne sont qu'apparents. C'est en réalité la Terre qui tourne sur elle-même en un jour. Lorsqu'on passe dans la partie éclairée de la Terre, il fait jour. Lorsqu'on passe dans la partie sombre, il fait nuit.

Objectifs : Tracer des cercles en respectant diverses contraintes.

Dans la tête : Division de n par 5 ($n \leqslant 100$), puis de n par 25 ($n \leqslant 250$) ? Trouver le quotient et le reste.

Le cercle (2)

Cherchons ensemble

Pour représenter la Terre et le Soleil dans l'espace, Marie a dessiné ces deux cercles.

a - **Mesure**-les avec ta règle graduée pour indiquer la longueur du rayon et du diamètre de chaque cercle.

b - **Reproduis** sur ton cahier le dessin de Marie en respectant les longueurs des rayons et la distance entre les centres des cercles.

Attention ! Ce dessin ne représente pas la réalité. Par rapport à la Terre telle qu'elle est dessinée, le Soleil devrait être 50 fois plus gros et 5 000 fois plus loin !

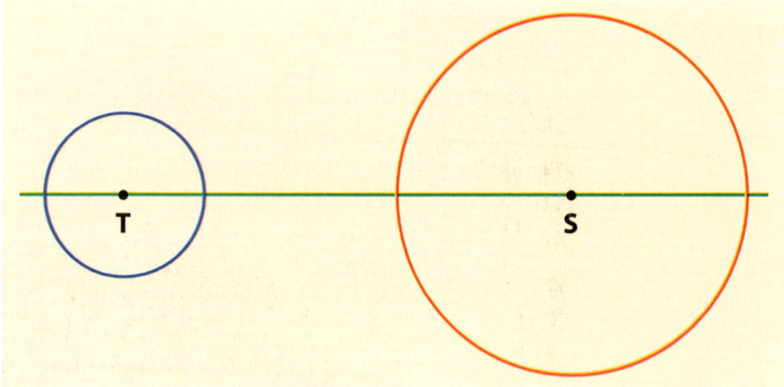

1 Pour tracer le cercle de centre O, on a tracé deux **demi-cercles** de couleurs différentes.

a - Parmi les autres figures, lesquelles sont des demi-cercles ? Comment peux-tu vérifier ?

b - **Trace** un segment de 6 cm, puis **trace** un demi-cercle ayant ce segment pour diamètre.

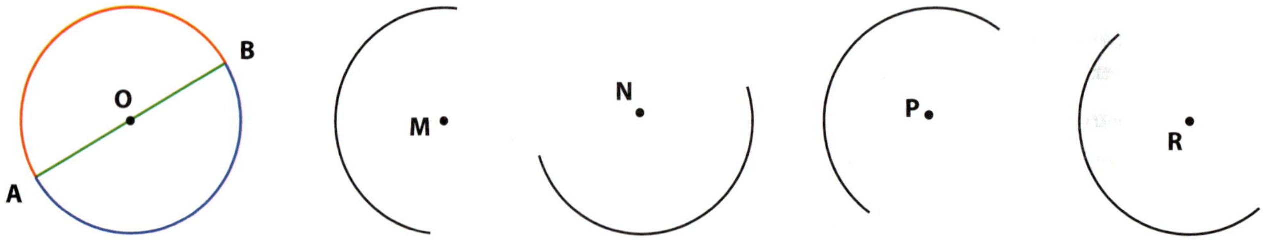

2 Voici la fiche de construction d'une figure.

a - **Construis** cette figure sur ton cahier.

b - Trois enfants ont aussi réalisé cette figure. **Indique** qui s'est trompé et pourquoi.

① Trace un segment AB mesurant 2 cm.

② Trace un cercle de centre A et de rayon AB.

③ Trace un cercle de centre B et de rayon égal à 1 cm 5 mm

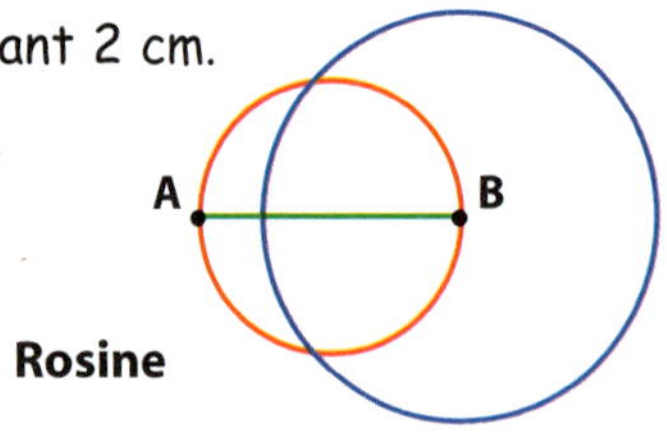

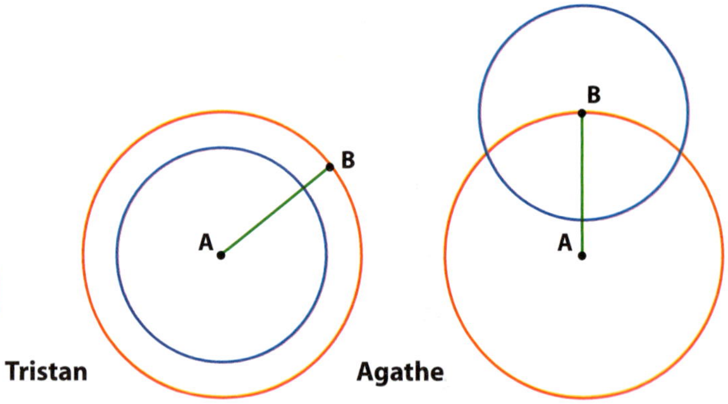

Le coin du malin

Trouve la façon de reproduire sur ton cahier cette figure appelée « rosace ». Tu peux la faire plus grande que sur ton livre.

Problème

Les points O et P sont les centres des cercles. Sans mesurer, **trouve** la longueur du rayon du petit cercle si le segment AB mesure 3 cm 6 mm.

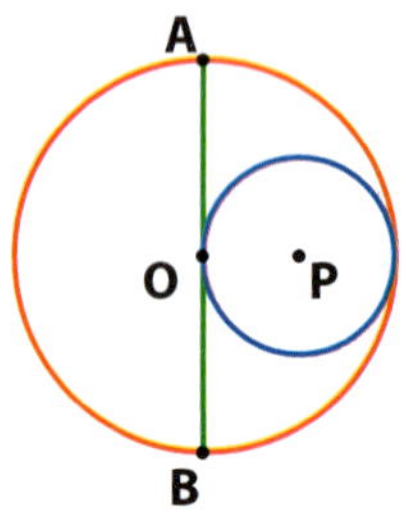

Objectifs : Vérifier le parallélisme et tracer des parallèles à l'aide de l'équerre et sans mesurer.

Dans la tête : Division de *n* par 3 ($n \leqslant 60$), puis de *n* par 4 ($n \leqslant 80$). Trouver le quotient et le reste.

Droites parallèles (3)

Cherchons ensemble

Lucas a réalisé ce schéma pour représenter les rayons du Soleil arrivant sur la Terre. Ils devraient être dessinés tous parallèles, mais Lucas craint de s'être trompé pour certains rayons…
Pour vérifier, il trace une droite (**p**) perpendiculaire au rayon rouge **d**. Il vérifie ensuite si cette droite **p** est également perpendiculaire aux autres rayons. C'est le cas par exemple pour le rayon **b** : la droite **b** est donc parallèle à la droite **d**.

• À l'aide de ton équerre, **aide** Lucas à vérifier si les autres droites sont parallèles à **d**.
Lesquelles ne le sont pas ?

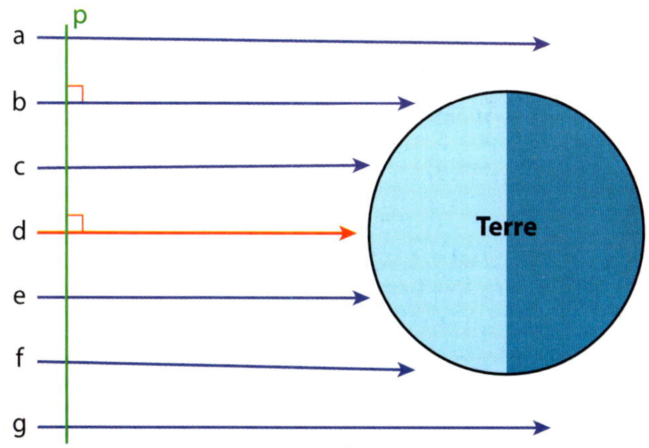

1 En utilisant ton équerre et sans mesurer, **cherche** quelles droites rouges sont parallèles à la droite **a**. **Cherche** ensuite quelles droites vertes sont parallèles à la droite **p**.

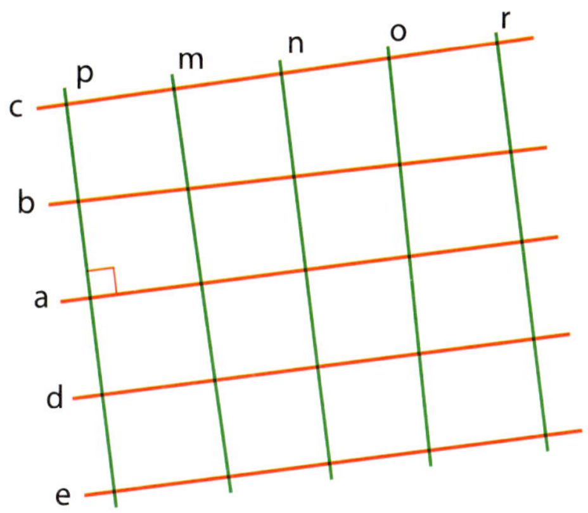

2 **Reproduis** approximativement cette figure. Ensuite, avec ton équerre, **trace** 2 droites parallèles à la droite **d**, l'une passant par A et l'autre passant par B.

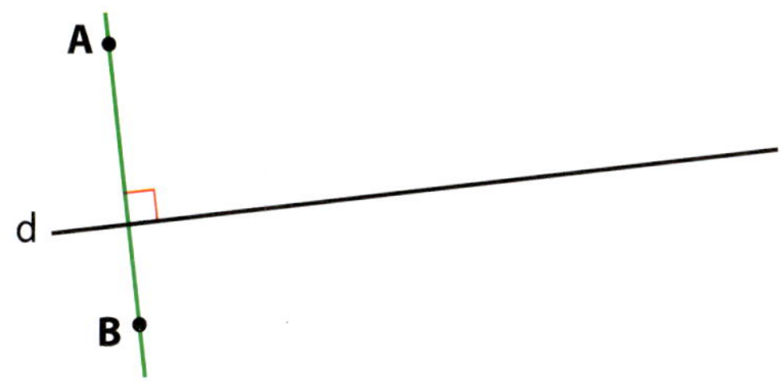

3 Tony a tracé une droite **p**, puis deux droites $\mathbf{d_1}$ et $\mathbf{d_2}$ perpendiculaires à la droite **p**.

a - Comment sont les droites $\mathbf{d_1}$ et $\mathbf{d_2}$? (**Justifie** ta réponse.)

b - Tony a ensuite tracé la droite **m** perpendiculaire à $\mathbf{d_2}$.
Comment sont les droites **p** et **m** ? (**Justifie** ta réponse.)

c - Le polygone ABCD est un rectangle. **Indique** deux propriétés des côtés opposés de ce rectangle.

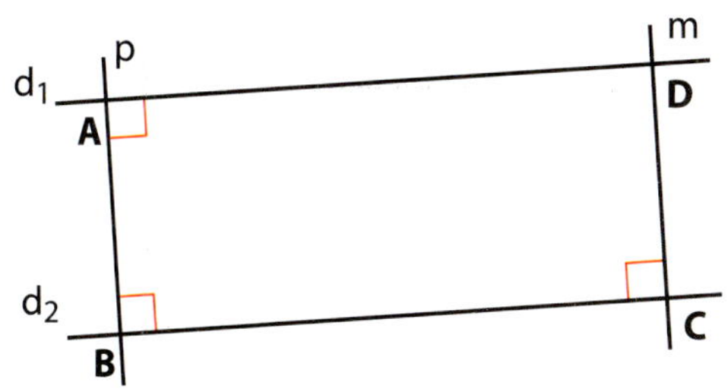

Retiens bien

Si 2 droites **p** et **m** sont perpendiculaires à une 3e droite (**d**), elles sont parallèles entre elles.

Problème

Reproduis approximativement la figure. Ensuite, sans mesurer, **trace** la droite passant par le point A et parallèle à la droite **d**.

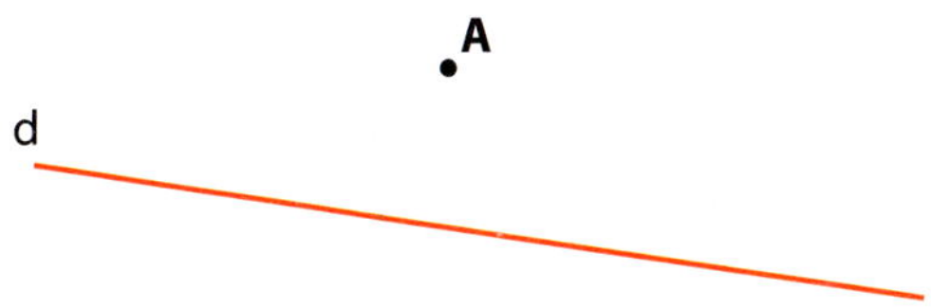

Objectifs : Découvrir le million et les nombres voisins.

Dans la tête : Dictée de nombres jusqu'à 6 chiffres. Insister sur les nombres avec des zéros.

Le million

Cherchons ensemble

Alexia a lu sur une encyclopédie que le diamètre du Soleil était égal à 1 400 000 km ! Ce nombre se lit : « un **million** quatre cent mille ».
Pour dessiner le Soleil, Alexia trace un cercle en prenant un carreau pour représenter 100 000 km.

a - **Recopie** et **complète** le raisonnement d'Alexia.

b - Si un carreau représente 100 000 km, **indique** les longueurs représentées par les traits a, b, et c.

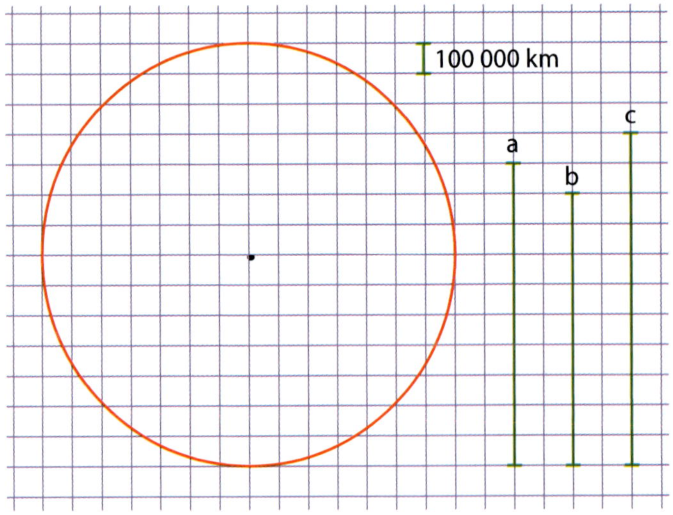

1 Une fabrique produit des petites boîtes de 1 000 agrafes (A). Elles sont assemblées par rangées de 10 boîtes (B), par plaques de 100 boîtes (C) et par blocs de 1 000 boîtes (D).

a - Combien d'agrafes sont contenues dans chacun de ces assemblages ?

b - **Indique** le nombre d'agrafes livrées dans chaque commande ci-dessous.

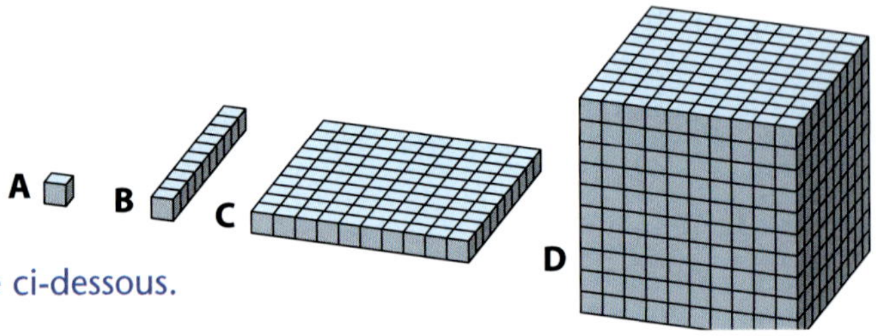

Commande n°1

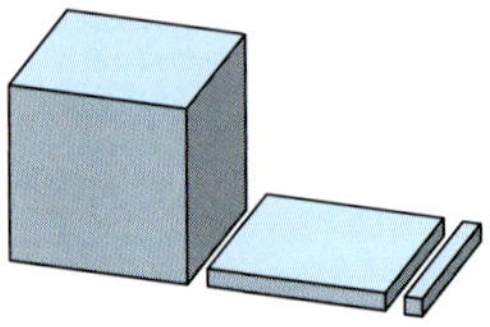

Commande n°2

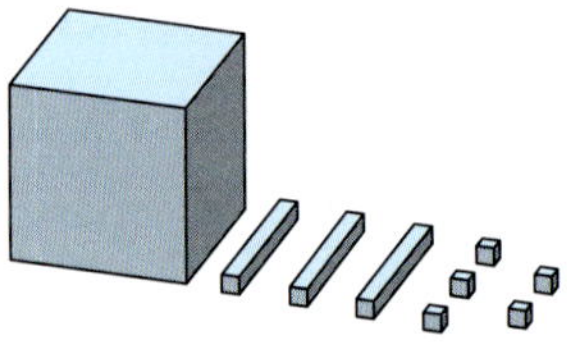

Commande n°3

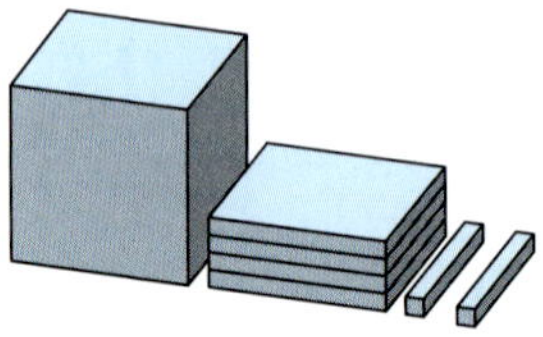

Commande n°4

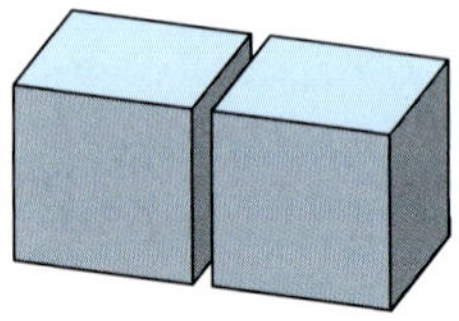

2 **Écris** les 2 nombres qui encadrent 1 000 000.

… $\xrightarrow{+1}$ 1 000 000 $\xrightarrow{+1}$ …

… $\xrightarrow{+10}$ 1 000 000 $\xrightarrow{+10}$ …

… $\xrightarrow{+100}$ 1 000 000 $\xrightarrow{+100}$ …

… $\xrightarrow{+1\,000}$ 1 000 000 $\xrightarrow{+1\,000}$ …

3 **Complète** les égalités.

900 000 + … = 1 000 000
10 000 × … = 1 000 000
500 000 × … = 1 000 000
5 000 × … = 1 000 000

Le coin du malin

Emma dit : « j'espère que mon chat vivra encore au moins un million d'heures ! »
Penses-tu que ce soit possible ? **Justifie** ta réponse.
(Tu peux utiliser ta calculatrice.)

Problème

M. Lechanceux a gagné un million d'euros au Loto ! Il donne 50 000 € à chacun de ses 2 enfants, puis il achète une maison à 380 000 €, une résidence secondaire à 235 000 € et une voiture à 85 000 €. Enfin, il dépose l'argent restant à la banque. Combien peut-il déposer à la banque ?

Objectifs : Désigner, écrire en chiffres ou en lettres les nombres jusqu'à 9 chiffres.

Dans la tête : Dictée de nombres jusqu'à 7 chiffres.

Les grands nombres (1)

Cherchons ensemble

La Terre est une planète du Soleil, c'est-à-dire qu'elle tourne autour de lui. La distance entre la Terre et le Soleil est égale à environ cent cinquante millions de kilomètres !

a - **Écris** ce nombre en chiffres.

b - En fait, cette distance varie un peu, entre 147 500 000 km et 152 500 000 km. **Écris** ces 2 nombres en lettres.

Mars

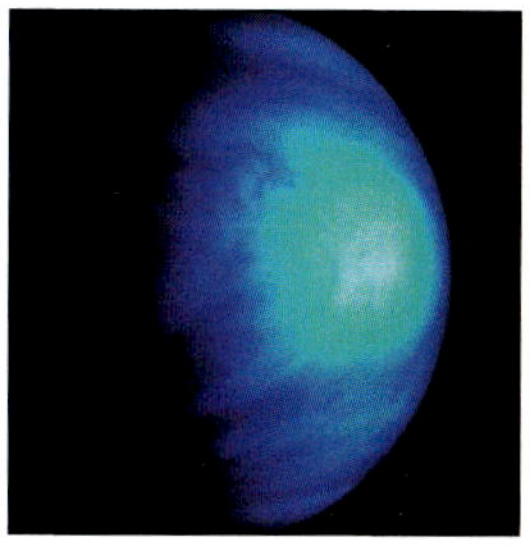
Vénus

c - Mars et Vénus sont deux autres planètes du Soleil. Leur distance au Soleil est environ : deux cent trente millions de km pour Mars, cent huit millions de km pour Vénus. **Écris** ces 2 nombres en chiffres.

d - Parmi les 3 planètes citées, laquelle est la plus proche du Soleil ? Laquelle est la plus éloignée ?

1 **Écris** les nombres en lettres.

57 270 409	106 053 634
9 401 715	693 012 000
420 394 012	70 800 675

2 **Écris** les nombres en chiffres.

a - un million trois cent huit mille quinze

b - soixante-sept millions dix-sept mille quatre cents

c - huit millions six cent vingt mille

d - neuf cent soixante-trois mille huit cent cinquante

e - cent huit millions mille six cent trente

3 En écrivant ses nombres, Karim a oublié de laisser des espaces, ou bien ne les a pas toujours placés aux bons endroits.

a - **Recopie** les nombres en plaçant les espaces correctement.

b - **Indique** lesquels de ces nombres sont plus grands que dix millions.

23 57964	102 589 10	907 5125
698704 506	36 585061	83000160
1 0022 2403	999 9999	

4 Parmi les nombres ci-dessous, **indique** ceux que tu peux dire sans utiliser d'autres mots que ceux des étiquettes.

quatre — mille — vingt — six — million(s) — trois

3 086 024	80 080 026
24 306 000	6 083 034
26 004 000	4 060 083

Retiens bien

Les espaces séparent les unités simples, les « mille » et les millions.

centaines de millions	dizaines de millions	unités de millions	centaines de mille	dizaines de mille	unités de mille	centaines	dizaines	unités
c(M)	d(M)	u(M)	c(m)	d(m)	u(m)	c	d	u
1	5	3	7	0	8	2	3	5

cent cinquante trois millions sept cent huit mille deux cent trente cinq

Problème

Pour aller de la Terre jusqu'à la planète Mars, le vaisseau spatial va devoir parcourir environ 120 millions de kilomètres. Chaque heure, il parcourt 20 000 km.

a - Combien d'heures lui faudra-t-il pour arriver à destination ?

b - Combien cela représente-t-il de jours ? De mois ?

Objectifs : Comparer, calculer des périmètres. Distinguer périmètre et aire d'une figure.

Dans la tête : Dictée de nombres jusqu'à 9 chiffres.

Périmètre d'une figure (2)

Cherchons ensemble

La figure A a été obtenue en assemblant les 3 rectangles de couleurs différentes.

a - En prenant le côté d'un carreau pour unité de longueur, **calcule** le périmètre de la figure A.

b - Sur ton cahier, **dessine** un assemblage des 3 rectangles colorés pour obtenir une figure B ayant un périmètre plus grand que celui de la figure A.

c - **Dessine** un autre assemblage des 3 rectangles colorés pour obtenir cette fois une figure C ayant un périmètre plus petit que celui de la figure A.

d - **Compare** les aires des 3 figures A, B et C.

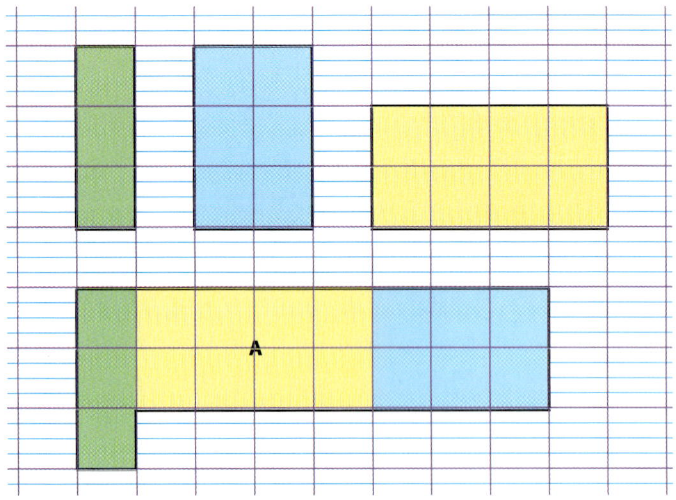

1 **Trace** sur ton cahier deux rectangles différents, mais ayant tous deux le même périmètre égal à 17 cm 6 mm. (Tu peux utiliser le quadrillage de ton cahier pour tracer les angles droits.)

2 Un carré a un périmètre de 9 cm 6 mm.

a - Combien mesure son côté ?

b - **Trace** un tel carré sur le quadrillage de ton cahier.

3 Dans chaque figure, le polygone rouge est tracé à l'intérieur du polygone vert. **Compare** le périmètre des deux polygones. Si tu n'es pas sûr(e), **mesure** les segments et **calcule** les périmètres.

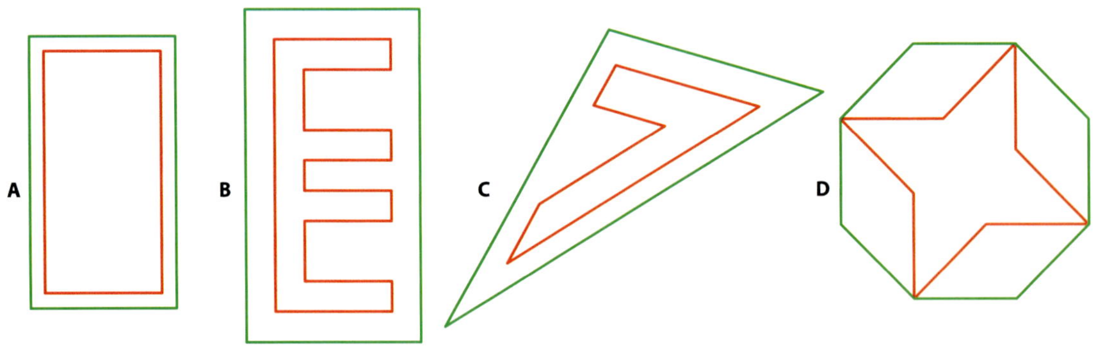

4 D'après toi, l'affirmation suivante est-elle vraie ou fausse ? **Justifie** ta réponse.

« Deux polygones qui ont le même périmètre ont obligatoirement la même aire.»

Le coin du malin

Tu disposes de 5 rectangles identiques à celui qui est dessiné ci-contre.

Trouve 3 façons différentes de les assembler pour obtenir 3 polygones ayant pour périmètre 18 cm, 20 cm et 19 cm.

(**Dessine** tes assemblages à main levée sur ton cahier.)

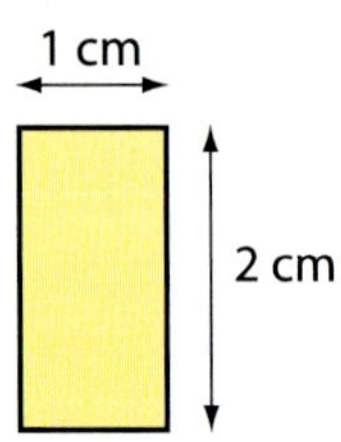

Problème

Un rectangle a un périmètre égal à 16 cm 8 mm. Un de ses côtés mesure 6 cm 3 mm. Combien mesure chacun des 3 autres côtés ?

Objectifs : Raisonner logiquement pour répondre à une question.

Dans la tête : Division de *n* par 6 ($n \leqslant 120$). Trouver le quotient et le reste.

Logique et déduction (1)

1 Le coucher de Soleil.

Ce soir-là, le soleil s'est couché à 19 h 35.
Cinq amis se sont donnés rendez-vous sur la plage pour admirer le coucher de Soleil. Hélas, ils sont tous arrivés les uns après les autres !
Aurélien est arrivé avant Lydie.
Quand Cécilia est arrivée, le Soleil était couché depuis un quart d'heure.
Hugo est arrivé après 20 h.
Quand Lydie est arrivée, le Soleil n'était pas encore couché.
Alexandre dit à Hugo : « sans cet embouteillage, j'aurais pu arriver avant toi !».

- Dans quel ordre les 5 amis sont-ils arrivés à la plage ?

2 La bonne zone.

Les différentes zones de cette figure ont été numérotées. **Trouve** celle qui correspond à la description ci-dessous.

« Je me trouve à l'extérieur du triangle ABC.»

« Je me trouve à l'intérieur du cercle ayant le segment AB pour diamètre.»

« Je me trouve à l'intérieur du rectangle.»

« Je me trouve à l'intérieur du cercle de centre A.»

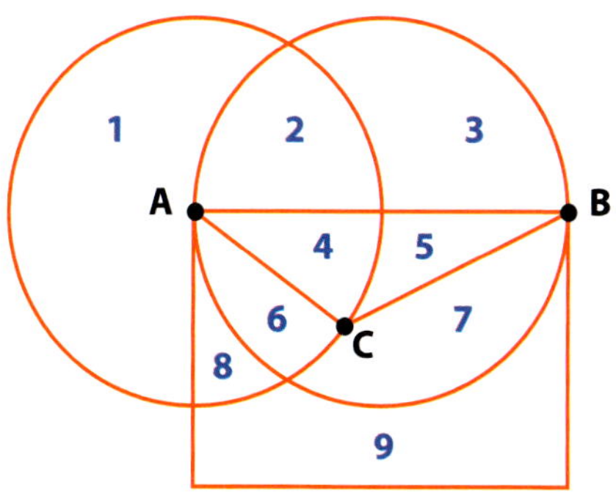

3 Des fruits et des euros.

M. Lafigue rentre du marché avec 5 sachets de fruits différents.
Sur sa note, il apparaît le prix des 5 sachets, mais pas le nom des fruits correspondants.
Heureusement, M. Lafigue se souvient que :
– les pommes étaient moins chères que les poires,
– les raisins coûtaient aussi cher que les pommes et les poires réunies,
– les oranges coûtaient moins de 3 €.
M. Lafigue a également acheté des bananes.

- **Aide** M. Lafigue à retrouver le prix de chaque sachet de fruit.

4 Les portraits.

À l'aide des renseignements ci-dessous, **retrouve** le prénom de chaque personnage.

Coralie porte des lunettes.

Martina n'a pas de chignon.

Iris n'a pas de lunettes.

Manon ne porte pas de boucles d'oreille.

L'heure dépend-elle du

Cherchons ensemble

- **Comment le Soleil peut-il indiquer l'heure ? Est-ce la même heure que celle de la montre ?**
- **L'heure est-elle différente à différents endroits de la Terre ?**

J'observe

L'ombre de la tige se déplace sur la graduation au fur et à mesure que le Soleil avance dans le ciel au cours de la journée. Le cadran indique ainsi l'heure solaire, un peu différente en général de l'heure de la montre.
Il est midi à l'heure solaire quand le Soleil culmine : c'est le milieu de la journée.

? Quelle heure indique ce cadran ? Dans quel sens l'ombre va-t-elle se déplacer ?

? Vers quelle direction (point cardinal) doit être orientée la façade qui porte le cadran solaire ?

Doc. 1 : Un cadran solaire sur le mur d'un bâtiment.

À un instant donné, l'heure solaire est différente pour des lieux qui ne sont pas sur le même méridien. Pour tenir compte de ce décalage, on a divisé la Terre en 24 « tranches », les fuseaux horaires. L'heure à la montre est normalement la même dans tout un fuseau.

À un instant donné, l'heure solaire est différente pour des lieux qui ne sont pas sur le même méridien. Pour tenir compte de ce décalage, on a divisé la Terre en 24 « tranches », les fuseaux horaires. L'heure à la montre est normalement la même dans tout un fuseau.

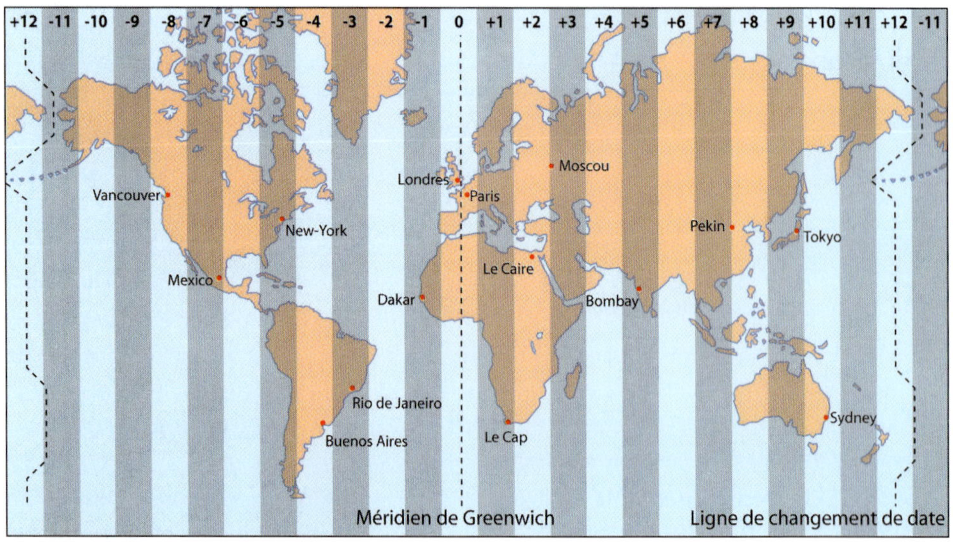

Doc. 2 : Les fuseaux horaires.

? Dans quel sens faut-il décaler les aiguilles de la montre quand on passe d'un fuseau à celui qui est plus à l'est ?

? Combien d'heures de décalage y a-t-il entre Paris et Tokyo ? Entre Paris et New York ?

? Au Canada et en Russie, l'heure est-elle la même partout dans le pays ? Pourquoi ?

Soleil ?

Objectifs : Comprendre la relation entre le mouvement apparent du Soleil et l'heure. Connaître le principe des fuseaux horaires.

▶ Je recherche

Pour comprendre le principe du décalage horaire, Jennifer a fabriqué la maquette ci-dessous. Sur un disque de carton, elle a dessiné l'hémisphère nord de la Terre. Le disque peut tourner en face d'une graduation qui indique l'heure solaire dans les différentes positions.

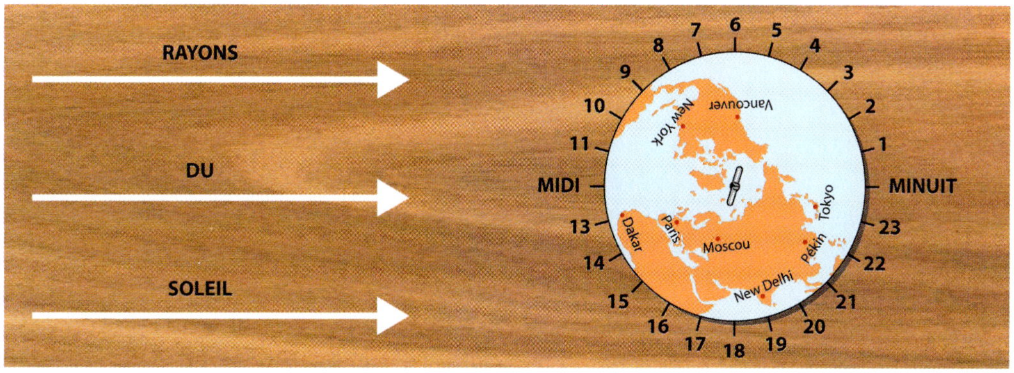

- Pour cette position de la Terre, quelle est approximativement l'heure (solaire) à Paris ? À Dakar ? À Tokyo ? À New York ?
- Quel est le décalage horaire entre Paris et Pékin ? Entre Paris et Vancouver ?
- Trois heures plus tard, dans quelle ville sera-t-il environ midi ?
- Cinq heures plus tard, dans quelle ville sera-t-il environ minuit ?

J'AI COMPRIS

L'heure est liée au mouvement apparent du Soleil. Ainsi, un cadran solaire indique l'heure solaire, qui varie lorsqu'on se déplace vers l'est ou vers l'ouest. Un même décalage existe pour l'heure de la montre. C'est pour cette raison que la Terre est partagée en 24 fuseaux horaires, correspondant aux 24 heures d'un jour.

Atelier

Fabrique ton cadran solaire.

Matériel : un rectangle de carton de 20 cm et 10 cm de côtés ; une pique à brochette ; de la colle.

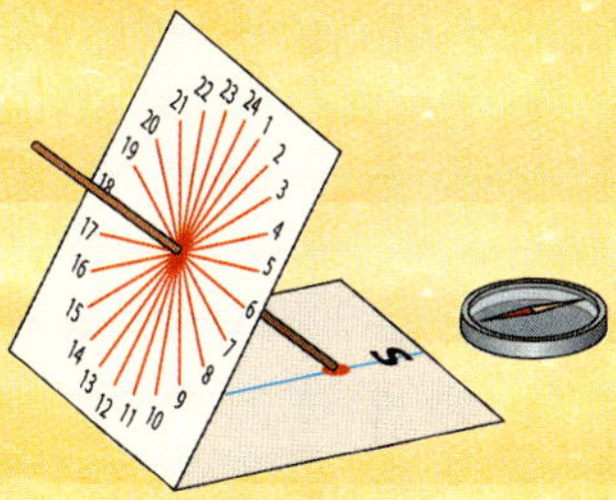

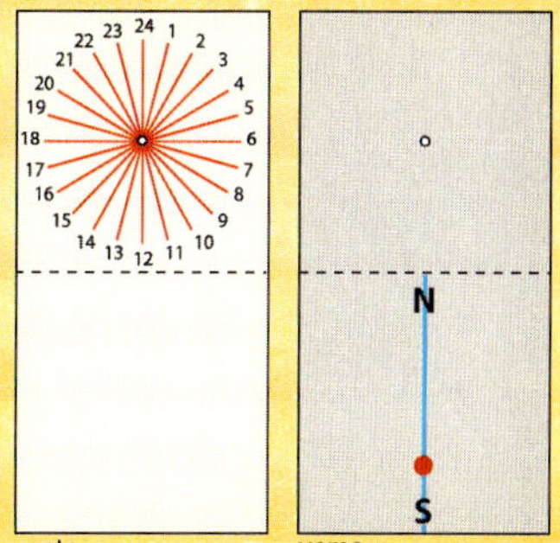

- Coupe la pique à une longueur de 10 cm.
- Dessine la graduation sur une moitié de la plaque. Trace la ligne bleue (N, S) et place le point rouge à 7 cm de la ligne verte. Reproduis la graduation sur l'autre face de la plaque.
- Plante la pique au centre de la graduation (elle doit dépasser de 5 cm de chaque côté) et fixe-la avec de la colle.
- Plie le carton suivant la ligne verte. Le bout de la pique doit toucher le point rouge : fixe-le avec de la colle.
- Oriente le cadran avec une boussole (ligne bleue nord-sud).

Objectifs : Lire, calculer des durées exprimées en heures, demi-heures et quarts d'heures.

Dans la tête : Division d'un nombre par 8, puis par 9 ($n \leqslant 100$).

Demi-heures et quarts d'heure

Cherchons ensemble

Au cours de sa promenade, Sylvia a observé ce cadran solaire à deux moments différents. Les heures sont écrites en chiffres romains. **I**, c'est 1. **V**, c'est 5. **X**, c'est 10.

a - **Donne** la valeur de chaque nombre inscrit sur ce cadran, en commençant en haut à gauche.

b - **Exprime** l'heure affichée sur chaque dessin sans utiliser le mot minute.

c - Combien de temps s'est écoulé entre les deux positions de l'ombre ? **Exprime** cette durée en heures et quarts d'heure, puis **exprime**-la seulement en quarts d'heures.

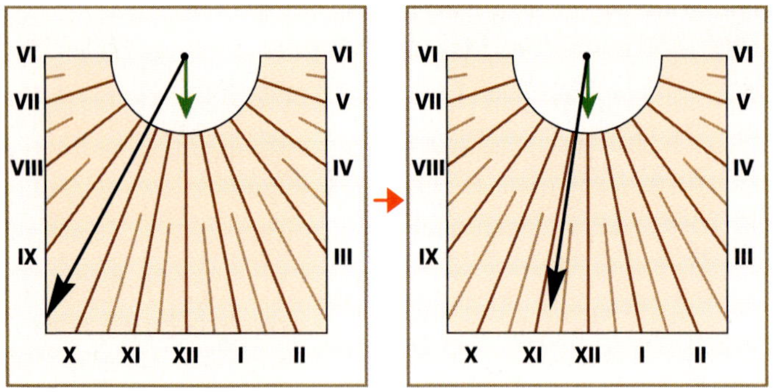

1 **Recopie** et **complète** les phrases.

- Un quart d'heure, c'est … minutes.
- 3 quarts d'heure, c'est … minutes.
- 6 demi-heures, c'est … heures.
- Une demi-heure, c'est … minutes.
- Une heure, c'est … quarts d'heure.
- 90 minutes, c'est … quarts d'heure.

2 Toutes les heures affichées sont du matin. Dans chaque cas, **exprime** la durée entre les deux dessins en utilisant seulement des heures, des demi-heures et des quarts d'heure.

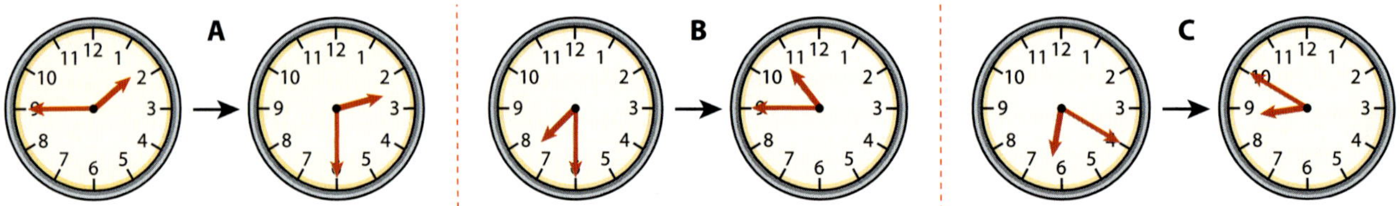

3 **Exprime** les durées en utilisant seulement des heures, des demi-heures et des quarts d'heure.

A : 08:15 → 12:45

B : 17:10 → 19:55

C : 11:30 → 16:15

4 **Exprime** comme précédemment la durée :

a - entre trois heures moins le quart et cinq heures et quart ;

b - entre six heures et demie et dix heures moins le quart ;

c - entre neuf heures moins le quart du matin et une heure et demie de l'après-midi.

Le coin du malin

Combien de temps (en heures et quarts d'heure) s'est écoulé entre les deux affichages ?

16:45 7 FÉVRIER → 06:30 9 FÉVRIER

Problème

L'émission de radio a débuté à 16 h 36. Un quart d'heure après, puis tous les quarts d'heure, elle a été interrompue par une annonce publicitaire. L'émission s'est terminée à 17 h 59.
Combien y a-t-il eu d'annonces publicitaires durant l'émission ?

Objectifs : Comparer, reproduire des angles.

Dans la tête : Calcul de la moitié d'un nombre ($n \leqslant 100$).

Les angles

Cherchons ensemble

Paul a construit un cadran solaire du même type que celui présenté page 103. Il pense que tous les angles formés par deux traits qui se suivent, sont égaux.

a - A-t-il raison ? **Trouve** le moyen de le vérifier (tu peux utiliser du papier calque), et **explique** comment tu as fait.

b - Combien de ces angles, placés côté contre côté, forment au total un angle droit ?

c - **Trace** deux angles : l'un doit être plus petit que l'angle entre deux traits qui se suivent sur le cadran solaire (**appelle**-le A), l'autre doit être plus grand (**appelle**-le B).

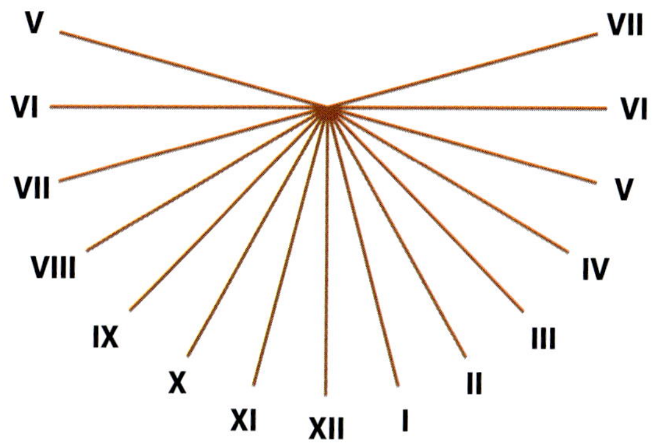

1 **Décalque** l'angle bleu, puis **utilise** le calque pour dire si chaque angle du polygone est plus grand, plus petit, ou égal à l'angle bleu.

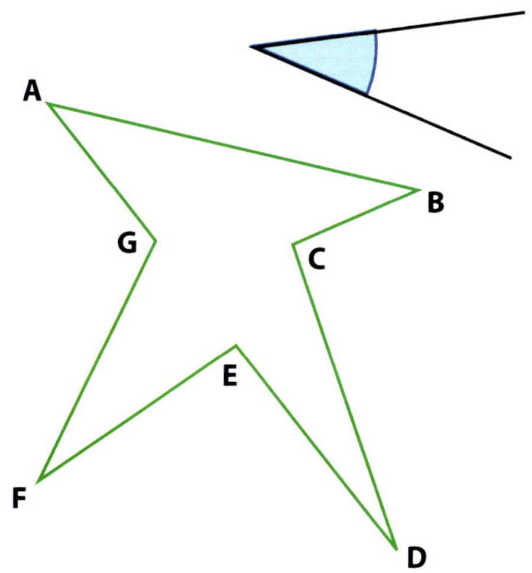

2 **Décalque** les 3 angles du triangle ABC sur 3 morceaux de papier calque. À l'aide de ces calques, **vérifie** si les autres triangles possèdent un ou plusieurs angles égaux à ceux du triangle ABC.
Quel triangle ressemble le plus au triangle ABC ?

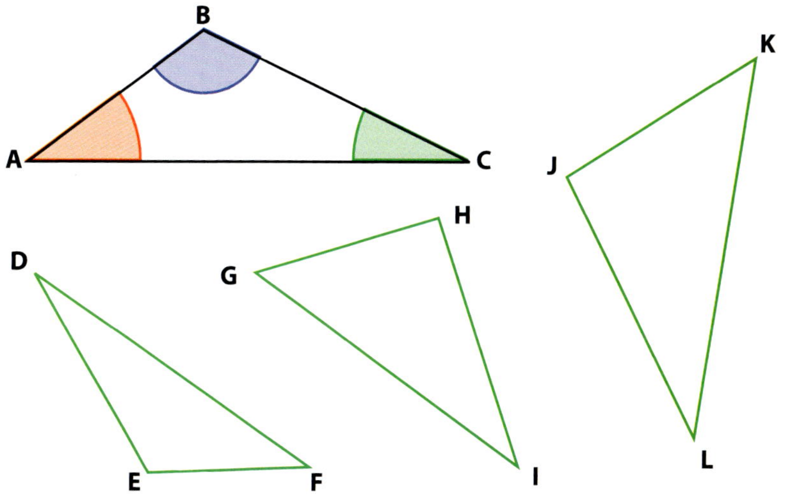

Le coin du malin

En traçant seulement deux traits, peux-tu obtenir deux fois deux angles égaux ? **Trace**, **vérifie** avec du papier calque et **colorie** de la même couleur les angles égaux.

Problème

Tu dois construire un triangle identique au triangle ABC de l'exercice 2.

- **Fabrique** tout d'abord 2 gabarits en carton : un pour l'angle rouge et l'autre pour l'angle vert.
Pour cela, **décalque** sur du carton les angles rouge et vert en utilisant les calques déjà réalisés, puis **découpe**-les.
- **Construis** le triangle en t'aidant du schéma ci-contre.

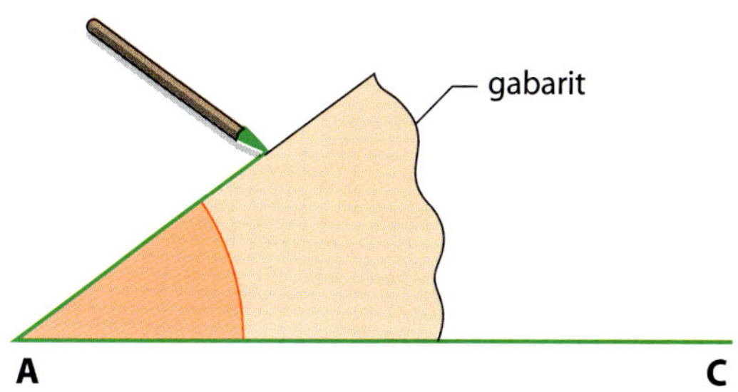

Objectifs : Reconnaître et utiliser intuitivement la proportionnalité dans diverses situations.

Dans la tête : Calcul de la moitié d'un nombre ($n \leqslant 100$).

Proportionnalité (1)

Cherchons ensemble

Au Moyen Âge, on utilisait des « horloges de cire » pour mesurer les heures écoulées pendant la nuit. La hauteur de ces bougies diminuait régulièrement au fur et à mesure qu'elles brûlaient.
Anissa a deux grandes bougies qui brûlent ainsi lentement et régulièrement.

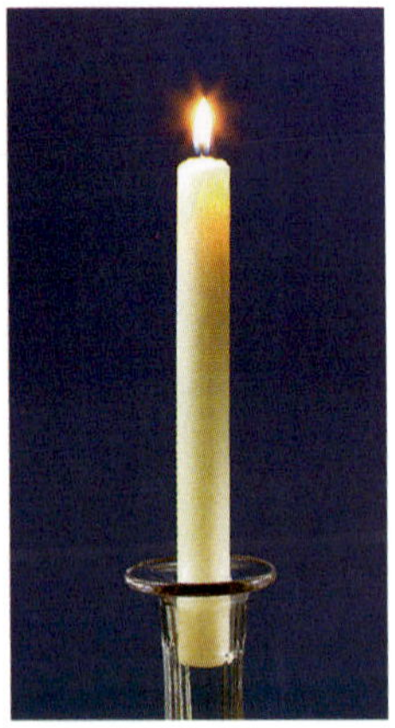

a - Elle a mesuré que la bougie verte s'était raccourcie de 6 cm en 3 heures.
- De quelle longueur la bougie se sera-t-elle raccourcie au bout de 6 heures ? Au bout de 9 heures ? Au bout de 15 heures ?
- Au bout de combien de temps la bougie se sera-t-elle raccourcie de 24 cm ?

b - La bougie rouge s'est raccourcie de 4 cm en 3 heures.
Réponds pour cette bougie rouge aux mêmes questions que pour l'autre bougie.

1 À la boulangerie, Mohamed achète 6 croissants et doit payer 4 €.
Combien devrait-il payer :
- pour 12 croissants ?
- pour 3 croissants ?
- pour 15 croissants ?
- pour 30 croissants ?

2 Dans cette pâtisserie, les chocolats noirs sont tous identiques. 10 chocolats pèsent 112 g.
Combien pèsent :
- 20 chocolats ?
- 5 chocolats ?
- 30 chocolats ?
- 35 chocolats ?

3 Dans le rayon quincaillerie du supermarché, tous les sachets contiennent le même nombre de vis.
Le vendeur dit à M. Boulon que pour avoir 48 vis, il doit acheter 4 sachets.

a - Combien M. Boulon aurait-il de vis s'il achetait :
- 8 sachets ?
- 2 sachets ?
- 10 sachets ?
- 12 sachets ?

b - Combien de sachets M. Boulon devrait-il acheter s'il voulait avoir :
- 480 vis ?
- 240 vis ?
- 360 vis ?
- 36 vis ?

4 Pour son anniversaire, Maxime veut préparer lui-même un dessert au chocolat. Il a la recette avec la liste des ingrédients pour 4 personnes, mais il y aura 10 personnes le jour de la fête…
Aide Maxime en calculant la quantité nécessaire de chaque ingrédient pour 10 personnes.

Ingrédients pour 4 personnes
- **200 g de chocolat noir**
- **100 g de beurre**
- **50 g de sucre glace**
- **2 œufs**
- **10 cubes de guimauve**
- **150 g de petits beurres**

Le coin du malin

En brûlant régulièrement, la bougie de Noémie a diminué de 14 cm en une heure et 3 quarts d'heure.
De quelle longueur aura-t-elle diminué en tout au bout de 2 heures ?

Problème

La fleuriste, Mme Étamine, vend 9 roses pour 7 €.
Elle vend aussi les roses à l'unité au prix de 1 €.

a - M. Pistil voudrait acheter 72 roses. Combien devrait-il payer ?

b - Il n'a qu'un billet de 50 €. Combien pourra-t-il acheter de roses ?

Objectifs : Construire et exploiter des tableaux de proportionnalité. Utiliser la proportionnalité pour comparer.

Dans la tête : Calcul du quart d'un nombre ($n \leqslant 100$).

Proportionnalité (2)

Cherchons ensemble

Dans un sablier, le sable met toujours le même temps pour s'écouler. En retournant son sablier dès que l'écoulement est terminé, Éloïse a constaté que 3 écoulements successifs duraient en tout 8 minutes. Pour connaître la durée correspondant à différents nombres d'écoulements, Éloïse a commencé à construire un tableau de proportionnalité.

Nombre d'écoulements	3	6	9	12	18	30	45
Durée (minutes)	8	16					

a - **Reproduis**-le et **complète**-le.

b - Combien d'écoulements auront eu lieu au bout de 40 minutes ?

c - Quelle est la durée d'un seul écoulement ? Quelle unité doit-on utiliser pour l'exprimer ?

1 Pour son voyage aux États-Unis, M. Bizeness va à la banque échanger des euros contre des dollars ($). Avec 5 €, il obtient 6 $. Le tableau de conversion a été en partie effacé. **Reproduis**-le et **complète**-le.

Euros (€)	5	10	20	50	100	150	200					
Dollars ($)	6	12						300	480	600	720	840

2 Un carreleur pose des plinthes au bas d'un mur. Deux plinthes posées couvrent une longueur de 43 cm. **Reproduis** et **complète** le tableau de proportionnalité.

Nombre de plinthes	2	4	6	10	20	30	50
Longueur (cm)	43						

3 En roulant toujours à la même vitesse, la voiture consomme 8 L d'essence tous les 100 km. **Reproduis** et **complète** le tableau de proportionnalité.

Distance (km)	100	50		200	500		
Consommation (L)	8		2			20	26

4 **Trouve** dans chaque cas l'article le moins cher.

A

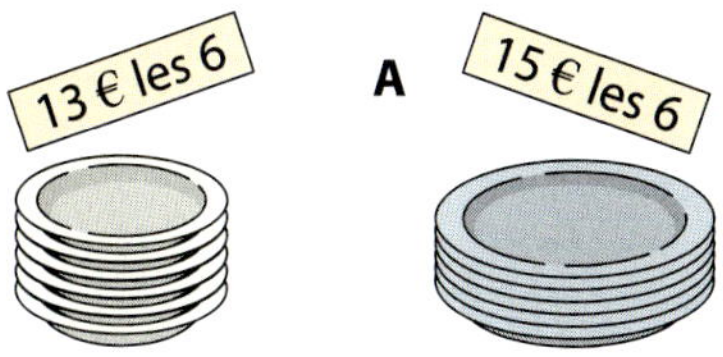

B

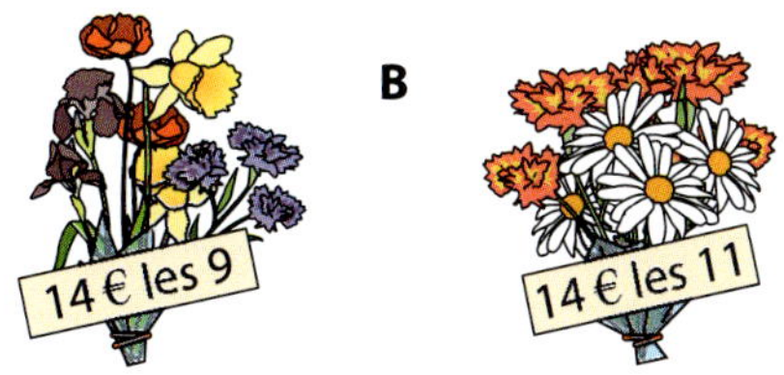

C

Retiens bien

2	6	8	10	18
5	15	20	25	45

×3 (de 2 à 6 ; de 5 à 15) ; + (2 + 8 = 10 ; 8 + 10 = 18 ; 5 + 20 = 25 ; 20 + 25 = 45)

Problème

Samantha voudrait acheter les verres les moins chers. Lesquels doit-elle acheter ?

Objectifs : Rechercher le quotient d'une division par estimation ou en s'aidant du répertoire des multiples.

Dans la tête : Calcul du quart d'un nombre ($n \leqslant 100$).

La division : calcul réfléchi (1)

Cherchons ensemble

Lola et Ayoub fabriquent des objets pour la kermesse de l'école.
Lola fait des bracelets de perles et met 8 minutes pour en fabriquer un.
Ayoub fait des gros scoubidous et met 34 min pour en fabriquer un.
Lola et Ayoub vont consacrer 3 heures et demie, soit 210 minutes, à fabriquer ces objets.
Pour savoir combien chacun pourra en fabriquer,
Lola calcule la division 210 : 8 et Ayoub calcule la division 210 : 34.

210 : 34 ?
J'essaie : 34 × 10 = 340.
C'est beaucoup trop.
J'essaie : 34 × 5 = 170.
Ce n'est pas assez.
Je vais essayer 34 × 6...

210 : 8 ? Je commence par écrire le répertoire des multiples de 8.
J'essaie : 8 × 20 = 160.
Ce n'est pas assez.
J'essaie : 8 × 30 = 240. C'est trop.
Le quotient est compris entre 20 et 30.
Combien en plus de 20 ?
210 - 160 = 50
50 est entre 48 et 56 : ce sera 6...

8 × 1 = 8	
8 × 2 = 16	
8 × 3 = 24	
8 × 4 = 32	
8 × 5 = 40	
8 × 6 = 48	← 50
8 × 7 = 56	
8 × 8 = 64	
8 × 9 = 72	
8 × 10 = 80	

a - **Observe** et **termine** leur calcul, puis **indique** le nombre d'objets fabriqués.

b - **Calcule** ainsi combien d'objets chacun pourrait fabriquer en 5 heures et quart.

1 **Écris** le répertoire des multiples de 7 jusqu'à 10 fois 7, puis **calcule** les divisions comme Lola.
Indique le quotient et le reste.

94 : 7 ?　　133 : 7 ?

248 : 7 ?　　593 : 7 ?

2 **Écris** le répertoire des multiples de 12 jusqu'à 10 fois 12, puis **calcule** les divisions comme Lola.
Indique le quotient et le reste.

106 : 12 ?　　147 : 12 ?

269 : 12 ?　　624 : 12 ?

3 **Cherche** le quotient et le reste des divisions en raisonnant comme Ayoub. Tu peux poser des multiplications pour faire des essais.

a - 178 : 18 ?　　124 : 32 ?
215 : 37 ?　　289 : 45 ?

b - 430 : 35 ?　　348 : 29 ?
374 : 17 ?　　687 : 33 ?

4 Sans calculer le résultat de la division, **trouve** le quotient parmi les 6 nombres.

2 048 : 84　　17　218　24　9　32　42

1 440 : 31　　52　46　144　27　40　36

Le coin du malin

Sans faire les calculs successifs, peux-tu prévoir le résultat obtenu en divisant 810 par 3, puis en divisant le résultat obtenu par 3 ?

(810 : 3) : 3 ?

Problème

La voiture de course vient d'effectuer 25 tours du circuit. Son compteur affichait 1 235 km au départ de la course et affiche 1 385 km à l'arrivée.
Combien mesure un tour de circuit ?

Objectifs : Exploiter les propriétés de la relation de proportionnalité. Reconnaître une situation de non proportionnalité.

Dans la tête : Tables de multiplication : révision générale.

PROBLÈMES 10

Utiliser la proportionnalité

1 Ombre rapide !

Dans la ville de Jaïpur, en Inde, il existe un cadran solaire tellement grand que l'ombre avance sur la graduation suffisamment vite pour qu'on la voie bouger !

L'ombre avance régulièrement de 6 cm en 4 minutes.

a - Quelle distance l'ombre parcourt-elle :

• en 40 min ? • en 60 min ? • en 3 heures ?

b - Au bout de combien de temps l'ombre aura-t-elle avancé de 6 m ?

c - Quelle distance l'ombre parcourt-elle en une minute ? (**Exprime** cette distance en mm.)

d - En combien de temps l'ombre parcourt-elle 1 mm ? (**Exprime** ce temps en secondes.)

2 Les bonnes bouteilles.

M. Dubouchon met son vin en bouteilles. Il a noté qu'il lui fallait 3 L de vin pour remplir 4 bouteilles.

a - Il voudrait remplir 24 bouteilles de vin rouge. De combien de litres a-t-il besoin ?

b - Il a un cubitainer de 12 L de vin rosé et une bonbonne de 30 L de vin blanc. Combien de bouteilles de vin de chaque sorte pourra-t-il remplir ?

c - Quelle est la contenance (en centilitres) d'une bouteille ?

3 Des stylos et des prix.

Ludovic compare le prix des stylos dans plusieurs magasins. Au supermarché Aupré, le paquet de 5 stylos coûte 3 € 60 c.
À la librairie Sépacher, le paquet de 4 stylos est vendu 3 €.
À la papeterie Bonafair, le paquet de 10 stylos coûte 7 €.

a - Dans quel magasin les stylos sont-ils les moins chers ?

b - Dans quel magasin les stylos sont-ils les plus chers ?

4 Promotion sur les biscuits.

Pour préparer sa fête, Cynthia va à l'épicerie acheter des boîtes de biscuits Ladouceur. La boîte coûte 3 €, mais l'épicier vend des lots de 5 boîtes pour le prix avantageux de 12 €.

a - **Explique** pourquoi le prix du lot de 5 boîtes est plus avantageux que le prix à l'unité.

b - Combien Cynthia devra-t-elle payer si elle achète :

• 2 boîtes ? • 4 boîtes ? • 10 boîtes ? • 20 boîtes ?

c - Combien Cynthia devra-t-elle payer si elle achète :

• 8 boîtes ? • 16 boîtes ?

Objectifs : Maîtriser les notions mathématiques étudiées de la page 96 à la page 100.

Module 9

1 **Complète** les égalités. (Page 98)

a - 1 000 000 + 100 = …   1 000 000 + 10 000 = …

1 000 000 + …= 1 100 000   1 000 000 + … = 1 000 010

b - 10 000 × … = 1 000 000   1 000 × …= 1 000 000

… × 10 = 1 000 000   1 000 000 × … = 0

c - 900 000 + … = 1 000 000   … + 1 = 1 000 000

500 000 + … = 1 000 000   … + 10 000 = 1 000 000

d - … × 2 = 1 000 000   200 000 × … = 1 000 000

5 000 × … = 1 000 000   200 × … = 1 000 000

2 **Écris** les nombres en lettres. (Page 99)

a - 130 263 125   28 640 315

759 420   1 837 100

b - 45 023 506   109 006 059

500 083 802   58 000 600

3 **Écris** les nombres en chiffres. (Page 99)

a - un million quatre cent trente-deux mille cent douze

b - six millions six cent vingt mille cent dix-huit

c - cent douze millions cent treize mille cent quatorze

d - cinquante-quatre millions sept cent soixante mille

e - cent soixante-dix-huit millions cinq cents

f - cent neuf millions soixante-dix mille trente

4 À quelle longueur correspond un million de millimètres ? **Exprime** cette longueur en mètres puis en kilomètres. (Page 98)

5 **Construis** un rectangle sur papier uni sans effectuer de mesures, en utilisant seulement ton crayon et ton équerre. **Explique** comment tu as fait. (Page 97)

6 **a** - Combien mesure le rayon de chaque cercle ?

b - **Reproduis** cette figure sur ton cahier en respectant les mesures des rayons et la distance entre les centres des cercles. (Page 96)

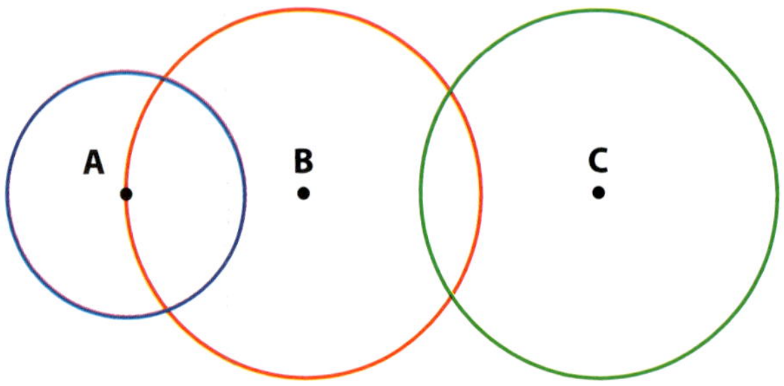

7 **Indique** quelles figures sont des demi-cercles. (Page 96)

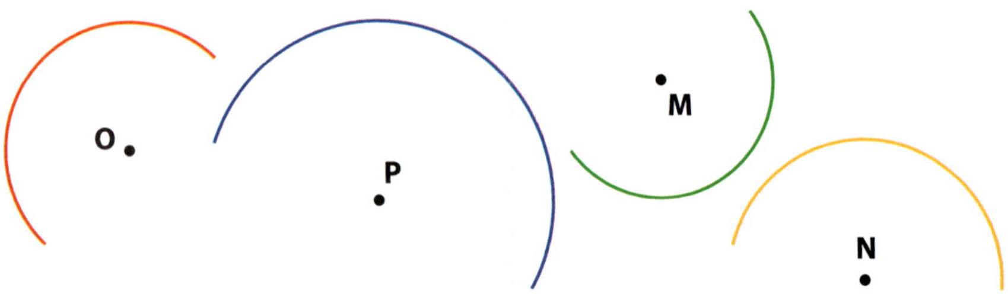

8 En utilisant seulement ton équerre, **recherche** quels côtés du polygone sont parallèles au côté AB. (Page 97)

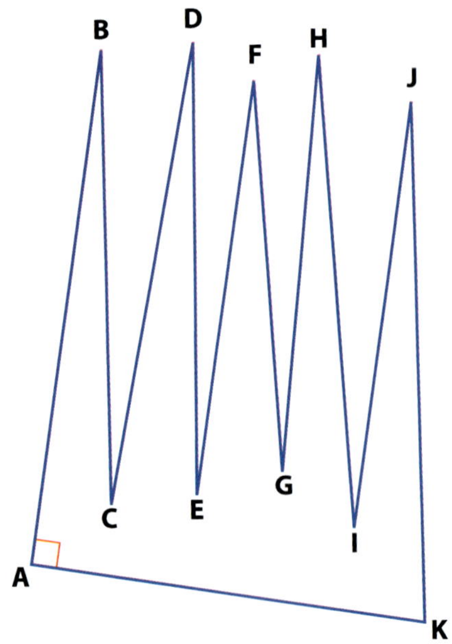

Objectifs : Maîtriser les notions mathématiques étudiées de la page 104 à la page 108.

ENTRAÎNEMENT 5

Module 10

1 À la boulangerie, 3 bonbons coûtent 10 c. (Page 106)

a - Combien Driss devra-t-il payer pour :

- 6 bonbons ?
- 12 bonbons ?
- 18 bonbons ?
- 24 bonbons ?

b - Combien Driss aura-t-il de bonbons s'il donne :

- 30 c ?
- 50 c ?
- 70 c ?
- 1 € ?

2 Zoé colle des gommettes rectangulaires les unes à la suite des autres pour former une bande colorée. 6 gommettes juxtaposées forment une bande de 8 cm. Quelle sera la longueur de la bande obtenue avec (Page 106) :

- 12 gommettes ?
- 24 gommettes ?
- 30 gommettes ?
- 54 gommettes ?
- 3 gommettes ?
- 90 gommettes ?

3 **Complète** les tableaux de proportionnalité. (Page 106)

2	4	6	8	10	16	20	30
5	10						

4	8	12			40	60	
9			45	72			36

4 **Indique** le quotient et le reste des divisions. (Page 108)

a - 42 : 5 ? 59 : 8 ?

b - 103 : 11 ? 74 : 22 ?

c - 128 : 7 ? 189 : 9 ?

d - 146 : 17 ? 238 : 32 ?

5 **Exprime** le temps écoulé entre les deux instants en utilisant seulement des heures, des demi-heures et des quarts d'heure. (Page 104)

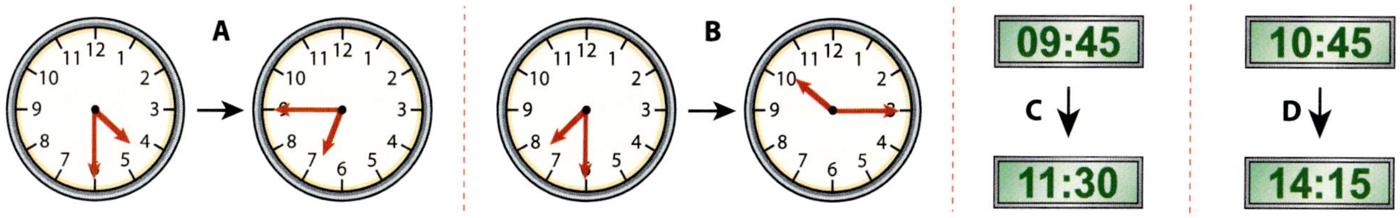

a - Entre sept heures et demie et dix heures moins le quart.

b - Entre neuf heures et quart et midi.

c - Entre cinq heures moins le quart et dix heures et quart.

d - Entre onze heures et demie du matin et quatre heures et quart de l'après-midi.

6 **Décalque** l'angle bleu et l'angle rouge.
Compare chaque angle du polygone à l'angle bleu pour dire s'il est plus petit, plus grand ou égal à cet angle bleu.
Effectue ensuite le même travail avec l'angle rouge.
(Page 105)

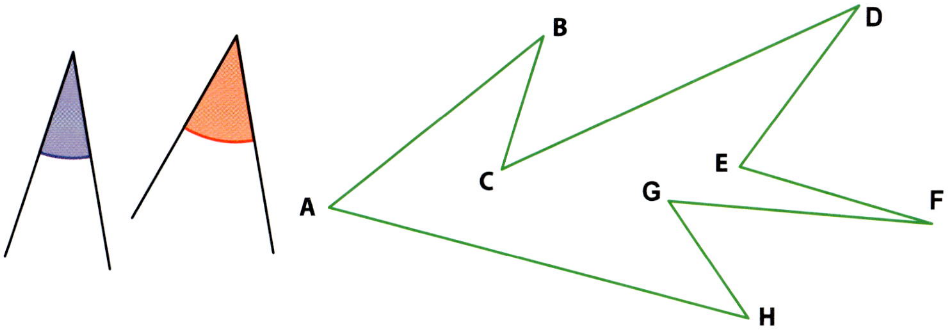

Objectifs : Évaluer les notions mathématiques étudiées de la page 96 à la page 109.

BILAN 5

Modules 9 et 10

1 **Complète** les égalités.

a - 1 000 000 + 1 = … 1 000 000 + 1 000 = …

100 000 +…= 1 000 000 500 000 + … = 1 000 000

b - 1 000 × … = 1 000 000 100 000 × …= 1 000 000

500 000 × … = 1 000 000 2000 × … = 1 000 000

2 **Écris** les nombres en chiffres.

a - un million trois cent huit mille quatre cent vingt

b - trente millions six cent douze mille trois cent dix

c - cent dix-sept millions vingt mille neuf cent

d - six millions trois mille huit cent sept

3 **Écris** les nombres en lettres.

a - 8 467 630 67 149 082

b - 245 093 600 13 000 630

4 **Recopie** les nombres en plaçant les espaces correctement.

52409714 4807 5193

325 472 86 607193842

5 **Complète** les tableaux de proportionnalité.

a

5	10	15	20	40	50	150	500
3	6						

b

4	8	12	20				2
10				60	80	100	

6 **Indique** le quotient et le reste des divisions.

a - 53 : 7 ? 75 : 8 ?

b - 89 : 25 ? 144 : 12 ?

c - 142 : 5 ? 168 : 7 ?

d - 92 : 14 ? 246 : 19 ?

7 Le champion de tennis James Lelift vient d'empocher un million de dollars en gagnant la finale du super grand tournoi. Malheureusement pour lui, il va devoir payer 450 000 € d'impôts sur ce gain.

Quelle somme lui restera-t-il finalement ?

8 Chaque année, M. Joyeux gagne 50 000 €.
Au bout de combien d'années aura-t-il gagné un million d'euros ?

9 Chez le fleuriste, 5 iris coûtent 8 €.

a - M. Pétale achète 15 iris et Mme Bourgeon en achète 20. Combien chacun devra-t-il payer ?

b - Mlle Fleurie achète pour 40 € d'iris. Combien de fleurs aura-t-elle ?

10 Le pâtissier vend 3 sortes de chocolats. Lesquels sont les moins chers à l'unité ?

11 M. Citrouille vient de récolter 164 melons dans son champ. Il les range dans des cagettes qui contiennent 12 melons.
Combien lui faudra-t-il de cagettes pour tout ranger ?
Toutes les cagettes seront-elles pleines ?

12 Mme Ducapot vient d'acheter une nouvelle voiture en faisant un emprunt à sa banque.
Elle doit rembourser 7 560 € en 36 mois.
Combien doit-elle payer chaque mois ?

BILAN 5

13 **Reproduis** la figure à l'identique sur ton cahier.

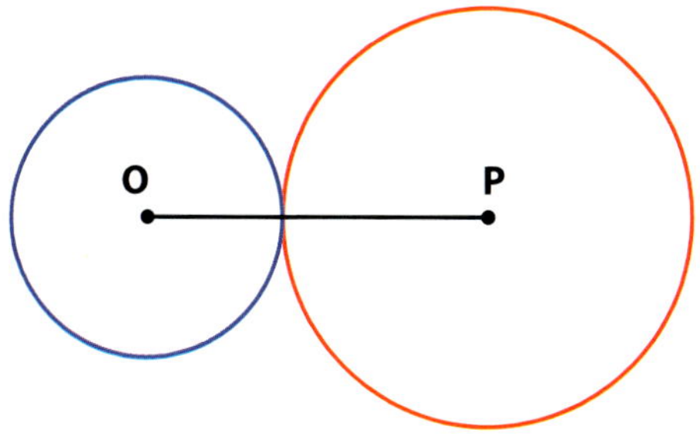

14 **Indique** quelle figure est un demi-cercle.

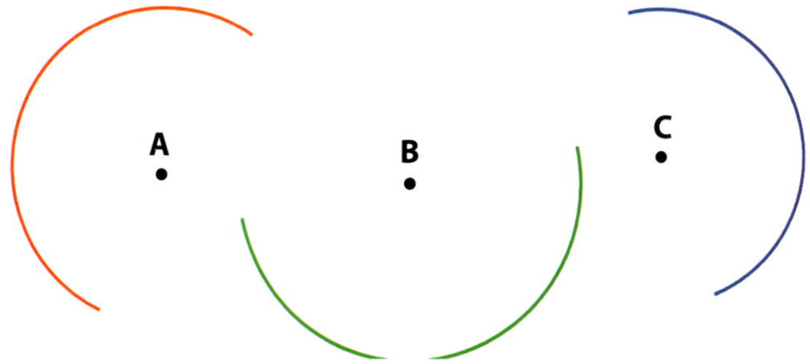

15 En utilisant seulement ton équerre, **indique** quelles droites sont parallèles à la droite d.

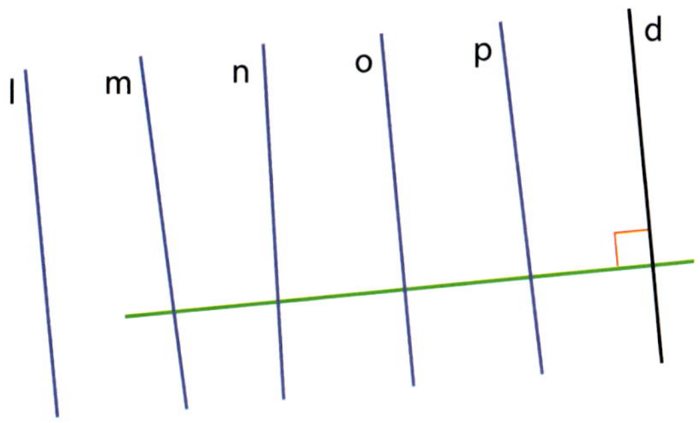

16 **Compare** les périmètres des 3 figures.
Lequel est le plus grand ? Lequel est le plus petit ?

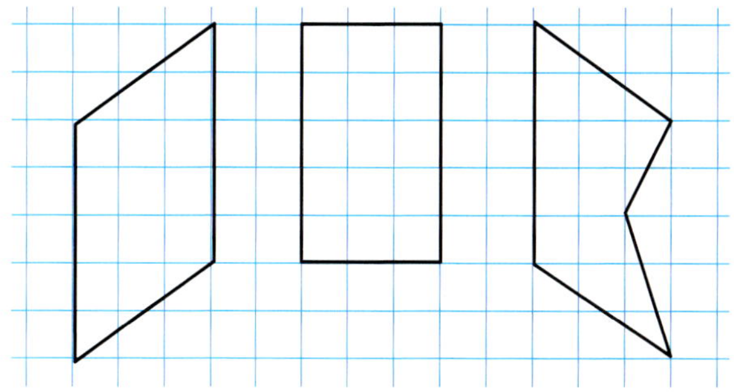

17 **Recopie** et **complète** les phrases.

- Une heure, c'est … quarts d'heure.
- 3 quarts d'heure, c'est … minutes.
- 3 demi-heures, c'est … quarts d'heure.
- 5 heures, c'est … demi-heures.

18 **Exprime** les durées en utilisant seulement des heures, des demi-heures et des quarts d'heure.

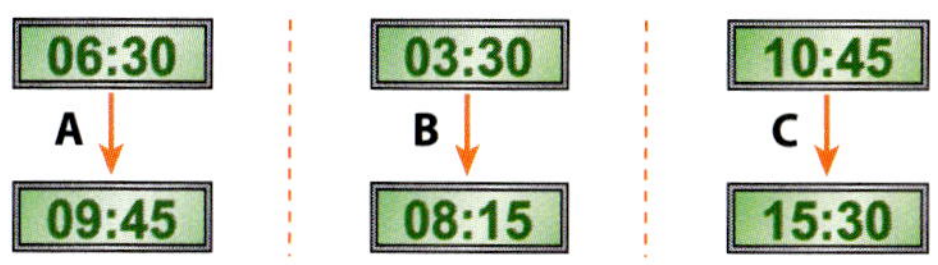

19 **Décalque** l'angle vert.
Sers-toi du calque pour comparer chaque angle des triangles à l'angle vert.
Dis s'il est plus petit, plus grand ou égal.

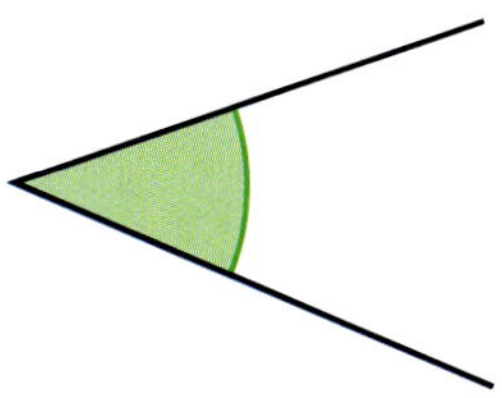

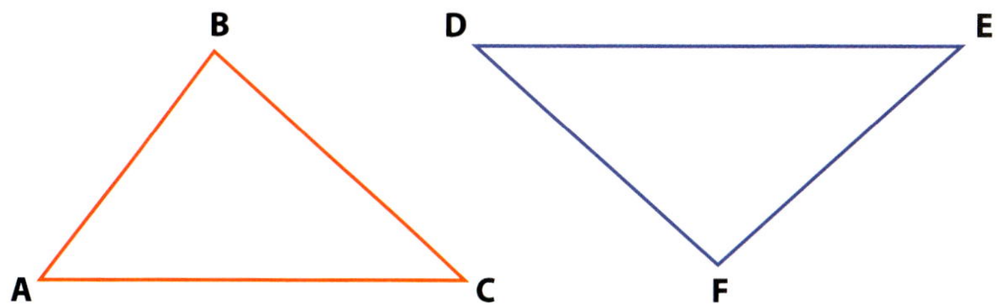

20 Un champ rectangulaire a un périmètre de 146 m.
Un de ses côtés mesure 46 m.
Combien mesurent ses autres côtés ?

21 Gabriel met exactement un quart d'heure pour accomplir en marchant un tour du circuit de promenade. Aujourd'hui, il a commencé à marcher à 8 h 50 et a effectué 7 tours du circuit.
À quelle heure a-t-il terminé sa promenade ?

Comment éviter

Cherchons ensemble

- Dans la rue comment faire attention aux voitures ?
- À quoi faut-il faire attention quand on est à vélo ?
- Que faut-il faire si on assiste à un accident ?

J'observe

Quelles sont, dans ce dessin, les situations où un accident risque d'arriver ?

Quels sont les enfants prudents et soucieux de la sécurité ?

Quels sont les enfants qui font des imprudences et ne respectent pas le code de la route ?

les accidents ?

Objectif : Se sensibiliser à la prévention des accidents de la circulation.

Je recherche

Des panneaux de circulation	En présence de ces panneaux
	• Accès interdit aux piétons • Croisement priorité à droite • Piste cyclable • Sens interdit • Arrêt obligatoire • Passage protégé

- Recopie ce tableau sur ton cahier et associe chaque panneau à sa signification.
- Que dois-tu faire quand tu rencontres chacun de ces panneaux dans la rue ?

Atelier

- Recherche dans le journal local des accidents.

Pour chacun, essaie de trouver ce qu'il aurait fallu faire pour l'éviter.

J'AI COMPRIS

Pour éviter les accidents de circulation, je dois respecter les règles du code de la route :
Traverser sur les passages protégés, ne pas traverser quand le feu est rouge pour les piétons, ne pas jouer sur les trottoirs, respecter les indications des panneaux de circulation…
En cas d'accident, je ne bouge pas un blessé grave, mais j'appelle les secours pour qu'il soit rapidement pris en charge.
18 pompiers (15 SAMU ; 17 police ou gendarmerie)

Objectifs : Prendre des repères pour reproduire différentes figures.

Dans la tête : Division de n par 5 ($n \leqslant 100$), puis par 25 ($n \leqslant 250$).

Reproduction de figures (1)

Cherchons ensemble

Yann a reproduit sur son cahier le contour du panneau « stop ».

a - Combien de côtés possède ce polygone ?
Mesure-les et **compare** leur longueur. Que constates-tu ?

b - **Observe** les étapes de construction de la figure et **reproduis**-la sur le quadrillage de ton cahier.

1ère étape : Je place un point O et je trace le cercle de rayon OA. Le point A est sur le sommet d'un carreau.
Je place les autres points : C, E et G sur des sommets de carreaux B, D, F et H sont sur les lignes principales du quadrillage.
2e étape : je joins les points qui se suivent par des segments.

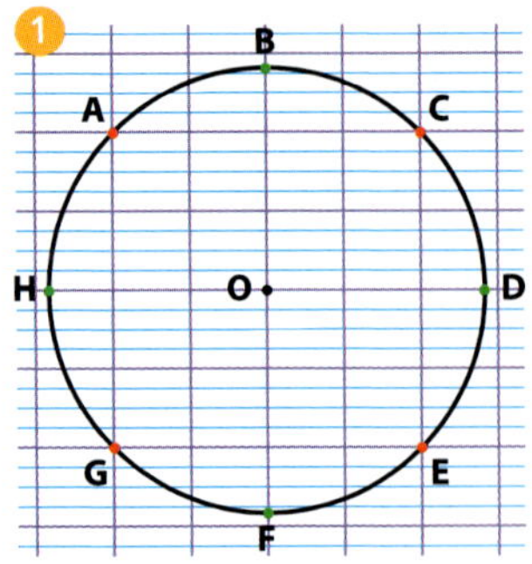

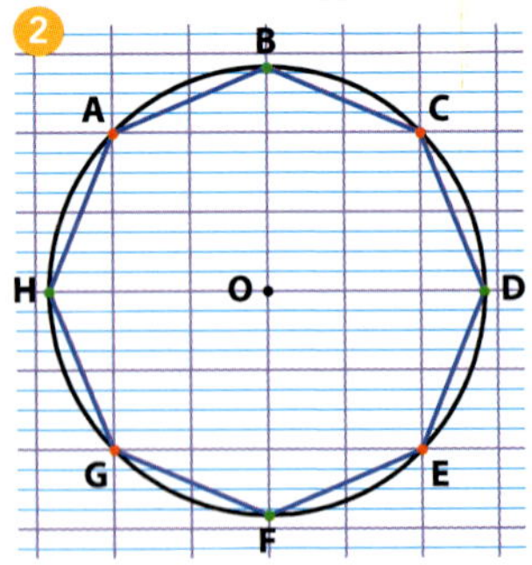

1 **Reproduis** cette figure sur le quadrillage de ton cahier.

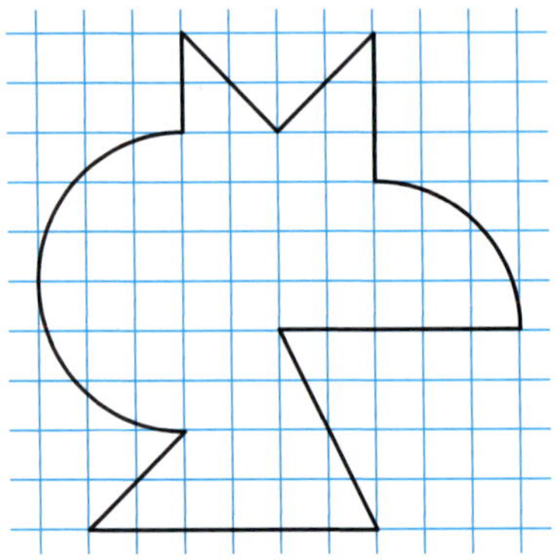

2 **Mesure** le segment AB et l'écartement entre les points rouges.
Sur papier uni, **trace** le segment AB, **place** les points rouges, puis **finis** la construction.
Quel type de figure dois-tu alors tracer 6 fois ?

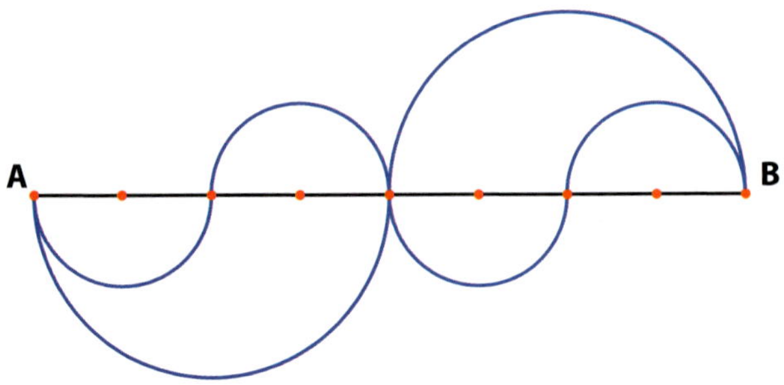

Le coin du malin

Trouve le moyen de reproduire cette figure sur le quadrillage de ton cahier.

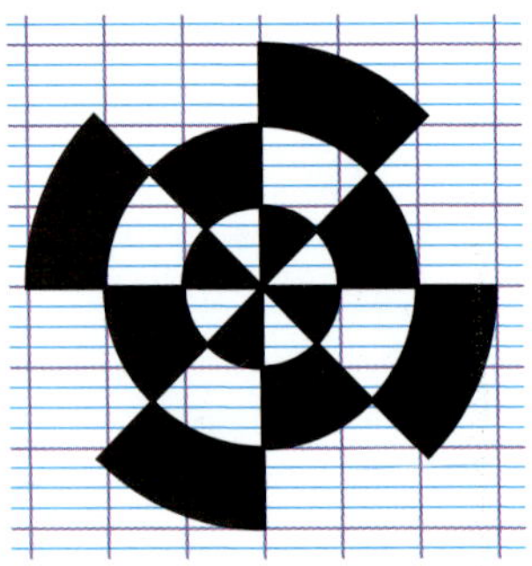

Problème

Cette figure est constituée de deux carrés.
Reproduis-la à l'identique sur papier uni.

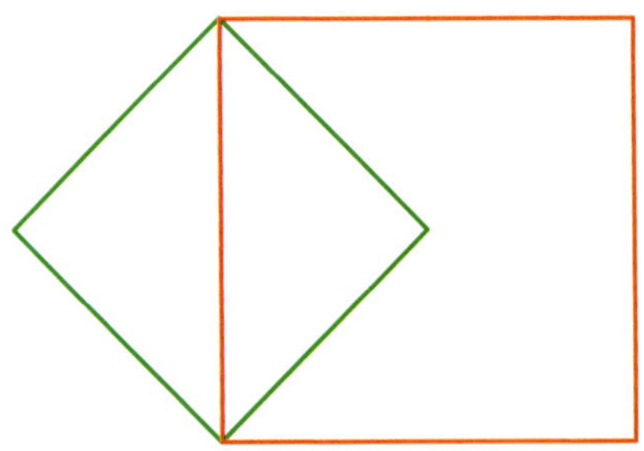

Objectifs : Reconnaître des triangles isocèles et équilatéraux.

Dans la tête : Division de n par 3 et par 4 ($n \leqslant 100$).

Triangles particuliers (1)

Cherchons ensemble

Les élèves de la classe ont tracé un triangle pour représenter le contour du panneau « passage protégé ». Ce triangle a ses 3 côtés de même longueur : c'est un triangle **équilatéral**.

a - **Vérifie**-le en mesurant les côtés sur le panneau ci-contre et **indique** leur longueur.

b - **Observe** et **mesure** les côtés des 5 triangles dessinés par les enfants.

• Qui a réussi à dessiner un triangle équilatéral ?

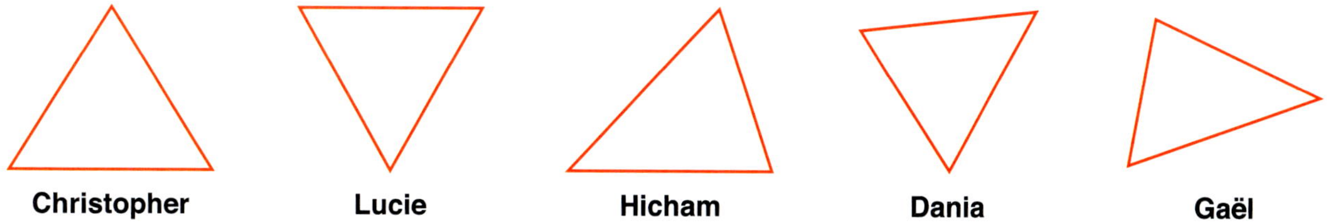

c - Parmi les triangles incorrects, certains ont néanmoins deux côtés de même longueur : ce sont des triangles **isocèles**. Qui a dessiné un triangle isocèle ?

1 **Recherche** quels triangles sont équilatéraux et lesquels sont isocèles.

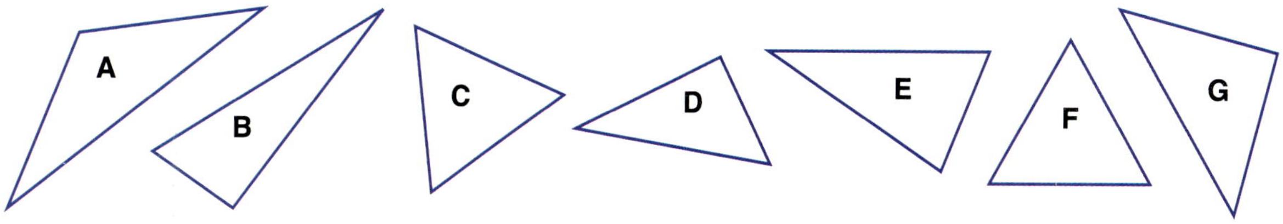

2 Sans mesurer les côtés, **recherche** les triangles qui sont, à coup sûr, isocèles.

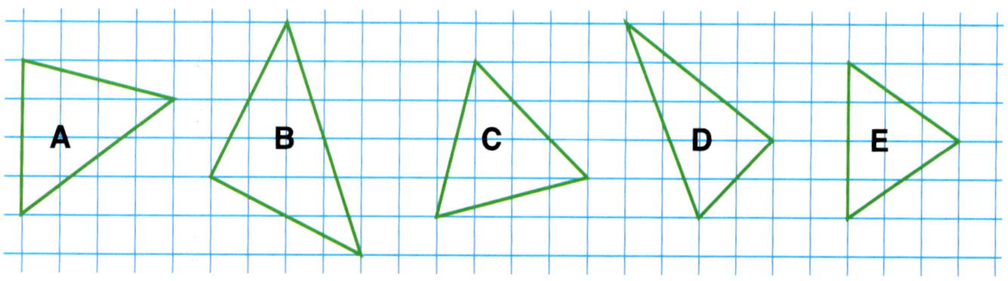

3 **Trace** 3 triangles isocèles différents, mais possédant chacun 2 côtés de 4 cm de longueur.

Retiens bien

Triangle isocèle :
2 côtés de même longueur.

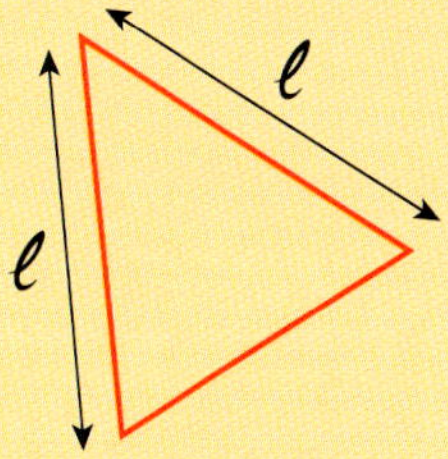

Triangle équilatéral :
3 côtés de même longueur.

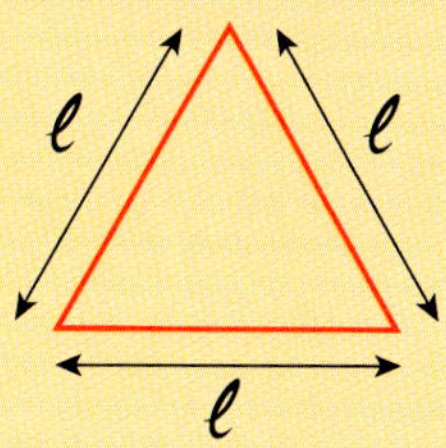

Problème

A et B sont les centres des cercles.
Que penses-tu du triangle ABC ?
Justifie ta réponse.

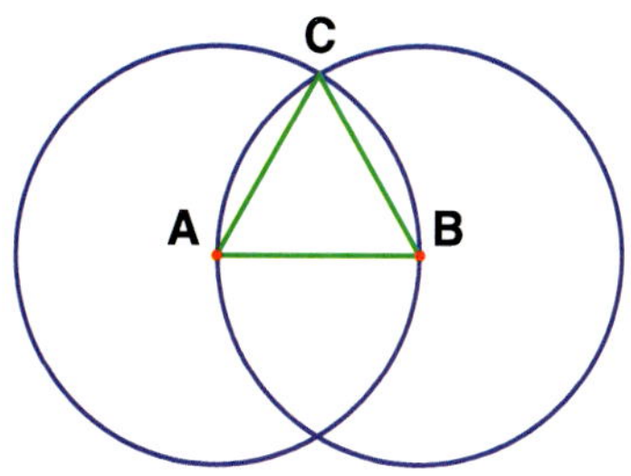

Objectifs : Reconnaître et reproduire des triangles rectangles.

Dans la tête : Division de n par 6 et par 7 ($n \leqslant 100$).

Triangles particuliers (2)

Cherchons ensemble

Des enfants se sont amusés à inventer des panneaux. Dans ceux-ci, on voit divers triangles. Certains de ces triangles possèdent un angle droit : ce sont des **triangles rectangles**.

a - **Indique** combien de triangles rectangles tu vois dans chaque panneau.

b - **Reproduis** sur ton cahier tous les triangles rectangles différents observés dans les panneaux, en respectant leurs dimensions.

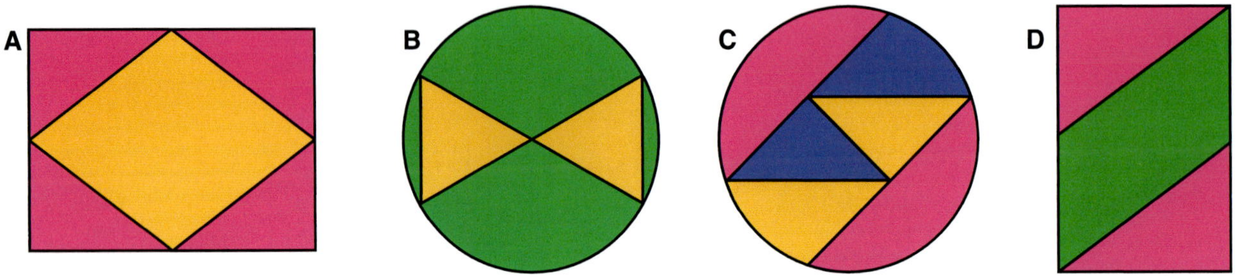

1 Parmi ces triangles, **recherche** ceux qui sont rectangles.

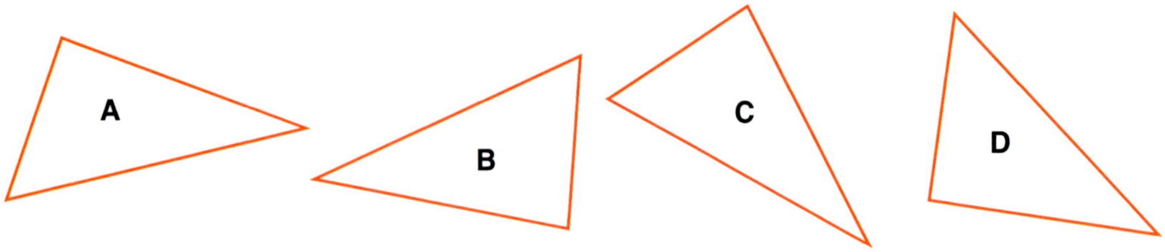

2 **Trace** sur ton cahier un triangle rectangle.
Les deux côtés qui forment l'angle droit doivent mesurer 4 cm 8 mm et 3 cm 2 mm.

3 Un seul de ces triangles est à la fois rectangle et isocèle. **Indique** lequel.

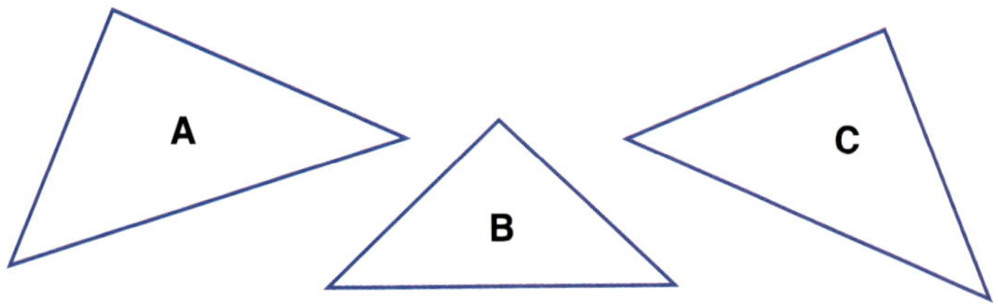

4 **Dessine** à main levée un nouveau triangle obtenu en accolant 2 triangles rectangles comme celui dessiné ci-dessous. **Indique** la longueur de ses 3 côtés mesurée en carreaux. Est-il rectangle ? Est-il isocèle ?

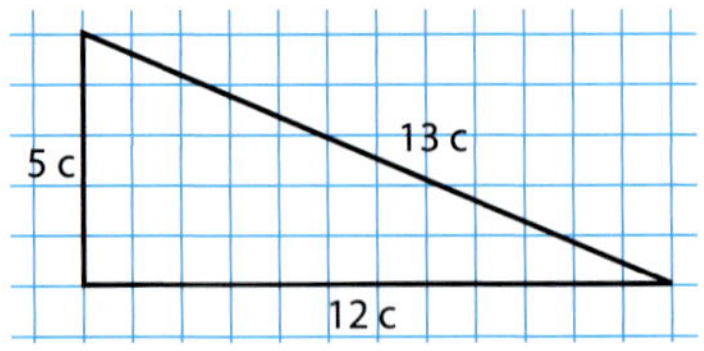

Retiens bien

Un triangle rectangle possède un angle droit.

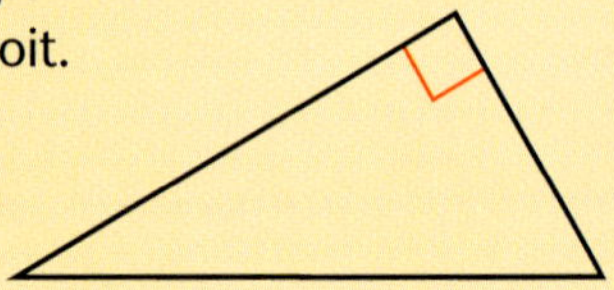

Problème

Reproduis ce rectangle sur le quadrillage de ton cahier.
En traçant seulement 2 segments dans ce rectangle, **partage**-le en 3 triangles rectangles accolés.

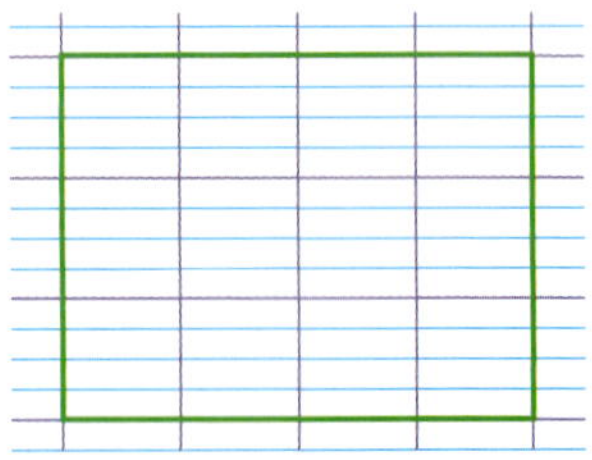

Objectifs : Concevoir la division comme un partage successif des centaines, dizaines et unités.

Dans la tête : Division de n par 8 et par 9 ($n \leqslant 100$).

La division : calcul réfléchi (2)

Cherchons ensemble

Loïc a reçu des bonbons en sachets de 10 et en boîtes de 100. Une boîte contient 10 sachets.
Il a 5 boîtes, 4 sachets et 7 bonbons, soit 547 bonbons en tout, et veut les partager en 4 parts égales entre ses amis.

- **Observe** la méthode de Loïc pour diviser 547 par 4 puis **écris** la suite de son raisonnement jusqu'à la fin du partage.
- **Indique** le quotient et le reste de la division.

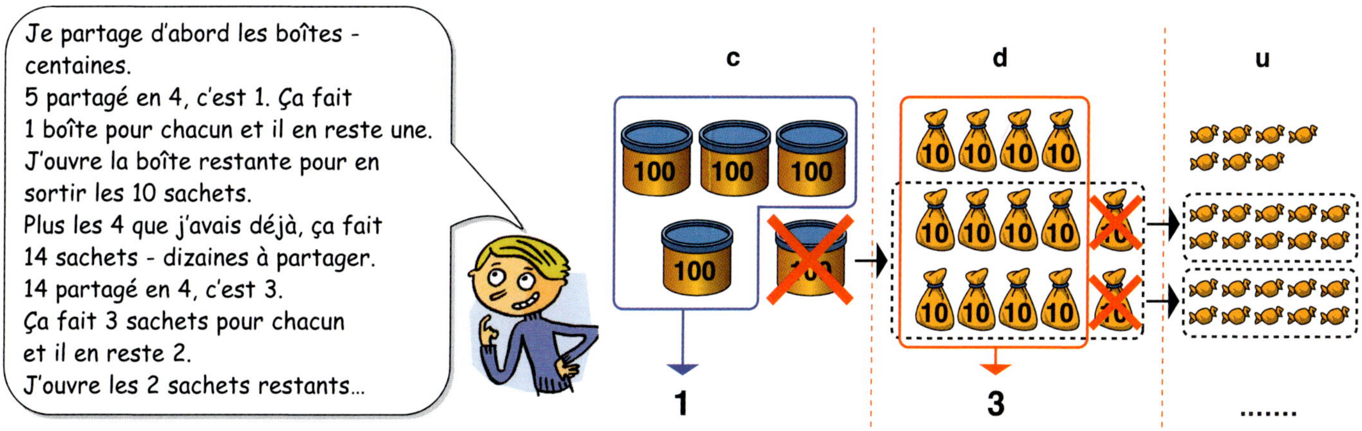

1 Dans cet exercice, on a représenté les boîtes, les sachets et les bonbons comme ci-dessous.

a - Dans chacun cas A, B et C, **effectue** le partage, puis **dessine** la part de chacun et les bonbons qui restent.

b - **Écris** ensuite la division correspondante avec le quotient et le reste.

à partager en 3 — à partager en 5 — à partager en 6

---

2 **a** - **Observe** d'abord comment on peut prévoir le nombre de chiffres du quotient d'une division.

> 549 : 4 ? On peut partager les 5 centaines en 4 : le quotient sera plus grand que 100, donc aura 3 chiffres.
> 549 : 6 ? On ne peut pas partager les 5 centaines en 6 : le quotient sera plus petit que 100, donc aura 2 chiffres.

b - Sans effectuer les divisions, **indique** seulement le nombre de chiffres du quotient.

368 : 3 ?   672 : 4 ?   763 : 6 ?   305 : 6 ?   821 : 4 ?   984 : 9 ?

---

3 **Effectue** les divisions en partageant successivement les centaines, les dizaines et les unités.

457 : 3 ?   815 : 6 ?   572 : 4 ?

907 : 5 ?   589 : 7 ?   296 : 3 ?

Problème

Papy a retiré 500 € à sa banque. Il veut les partager équitablement entre ses 3 petits enfants.
Quelle somme chacun recevra-t-il ?
Papy pourra-t-il partager les euros qui restent en donnant des centimes ?

Objectifs : Poser et effectuer une division d'un nombre de 3 ou 4 chiffres par un nombre à un chiffre.

Dans la tête : Tables de multiplication : révision générale.

La division posée

Cherchons ensemble

Clara a 745 perles qu'elle veut partager en 3 parts égales. Pour calculer le résultat, elle va partager successivement les centaines, les dizaines et les unités en posant la division de 745 par 3.

• **Observe** la méthode de Clara et reproduis la division au fur et à mesure.
Écris la suite de son raisonnement et la fin de la division. **Indique** le quotient et le reste.

```
  c d u |
  7 4 5 | 3
 -6     |------
 --     | c d u
  1     | 2
```

7 > 3 : je peux partager les 7 centaines en 3. Le quotient aura donc 3 chiffres. J'écris c, d, u sous la barre où j'inscrirai le quotient. En 7 combien de fois 3 ? C'est 2. J'inscris 2 sous le « c » des centaines. J'ai partagé 6 centaines (2 fois 3), il en reste 1.

→

```
  c d u |
  7 4 5 | 3
 -6 ↓   |------
 --     | c d u
  1 4   | 2 4
 -1 2   |
 ----   |
    2   |
```

Je descends les 4 dizaines à côté du 1 pour montrer les 14 dizaines qui restent. En 14, combien de fois 3 ? C'est 4. J'inscris 4 sous le « d » des dizaines. J'ai partagé 12 dizaines (4 fois 3), il en reste 2.

→

```
  c d u |
  7 4 5 | 3
 -6 ↓ | |------
 --   | | c d u
  1 4 | | 2 4 …
 -1 2 ↓ |
 ----   |
    2 5 |
  -… …  |
  ----  |
      … |
```

Je descends les 5 unités. En 25, combien de fois 3 ? C'est…

1 **Observe** à gauche la division de 287 par 3 : le quotient n'aura que 2 chiffres et on commence à partager directement les 28 dizaines.
Recopie ces divisions et **complète**-les.

```
  d   u |
  2 8 7 | 3
 -2 7 ↓ |-----
 ------ | d u
    1 7 | 9 …
   -1 5 |
   ---- |
      … |
```

→

```
  c d u |
  8 9 7 | 7
 -7 ↓   |------
 ---    | c d u
  1 9   | … … …
 -1 4   |
 ----   |
    5 7 |
   -5 6 |
   ---- |
      … |
```

→

```
  c   d u |
  1 3 6 5 | 4
 -1 2 ↓ | |------
 ------ | | c d u
    1 6 | | … … …
   -1 6 ↓ |
   ------ |
      0 5 |
    -   4 |
    ----- |
        … |
```

2 **Pose** et **effectue** les divisions, en indiquant chaque fois le quotient et le reste.

862 : 3 ?

435 : 5 ?

751 : 4 ?

802 : 7 ?

917 : 3 ?

2 541 : 8 ?

Le coin du malin

Un des 4 nombres ci-dessous est le résultat de la division de 1 493 par 6. Sans effectuer l'opération, **trouve** lequel et **indique** comment tu as fait.

631   1235   248   84

Problème

Mme Desjoyaux vient d'acheter un collier à 859 €. Le bijoutier lui propose de le payer en 4 fois, sous forme de 4 mensualités égales.

• Combien d'euros va-t-elle payer chaque mois ? (**Pose** la division.)

• Devra-t-elle encore de l'argent au bijoutier après ces 4 paiements ? Si oui, combien ?

Objectifs : Sélectionner les données pertinentes pour répondre à des questions.

Dans la tête : Dictée de nombres jusqu'à 9 chiffres.

Trier des informations (2)

1 À la ferme.

Dans la ferme de M. Labouze, il y a 38 vaches et 17 chèvres. M. Labouze possède aussi un pré situé à 300 m de sa ferme.
C'est un pré rectangulaire dont le grand côté mesure 181 m et le petit côté 126 m.
Aujourd'hui, M. Labouze a conduit 26 vaches dans son pré.

a - Combien mesure le périmètre du pré de M. Labouze ?

b - Combien de vaches sont restées à l'étable aujourd'hui ?

2 Joyeux anniversaire !

Pour son anniversaire le 24 mars, Pauline a reçu en cadeau 3 films sur DVD.
Le premier DVD a coûté 16 € et dure 2 h 20 min.
Le 2e DVD a coûté 12 € 50 c et dure 1 h 50 min.
Le 3e DVD a coûté 14 € 20 c et dure 2 h 30 min.

a - C'est la grand-mère de Pauline qui lui a offert les 2 premiers DVD. Combien a-t-elle dû payer ?

b - Pauline regarde à la suite le 2e DVD puis le premier. Pendant combien de temps a-t-elle regardé la télévision ?

3 Les compteurs.

M. Calandre vient d'acheter une nouvelle voiture qu'il a payée 14200 €. Son compteur affiche 10 064 km.
Dans la voiture de M. Lephare, le compteur affiche 9852 km.
M. Calandre effectue un trajet de 247 km en 3 h 15 min. M. Lephare effectue un trajet 2 fois plus long en 5h 55 min.

a - Quelle distance a parcourue M. Lephare ?

b - Quel compteur affiche le plus grand nombre de kilomètres après ces trajets ?

4 Gourmands !

Au supermarché, un paquet de 3 tablettes de 200 g de chocolat noir est vendu 4 €.
Un paquet de 5 tablettes de 150 g de chocolat au lait est vendu 7 €.

a - Emilio achète 4 paquets de tablettes de chocolat noir. Combien doit-il payer ?

b - Éric veut acheter 750 g de chocolat au lait. Combien doit-il acheter de tablettes ?

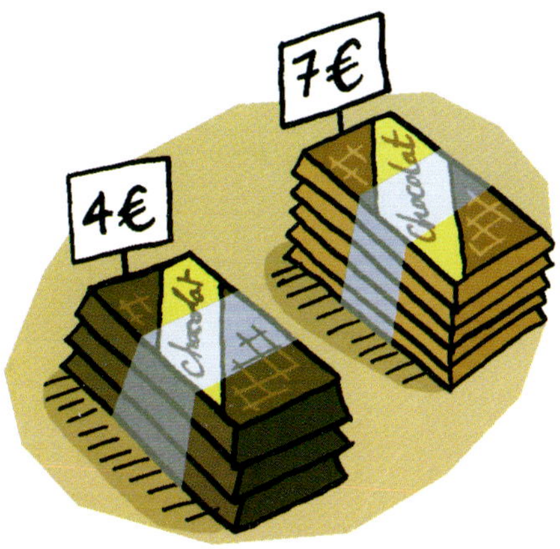

5 Divers verres...

Au magasin d'articles ménagers, plusieurs sortes de verres sont en vente.
Les petits verres à pied de 15 cL ont une hauteur de 16 cm et sont vendus 15 € le lot de 6 verres.
Les grands verres à pied de 20 cL ont une hauteur de 18 cm et sont vendus 12 € le lot de 4 verres.
Les verres à soda de 33 cL ont une hauteur de 15 cm et sont vendus 21 € le lot de 8 verres.

a - Quels sont les verres les plus chers ? Les moins chers ?

b - Combien de verres de chaque sorte peut-on remplir avec 1 L d'eau ? Restera-t-il de l'eau ?

La terre peut-elle

Cherchons ensemble

- Y a-t-il déjà eu des tremblements de terre en France ? Peut-il y en avoir encore ?
- Peut-il y avoir des éruptions volcaniques en France ?
- Les maisons peuvent-elles résister aux séismes ?
- À quoi sont dus les séismes et les volcans ?

J'observe

- Cherche dans un atlas où ont été prises ces photographies.

Doc. 1 : Séisme de la région de Nice le 23 février 1887 : des maisons se fissurent, d'autres s'effondrent…

Doc. 2 : Éruption du Piton de la Fournaise (Île de la Réunion, août 2004). Des coulées de lave coupent la route avant de se terminer dans la mer.

Doc. 3 : Éruption de la Montagne Pelée à Saint-Pierre de la Martinique le 8 mai 1902. Une explosion suivie d'une nuée ardente a totalement détruit la ville : 1 seul survivant !

Doc. 4 : Cratères de la chaîne des Puys en Auvergne.

? Existe-t-il des risques liés à l'activité volcanique en France métropolitaine et outre-mer ?

? Y a-t-il des risques de séisme en France métropolitaine et outre-mer ?

? Quels dégâts peuvent être provoqués par un séisme ?

? Les volcans d'Auvergne (**Doc. 4**) sont-ils récemment entrés en éruption ? À quoi peut-on le voir ?

trembler en France ?

Objectifs : Découvrir les caractéristiques des volcans et séismes en France, et les risques liés.

Je recherche

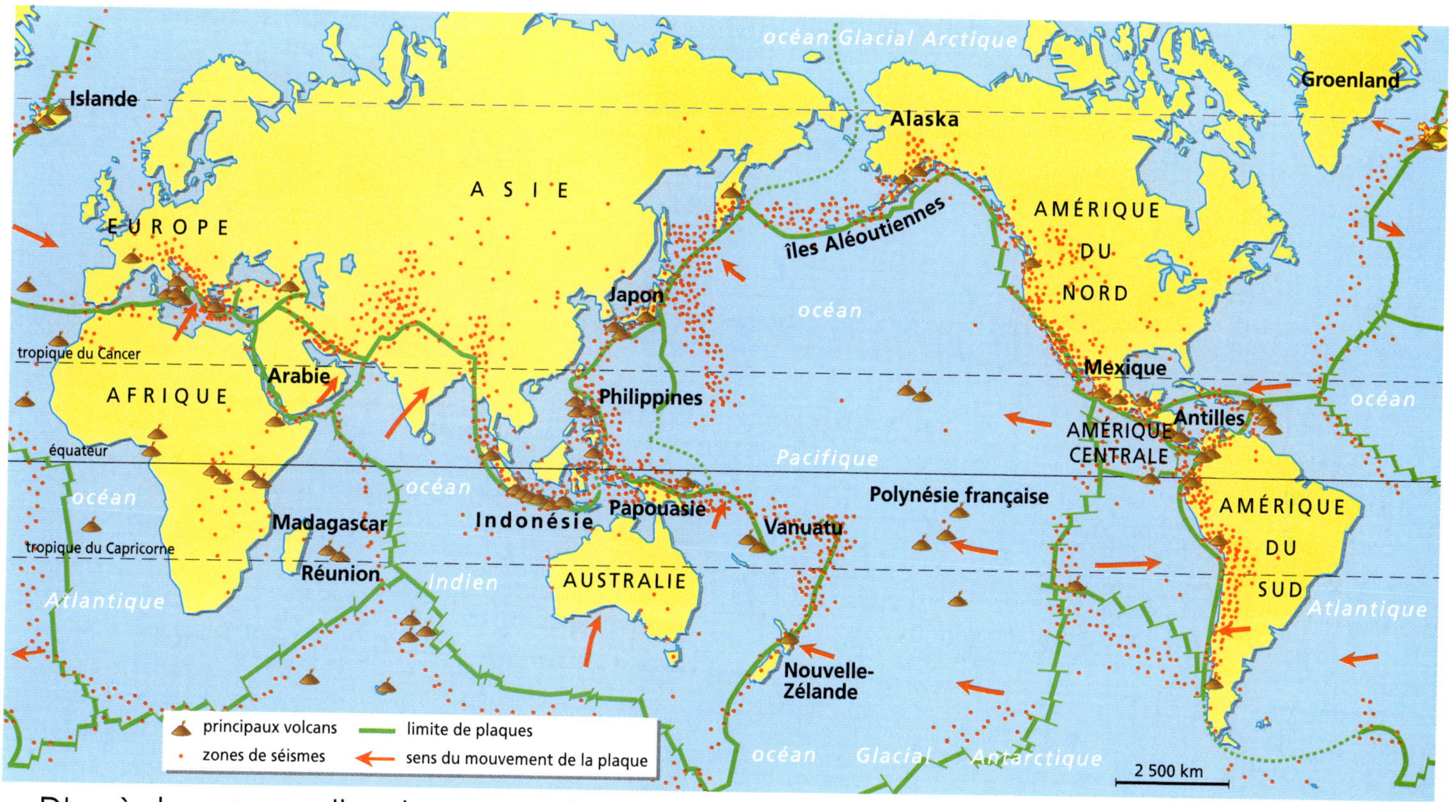

D'après la carte, quelle relation y a-t-il entre volcanisme et séismes ?
Y a-t-il un lien avec les limites de plaques tectoniques ?
On a dénombré 5 000 séismes en France depuis dix siècles.
Heureusement la plupart ont été très peu violents.

- Quelles sont les zones où les risques de séismes sont les plus importants ?
- Recherche la région où tu habites sur la carte. Est-ce une zone à risque ?

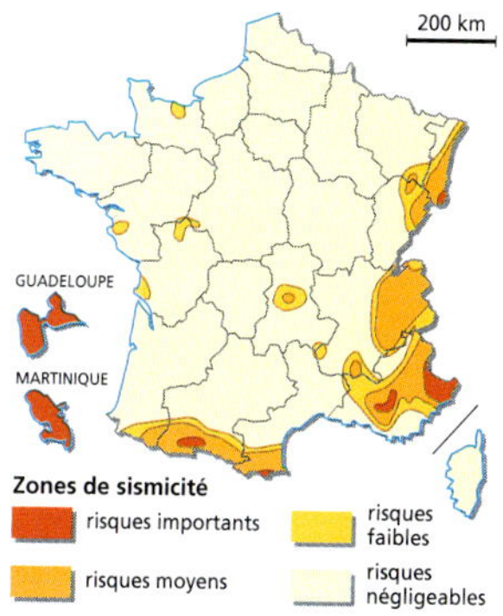

J'AI COMPRIS

Une éruption volcanique est une sortie de magma et de gaz par une fracture de l'écorce terrestre. Elle est parfois explosive et s'accompagne souvent de faibles séismes. Un tremblement de terre (ou séisme) est une série de secousses du sol plus ou moins violentes, qui durent de quelques secondes à quelques minutes.
Tous ces phénomènes sont produits par le déplacement des plaques tectoniques qui constituent la croûte terrestre.

Atelier

- Pour comprendre les dégâts sur les constructions dûs aux séismes, prends un plateau et fais des empilements de 4 morceaux de sucre, à différents endroits et avec des orientations différentes. Pousse alors un côté du plateau par petits coups secs et observe.

Objectifs : Comparer, ranger, encadrer les nombres jusqu'à 9 chiffres.

Dans la tête : Dictée de nombres jusqu'à 9 chiffres.

Les grands nombres (2)

Cherchons ensemble

Pour savoir si un séisme a été plus ou moins destructeur, on estime le coût des dégâts qu'il a provoqués.
C'est la somme d'argent nécessaire pour réparer ou reconstruire les constructions et les équipements endommagés ou détruits.
Cette somme s'exprime souvent en millions d'euros.
Le tableau donne le coût des dégâts pour différents séismes.

a - **Range** ces nombres du plus petit au plus grand.

b - **Explique** ensuite comment il faut s'y prendre pour comparer des grands nombres.

A - 21 600 000 €	D - 1 380 000 €	G - 103 000 000 €
B - 1 500 000 €	E - 2 030 000 €	H - 21 090 000 €
C - 36 800 000 €	F - 10 800 000 €	I - 3 860 000 €

Séisme de Kobé (Japon) en 1995.

1 **Complète** avec les signes < ou >.

46 254 835 … 46 452 385

8 030 200 … 8 020 300

19 909 299 … 19 900 300

542 018 450 … 523 918 540

2 **Range** les nombres dans l'ordre décroissant.

2 561 300 — 6 251 300 — 12 000 940 — 987 000 — 62 412 000

3 **Range** les 6 nombres dans l'ordre croissant sans les écrire en chiffres.

a - trois millions deux cent mille

b - un million trois cent quarante mille

c - neuf cent quatre-vingt-dix-huit mille

d - trois millions deux cents

e - un million neuf cent soixante six

f - trente millions

4 En utilisant toutes les étiquettes, et rien que celles-ci, **écris** le nombre le plus grand possible.
Écris ensuite le nombre le plus petit possible.

vingt — quatre — million(s) — huit — cent(s)

Le coin du malin

Le nombre mystérieux

Je suis un nombre de 9 chiffres.
Tous mes chiffres sont différents et je ne comporte pas de zéro.

Je suis le nombre le plus grand qu'on peut écrire avec ces 9 chiffres. Qui suis-je ?

Problème

Un séisme a eu lieu dans la région où habite Aïcha.
On estime que le coût des dégâts est compris entre 1900 000 € et 2 100 000 €.

De quel séisme de la liste s'agit-il ?

A - 1 870 000 €	D - 19 500 000 €
B - 20 900 000 €	E - 2 010 000 €
C - 1 280 000 €	F - 208 000 €

Objectifs : Calculer avec les nombres jusqu'à 9 chiffres ; les situer sur la droite numérique.

Dans la tête : Recherche du complément à 100 et à 1000 (du type de 340 à 1000).

Les grands nombres (3)

Cherchons ensemble

Au cours de l'histoire de la Terre, la forme des continents et leur emplacement ont beaucoup changé.

A - Il y a 250 millions d'années, toutes les plaques tectoniques étaient réunies pour former un seul super continent : la Pangée.

B - Il y a environ 135 millions d'années, la Pangée se sépare en 2 continents : la Laurasie et le Gondwana (voir dessin).

C - Il y a environ 65 millions d'années, la Laurasie et le Gondwana se morcellent à leur tour.

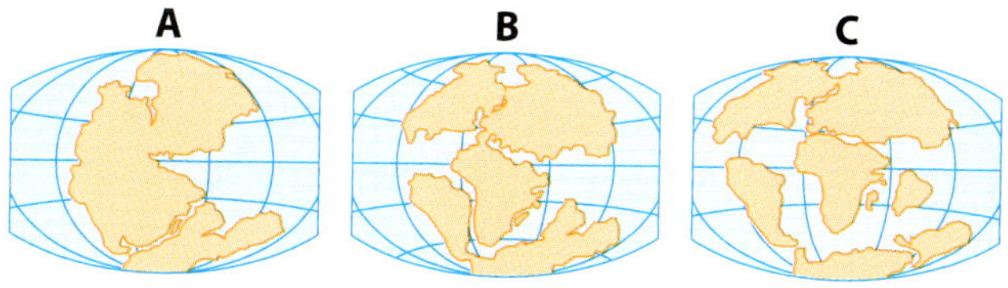

a - **Observe** la droite numérique : c'est la droite du temps, qui s'écoule de la droite vers la gauche.
Reproduis-la sur ton cahier, puis **place** les 3 dates indiquées dans l'histoire de la Terre.

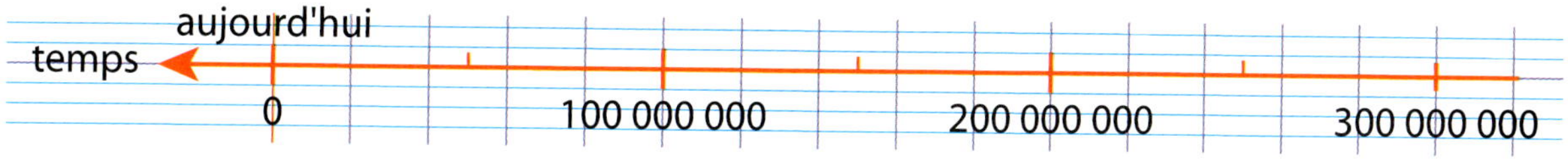

b - **Place** ensuite les 2 dates suivantes, qui correspondent à 2 étapes de la vie sur Terre :
– il y a environ 170 millions d'années : apparition des premiers dinosaures ;
– il y a environ 2 600 000 ans : apparition des premiers hommes.

1 **Reproduis** la droite numérique et les nombres, puis **relie** chaque nombre à son emplacement approximatif.

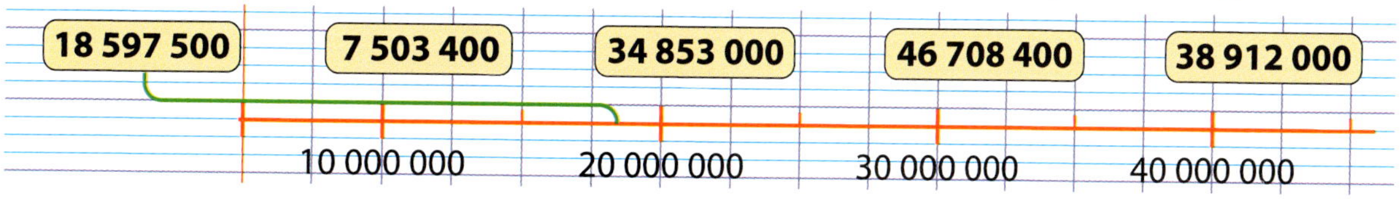

2 **Indique** le nombre correspondant à chaque position sur les droites numériques.

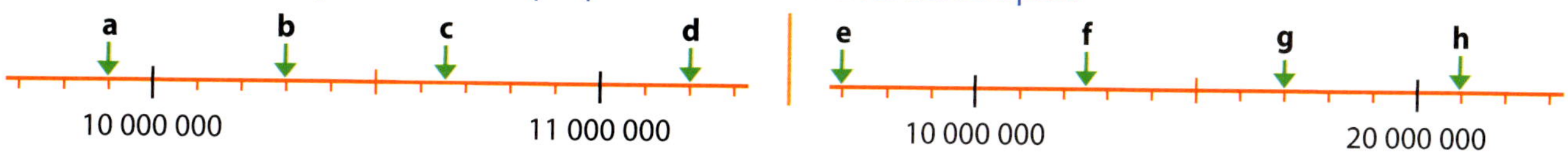

3 **Indique** le nombre obtenu sans poser d'opérations.

a - 5 909 900 + 100 = …
5 909 900 + 100 000 = …

b - 38 006 700 – 100 000 = …
38 006 700 – 10 000 = …

c - 3 268 000 + 50 000 = …
14 708 600 + 300 000 = …

Le coin du malin

Sans effectuer les opérations, **retrouve** celle qui a pour résultat **8 629 224**.

1 269 727 + 7 459 186
16 764 427 – 8 135 203
4 314 622 × 2

Problème

En 2003, la France comptait 59 626 000 habitants.

a - Combien d'habitants supplémentaires a-t-il fallu pour que la population atteigne 60 millions ?

b - On prévoit une population de 62 730 000 habitants en 2020. Quelle aura été l'augmentation depuis 2003 ?

Objectifs : Reproduire des figures en utilisant des propriétés géométriques.
Dans la tête : Calcul de la moitié de n ($n \leqslant 200$).

Reproduction de figures (2)

Cherchons ensemble

Après le tremblement de terre, un immeuble s'est fissuré. Chloé a dessiné le contour de l'immeuble et les fissures dans le mur.

a - **Dessine** la figure de Chloé à main levée.

b - **Mesure** les segments dont tu dois connaître la longueur pour effectuer un tracé précis, puis **inscris** ces mesures sur ton dessin.

c - **Reproduis** ensuite cette figure sur papier uni, en respectant les mesures et en utilisant les instruments de ton choix.

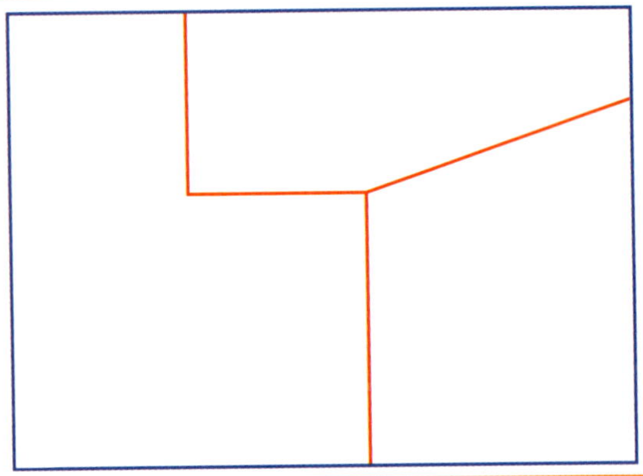

1 **Reproduis** ces figures à l'identique sur papier uni.

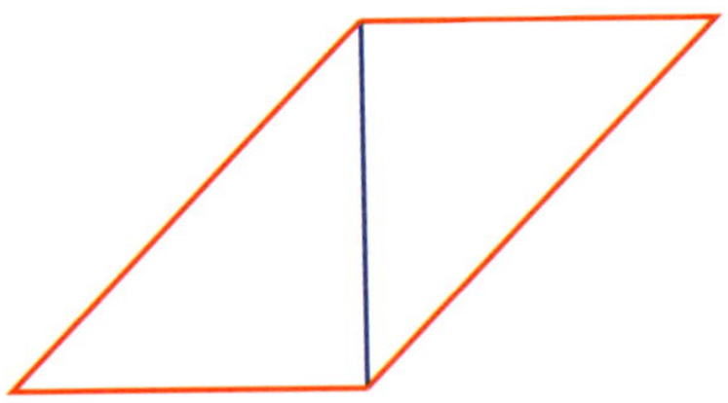

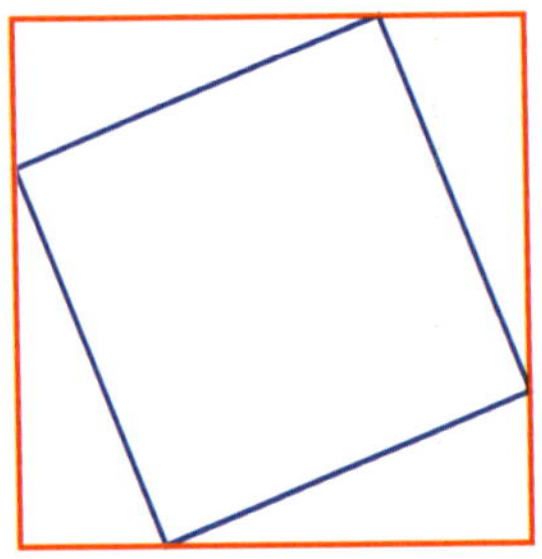

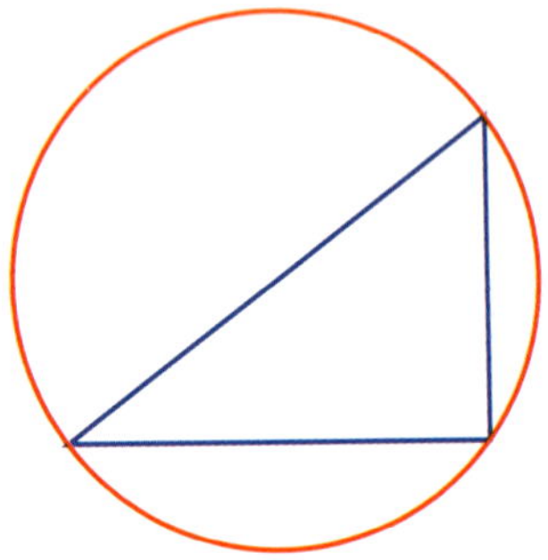

2 Les figures ne sont pas tracées en vraie grandeur.
Construis-les sur papier uni en respectant les mesures indiquées.

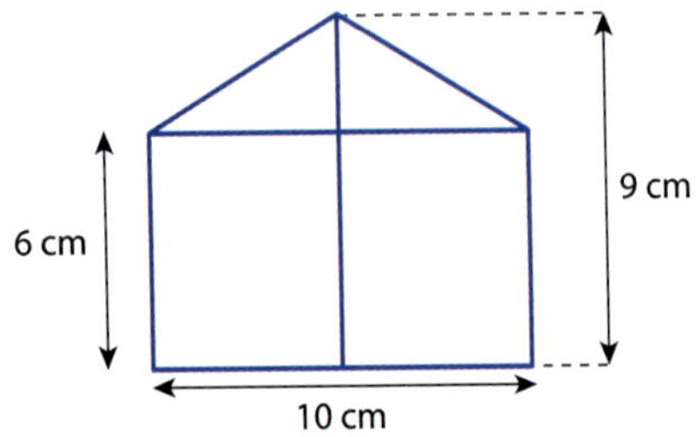

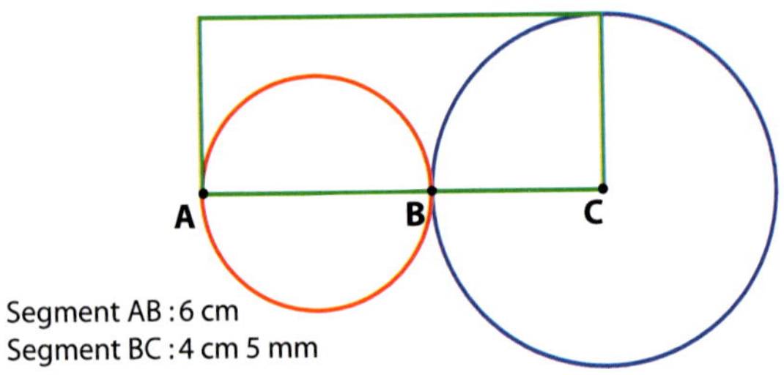

Le coin du malin

Reproduis la figure sur papier uni.

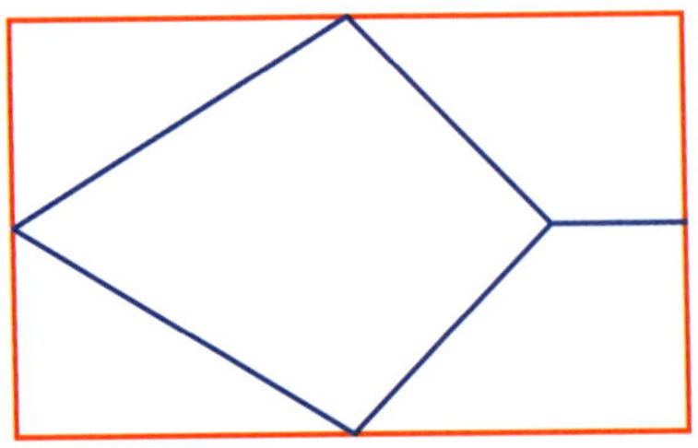

Problème

Cette figure a été dessinée à main levée.

Construis-la en utilisant tes instruments de géométrie et en respectant les mesures indiquées.

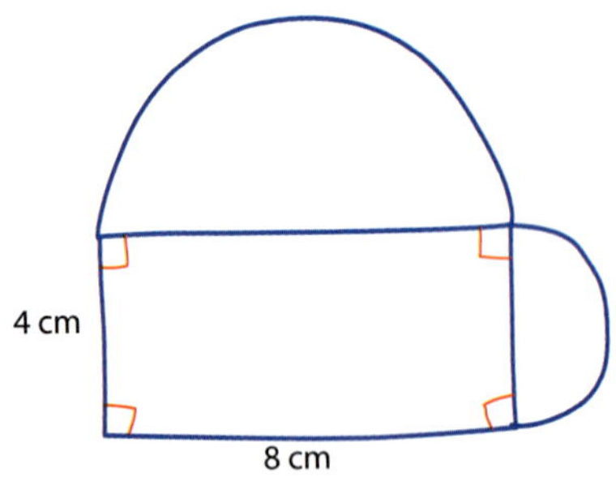

Objectifs : Reconnaître, nommer, décrire les solides usuels.
Dans la tête : Calcul de la moitié de n ($n \leq 200$).

Les solides (1)

Cherchons ensemble

Lors du séisme, le mur de briques s'est écroulé. Une brique a la forme d'un **parallélépipède rectangle**.

a - **Écris** la description d'un parallélépipède rectangle. Il faut que quelqu'un qui ne connaît pas ce solide, puisse imaginer sa forme grâce à ta description.

b - Combien un parallélépipède rectangle possède-t-il de faces, d'arêtes et de sommets ?

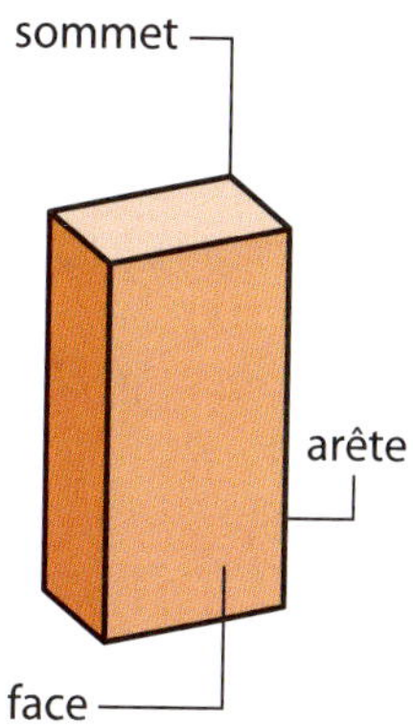

1 Parmi ces solides, lesquels sont des parallélépipèdes rectangles ?
Explique pourquoi les autres n'en sont pas.

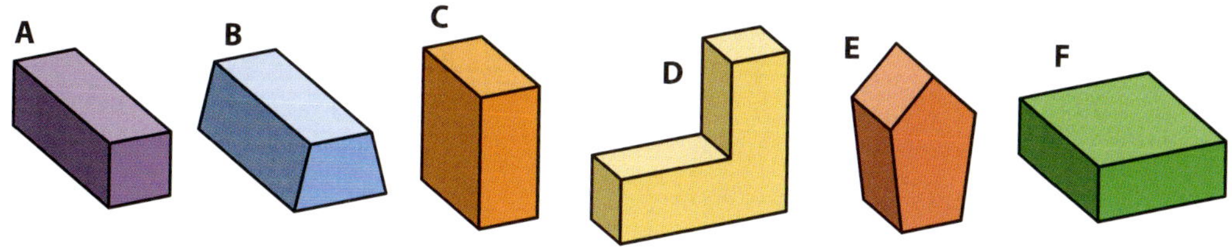

2 **a** - **Écris** la description d'un cube pour que quelqu'un qui ne connaît pas ce solide puisse imaginer sa forme.

b - **Dessine** un cube à main levée.

3 Un solide est appelé « **polyèdre** » si toutes ses faces sont des polygones.

a - Parmi les solides ci-dessous, **indique** lesquels sont des polyèdres.

b - **Indique** les lettres correspondant aux solides suivants : cube, parallélépipède rectangle, prisme droit, cylindre, pyramide.

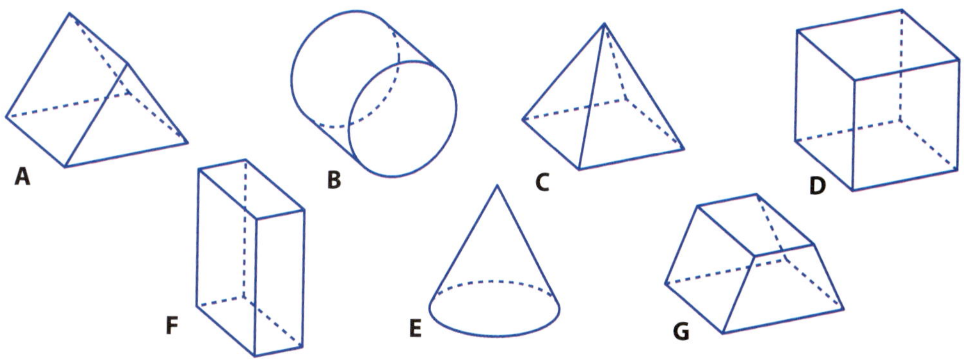

Le coin du malin

Indique le nom du solide décrit dans le portrait.

Je suis un polyèdre.

J'ai 5 faces en tout.
Une de mes faces est un carré
et les 4 autres
sont des triangles identiques.

Problème

Nicolas a une boîte en forme de parallélépipède rectangle. Il veut recouvrir chaque arête sur toute sa longueur avec du ruban adhésif vert.

Quelle longueur totale de ruban adhésif va-t-il utiliser ?

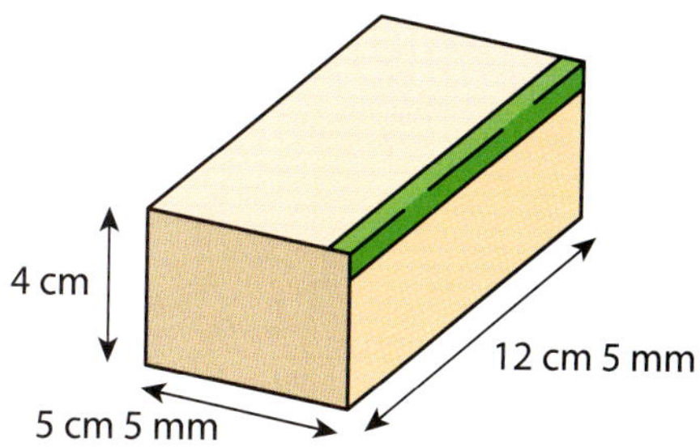

Objectifs : Reconnaître et tracer des patrons de parallélépipèdes rectangles et de cubes.
Dans la tête : Calcul du quart de n ($n \leqslant 200$).

Les solides (2)

Cherchons ensemble

Cette figure est le patron d'un solide. En la découpant, puis en la pliant et en l'assemblant, on obtient un solide comme ceux utilisés dans l'expérience de l'atelier page 119.

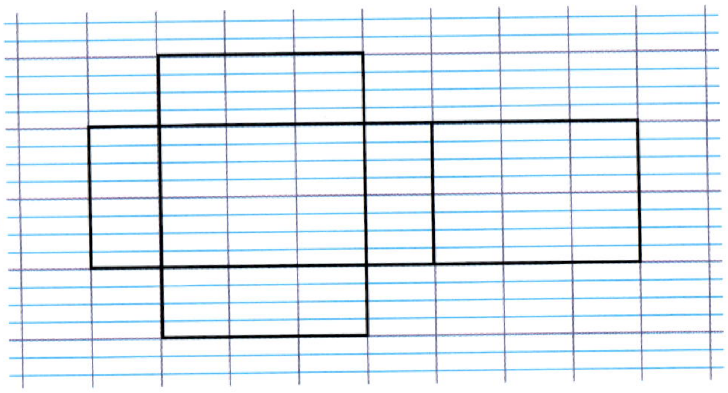

a - Comment s'appelle le solide obtenu ?

b - **Reproduis** ce patron sur ton cahier puis **repasse** en rouge sur les traits où il faudra plier pour obtenir le solide.

c - **Trace** 2 autres patrons différents qui permettront de construire le même solide.

1 Parmi ces figures, **reproduis** seulement les patrons qui permettent de construire un cube.

- Sur tes dessins, **repasse** de la même couleur sur les côtés qui vont se rejoindre pour former une arête du cube. **Utilise** une couleur différente pour chaque arête.

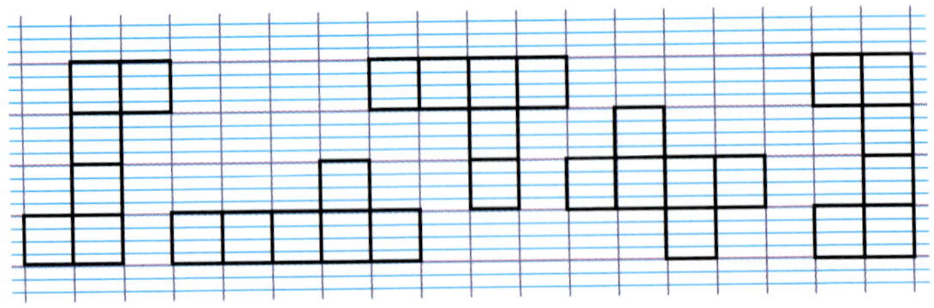

2 Un seul de ces patrons permet de construire un parallélépipède rectangle. Indique lequel et **reproduis**-le sur ton cahier.

- **Repasse** de la même couleur sur les côtés qui vont se rejoindre pour former une arête du solide. **Utilise** une couleur différente pour chaque arête.

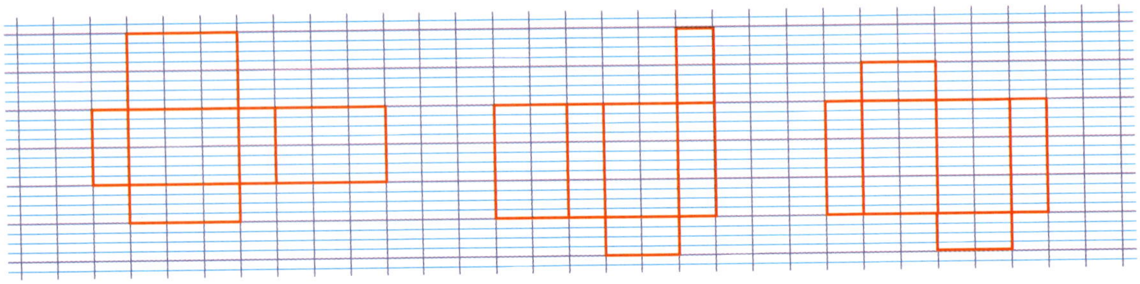

Le coin du malin

Juliette a assemblé son solide en collant du ruban adhésif tout le long des arêtes où il fallait attacher 2 faces.

Quelle longueur de ruban adhésif a-t-elle utilisée ?

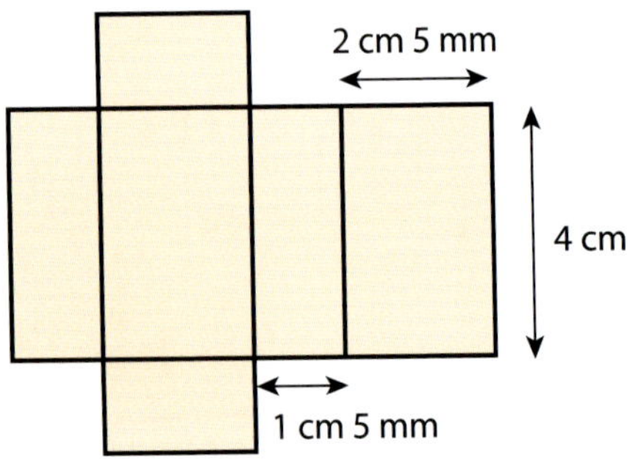

Problème

Reproduis 3 fois cette figure et **complète** chaque dessin pour former 3 patrons de cube différents.

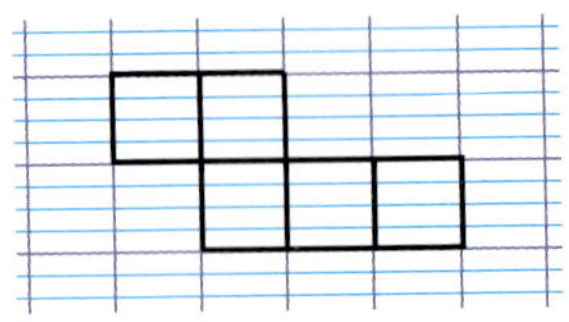

Objectifs : Formuler des questions en fonction d'un énoncé et y répondre.
Dans la tête : Calcul du quart de n ($n \leqslant 200$).

Poser des questions (1)

- **Lis** l'énoncé de chaque problème, puis **écris** au moins 3 questions auxquelles l'énoncé permet de répondre.
- **Réponds** ensuite aux questions que tu as posées.

1 Des secousses et des dégâts.

Le séisme a commencé précisément à 6 h 17 min 36 s. Une première secousse a duré 48 s. Une 2e secousse a commencé à 6 h 23 min 7 s et s'est terminée à 6 h 24 min 18 s. Ce fut la fin du séisme.
La maison de M. Lapoisse s'est partiellement effondrée. Son voisin a appelé les secours qui sont arrivés en 7 min : à 6 h 33, ils étaient sur place.
Heureusement, personne n'était dans la maison quand elle s'est effondrée.

2 Les courses.

M. et Mme Dumarché vont faire leurs courses.
M. Dumarché est parti avec 23 € 56 c dans son porte-monnaie.
Mme Dumarché compte son argent et dit à son mari qu'ils ont 65 € 26 c à eux deux.
Ils achètent un poulet de 1 kg 500 g, 18 œufs, 2 kg de fraises et 4 kg de tomates. Ils vont ensuite à la pâtisserie pour acheter le gâteau à 18 € qu'ils avaient commandé.

3 La course... à pied !

Boris et Vladimir vont courir dans le bois. Ils suivent un circuit constitué de 3 tronçons. Le premier tronçon mesure 1 km 200 m. Le 2e tronçon a une longueur double du premier. La longueur totale du circuit est de 5 km 400 m.
Boris effectue 2 fois le circuit complet.
Vladimir court sur les deux premiers tronçons, puis revient au point de départ.

4 Joyeux anniversaire !

Pour entourer les cadeaux qu'elle compte offrir à ses amis pour son anniversaire, Julie fabrique des morceaux de ruban bicolores.
Pour cela, elle assemble bout à bout un morceau de ruban rouge et un morceau de ruban doré.
Elle dispose d'une bande de 2 m 50 cm de ruban rouge dans laquelle elle coupe des bouts de 32 cm, et d'une bande de 230 cm de ruban doré dans laquelle elle découpe des bouts de 25 cm.

Objectifs : Maîtriser les notions mathématiques étudiées de la page 116 à la page 120.

Module 11

1 Dans cet exercice, les dessins ont la signification suivante : (Page 119)

■ centaine ▲ dizaine ● unité

Dans chaque cas, **partage** la quantité comme indiqué, puis **dessine** la valeur d'une part et le reste.
Écris ensuite la division correspondante avec le quotient et le reste.

a - À partager en 4 parts :

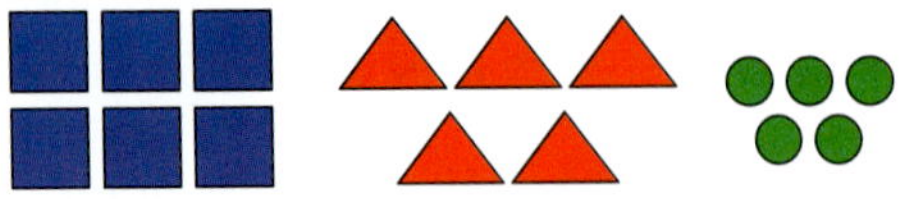

b - À partager en 5 parts :

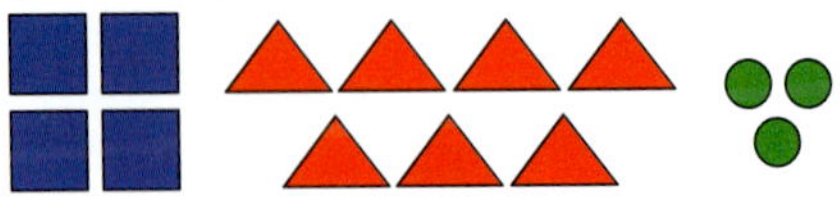

c - À partager en 6 parts :

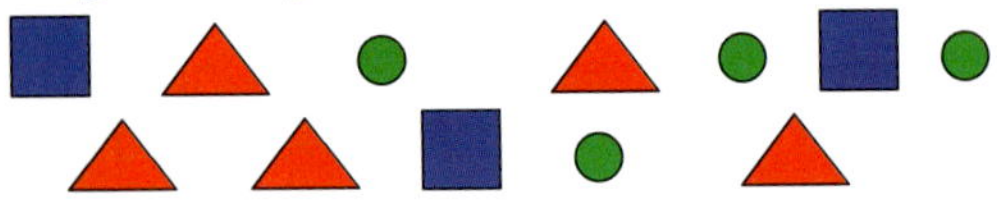

d - À partager en 3 parts :

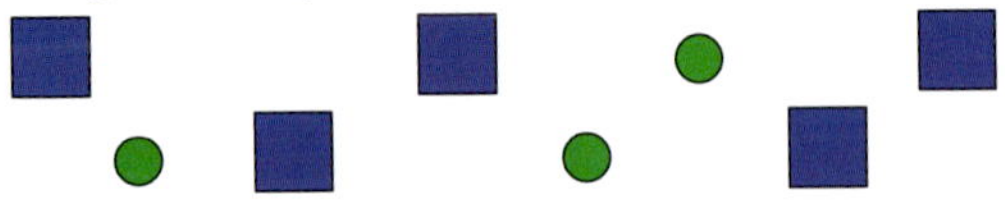

2 **Recopie** et **complète** les divisions posées. (Page 120)

```
  c  d  u
  6  4  7 | 4
– 4  ↓  ↓ |-----------
  -  ↓  ↓ | c   d   u
  2  4  ↓ | …   …   …
– 2  4  ↓ |
  -----   |
     0  7 |
  –     4 |
  -------
        … |
```

```
  d     u
  3  8  5 | 6
– 3  6  ↓ |--------
  -----   | d   u
     2  5 | …   …
   – …  … |
   ------
        … |
```

```
  c     d  u
  2  4  5  9 | 7
– 2  1  ↓  ↓ |-----------
  -----      | c   d   u
     3  5  ↓ | …   …   …
   – …  …  ↓ |
   -------
        …  9 |
      – …  … |
      ------
           … |
```

3 **Pose** et **effectue** les divisions. (Page 116)

a - 514 : 3 ?
869 : 4 ?

b - 907 : 7 ?
780 : 3 ?

c - 436 : 5?
675 : 8 ?

d - 1084 : 6 ?
2706 : 7 ?

3 **Reproduis** les figures sur le quadrillage de ton cahier. (Page 116)

a -

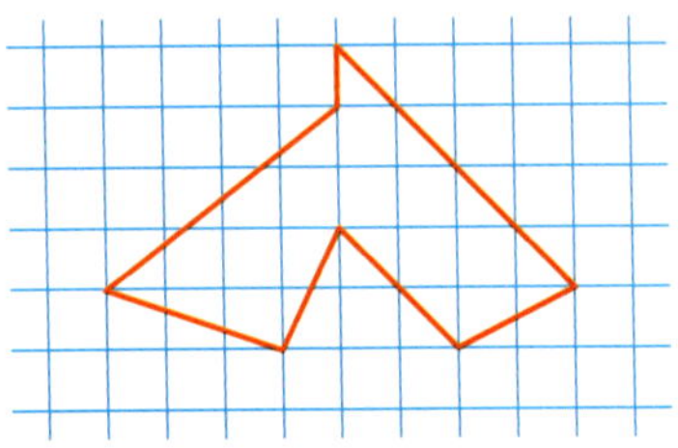

b -

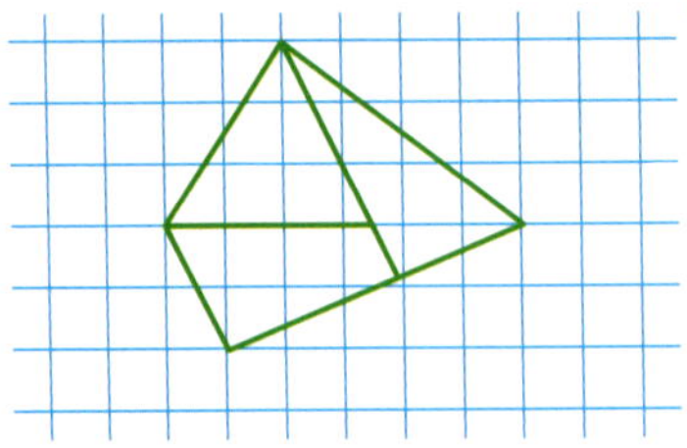

c -

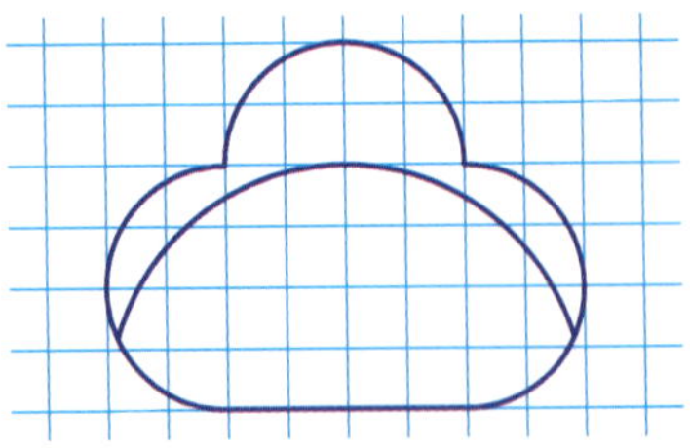

4 **Fais** la liste des triangles équilatéraux, celle des triangles isocèles et celle des triangles rectangles. (Pages 117 et 118)

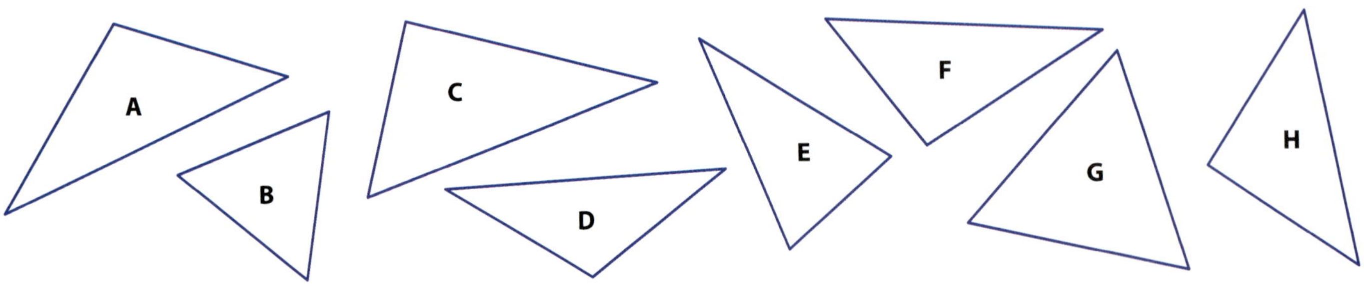

Objectifs : Maîtriser les notions mathématiques étudiées de la page 124 à la page 128.

Module 12

1 **Range** les nombres dans l'ordre croissant. (Page 124)

a - 6 097 540 — 60 097 500 — 697 540 — 6 970 000

b - 87 806 045 — 8 870 450 — 780 086 045 — 87 608 405

2 **Range** les nombres dans l'ordre décroissant sans les écrire en chiffres. (Page 124)

a -
- dix-sept millions quarante mille
- dix millions sept cent mille
- cent dix millions
- sept cent quarante mille trois cent douze

b -
- trente-trois millions deux cents
- trente-trois millions cent mille
- cent trente millions
- trente-trois millions deux cent mille

3 **Indique** le nombre correspondant à chaque position sur la droite numérique. (Page 124)

a -

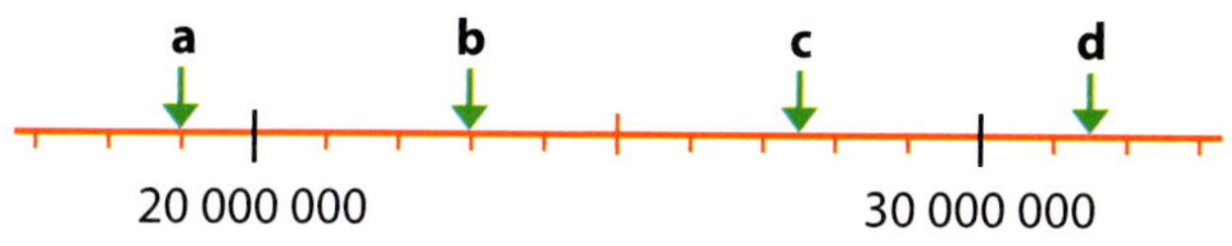

b -

4 **Indique** le nombre obtenu sans poser l'opération. (Page 126)

a -
49 099 090 + 10 = …
49 099 090 + 1000 = …
49 099 090 + 1 000 000 = …
49 099 090 + 10 000 = …

b -
1 080 070 – 1 000 = …
1 080 070 – 100 000 = …
1 080 070 – 1 000 000 = …
1 080 070 – 100 = …

c -
57 083 200 + 20 000 = …
2 607 080 + 500 000 = …
340 500 640 – 5 000 = …
48 000 000 – 500 000 = …

5 **Contruis** les figures sur papier uni en respectant les mesures indiquées. (Page 126)

a -

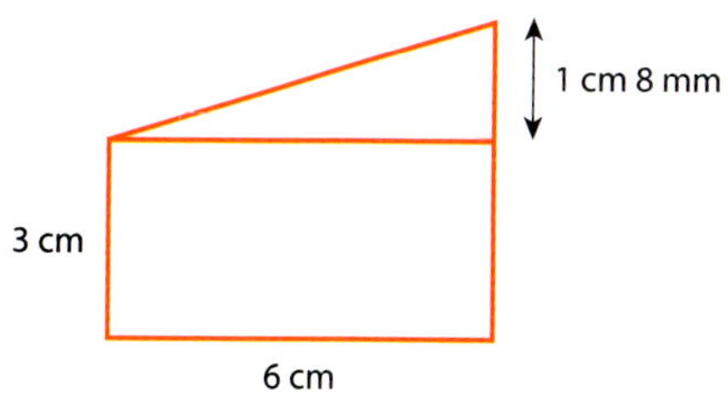

b -

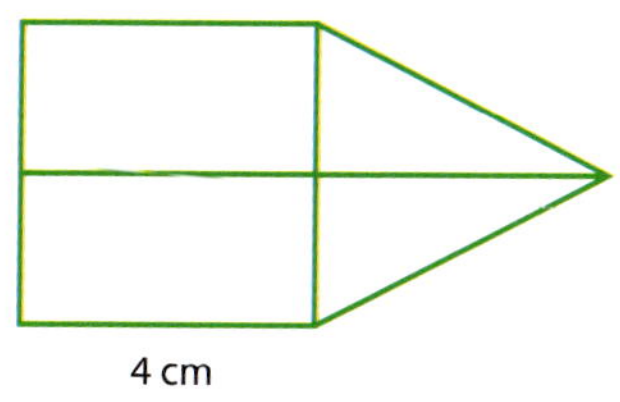

c -

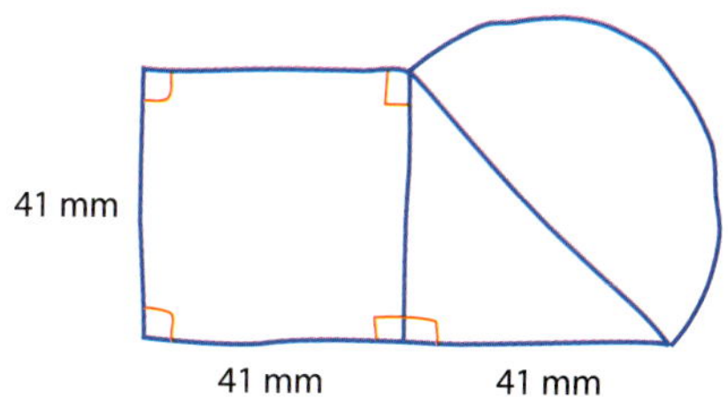

6 **Reproduis** 4 fois la figure, puis **complète** tes dessins pour obtenir 4 patrons différents :
– de cube pour la figure **a**,
– de parallélépipède rectangle pour la figure **b**.
(Page 126)

a -

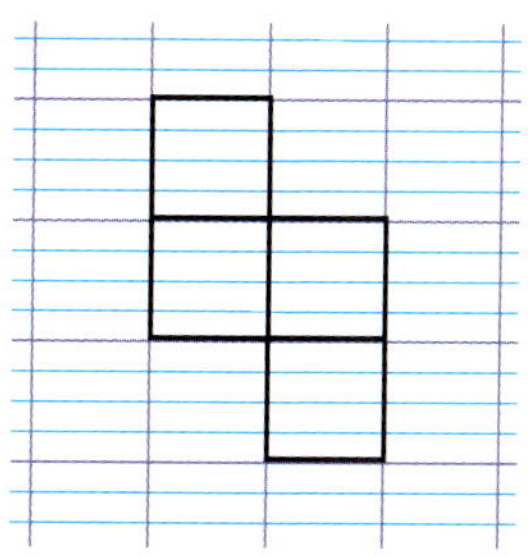

b -

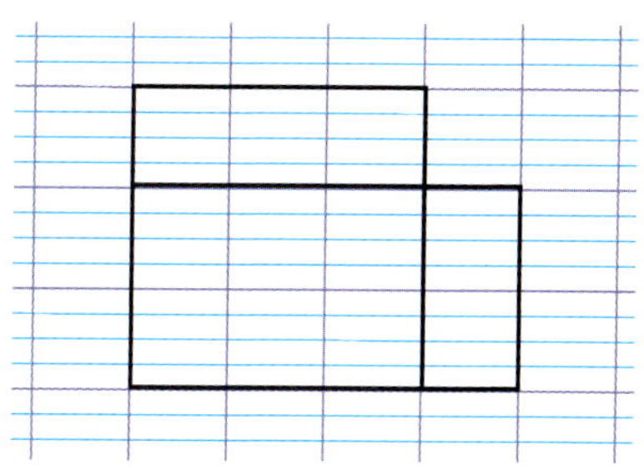

Objectifs : Évaluer les notions mathématiques étudiées de la page 116 à la page 129.

BILAN 6

Modules 11 et 12

1 **Partage** en 4 parts égales la quantité dessinée sous forme de centaines (■), de dizaines (▲) et d'unités (●).
Dessine le résultat du partage (la valeur de la part et le reste).

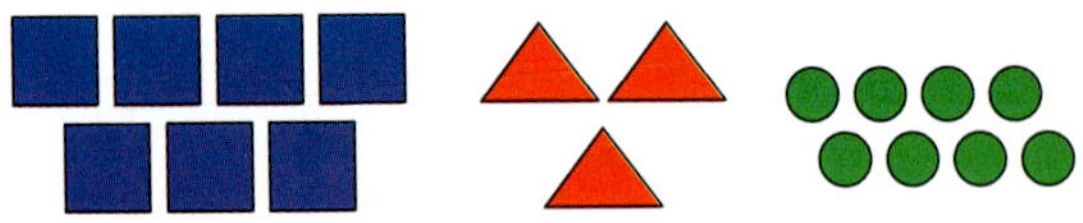

2 Sans effectuer les divisions, **indique** seulement le nombre de chiffres du quotient.

423 : 3 ? 537 : 6 ?

709 : 8 ? 640 : 5 ?

1247 : 4 ? 3612 : 9 ?

3 **Pose** et **effectue** les divisions en indiquant chaque fois le quotient et le reste.

a - 763 : 3 ? 859 : 6 ?

b - 561 : 6 ? 1772 : 5 ?

4 **Complète** avec les signes < ou >.

58 630 012 …58 603 120

259 480 000 … 25 948 500

3 770 095 … 3 770 100

5 **Range** les nombres dans l'ordre croissant.

43 700 928 — 340 700 590 — 4 800 928 — 43 070 590 — 43 070 950

6 **Range** les nombres dans l'ordre croissant sans les écrire en chiffres.

a - huit millions trois

b - huit millions deux mille

c - huit millions quatre cent dix

d - quatre cent dix-huit millions

7 **Indique** le nombre correspondant à chaque position sur les droites numériques.

a -

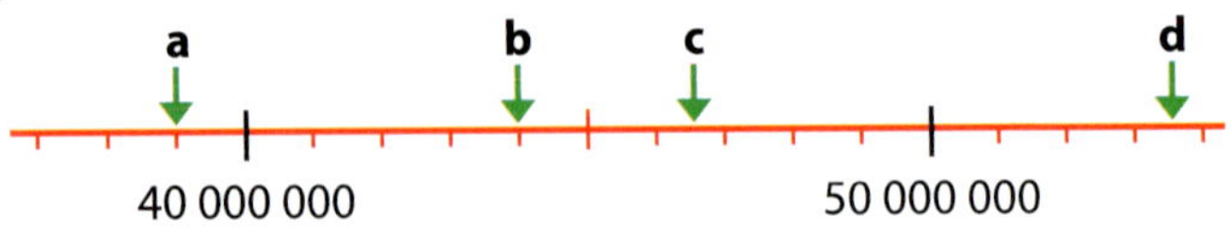

b -

8 **Indique** le nombre obtenu sans poser l'opération.

a - 10 900 990 + 100 = …

b - 10 900 990 + 100 000 = …

c - 10 900 990 – 10 000 = …

d - 10 900 990 – 10 000 000 = …

e - 10 900 990 – 1000 = …

9 Trois amis ont regroupé toutes leurs billes pour les partager équitablement. Ils ont en tout 536 billes ordinaires et 269 billes de verre.
Quelle sera la part de chacun et combien restera-t-il de billes de chaque sorte ?

10 M. Guidon dispose de 783 €. Il voudrait acheter le même vélo pour chacun de ses 4 petits enfants.
Quel sera le prix le plus élevé que M. Guidon pourra payer pour un vélo ?
(Exprime ce prix en euros et centimes.)

11 Je suis un nombre de 8 chiffres et je n'ai pas de zéro. Tous mes chiffres sont pairs et je n'ai pas plus de 2 fois le même chiffre. Je suis le plus petit nombre qu'on peut écrire avec mes chiffres.
Qui suis-je ?

12 Ce pays possède 46 700 000 habitants.
a - De combien devrait augmenter sa population pour atteindre 50 millions ?
b - Le pays voisin compte 6 300 000 habitants de plus. À combien s'élève sa population ?

13 **Reproduis** la figure sur le quadrillage de ton cahier.

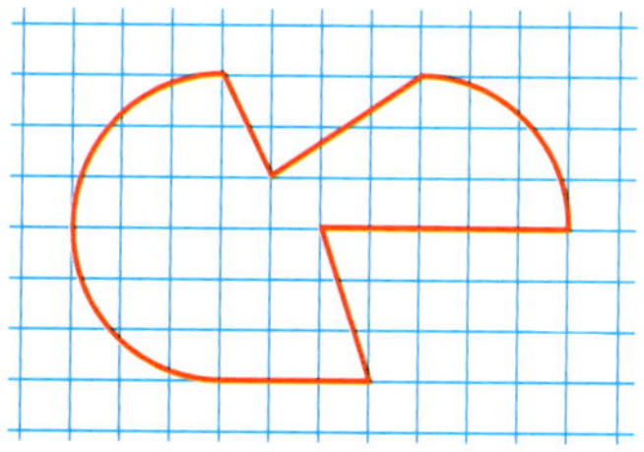

14 **Construis** la figure en respectant les mesures indiquées.

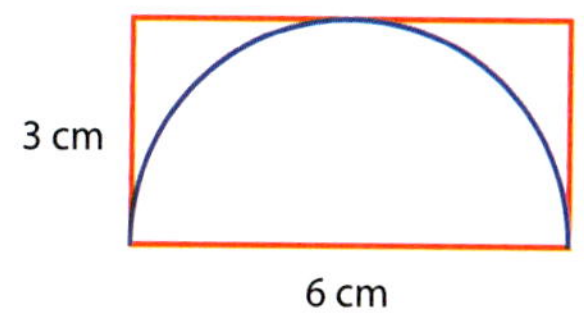

15 Trois de ces triangles portent des noms particuliers. **Indique** lesquels et **dis** comment on les appelle.

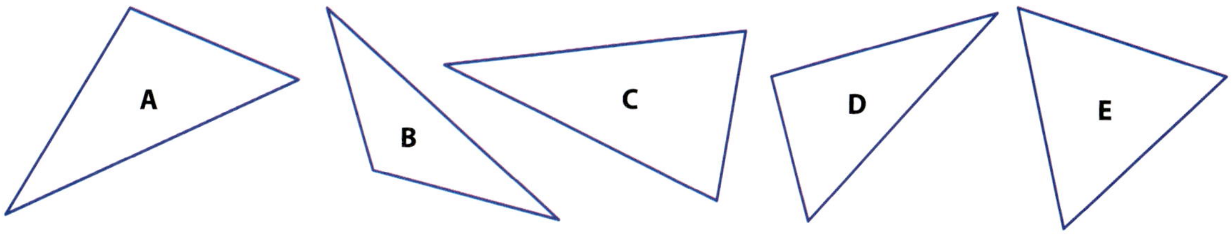

16 Parmi ces solides, lesquels sont des parallélépipèdes rectangles ?
Indique le nom des autres solides que tu reconnais

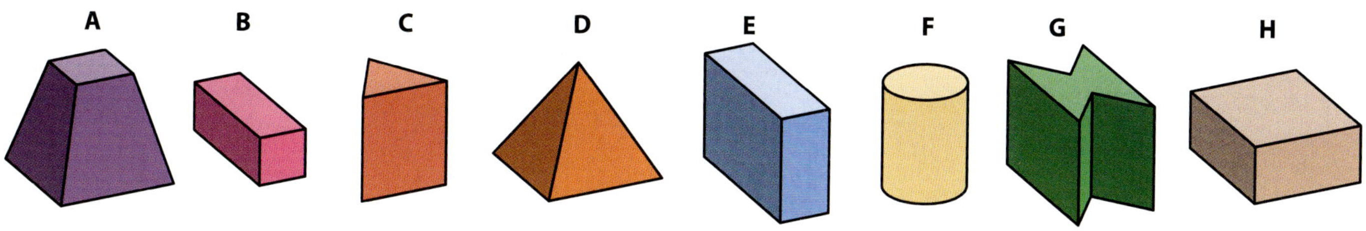

17 **Retrouve** les patrons de cube.

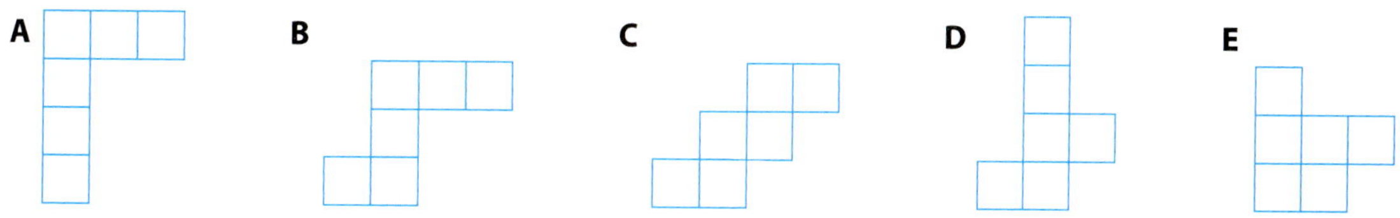

18 Matt a commencé à tracer le patron d'un parallélépipède rectangle sur son cahier.
Reproduis la figure et **complète** ce patron.

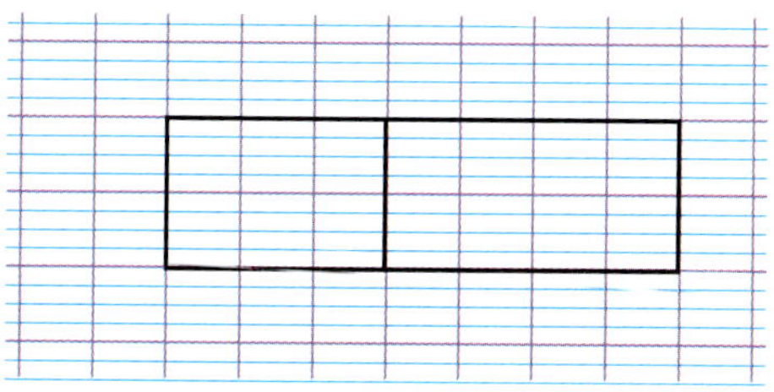

19 Claire a assemblé son cube en collant du ruban adhésif tout le long des arêtes où il fallait attacher 2 faces.
Quelle longueur de ruban adhésif a-t-elle utilisée ?

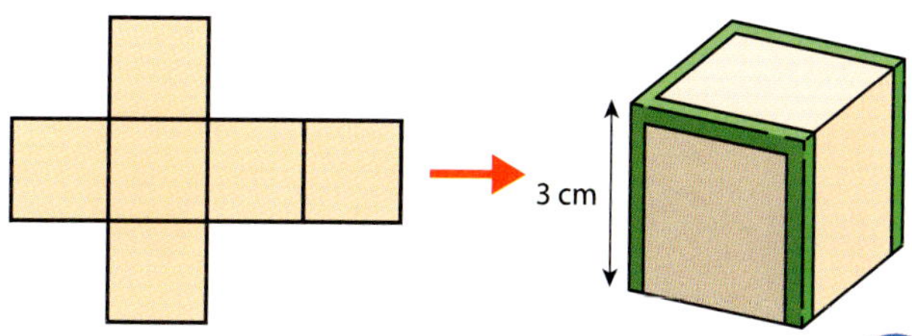

À quoi servent les

Cherchons ensemble

- **Pourquoi mangeons-nous différentes sortes d'aliments ?**
- **Que faut-il manger pour rester en bonne santé ?**

J'observe

Doc. 1 : Le lait de la maman est un aliment complet qui contient tous les éléments indispensables au développement du bébé.

Doc. 2 : Le lait est un aliment privilégié pour les jeunes enfants.

? À quoi va servir le lait que boivent ces enfants ? (**Doc. 1** et **Doc. 2**)

? Les adultes ont-ils besoin de boire autant de lait que les enfants ? Pourquoi ?

Doc. 3 : Un bûcheron en plein effort.

? Pourquoi le bûcheron doit-il manger un repas copieux ? (**Doc. 3** et **Doc. 4**)

? Un employé de bureau doit-il manger de la même façon ? Pourquoi ?

Doc. 4 : Le repas du bûcheron.

différents aliments ?

Objectifs : Connaître le rôle des différents aliments et comprendre le principe de leur classification.

▶ Je recherche

On a l'habitude de classer les aliments en 6 groupes.

Les aliments riches en calcium et en protéines sont « bâtisseurs » : ils servent à la construction et à l'entretien du corps.

Les aliments riches en glucides sont « énergétiques » : ils apportent l'énergie nécessaire au fonctionnement des muscles. Les aliments riches en lipides permettent au corps de constituer des réserves d'énergie.

Les aliments riches en vitamines, fibres et sels minéraux sont « protecteurs » : ils protègent le corps et assurent son bon fonctionnement.

1

Aliments riches en calcium et en protéines

2

Aliments riches en glucides (sucres)

3

Aliments riches en fibres, vitamines et sels minéraux

4
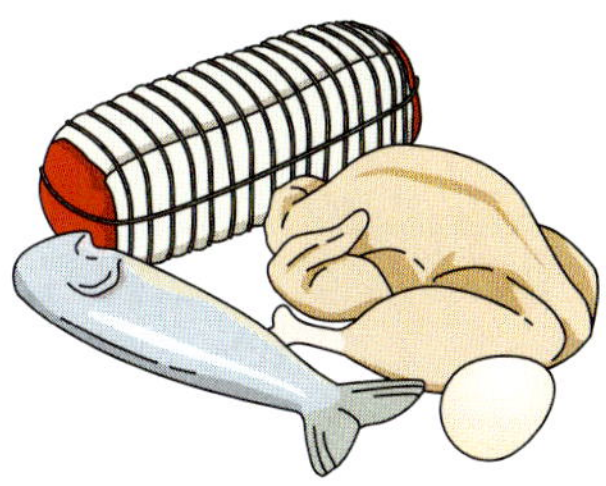
Aliments riches en protéines

5

Aliments riches en lipides (matières grasses)

6

Eau (au moins un litre et demi par jour)

- Cite divers aliments de chaque sorte : bâtisseurs, énergétiques et protecteurs.
- Quelle sorte d'aliment le bûcheron doit-il manger en assez grande quantité ? Pourquoi ?
- Pourquoi les enfants doivent-ils manger beaucoup d'aliments des catégories 1 et 2 ?

Atelier

- Écris ton menu préféré pour le repas de midi et pour le repas du soir. En te reportant au schéma, note à côté de chaque aliment le numéro de son groupe.
- Vérifie qu'au moins un aliment de chaque groupe est présent, et qu'il n'y a pas trop d'aliments d'un même groupe. Sinon, modifie tes menus pour que ce soit le cas.

J'AI COMPRIS

Manger c'est fournir au corps les aliments dont il a besoin. Pour grandir, bouger et rester en bonne santé, il faut avoir une alimentation saine, variée et suffisante. Il faut manger chaque jour des aliments de tous les groupes. Les besoins alimentaires sont différents selon l'âge et l'activité.

Objectifs : Découvrir l'écriture fractionnaire dans le cas du partage de l'unité en demis, tiers et quarts.

Dans la tête : Recherche du complément à 100 et à 1 000 (du type de 340 à 1 000).

Demis, quarts et tiers

Cherchons ensemble

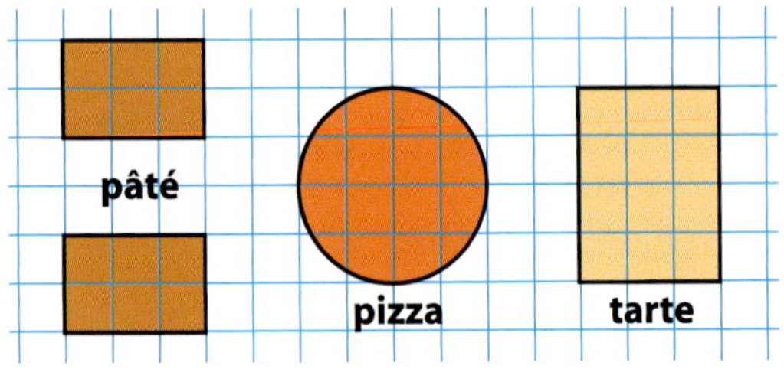

Quatre amis prennent un repas… très mal équilibré ! Ils commencent par la moitié, c'est-à-dire un **demi**, d'une tranche de pâté.

« Un demi » s'écrit « $\frac{1}{2}$: c'est une **fraction**.

a - **Dessine** les tranches et **trouve** 2 façons de les partager en 2 parts égales.

b - Ils partagent ensuite une pizza en 4 parts égales. Chacun en a un **quart** : $\frac{1}{4}$. **Reproduis** le dessin et **effectue** le partage.

c- Un des amis étant parti, les autres partagent une tarte en 3 parts égales. Chacun en a un tiers. **Écris** la fraction correspondante. **Reproduis** le dessin et **effectue** le partage.

1 **Indique** les figures dont on a colorié le quart.

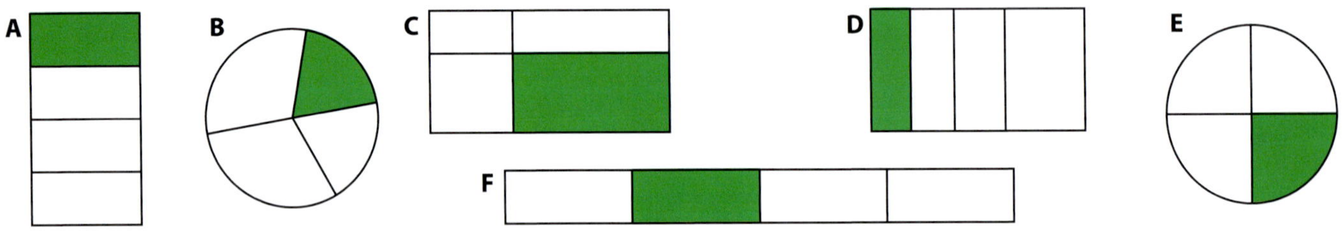

2 On a colorié **deux tiers** de la figure A. Cette fraction s'écrit $\frac{2}{3}$. **Écris** sous forme d'une fraction la partie coloriée dans chaque figure.

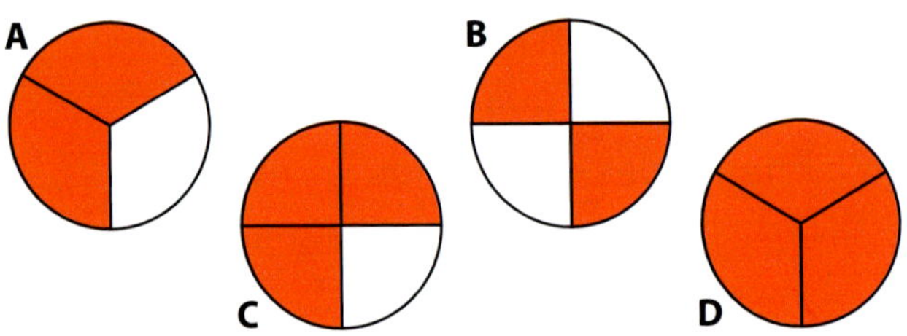

3 La bande colorée représente le chemin parcouru par la grande aiguille de l'horloge.
Exprime cette durée en prenant l'heure comme unité.
Par exemple : $\frac{1}{2}$ h.

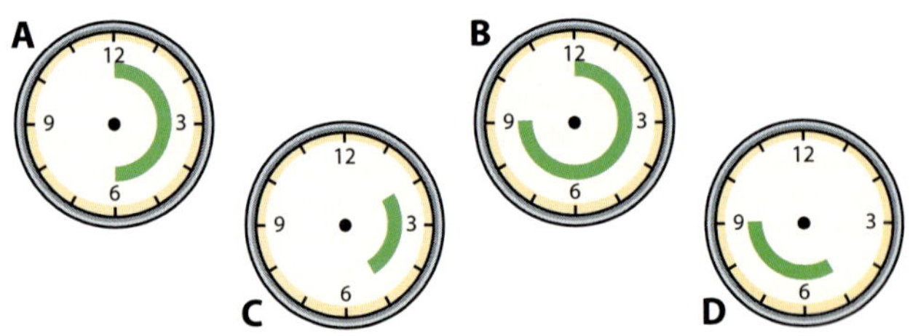

Retiens bien

$\frac{1}{2}, \frac{1}{3}, \frac{1}{4}, \frac{2}{3}$ sont des fractions. Ce sont de nouveaux nombres.

$\frac{1}{3}$, c'est l'unité partagée en 3 parts égales.

$\frac{2}{3}$, c'est deux fois un tiers.

Problème

Trois amis se partagent un gâteau qui pèse 600 g.

a - Maxime en prend un quart et Camille en prend un tiers. Combien pèse le morceau de chacun ?

b - Ludivine en voudrait aussi un tiers. Reste-t-il assez de gâteau ?

Objectifs : Généraliser l'écriture fractionnaire et connaître le vocabulaire associé (fractions ⩽ 1).
Dans la tête : Soustraction de 2 nombres de 2 chiffres : du type 87 – 23, puis 83 – 27.

Partage de l'unité

Cherchons ensemble

Des amies coupent des morceaux dans leur bande de réglisse.
Sandy coupe **un sixième** de sa bande : c'est une fraction qui s'écrit $\frac{1}{6}$.

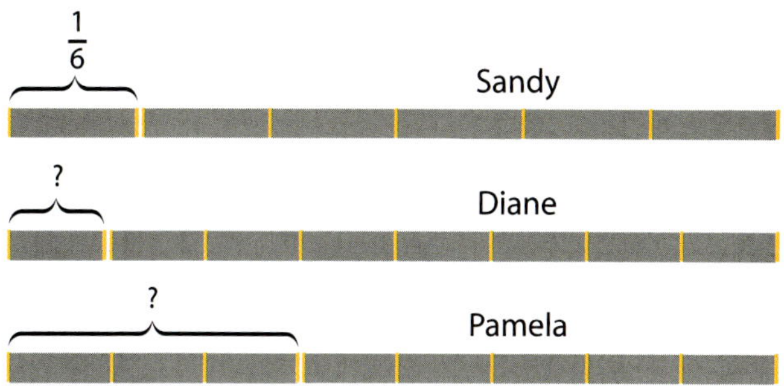

a - Écris les fractions correspondant aux morceaux coupés par Diane et par Pamela.

b - Dans une fraction, par exemple $\frac{4}{7}$, le nombre du bas (7) est appelé « **dénominateur** ». Il indique la valeur des parts : ici des septièmes.
Le nombre du haut (4) est appelé « **numérateur** ». Il indique le nombre de parts : ici 4.

• Parmi les fractions écrites précédemment, lesquelles ont leur dénominateur égal à 8 ? Lesquelles ont leur numérateur égal à 1 ?

1 Écris les fractions en chiffres.

a - Un cinquième **b** - Quatre huitièmes **c** - Cinq sixièmes **d** - Deux septièmes

2 Écris les fractions en lettres.

$\frac{3}{5}$ $\frac{4}{6}$ $\frac{5}{8}$ $\frac{4}{7}$

3 Pour chaque figure, écris la fraction qui correspond à la partie colorée.

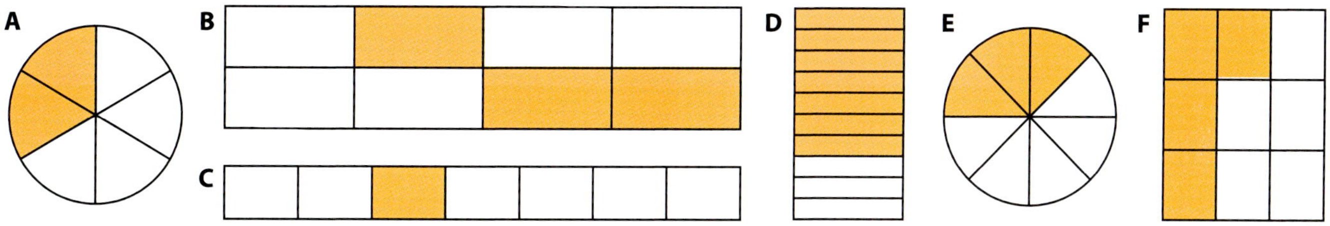

4 Le segment rouge est pris pour unité de longueur : « u ».

a - Quel segment a une longueur égale à $\frac{1}{4}$ u ?
Lequel a une longueur égale à $\frac{3}{8}$ u ?

b - Écris sous forme d'une fraction la longueur des deux autres segments.

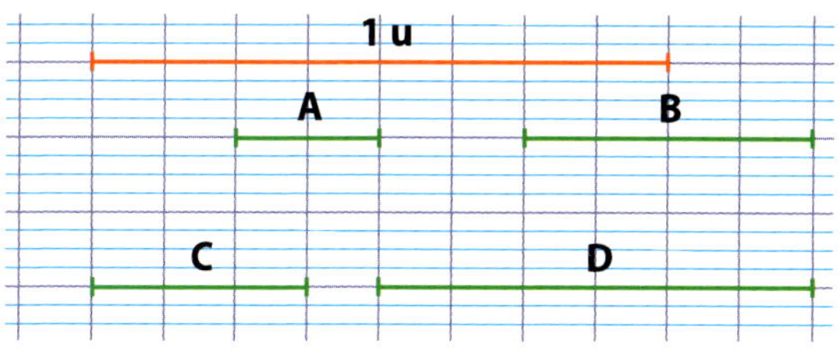

Le coin du malin

$$\frac{3}{5}$$

3 ← **Numérateur**
Il y en a 3 (cinquièmes)

Dénominateur → 5
Ce sont des **cinquièmes**

Problème

Célestine a une tablette de chocolat de 24 carrés.
Elle mange $\frac{3}{8}$ de sa tablette.
Combien de carrés a-t-elle mangés ?

Objectifs : Employer les fractions pour exprimer des résultats de mesure.

Découvrir les fractions > 1.

Dans la tête : Soustraction de 2 nombres de 2 chiffres : du type 87 – 23, puis 83 – 27.

Utiliser les fractions

Cherchons ensemble

Des enfants ont fait une réserve de bandes de réglisse. Maxime prend une bande entière et un tiers de bande. Sa portion, mesurée en bandes unités, est égale à $1 + \frac{1}{3}$. C'est aussi 4 tiers : $\frac{4}{3}$.

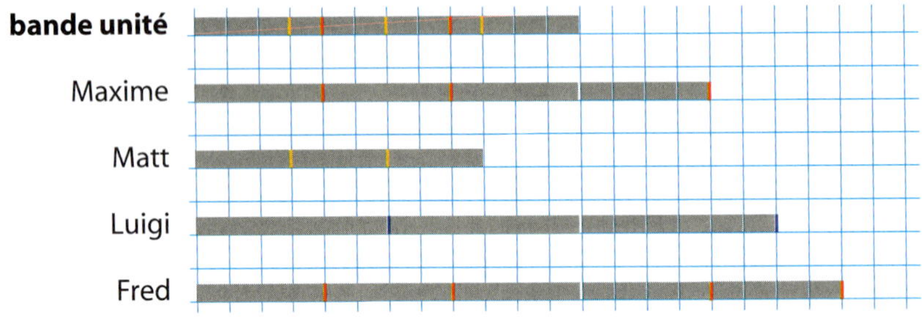

a - **Indique** la valeur de chaque portion en prenant la bande entière comme unité.

b - Combien faudrait-il ajouter à la portion de Matt pour obtenir une bande entière ?

1 **Trace** sur ton cahier un segment de 8 carreaux : il représente l'unité de longueur appelée « u ». **Trace** ensuite les segments suivants :

a - un segment de longueur $\frac{5}{8}$ u ;

b - un segment de longueur 1u + $\frac{3}{8}$ u ;

c - un segment de longueur $\frac{7}{4}$ u.

2 Quelle fraction faut-il ajouter pour obtenir au total une unité ? **Complète** les égalités.

$\frac{1}{4} + \frac{...}{...} = 1$ $\frac{1}{2} + \frac{...}{...} = 1$

$\frac{2}{3} + \frac{...}{...} = 1$ $\frac{5}{6} + \frac{...}{...} = 1$

3 Le rectangle rouge est pris comme unité d'aire.

a - **Trouve** la surface qui a pour aire $\frac{1}{3}$ u et celle qui a pour aire $\frac{4}{3}$ u.

b - **Exprime** l'aire des autres surfaces sous la forme d'une fraction.

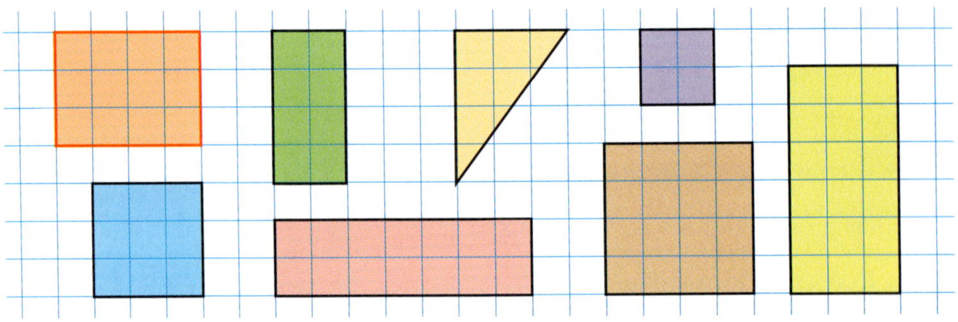

Le coin du malin

Je suis une fraction égale à l'unité. La somme de mon numérateur et de mon dénominateur est égale à 10.

Qui suis-je ?

Problème

Il nous faut boire au moins un litre et demi d'eau par jour pour rester en bonne santé. 3 amis partent pour une excursion d'un jour en montagne.

Quelle quantité d'eau doivent-ils emmener ?

Objectifs : Reconnaître et tracer un quadrilatère et ses diagonales.

Dans la tête : Calcul du quart de n ($n \leqslant 200$).

Les quadrilatères

Cherchons ensemble

Parmi toutes ces figures, seules celles qui sont tracées en rouge sont des quadrilatères.

a - **Compare** les figures et **écris** la définition d'un quadrilatère.

b - **Indique** la lettre et le nom des quadrilatères particuliers que tu reconnais.

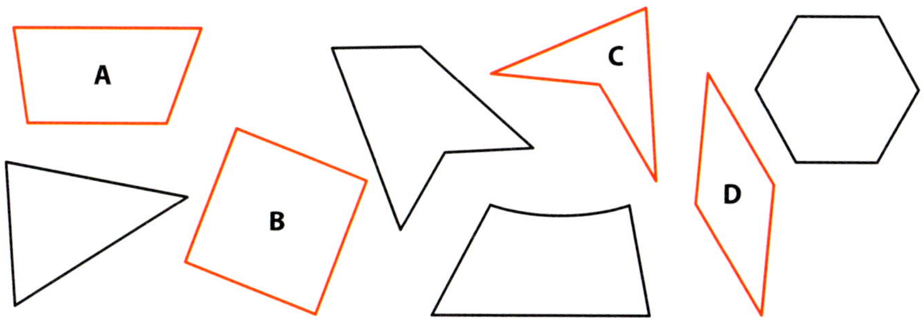

1 **Fais** la liste des figures qui sont des quadrilatères.

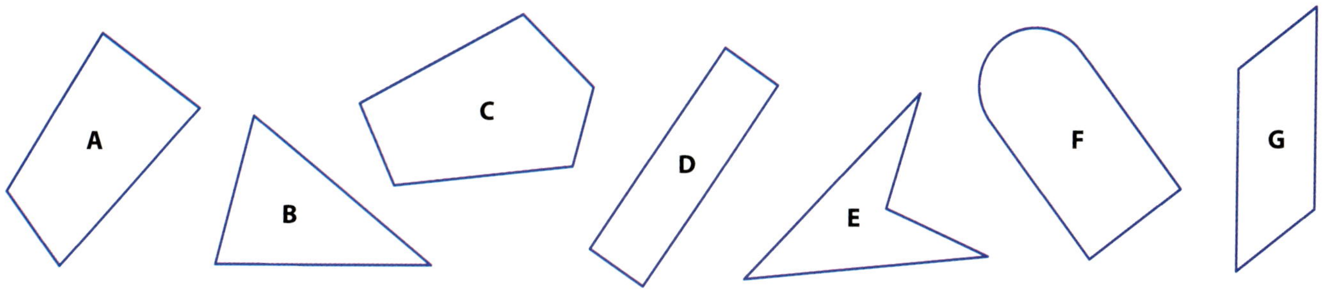

2 Dans le quadrilatère A, on a tracé en rouge les diagonales.

a - **Explique** ce qu'est une diagonale d'un quadrilatère.

b - Parmi les autres figures, **indique** celle(s) où les lignes vertes sont des diagonales.

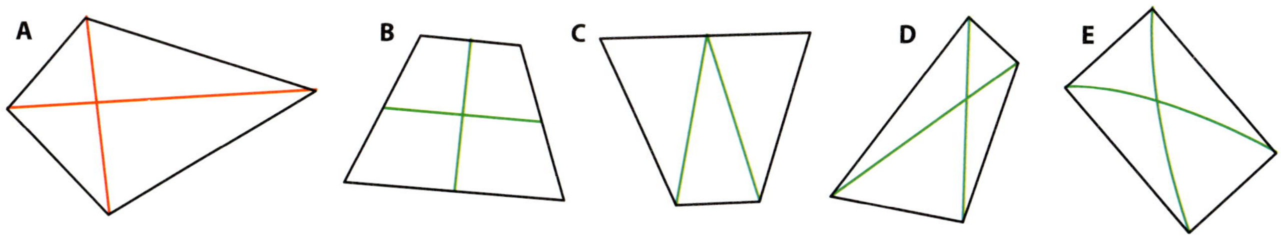

Le coin du malin

Nomme tous les quadrilatères qui apparaissent dans cette figure.

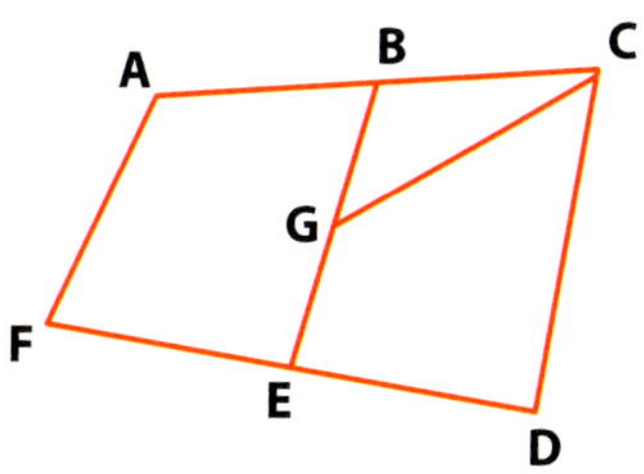

Problème

Reproduis la figure et **trace** le quadrilatère qui a le segment AB pour côté et la droite rouge pour axe de symétrie.

Trace ensuite ses diagonales.

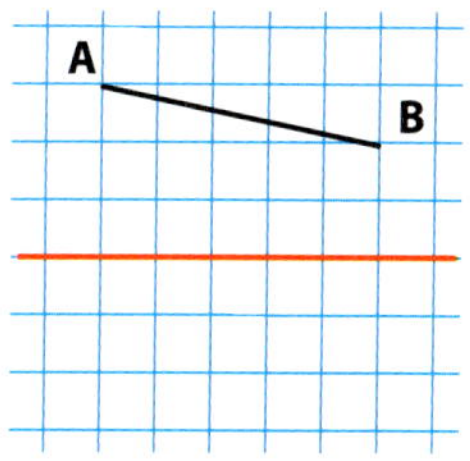

Objectifs : Identifier un losange et connaître ses principales propriétés.

Dans la tête : Calcul du quart de n ($n \leqslant 200$).

Le losange

Cherchons ensemble

Les calissons (voir photo) sont d'excellents petits gâteaux en forme approximative de **losange**.
Les 2 figures ci-contre sont des **losanges**.

a - **Mesure** leurs côtés et **écris** une définition d'un losange.

b - **Reproduis** la figure sur quadrillage et **complète**-la pour obtenir un losange.

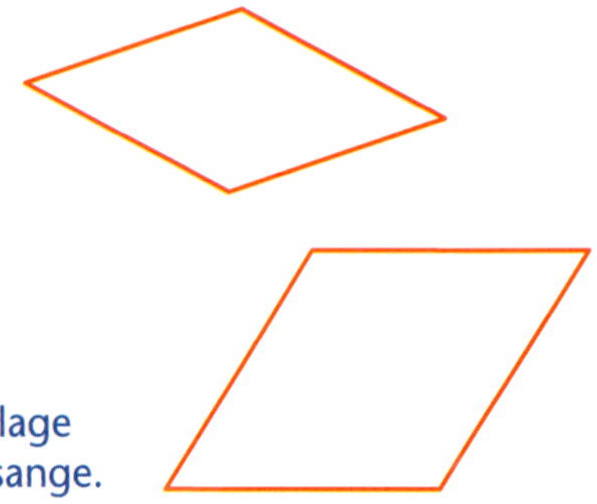

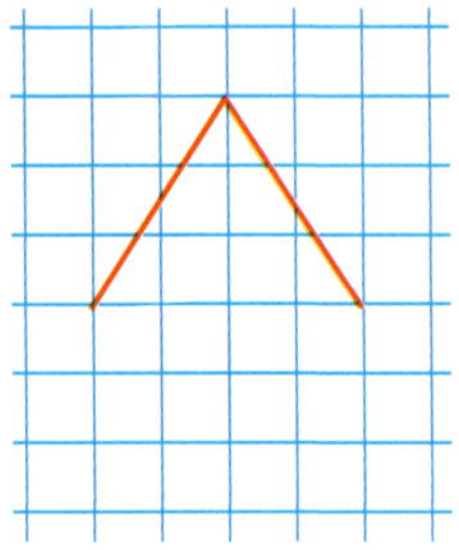

1 **Observe** ces polygones.

a - Lesquels sont des losanges ?

b - L'un de ces losanges est particulier et porte aussi un autre nom. Lequel ? Quel est son nom ?

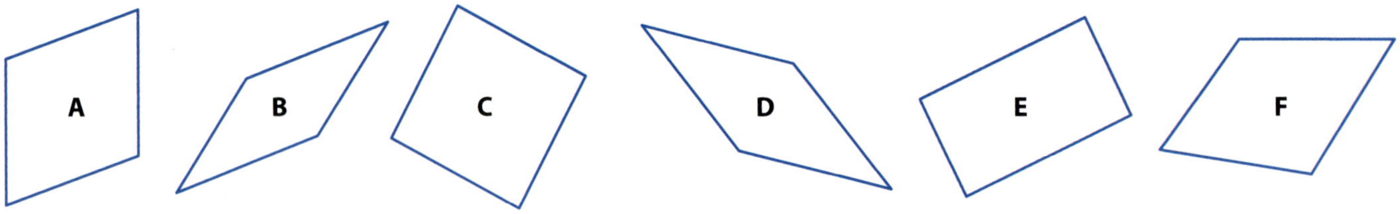

2 On a tracé les diagonales du losange.
Que remarques-tu à propos de ces diagonales ?
(**Utilise** ton équerre et ta règle graduée.)

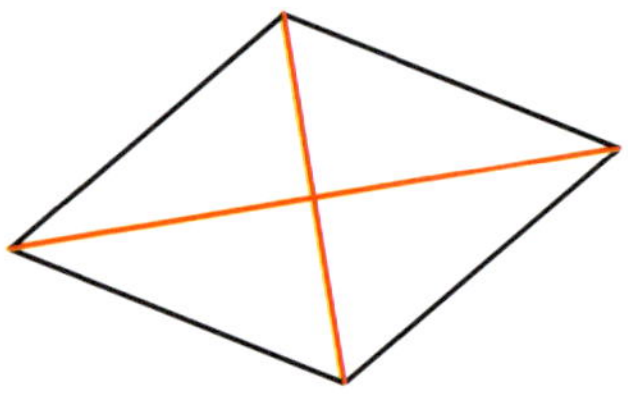

3 Sur le quadrillage de ton cahier, **trace** un losange formé par 4 triangles comme celui-ci accolés.

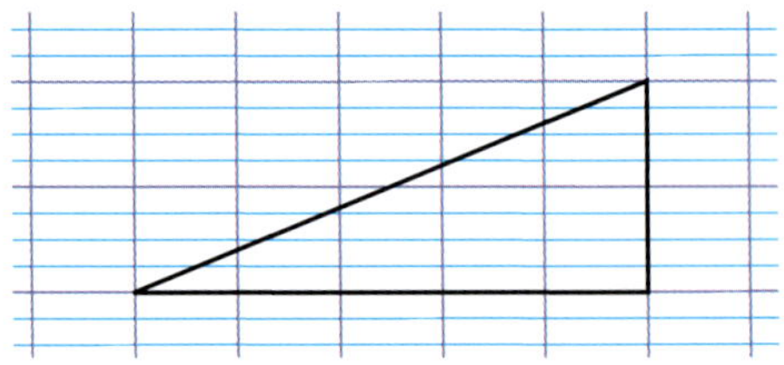

Retiens bien

Le losange :
– 4 côtés de même longueur
– diagonales perpendiculaires et se coupant en leur milieu.

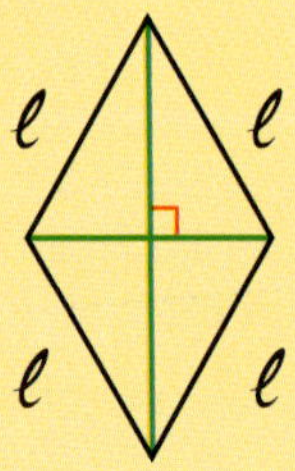

Problème

Le segment AB est un côté d'un losange.
Reproduis-le sur le quadrillage de ton cahier puis **termine** le tracé du losange.
Trouve 2 solutions pour obtenir 2 losanges différents.

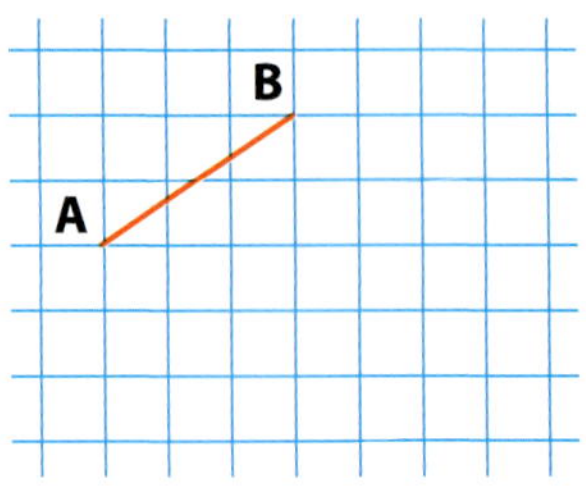

Objectifs : Raisonner logiquement pour répondre à une question.

Dans la tête : Multiplier un nombre d'un chiffre par 20, 30, 50, 200, 300, 500.

Logique et déduction (2)

1 Bon appétit !

Lis les informations et **retrouve** le menu de chaque personne.
Pierre a payé moins de 12 €. Louis n'aime pas les carottes. Jacques n'aime ni le saumon ni les spaghettis.
Robert n'aime pas le saumon et adore le fromage.

8 € 50 c
~
Carottes râpées
~
Spaghettis bolognaise
~
Dessert du jour

12 € 80 c
~
Terrine de campagne
~
Entrecôte - Frites
~
Plateau de fromages
~
Tarte aux pommes

11 €
~
Avocat aux crevettes
~
Saumon grillé - Riz
~
Fromage blanc
~
Crème caramel

14 € 20 c
~
Hors d'œuvres variés
~
Pavé au Roquefort
Haricots verts
~
Dessert au choix

2 Du pain pour les sandwichs.

Des amis préparent un pique-nique. Ils coupent 4 morceaux de pain pour confectionner leurs sandwichs.
Le sandwich le plus long mesure 28 cm et le sandwich le plus court mesure 15 cm.
Le sandwich de Samira mesure 8 cm de moins que celui de Nadir.
Le sandwich de Nadir mesure 5 cm de plus que celui de Mary.
Le sandwich de Rudy est plus long que celui de Nadir.

Quelle est la longueur du sandwich de chacun ?

3 Portrait d'un triangle.

Je suis un triangle rectangle et isocèle. Mon plus long côté mesure 4 cm. Qui suis-je ?

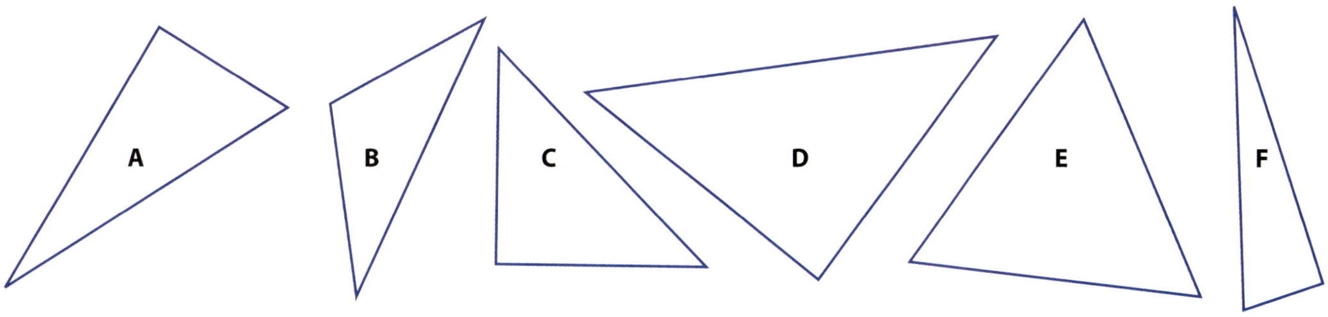

4 Le vieux réveil.

Le vieux réveil de Samuel est un peu déréglé. Chaque heure, il prend 20 secondes de retard.
Samuel remet son réveil à l'heure à 9 h du matin, puis il n'y touche plus de la journée.

Quelle heure indiquera le réveil lorsque sonneront les 12 coups de minuit à l'horloge du village ?

Comment manger

Cherchons ensemble

- **Quelles peuvent être les conséquences d'une mauvaise alimentation ?**
- **Comment choisir ses aliments pour manger sainement ?**

J'observe

Dans les pays riches, une alimentation trop abondante et trop riche en sucres et matières grasses provoque l'obésité de beaucoup de personnes. Celle-ci entraîne diverses maladies, en particulier du cœur et des vaisseaux sanguins.

Doc. 1 : Un enfant obèse.

Doc. 2 : Enfant africain souffrant de malnutrition.

Sur la Terre, plus d'un milliard d'êtres humains manquent de nourriture : c'est la sous-nutrition. D'autres manquent d'aliments bâtisseurs, ce qui provoque de graves défauts de croissance et des maladies.

? Quels différents problèmes liés à la nutrition peut-on rencontrer dans le monde ? (**Doc. 1** et **Doc. 2**)

? Quels sont les problèmes que l'on peut facilement éviter ? Comment ?

Objectifs : Découvrir les principes d'une alimentation équilibrée et les conséquences d'une mauvaise alimentation.

Je recherche

Pour rester en bonne santé, il faut manger en quantité raisonnable et de façon équilibrée.
Pour cela, il convient de manger chaque jour des aliments de toutes les catégories (voir page 135), en limitant la quantité de matières grasses et surtout de produits sucrés.

Marthe compare le menu du jour de sa cantine avec celui d'un restaurant pour enfants il y a une centaine d'années.

MENU

Boisson : eau

Entrée : carottes râpées

Viande : poulet rôti

Légumes : coquillettes

Fromages : yaourt nature

Dessert : raisin

- Quelles sont les différences entre ces 2 menus ?
- Dis pour chacun s'il te paraît bien équilibré et pourquoi.

Atelier

- Recherche sur Internet ou dans divers documents des informations sur les pays ou les enfants souffrent de mal nutrition. Indique ce que l'on pourrait faire pour les aider à améliorer leur alimentation.

J'AI COMPRIS

Pour rester en bonne santé, il est nécessaire d'avoir une alimentation équilibrée. Il faut manger des aliments des différentes catégories en évitant le plus souvent les aliments trop gras (frites, charcuterie…) et les aliments très sucrés (sodas, gâteaux…).
On doit également limiter la quantité d'aliments selon notre activité, et éviter le grignotage entre les repas.

Objectifs : Exploiter des mesures de masses exprimées en grammes et ses multiples.

Dans la tête : Multiplier un nombre d'un chiffre par 40, 60, 70, 400, 600, 700.

Mesurer, calculer des masses (1)

Cherchons ensemble

Tom, Julie et Nadia ont pesé le gâteau qu'ils viennent de fabriquer. Ils donnent des résultats différents car ils n'utilisent pas les mêmes unités.
Julie utilise l'**hectogramme** (hg) et Nadia utilise le **décagramme** (dag).

a - **Exprime** la masse du gâteau en grammes.

b - **Utilise** les informations précédentes pour compléter les égalités ci-dessous.

1 hg = … g   1 dag = … g

1 kg = … dag   1 kg = … hg

1 **Complète** les égalités.

a - 2 hg = … g   7 dag = … g

4 kg = … hg   50 kg = … dag

b - 37 kg 8 hg = … g   48 kg 6 dag = … g

71 300 g = … kg … hg   6 080 g = … kg … dag

2 **Complète** avec les signes <, > ou =.

a - 8 kg … 842 dag   700 hg … 7 kg

1 000 g … 90 hg   200 g … 20 dag

b - 4 kg 5 hg … 4 050 g   2 500 g … 20 hg 50 g

7 hg 9 g … 79 dag   806 dag … 8 kg 60 g

3 Durant son déjeuner, Anaëlle vient de manger 9 dag de carottes râpées, 2 saucisses de 65 g chacune, 2 hg de riz, une part de fromage de 27 g et une compote de 125 g. Elle a bu aussi un quart de litre d'eau, soit 25 dag d'eau.

a - Quelle masse totale d'aliments a-t-elle absorbée ?

b - Anaëlle pesait 36 kg 500 g avant son repas. Combien pèse-t-elle maintenant ?

4 Une **tonne** (1 t), c'est 1 000 kg.
Complète les égalités.

1 t = … hg
1 t = … dag
1 t = … g

5 Le paquet de 4 saucisses pèse 5 hg. Combien pèse le paquet de 6 saucisses sur lequel la masse a été effacée ?

6 Le boucher pèse ensemble 3 morceaux de viande sur sa balance électronique. Quelle est la masse du morceau sans étiquette ?

Retiens bien

1 kg = 1 000 g
1 hg = 100 g
1 dag = 10 g
1 t = 1 000 kg

Problème

Pour son mariage, Hélène achète deux sacs de dragées de 1 kg 5 hg chacun. Chaque dragée pèse 5 g et Hélène fait des sachets de 9 dragées.

Aura-t-elle assez de dragées pour offrir un paquet à chacun de ses 74 invités ?

Objectifs : Exploiter des mesures de masses exprimées en grammes et ses sous multiples.

Dans la tête : Multiplier un nombre d'un chiffre par 80, 90, 800, 900.

Mesurer, calculer des masses (2)

Cherchons ensemble

Kévin regarde les informations figurant sur son paquet de céréales. Certaines masses sont indiquées en **milligrammes** (mg).

1 g = 1 000 mg.

a - Quel aliment de la liste représente la masse la plus grande ? Lequel représente la masse la plus petite ?

b - **Calcule** la masse totale de l'ensemble des sels minéraux. Est-elle supérieure ou inférieure à un gramme ?

c - La masse de phosphore pourrait aussi s'exprimer en **centigrammes** (cg) ou en **décigrammes** (dg) :

200 mg = 20 cg = 2 dg.

Utilise cette information pour compléter les égalités ci-dessous :

1 g = … cg 1 g = … dg

Céréales Bellavoine Composition pour 100 g	
Protéines	9 g
Glucides	68 g
Lipides	7 g
Fibres alimentaires	11 g
Vitamine C	50 mg
Sels minéraux	
Calcium	267 mg
Sodium	520 mg
Fer	10 mg
Magnésium	66 mg
Phosphore	200 mg

1 **Complète** les égalités.

a - 3 g = … mg 300 cg = … g

51 g = … cg 300 dg = … g

b - 140g = … dg 170 000 mg = … g

12 g 6 cg = … cg 234 dg = … g … dg

2 Pour peser de petits objets sur une balance de précision à 2 plateaux, on utilise des masses marquées en forme de plaquettes métalliques.

a - **Exprime** en milligrammes les différentes masses de la boîte.

b - **Calcule** la masse totale de l'ensemble des masses marquées de la boîte.

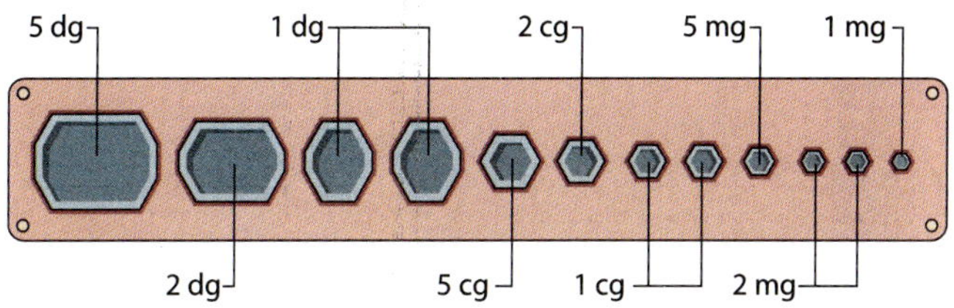

3 Cette balance électronique est-elle juste ?

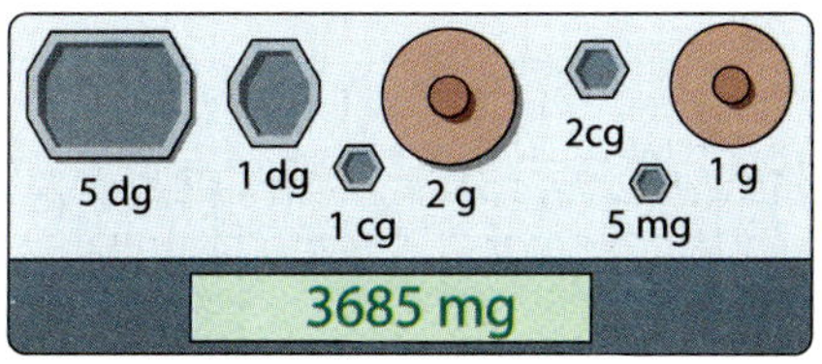

4 Le bijoutier pèse des pierres précieuses avec sa balance de précision.

a - Pour peser une émeraude, il utilise les masses marquées suivantes : 1 dg, 5 cg, 1 cg, 2 mg, 1 mg. Combien de milligrammes l'émeraude pèse-t-elle ?

b - Il pèse ensuite un saphir et trouve 265 mg. Quelles masses marquées a-t-il utilisées ?

Retiens bien

1 g = 1 000 mg 1 g = 100 cg 1 g = 10 dg

Problème

Nathan a un paquet de bonbons identiques qui pèsent chacun 2 g 7 dg.

a - Combien pèsent 10 bonbons ?

b - Nathan ne voudrait pas manger plus de 10 g de bonbons. Combien de bonbons peut-il manger ?

Objectifs : Reconnaître des fractions égales. Comparer des fractions à même dénominateur.

Dans la tête : Dictée de nombres jusqu'à 9 chiffres.

Comparer des fractions

Cherchons ensemble

Agathe, Ludivine, Maxime et Roberto ont coupé le même gâteau carré de 4 façons différentes. Chacun va prendre la portion entourée de rouge : c'est la même dans tous les cas.

a - **Exprime** par une fraction la valeur de la part de chaque garçon.

b - Que peux-tu dire des 4 fractions correspondant aux parts des 4 personnages ?

c - **Dessine** à main levée sur ton cahier une autre façon de partager ce même gâteau, puis **écris** la nouvelle fraction qui représente toujours la même part.

1 La bande est prise comme unité de longueur. **Trouve** plusieurs fractions différentes pour exprimer la longueur de chaque segment.

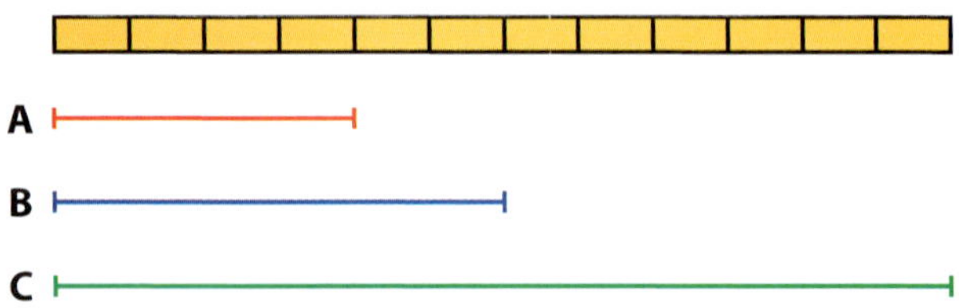

2 Trois amis ont partagé une tarte.

a - **Exprime** la part de chacun sous la forme d'une fraction.

b - **Range** les 3 fractions de la plus petite à la plus grande en complétant :

… < … < …

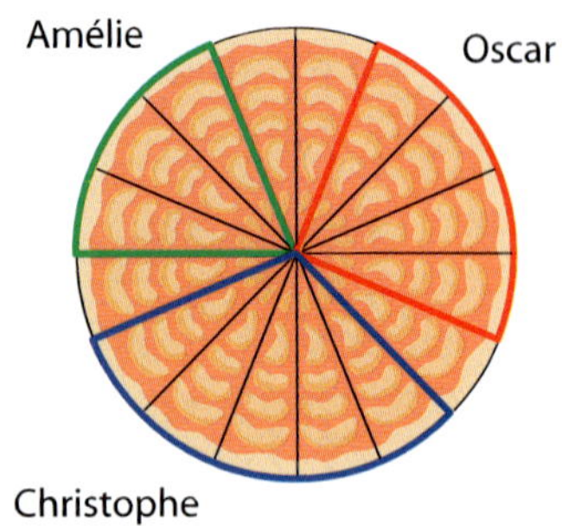

3 La bande colorée représente le trajet de la grande aiguille de l'horloge.

Exprime cette durée en prenant l'heure comme unité.

Trouve plusieurs fractions différentes.

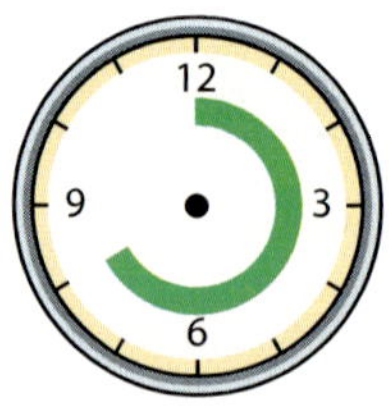

4 **Écris** une autre fraction égale avec le dénominateur le plus petit possible.

$\frac{4}{16}$ $\frac{20}{15}$ $\frac{8}{20}$

Le coin du malin

Amanda et Joachim mesurent des morceaux de ficelle en prenant un bâton comme unité de longueur.

Le morceau d'Amanda a une longueur de $\frac{8}{7}$ de bâton et celui de Joachim une longueur de $\frac{10}{11}$ de bâton. Quel morceau est le plus long ?

Problème

Trois amis ont chronométré le temps mis pour effectuer 4 tours de stade en courant.

Compare ces durées.

Objectifs : Définir et déterminer la partie entière d'une fraction.

Dans la tête : Division de n par 5 ($n \leqslant 100$), puis par 25 ($n \leqslant 250$).

Décomposer des fractions

Cherchons ensemble

Au restaurant « Chez Thierry », tous les clients prennent le menu du jour.
Le premier plat est un quart de quiche.
Le serveur a fait la liste des différentes tables avec le nombre de personnes.

a - À quelle(s) table(s) pourra-t-il amener au moins une quiche entière ?
Au moins 2 quiches entières ? Au moins 3 quiches entières ?

b - **Observe** les deux façons d'écrire la quantité de quiche nécessaire pour la table n° 1 :

$$\frac{5}{4} \text{ ou bien } 1 + \frac{1}{4}$$

Fais de même pour les autres tables.

Table n° 1 : 5 personnes	Table n° 5 : 15 personnes
Table n° 2 : 8 personnes	Table n° 6 : 3 personnes
Table n° 3 : 2 personnes	Table n° 7 : 4 personnes
Table n° 4 : 6 personnes	Table n° 8 : 9 personnes

1 **Classe** les fractions en 3 groupes : égales à 1, plus petites que 1, plus grandes que 1.

$\frac{2}{3}$ $\frac{7}{8}$ $\frac{12}{10}$ $\frac{14}{14}$

$\frac{13}{12}$ $\frac{12}{13}$ $\frac{15}{15}$ $\frac{54}{48}$

2 **Écris** une fraction égale à chaque somme.

$1+\frac{1}{3}$ $1+\frac{3}{8}$ $1+\frac{5}{10}$

$2+\frac{1}{6}$ $3+\frac{3}{4}$ $5+\frac{9}{10}$

3 **Décompose** chaque fraction sous la forme d'un nombre entier et d'une fraction (plus petite que 1).

$\frac{13}{4}$ = ? On cherche combien de fois il y a 4 dans 13 : on divise 13 par 4 (quotient 3, reste 1). $\frac{13}{4} = 3 + \frac{1}{4}$

$\frac{7}{4}$ $\frac{5}{3}$ $\frac{9}{5}$ $\frac{12}{3}$ $\frac{17}{3}$ $\frac{36}{5}$ $\frac{43}{4}$ $\frac{42}{6}$

4 **Reproduis** la bande sur ton cahier : c'est l'unité de longueur « u ». **Trace** ensuite les segments de longueurs suivantes :

$\frac{4}{2}$ u $2 \text{ u} + \frac{5}{6}$ u $\frac{7}{3}$ u

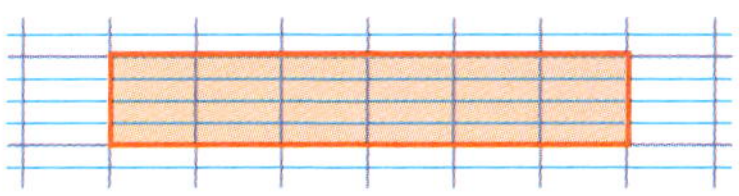

5 Tous les nombres sont égaux sauf un : **trouve** l'intrus !

$\frac{15}{6}$ $\frac{10}{4}$ $2+\frac{1}{2}$ $\frac{30}{12}$ $\frac{22}{10}$ $\frac{5}{2}$ $2+\frac{4}{8}$

Retiens bien

$\frac{13}{4}$, c'est aussi 13 divisé par 4.

$$\frac{13}{4} = \frac{12}{4} + \frac{1}{4} = 3 + \frac{1}{4}$$

Problème

Au repas de la mairie, il est prévu 67 personnes.
Le menu commencera par un quart de pizza et se terminera par un sixième de tarte aux pommes.
Combien de pizzas et de tartes entières le cuisinier devra-t-il préparer ?
Y aura-t-il des restes ?

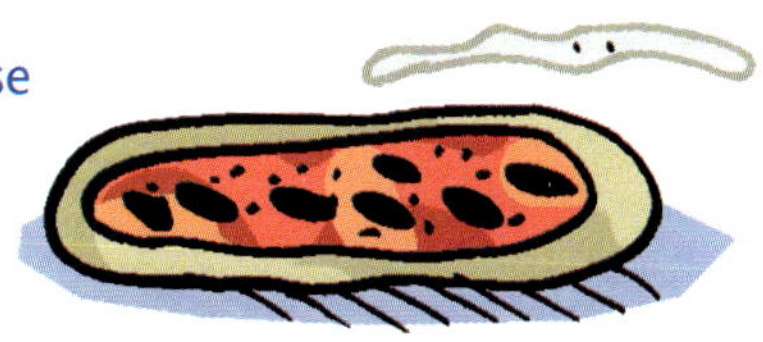

Objectifs : Déterminer des valeurs fractionnaires sur une graduation régulière.

Dans la tête : Division de n par 3 et par 4 ($n \leqslant 100$).

Fractions et graduations

Cherchons ensemble

Pour mesurer des quantités d'eau ou de lait quand il cuisine, Grégoire possède 4 récipients gradués (ou « verres doseurs »). Ils peuvent tous contenir 1 L, mais leurs graduations sont différentes.

a - En prenant le litre comme unité, **exprime** par une fraction la quantité de liquide contenue dans chaque récipient.

b - **Indique** quel(s) récipient(s) Grégoire pourrait utiliser pour mesurer les quantités suivantes :

$\frac{1}{2}$ L ; $\frac{2}{3}$ L ; $\frac{3}{4}$ L ; $\frac{4}{5}$ L ; $\frac{5}{10}$ L.

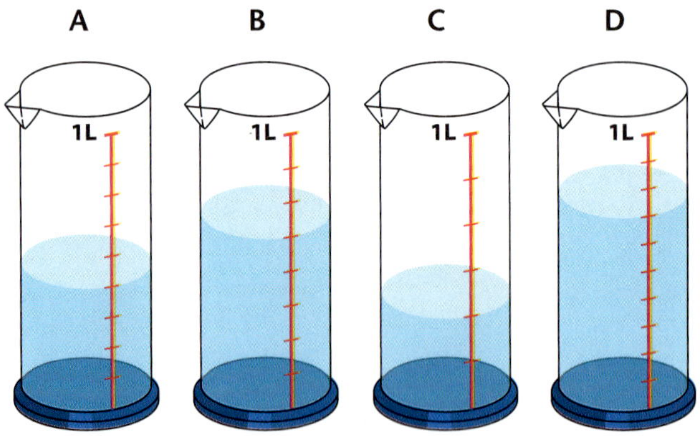

1 **Indique** par une fraction le nombre correspondant à chaque position sur les droites numériques.

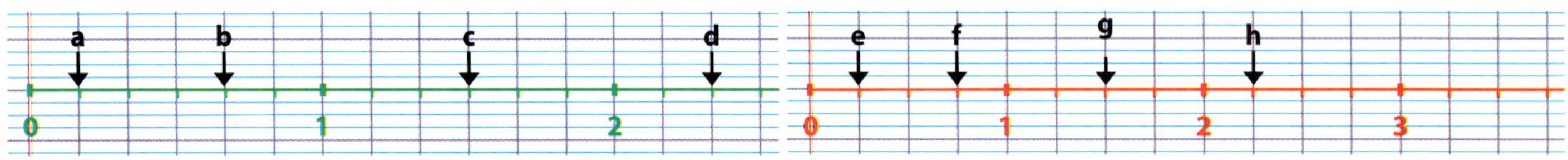

Reproduis sur ton cahier les 2 droites ci-dessus avec leur graduation. **Place** ensuite sur ces droites les fractions suivantes :

$\frac{1}{2}, \frac{5}{2}, \frac{4}{3}, \frac{6}{3}, \frac{5}{4}, \frac{11}{4}, \frac{5}{6}, \frac{15}{6}.$

2 **Observe** l'exemple, puis **écris** des 2 façons chaque nombre repéré sur la droite numérique.

Pour **a** : $9 + \frac{3}{4}$ ou bien $\frac{39}{4}$.

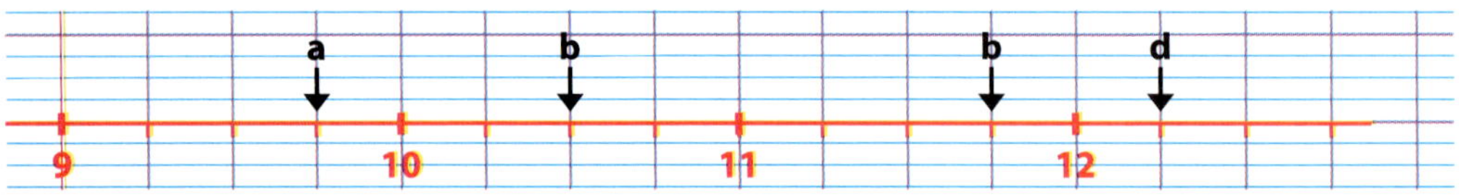

3 **Reproduis** sur ton cahier la droite de l'exercice **2** avec sa graduation. **Place** ensuite les fractions suivantes :

$\frac{23}{2}$; $\frac{48}{4}$; $\frac{38}{4}$; $\frac{43}{4}$; $\frac{19}{2}$.

Le coin du malin

Sur le verre doseur d'Emma, les repères correspondent à des fractions de litres, mais les valeurs ont été effacées. Emma se souvient qu'il y avait les fractions suivantes :

$\frac{1}{4}, \frac{1}{2}, \frac{1}{10}, \frac{1}{3}, \frac{1}{20}, \frac{1}{5}.$

Aide Emma à les replacer.

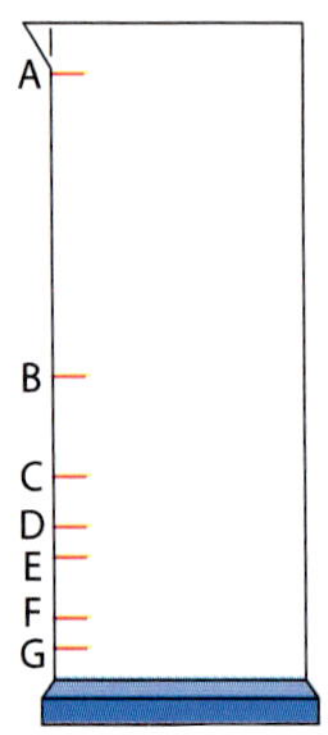

Problème

Espérant obtenir enfin l'élixir de jouvence, l'alchimiste veut mettre dans son éprouvette, graduée en vingtièmes :

$\frac{3}{10}$ de bave de crapaud, $\frac{1}{4}$ d'extrait de bergamote, $\frac{2}{5}$ de vinaigre, $\frac{1}{10}$ de concentré de venin.

Aura-t-il la place de tout mettre ?

Objectifs : Lire et exploiter les données d'un graphique. Comprendre la logique de la représentation graphique.

Dans la tête : Division de n par 6 et par 7 ($n \leqslant 100$).

Exploiter un graphique (1)

1 Chaud et froid.

Noémie a relevé sur Internet la température moyenne de chaque mois de l'année dans sa ville. Avec ces valeurs, elle a tracé un graphique.

a - Quelle a été la température pour le mois de mars ? Pour le mois de septembre ?

b - Lors de quel mois la température a-t-elle été de 12 degrés ? De 8 degrés ? De 17 degrés ?

c - Quel est le mois de l'année qui a été le plus chaud ? Quel est celui qui a été le plus froid ?

d - Quels sont les mois de l'année où la température a été supérieure à 13 degrés ?

e - Lors de quelle(s) période(s) la température a-t-elle augmenté continuellement durant plusieurs mois ?

f - Quand a eu lieu la plus forte augmentation de température d'un mois au suivant ?

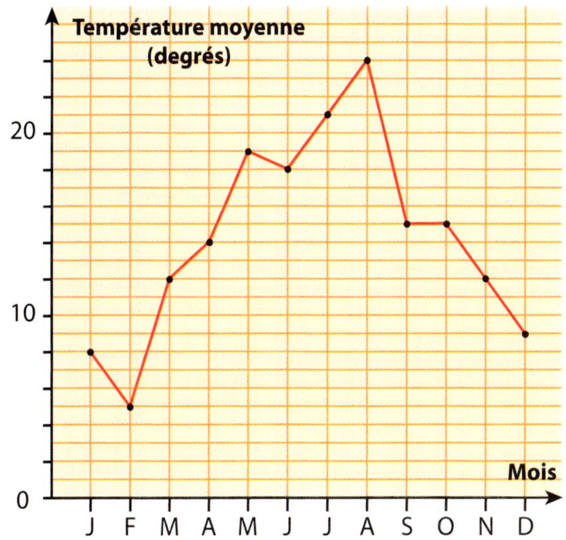

2 La croissance de Camille.

Sur le carnet de santé de Camille, sa maman a tracé un graphique qui représente l'augmentation de la masse (mais on dit couramment « du poids ») de Camille entre sa naissance et l'âge de 18 ans.

a - Combien Camille pesait-elle à la naissance ?

b - **Indique** le poids de Camille aux âges suivants :
2 ans ; 5 ans ; 12 ans ; 14 ans ?

c - Sur la droite des âges, quelle durée représente le plus petit espace entre deux traits ?

d - **Indique** les âges correspondant aux poids suivants :
20 kg ; 30 kg ; 25 kg ; 45 kg.

e - Quelles sont les deux périodes où le poids de Camille a augmenté le plus vite ?

f - Camille a fait un régime pour perdre du poids.
Quand cela s'est-il passé ?

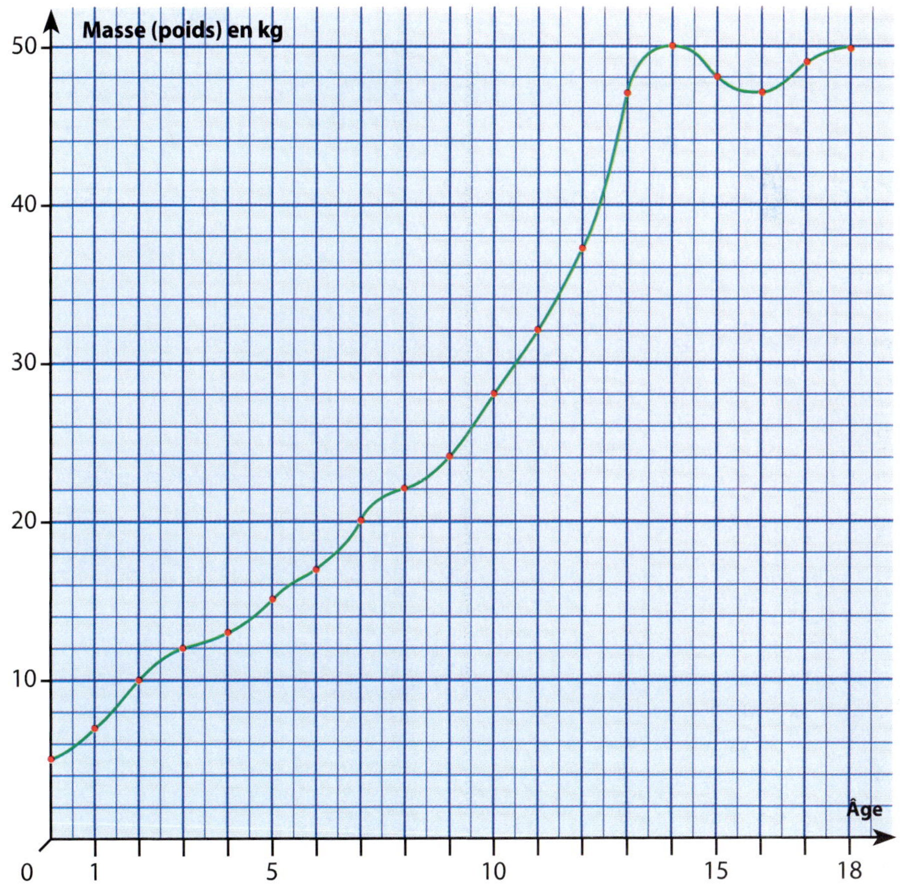

Objectifs : Maîtriser les notions mathématiques étudiées de la page 136 à la page 140.

Module 13

1 **Indique** les figures dont on a colorié le tiers. (Page 136)

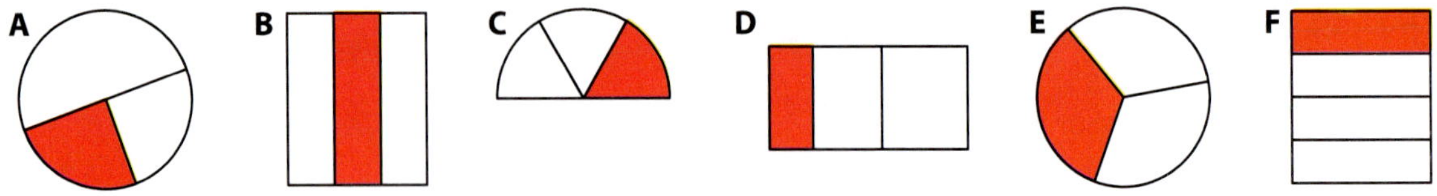

2 La bande colorée représente le trajet de la grande aiguille. On prend l'heure comme unité.
Exprime par une fraction la durée dessinée sur chaque horloge. (Page 136)

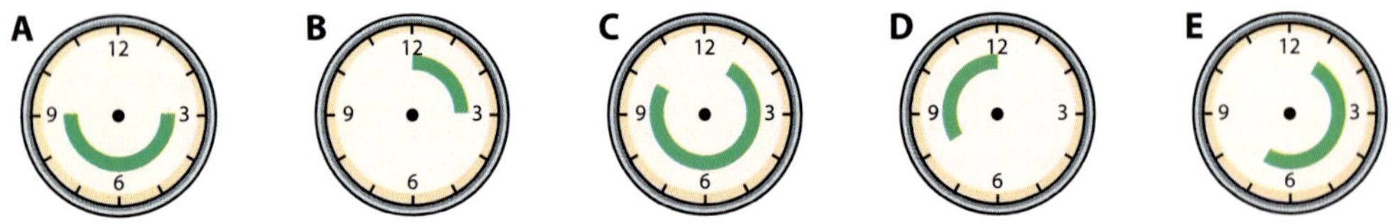

3 Pour chaque figure, **indique** quelle fraction correspond à la partie colorée. (Page 137)

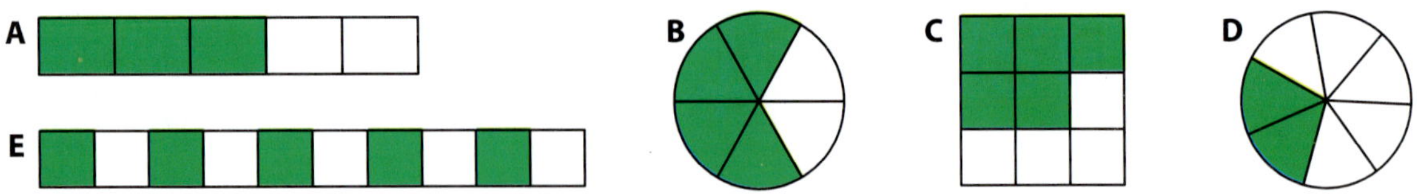

4 Le segment rouge est pris comme unité de longueur.
Exprime sous la forme d'une fraction la longueur de chaque segment.
(Page 138)

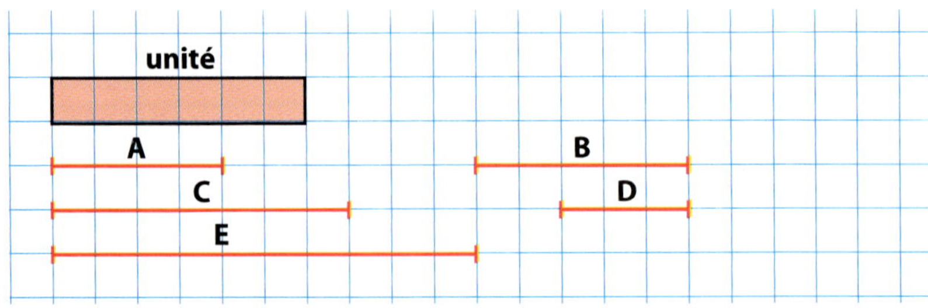

5 **a** - **Fais** la liste des figures qui sont des quadrilatères.
b - **Fais** la liste des quadrilatères qui sont des losanges. (Pages 139 et 140)

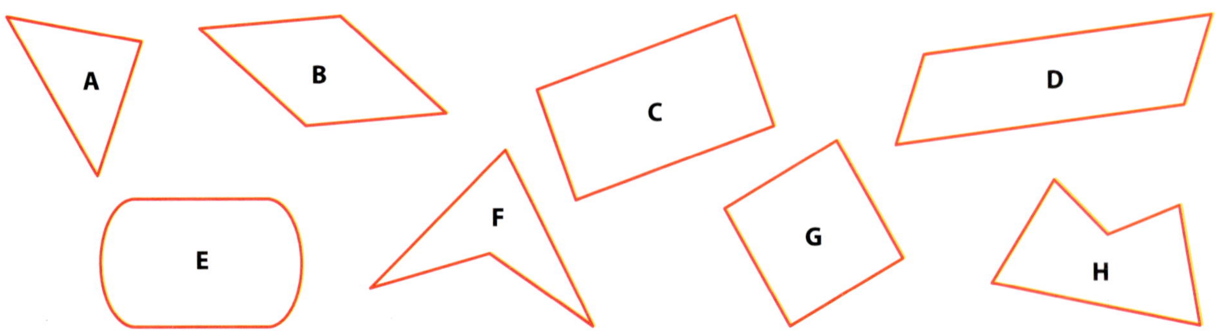

Objectifs : Maîtriser les notions mathématiques étudiées de la page 144 à la page 148.

ENTRAÎNEMENT 7

Module 14

1 La bande est prise comme unité de longueur. **Trouve** plusieurs fractions différentes pour exprimer la longueur de chaque segment. (Page 146)

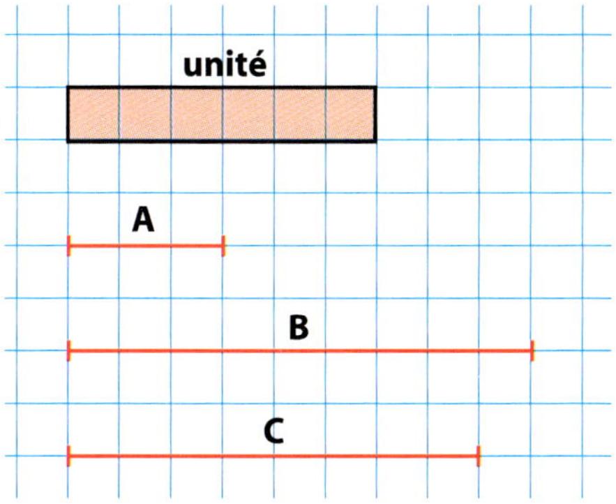

2 Pour chaque fraction, **écris** une autre fraction égale avec le dénominateur le plus petit possible. (Page 146)

$\frac{8}{12}$ $\quad$ $\frac{12}{16}$ $\quad$ $\frac{12}{20}$ $\quad$ $\frac{10}{15}$

3 **Indique** si chaque fraction est égale à 1, plus petite que 1 ou plus grande que 1. (Page 146)

$\frac{8}{9}$ $\quad$ $\frac{10}{10}$ $\quad$ $\frac{14}{12}$ $\quad$ $\frac{12}{14}$

4 **Écris** une seule fraction égale à chaque somme (Page 147)

a - $1 + \frac{1}{2}$ $\quad$ $1 + \frac{5}{6}$ $\quad$ $1 + \frac{3}{4}$

b - $2 + \frac{2}{5}$ $\quad$ $4 + \frac{2}{3}$ $\quad$ $8 + \frac{3}{10}$

5 **Décompose** chaque fraction en un nombre entier et une fraction plus petite que 1. (Page 147)

a - $\frac{5}{3}$ $\quad$ $\frac{5}{4}$ $\quad$ $\frac{8}{5}$ $\quad$ $\frac{16}{10}$

b - $\frac{11}{4}$ $\quad$ $\frac{21}{5}$ $\quad$ $\frac{23}{3}$ $\quad$ $\frac{42}{10}$

6 **Exprime** par une fraction le nombre correspondant à chaque position. (Page 148)

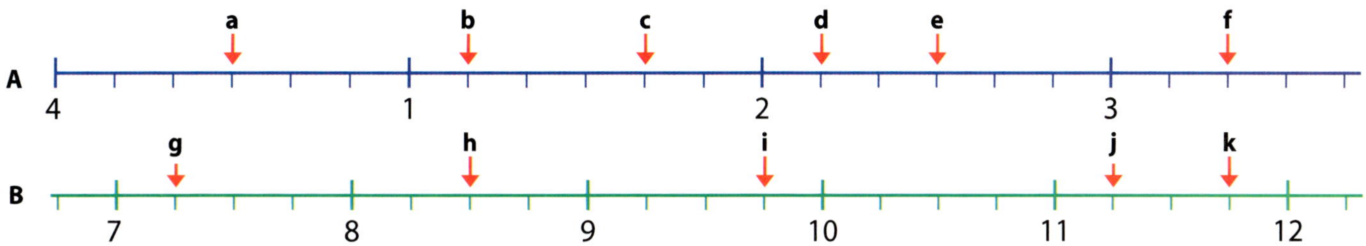

7 **Complète** les égalités. (Page 144)

a - 1 kg = … g $\quad$ 1 dag = … g

5 kg = … hg $\quad$ 64 kg = … dag

b - 6 kg 3 hg = … g $\quad$ 10 kg 3 dag = … g

5 370 g = … kg …dag $\quad$ 12 075 g = …hg … g

8 **Calcule** la masse totale dans chaque plateau. (Page 144)

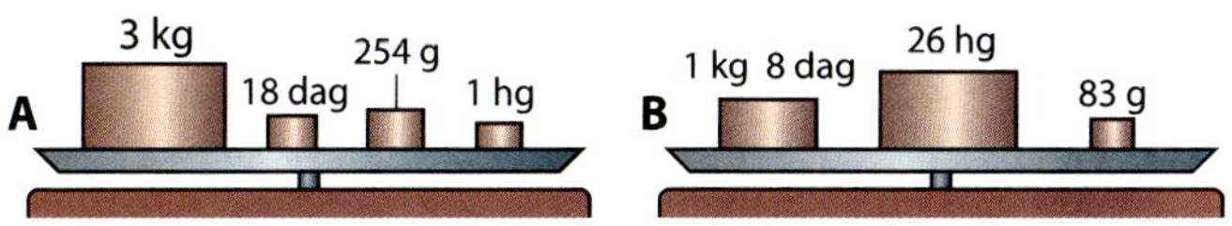

9 **Complète** les égalités. (Page 145)

a - 1 g = … cg $\quad$ 1 g = … mg

6 g = … dg $\quad$ 75 cg = … mg

b - 27 g 8 dg = … mg $\quad$ 8 g 6 cg = … mg

83 500 mg = … g …cg $\quad$ 4 208 dg = …g … mg

10 On pèse une pierre précieuse. Voici le plateau qui équilibre la balance. Combien pèse la pierre précieuse ? (Page 145)

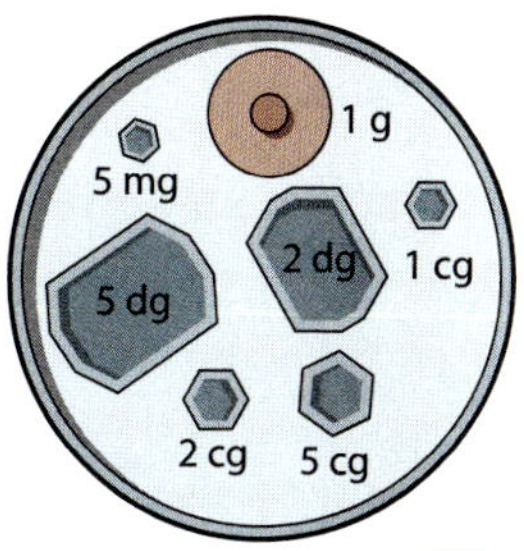

Objectifs : Évaluer les notions mathématiques étudiées de la page 136 à la page 149.

BILAN 7

1 **Exprime** sous forme d'une fraction la partie coloriée dans chaque figure.

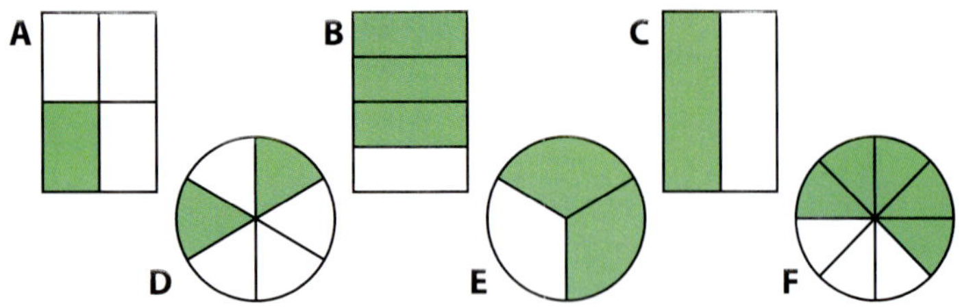

2 La bande colorée représente le trajet de la grande aiguille de l'horloge. **Exprime** cette durée en prenant l'heure comme unité.

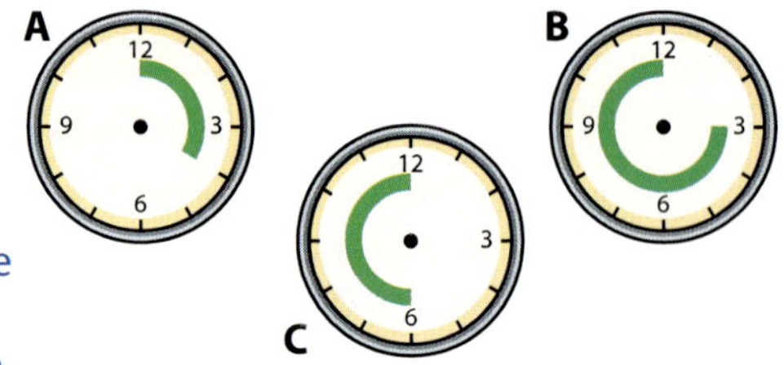

3 **Écris** les fractions en chiffres.

a - Deux tiers
b - Trois quarts
c - Un sixième
d - Quatre cinquièmes
e - Sept douzièmes
f - Cinq dixièmes

4 Quelle fraction faut-il ajouter pour obtenir au total une unité ? **Complète** les égalités.

$\frac{1}{2} + \frac{\dots}{\dots} = 1$ $\frac{3}{4} + \frac{\dots}{\dots} = 1$

$\frac{2}{5} + \frac{\dots}{\dots} = 1$ $\frac{1}{6} + \frac{\dots}{\dots} = 1$

5 **a** - **Fais** la liste des fractions plus grandes que 1.

b - **Fais** la liste des fractions qui ont leur dénominateur égal à 5.

$\frac{3}{4}$ $\frac{5}{5}$ $\frac{8}{7}$ $\frac{6}{5}$

$\frac{5}{10}$ $\frac{5}{4}$ $\frac{4}{5}$ $\frac{26}{15}$

6 **Écris** une seule fraction égale à chaque somme.

$1 + \frac{1}{3}$ $2 + \frac{3}{4}$ $3 + \frac{2}{5}$

7 **Décompose** chaque fraction en un nombre entier et une fraction plus petite que 1.

$\frac{5}{2}$ $\frac{7}{4}$ $\frac{11}{6}$ $\frac{57}{10}$

8 **Indique** par une fraction le nombre correspondant à chaque position.

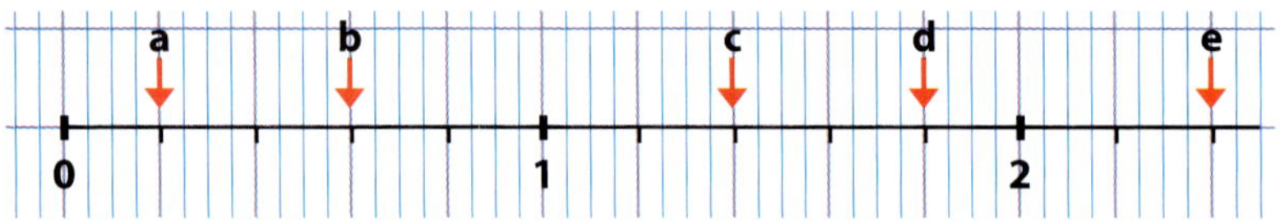

9 **Reproduis** la droite graduée de l'exercice 8, puis **place** sur cette droite les fractions :

$\frac{2}{3}$ $\frac{12}{6}$ $\frac{3}{2}$ $\frac{5}{6}$

10 Des mamies se partagent 1 kg de cerises.

Claudie en prend la moitié. Françoise prend $\frac{3}{5}$ de ce qui reste. Véronique prend ce que les autres ont laissé !
Quelle quantité de cerises (exprimée en grammes) chacune emporte-t-elle ?

11 Ernesto a une tablette de chocolat de 32 carrés.

Il en donne $\frac{1}{8}$ à Max et $\frac{3}{8}$ à Sydney.

a - Combien de carrés donne-t-il à chaque ami ?

b - Que lui reste-t-il de sa tablette ?
Exprime-le sous forme d'une fraction, puis en nombre de carrés de chocolat.

12 **Fais** la liste des figures qui sont des quadrilatères.

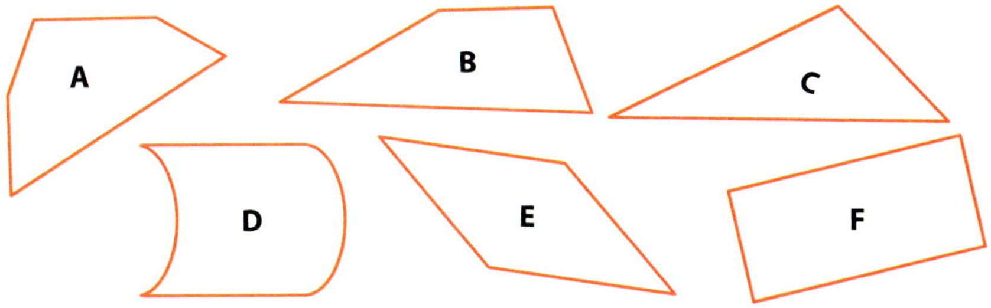

13 **Trace** en bleu un quadrilatère en choisissant sa forme et ses dimensions. **Trace** ensuite ses diagonales en vert.

14 **Fais** la liste des figures qui sont des losanges.

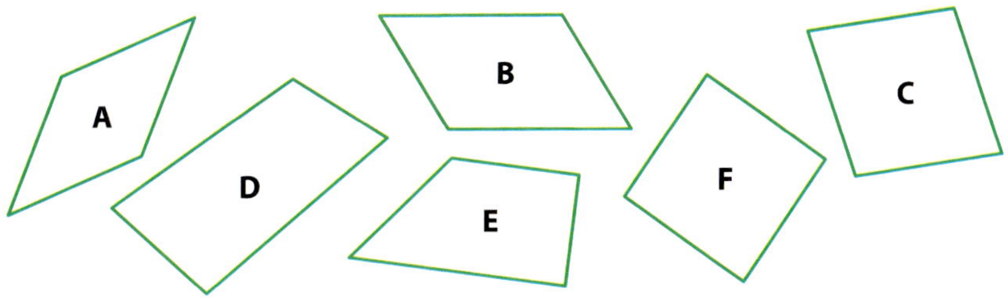

15 **Trace** en bleu un losange en choisissant ses dimensions. Il ne doit pas avoir d'angle droit aux sommets.

16 **Complète** les égalités.

1 hg = … g
1 t = … kg
12 kg 5 hg = … g
1 dag = … g
51 kg = … hg
65 800 g = … hg … dag

17 **Complète** les égalités.

1 g = … mg
7 g = … dg
27 g 3 dg = … mg
1 g = … cg
3 dg = … mg
4 500 mg = … hg

18 Quelle est la masse totale des objets posés sur le plateau ?

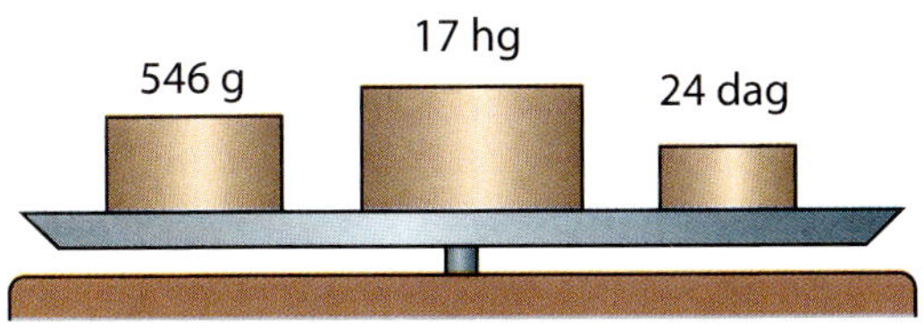

19 Quelle masse (en milligrammes) la balance va-t-elle indiquer ?

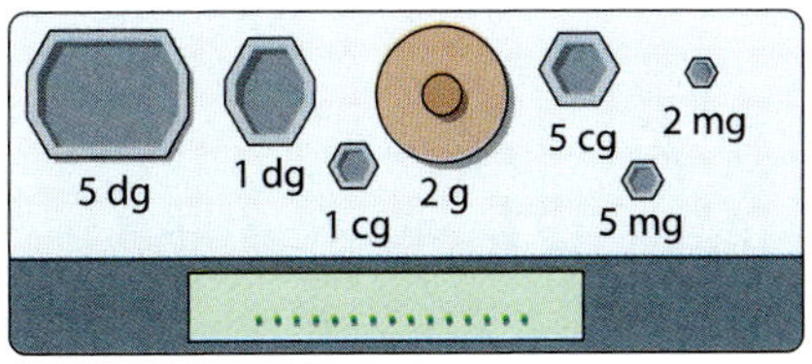

20 Mme Purée voudrait acheter 3 kg de pommes de terre chez le maraîcher. Pour l'instant, il n'y en a que 1 kg 37 dag dans le plateau de la balance.
Quelle quantité de pommes de terre le maraîcher doit-il rajouter ?

21 Les steaks hachés du boucher pèsent toujours 1 hg 3 dag. M. Lebœuf voudrait avoir au moins un kilogramme et demi de steaks hachés.
Quel nombre de steaks doit-il acheter ?

22 Les petits bonbons de Nicolas pèsent environ 1 g 80 cg.
Nicolas ne voudrait pas manger plus de 20 g de bonbons.
Combien de bonbons peut-il manger ?

23 Pour peser les pierres précieuses, le bijoutier utilise une unité particulière : le carat. Un carat, c'est 2 décigrammes. Le bijoutier a taillé des saphirs pesant chacun un demi-carat.
Combien de ces saphirs doit-il prendre pour avoir en tout un gramme ?

L'environnement

D'où vient l'eau des

Cherchons ensemble

- **Comment se forment les nuages ?**
- **Que devient l'eau qui tombe lors des précipitations ?**
- **Comment connaître la quantité d'eau qui est tombée lors d'une pluie ?**

J'observe

• Dans la nature, c'est le Soleil qui apporte la chaleur nécessaire pour faire évaporer l'eau.
Cette évaporation a lieu à la surface des plans d'eau (océans, lacs, rivières…), mais aussi sur le sol et les végétaux.

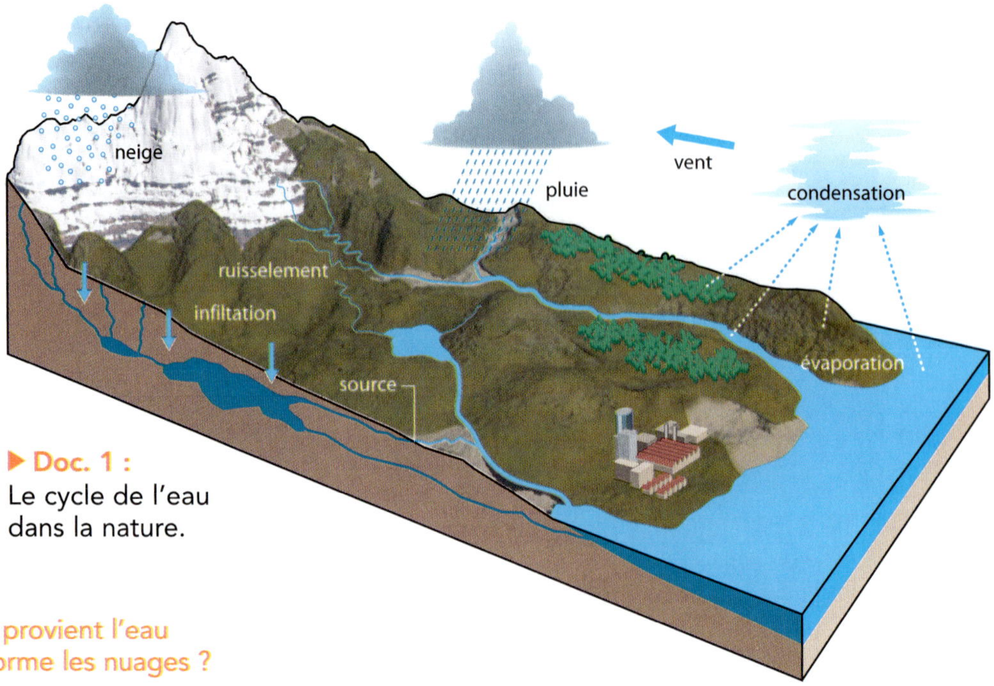

Doc. 1 : Le cycle de l'eau dans la nature.

? À partir de quels différents lieux l'eau s'évapore-t-elle ?

? D'où provient l'eau qui forme les nuages ?

? Quelles sont les 3 destinations possibles pour l'eau de pluie ?

• Les nuages se forment quand la vapeur d'eau contenue dans l'air se refroidit et se condense. Il apparaît alors des gouttelettes d'eau liquide qui en grossissant produisent la pluie, ou des cristaux de glace qui produisent la neige.

? Où ce brouillard s'est-il principalement formé ?

? Pourquoi l'air contenait-il à cet endroit-là beaucoup de vapeur d'eau ?

Doc. 2 : Du brouillard sur l'étang.

précipitations ?

Objectifs : Concevoir le cycle de transformations que l'eau subit dans la nature. Comprendre le principe de fonctionnement d'un pluviomètre.

▸ Je recherche

1. Alexandre se demande comment on peut connaître la quantité d'eau tombée lors d'une pluie. Il place dehors les récipients ci-dessous les uns à côté des autres et recueille l'eau tombée durant une grosse averse.

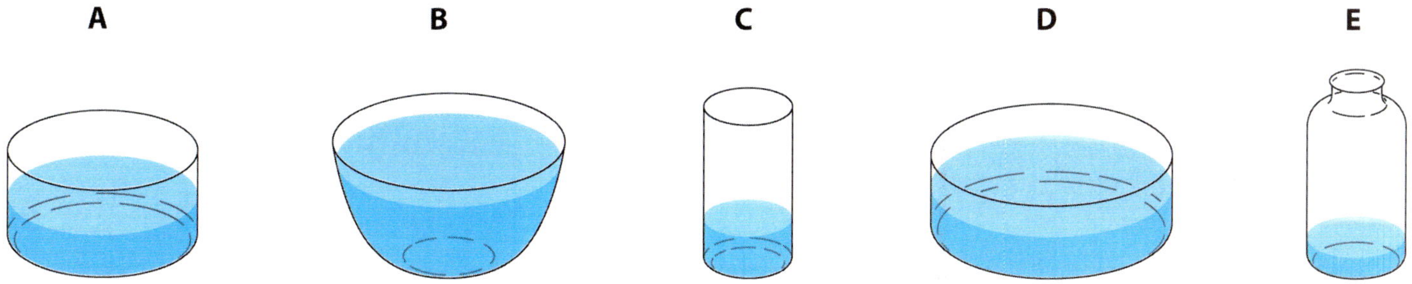

- Que remarques-tu à propos des hauteurs d'eau dans les différents récipients ?
- Lesquels montrent la vraie hauteur d'eau qui est tombée ?
- Pourquoi cette hauteur est-elle différente dans les autres récipients ?

2. Le récipient B donne une idée à Alexandre pour réaliser un pluviomètre très précis, en plaçant un entonnoir sur un flacon plus étroit. Pour graduer son pluviomètre, il prend un bocal de même ouverture que l'entonnoir, mesure une hauteur de 3 mm d'eau au fond du bocal, puis verse cette eau dans l'entonnoir. Il peut ainsi placer le trait « 3 mm », puis tracer la graduation.

- Pourquoi Alexandre doit-il utiliser un bocal de même ouverture (même aire) que l'entonnoir ?

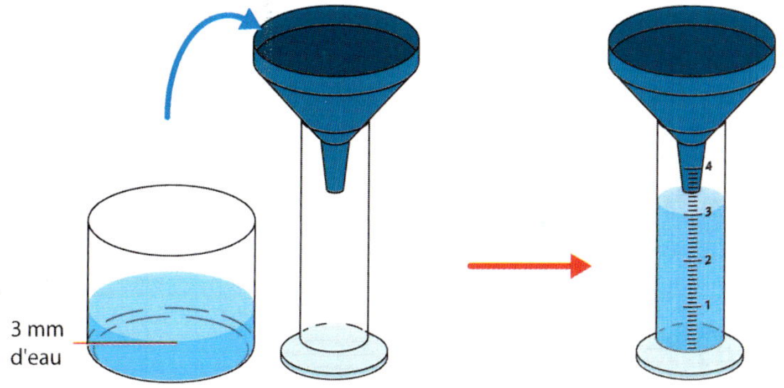

- Quel est l'intérêt de recueillir l'eau de pluie dans un flacon plus étroit que l'ouverture ?
- À quelle hauteur d'eau correspond le plus petit intervalle de la graduation ?

Atelier

- Fais l'expérience ci-contre pour montrer que de l'eau s'évapore à partir des feuilles des plantes vertes.
Arrose normalement la plante et enferme-la dans un grand sac en plastique transparent. Au bout de deux à trois jours, de la buée s'est formée à l'intérieur du sac.
Explique d'où provient cette buée.

J'AI COMPRIS

Dans la nature, l'eau subit en permanence un cycle de transformations. Elle s'évapore sur les plans d'eau, le sol et les végétaux. La vapeur d'eau contenue dans l'air se condense pour donner lieu aux précipitations. L'eau ainsi tombée ruisselle, s'infiltre ou s'évapore. Pour connaître la quantité d'eau tombée lors d'une pluie, on mesure la hauteur d'eau à l'aide d'un pluviomètre.

Objectifs : Découvrir et utiliser le cm^2 pour exprimer une aire.
Dans la tête : Division de n par 8 et par 9 ($n \leqslant 100$).

Mesurer des aires (2)

Cherchons ensemble

Le championnat de golf s'est déroulé sous une pluie battante.
Le lendemain, un journaliste écrivait :
« Il est tombé plus d'un tonneau au centimètre carré ! »
C'est bien sûr totalement invraisemblable !

Un **centimètre carré (cm^2)**, c'est l'aire d'un carré de 1 cm de côté.

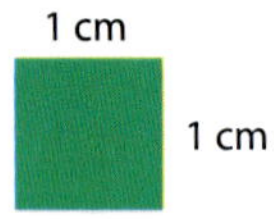

a - **Dessine** sur ton cahier un carré de 1 cm de côté et **colorie**-le.

b - **Construis** une figure géométrique dont l'aire mesure 5 cm^2.

1 **Exprime** en cm^2 l'aire des polygones.

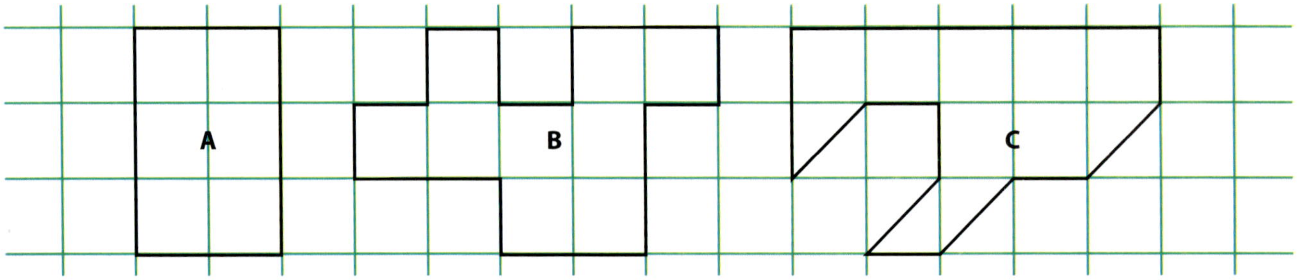

2 Les carreaux du quadrillage mesurent 1 cm de côté.

a - Quelles sont les figures dont l'aire est comprise entre 6 cm^2 et 9 cm^2 ?

b - Pour les autres figures, **trouve** un encadrement de leur aire le plus serré possible.

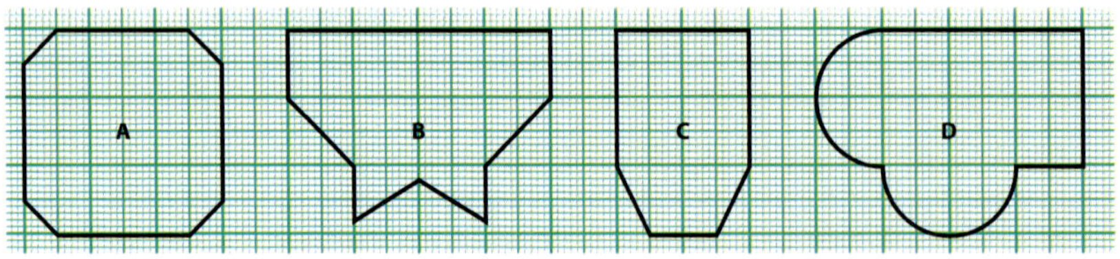

3 Sur du papier millimétré, les grands carreaux sont des carrés de 1 cm de côté : leur aire est égale à 1cm^2.
Exprime en cm^2 l'aire de la figure.

Problème

Sur une feuille de papier millimétré, trace :

a - un polygone de 6 côtés ayant une aire de 22 cm^2 ;

b - un triangle ayant pour aire 6 cm^2.

Objectifs : Calculer l'aire du rectangle et du carré en fonction des longueurs des côtés.

Dans la tête : Dictée de nombres jusqu'à 9 chiffres.

Aire du rectangle et du carré

Cherchons ensemble

Robin et Tina ont dessiné deux rectangles identiques. Celui de Robin est sur un quadrillage dont les carreaux mesurent 1 cm de côté. Chacun recherche l'aire de son rectangle.

a - **Compare** leurs méthodes et **explique** comment on peut calculer l'aire d'un rectangle quand on connaît la longueur de ses côtés.

b - Comment pourrait-on calculer l'aire d'un carré de la même façon ?

c - **Trace** sur du papier millimétré un rectangle de 6 cm et 4 cm de côtés et un carré de 5 cm de côté. **Calcule** leur aire et **vérifie** en comptant les cm^2.

1 **Mesure** les côtés des rectangles et du carré et **calcule** l'aire de chaque figure.

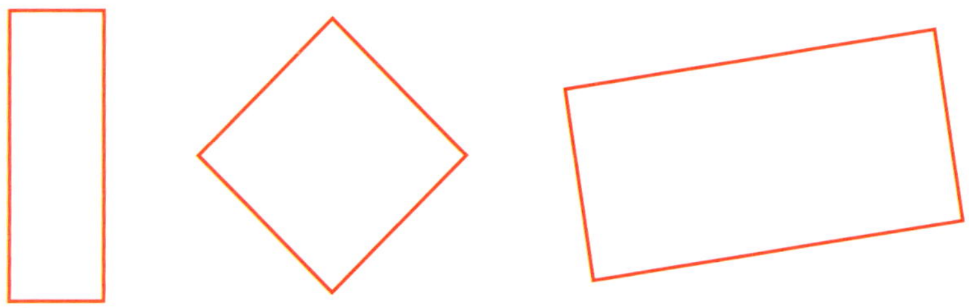

2 Un carré a un périmètre de 28 cm. Quelle est son aire en centimètres carrés ?

3 **Trouve** le moyen de calculer l'aire de la figure verte.

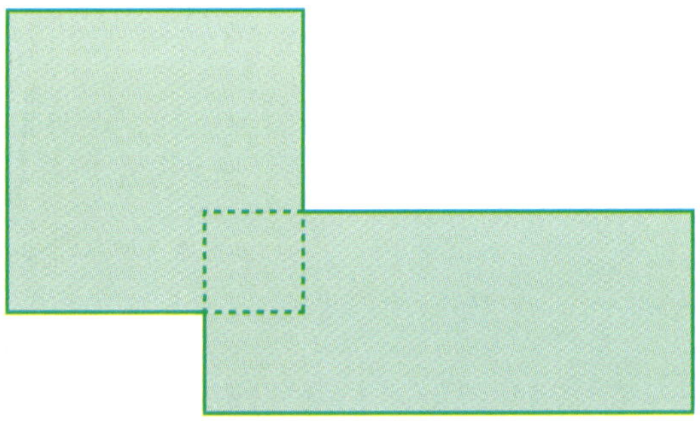

4 Sur papier millimétré, **trace** deux rectangles différents ayant tous deux une aire de 18 cm^2. **Calcule** ensuite le périmètre de ces deux rectangles. Que constates-tu ?

Retiens bien

Aire du rectangle

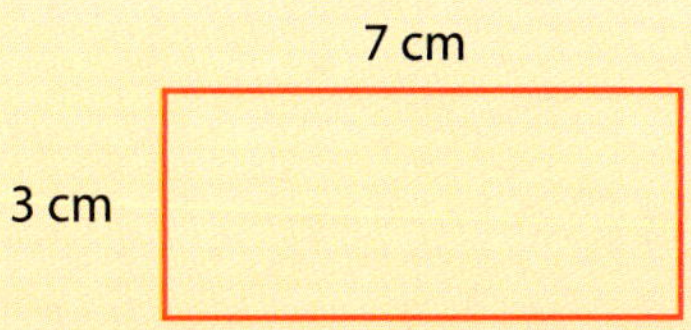

$7 \times 3 = 21$
Aire : 21 cm^2

Problème

Un carré a une aire de 81 cm^2. Quelle est la longueur de ses côtés ?

Trace-le.

Objectifs : Écrire, comparer des fractions décimales en dixièmes et centièmes.

Dans la tête : Ajouter 19, 29, 39, etc. à un nombre de 2 ou 3 chiffres :
$n + 19 = (n + 20) - 1$.

Fraction décimales (1)

Cherchons ensemble

Fiona a gradué le récipient de son pluviomètre. Le trait « 1 » correspond à l'unité. Elle a partagé cette unité en 10 intervalles égaux : ce sont des **dixièmes** (A).

a - Sur cette graduation, à quel nombre correspond le trait bleu ? **Indique** entre quels nombres se trouve le trait rouge.

b - Pour faire une lecture plus précise, Fiona partage chaque dixième en 10 intervalles égaux : elle obtient des **centièmes** (B). À quels nombres correspondent les traits rouge et bleu ?

c - L'unité sur le pluviomètre de Fiona correspond à un décimètre. À quelle longueur correspond un dixième ? Un centième ?

A B

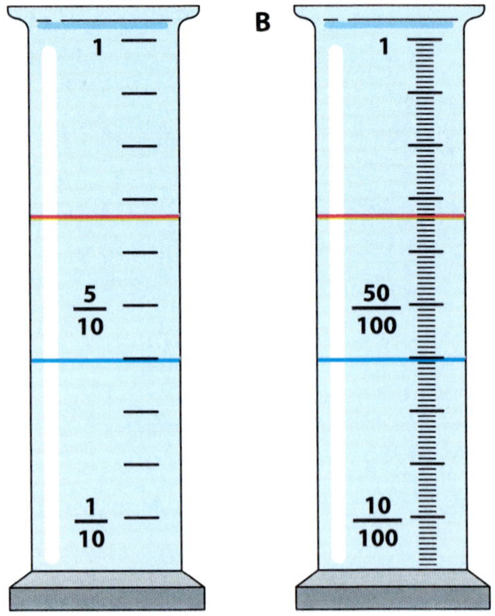

1 L'aire du carré est prise comme unité. **Indique** par une fraction ce que représente la partie colorée dans chaque figure. Quand c'est possible pour une figure, **écris** 2 fractions égales, l'une avec des dixièmes et l'autre avec des centièmes.

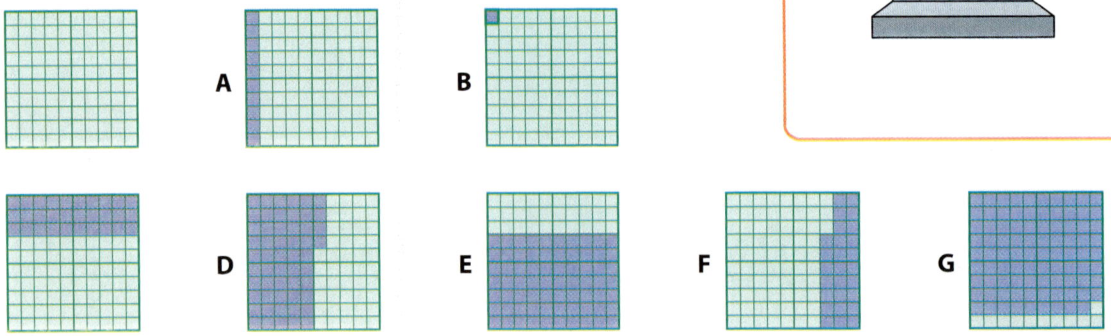

2 **Complète** les égalités. (**Aide**-toi si nécessaire des dessins de l'exercice 1.)

$\frac{10}{100} = \frac{\dots}{10}$ $\quad \frac{90}{100} = \frac{\dots}{10}$

$\frac{5}{10} = \frac{\dots}{100}$ $\quad \frac{0}{10} = \frac{\dots}{100}$

3 **Complète** avec les signes <, > ou =. (Aide-toi si nécessaire des dessins de l'exercice 1.)

$\frac{7}{10} \dots \frac{4}{10}$ $\quad \frac{28}{100} \dots \frac{75}{100}$

$\frac{2}{10} \dots \frac{24}{100}$ $\quad \frac{89}{100} \dots \frac{9}{10}$

Le coin du malin

Exprime par une fraction la partie du damier couverte par les cases noires.

Écris cette fraction avec les nombres les plus petits possibles.

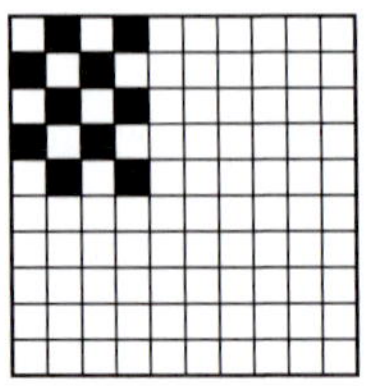

Problème

Tu consacres en moyenne 4 dixièmes de ton temps à dormir, 4 centièmes à manger, 2 centièmes à te laver et 16 centièmes à être à l'école. Quelle fraction de ton temps te reste-t-il pour tes loisirs ?

Objectifs : Écrire, comparer des fractions décimales incluant les millièmes et les dix millièmes.

Dans la tête : Ajouter 19, 29, 39, etc. à un nombre de 2 ou 3 chiffres : $n + 19 = (n + 20) - 1$.

Fraction décimales (2)

Cherchons ensemble

Thomas a lu l'information ci-dessous dans une revue scientifique.

Toute l'eau qui tombe lors d'une pluie se répartit en moyenne de la façon suivante :
- 636 millièmes s'évapore et retourne dans l'atmosphère,
- 254 millièmes ruisselle et va dans les cours d'eau,
- 110 millièmes s'infiltre dans le sol.

a - **Écris** avec des chiffres les 3 fractions citées dans le texte.

b - Un de ces nombres peut être écrit avec des centièmes.
Dis lequel et **écris** l'égalité entre les 2 fractions.

c - **Fais** la somme des 3 nombres du texte. Que remarques-tu ?

1 L'aire de la barre est prise comme unité.

a - **Écris** une fraction correspondant à chacune des 3 surfaces en vert, rouge et bleu dans la barre unité.

b - **Indique** quelle(s) fraction(s) correspond(ent) à la partie colorée dans chaque figure.

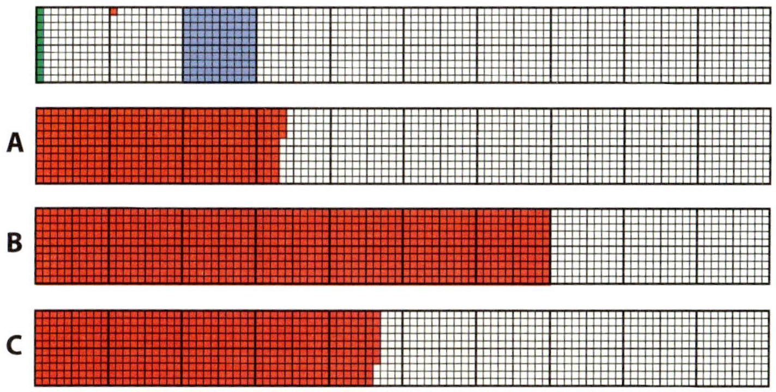

2 **Complète** les fractions.

$1 = \frac{\dots}{10}$ $1 = \frac{\dots}{100}$

$1 = \frac{\dots}{1\,000}$ $1 = \frac{\dots}{10\,000}$

$\frac{1}{100} = \frac{\dots}{1\,000}$ $\frac{1}{10} = \frac{\dots}{1\,000}$

$\frac{8}{10} = \frac{\dots}{1\,000}$ $\frac{650}{1\,000} = \frac{\dots}{100}$

$\frac{72}{100} = \frac{720}{\dots}$ $\frac{900}{1\,000} = \frac{9}{\dots}$

3 **Complète** les égalités.

$\frac{1}{2} = \frac{\dots}{10} = \frac{\dots}{100} = \frac{\dots}{1\,000}$

$\frac{1}{4} = \frac{\dots}{10} = \frac{\dots}{100} = \frac{\dots}{1\,000}$

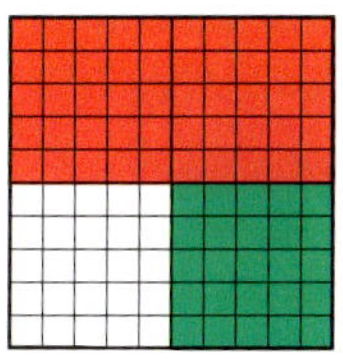

4 **Complète** avec les signes <, > ou =.

$\frac{46}{100} \dots \frac{460}{1\,000}$ $\frac{725}{1\,000} \dots \frac{72}{100}$

$\frac{900}{1\,000} \dots \frac{9}{10}$ $\frac{603}{1\,000} \dots \frac{6}{10}$

Retiens bien

Avec les fractions décimales, il est facile d'écrire des fractions égales.

$$\frac{4}{10} = \frac{40}{100} = \frac{400}{1\,000} = \frac{4\,000}{10\,000}$$

Problème

Sonia mesure la longueur d'un cheveu d'Ophélie. Elle lui fait une farce en lui annonçant le résultat : « ton cheveu mesure 6 dixièmes, 3 centièmes et 7 millièmes de mètre ! »

Quelle est la longueur du cheveu d'Ophélie ?

Objectifs : Additionner, décomposer des fractions décimales.

Dans la tête : Retrancher 19, 29, 39, etc. à un nombre de 2 ou 3 chiffres : $n - 19 = (n - 20) + 1$.

Fraction décimales (3)

Cherchons ensemble

Achille et Victor collent des petites gommettes carrées sur plusieurs cadres de 100 carreaux. En prenant le cadre comme unité, Achille exprime par une fraction la partie qu'il a déjà couverte. Victor l'exprime par une somme.

a - **Observe** le raisonnement qui montre l'égalité.

$$\frac{238}{100} = \frac{200}{100} + \frac{30}{100} + \frac{8}{100}$$

$$\downarrow \quad \downarrow \quad \downarrow$$

$$\frac{238}{100} = 2 + \frac{3}{10} + \frac{8}{100}$$

b - **Exprime** avec ces deux façons la partie couverte par Victor.

1 **Complète** la fraction dans chaque égalité.

$\frac{78}{100} + \frac{\dots}{100} = 1$ $\qquad \frac{4}{10} + \frac{6}{100} = \frac{\dots}{100}$

$\frac{3}{10} + \frac{55}{1\,000} = \frac{\dots}{1\,000}$ $\qquad \frac{1}{10} + \frac{100}{1\,000} = \frac{\dots}{1\,000}$

2 **Complète** chaque égalité avec une fraction.

$2 + \frac{5}{10} = \dots$ $\qquad 2 + \frac{5}{100} = \dots$

$3 + \frac{6}{10} + \frac{9}{100} = \dots$ $\qquad 4 + \frac{8}{100} + \frac{7}{1\,000} = \dots$

3 **Décompose** chaque fraction sous forme d'une somme avec des fractions décimales. Le numérateur de ces fractions ne doit pas être plus grand que 9.

$\frac{253}{100}$ $\qquad \frac{397}{1\,000}$ $\qquad \frac{508}{100}$ $\qquad \frac{15\,060}{1\,000}$

4 **Complète** avec les signes <, > ou =.

$\frac{3\,200}{1\,000} \dots 3$ $\qquad \frac{680}{1\,000} \dots \frac{68}{10}$

$2 + \frac{4}{100} \dots \frac{24}{100}$ $\qquad \frac{3}{10} + \frac{7}{1\,000} \dots \frac{309}{1\,000}$

5 **Écris** sous la forme d'une fraction les nombres repérés sur la droite numérique.

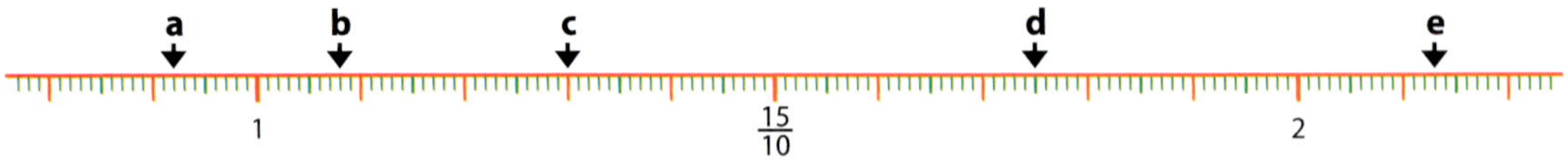

Retiens bien

$$\frac{2\,349}{1\,000} = 2 + \frac{3}{10} + \frac{4}{100} + \frac{7}{1\,000}$$

Si la fraction décomposée est plus grande que 1, la somme comprend un nombre entier.

Problème

Mathilde et Muriel comparent les quantités d'eau de pluie recueillies dans leurs récipients gradués.

Mathilde mesure 1 L, $\frac{6}{10}$ L et $\frac{8}{100}$ L. Muriel mesure 172 cL. Qui a recueilli le plus d'eau ?

Objectifs : Comparer différentes solutions numériques afin d'optimiser un choix.

Dans la tête : Retrancher 19, 29, 39, etc. à un nombre de 2 ou 3 chiffres : $n - 19 = (n - 20) + 1$.

Choisir la meilleure solution (1)

1 Un petit coin de parapluie.

La classe de Mme Laverse est en promenade dans la ville quand, soudain, il se met à pleuvoir très fort. Heureusement, un marchand de parapluies veut bien louer quelques parapluies à Mme Laverse pour abriter les enfants de sa classe.
Il loue pour 3 € de grands parapluies pouvant abriter jusqu'à 5 enfants.
Il loue pour 2 € des parapluies moyens pouvant abriter jusqu'à 3 enfants. Il loue pour 1 € 50 c des petits parapluies individuels.
Bien sûr, Mme Laverse veut payer le moins cher possible pour cette location.
La classe de Mme Laverse comprend 25 élèves répartis en 14 filles et 11 garçons. Tout serait simple si les filles et les garçons voulaient bien se côtoyer sous les parapluies… mais ce n'est pas le cas : les filles veulent rester entre elles et les garçons veulent rester entre eux !

a - Quels parapluies Mme Laverse devra-t-elle louer pour les filles ?

b - Quels parapluies devra-t-elle louer pour les garçons ?

c - Combien paiera-t-elle au total ?

d - Quels parapluies aurait-elle pu louer si les filles et les garçons avaient bien voulu se mélanger ? Combien cela lui aurait-il coûté ?

2 L'ascenseur.

Une famille de 8 personnes s'apprête à prendre un vieil ascenseur qui ne peut transporter que 150 kg à la fois. Ils voudraient se faire transporter en effectuant le moins de voyages possible, mais sans bien sûr dépasser la charge limite… Heureusement, chaque personne connaît son poids.

• Comment les 8 personnes devront-elles se répartir lors des voyages ?

3 Les jouets.

Mathias se trouve dans un magasin de jouets avec un billet de 100 €. Il veut profiter de l'occasion pour dépenser le plus d'argent possible pour acheter des jouets. Il peut choisir les jouets qu'il veut parmi les 7 proposés.

• Quels jouets devra-t-il acheter pour que sa dépense soit la plus proche possible de 100 € ?

Pourquoi la Lune change

Cherchons ensemble

- **La Lune est-elle brillante parce qu'elle produit de la lumière ?**
- **Pourquoi le Lune change-t-elle de forme et n'est-elle pas toujours visible ?**
- **Les changements de la Lune se passent-ils toujours avec le même rythme ?**

J'observe

? Combien de temps s'est-il écoulé avant que la Lune reprenne le même aspect (première et dernière photos) ?

12 mars
Premier croissant

16 mars
Premier quartier

20 mars
Lune gibbeuse

24 mars
Pleine Lune

27 mars
Lune gibbeuse

? Quand la Lune est-elle la plus lumineuse ?

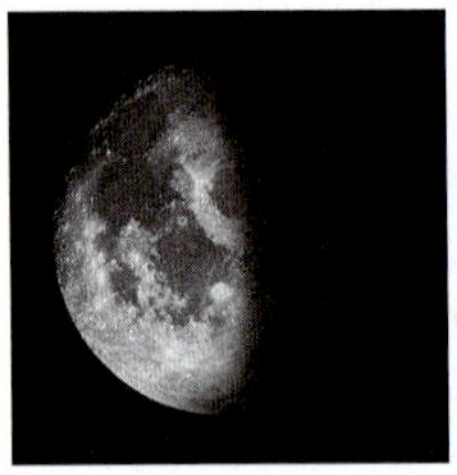
31 mars
Dernier quartier

4 avril
Dernier croissant

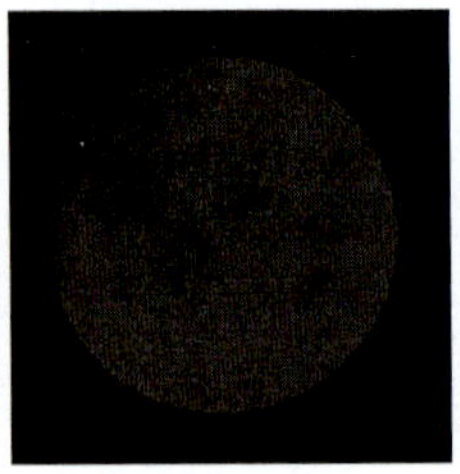
7 avril
Nouvelle Lune

11 avril
Premier croissant

◀ **Doc. 1 :** Le cycle des phases de la Lune.

? Qu'observe-t-on dans le ciel au moment de la Nouvelle Lune ?

La Lune est un astre plus petit que la Terre. Elle lui tourne autour à environ 400 000 km de distance : c'est le satellite naturel de la Terre. Comme cette dernière, la Lune ne produit pas de lumière. Elle reçoit seulement la lumière du Soleil, ce qui la rend lumineuse.

? Par quoi est éclairée la scène photographiée ? À quoi le voit-on ?

? Est-ce le jour ou la nuit à l'endroit où se déroule cette scène ?

▶ **Doc. 2 :** Un homme sur la Lune en 1971.

-t-elle d'aspect ?

Objectifs : Connaître le cycle des phases de la Lune et comprendre l'explication du phénomène. Mettre en relation le cycle lunaire avec le calendrier.

▸ Je recherche

1. Pour essayer de comprendre pourquoi la Lune change d'aspect au fil des jours, Clément et Sidonie utilisent une boule de polystyrène qui représente la Lune et un projecteur qui joue le rôle du Soleil. Sidonie représente la Terre et regarde la « Lune » que Clément fait tourner autour d'elle.

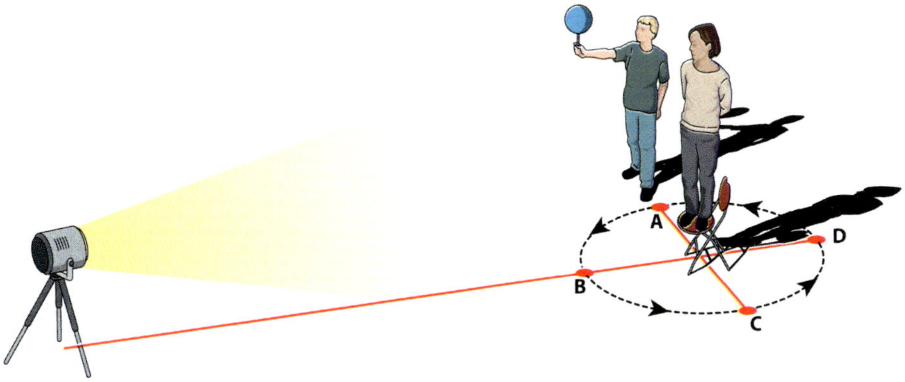

- Comment Sidonie voit-elle la partie éclairée de la boule dans la position A ? À quelle phase de la Lune cette situation correspond-elle ?
- Réponds aux mêmes questions pour les positions B, C et D.
- Est-ce que les essais de Clément et Sidonie permettent d'expliquer les phases de la Lune ?

2. Sidonie a dessiné un schéma représentant la Lune tournant autour de la Terre. L'ensemble est éclairé par le Soleil situé très loin.

- À quelle phase correspond chaque position de la Lune dessinée ? (Voir **Doc. 1** de la page précédente.)
- Combien de temps met approximativement la Lune pour effectuer un tour complet autour de la Terre ?

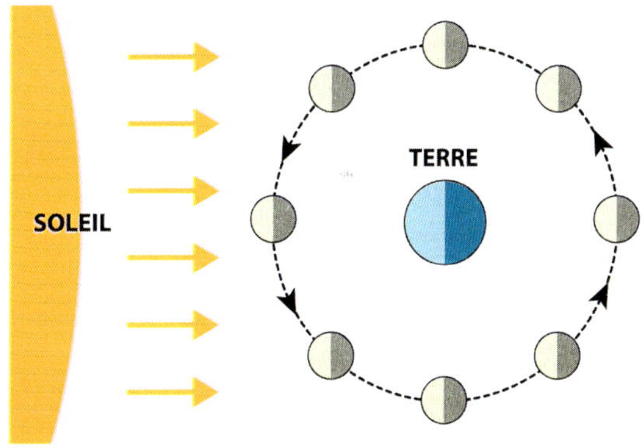

Atelier

- Observe un calendrier du type almanach. Il indique en général les dates des 4 phases principales : Nouvelle Lune, Premier quartier, Pleine Lune, Dernier quartier.
Calcule la durée de plusieurs lunaisons (cycles lunaires) successives : que remarques-tu ?
Combien de temps s'écoule en moyenne entre deux phases principales successives ?
Quelles sont les deux unités de temps du calendrier qui ont pour origine les phases de la Lune ?

J'AI COMPRIS

Au fil des jours, la Lune change d'aspect et présente différentes phases. Un cycle de changements, appelé lunaison, dure environ un mois. Ce phénomène est dû à la révolution de la Lune autour de la Terre. Au cours de ce mouvement, on ne voit depuis la Terre qu'une partie plus ou moins grande de la moitié de Lune éclairée par le Soleil.

Objectifs : Reconnaître, compléter le programme de construction d'une figure donnée.

Dans la tête : Multiplier un nombre de 2 chiffres par 9 et par 11.

Construction de figure (1)

Cherchons ensemble

Pour représenter la Lune qui tourne autour de la Terre, Anne a tracé cette figure. Elle a commencé à décrire comment elle l'a construite.

a - **Aide**-la à terminer son **programme de construction**.

① Tracer un cercle de 3 cm de rayon.
② Tracer deux diamètres de ce cercle perpendiculaires entre eux.
③ ...

b - Existe-il plusieurs programmes possibles ?
Si oui, **écris**-en un autre.

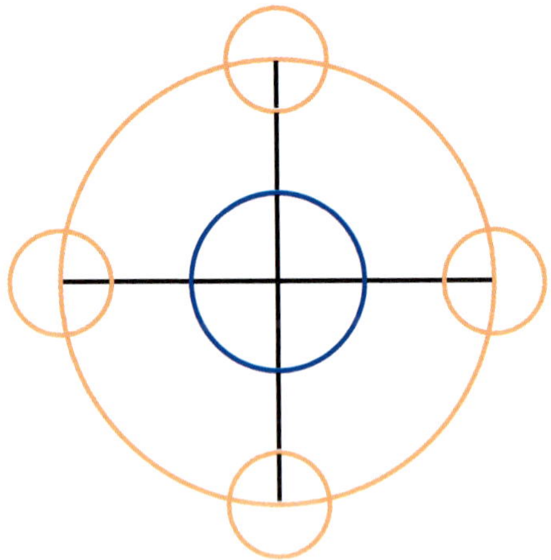

1 **Associe** chaque tracé à son programme de construction.

Programme M
① Placer sur une droite deux points A et B espacés de 2 cm 5 mm.
② Placer un point C tel que les segments AC et BC aient la même longueur.

Programme N
① Placer sur une droite deux points A et B espacés de 2 cm 5 mm.
② Placer un point C tel que les segments AB et BC aient la même longueur.

Programme P
① Placer sur une droite deux points A et B espacés de 2 cm 5 mm.
② Placer un point C tel que les segments AC et AB aient la même longueur.

Tracé n°1

Tracé n°2

Tracé n°3
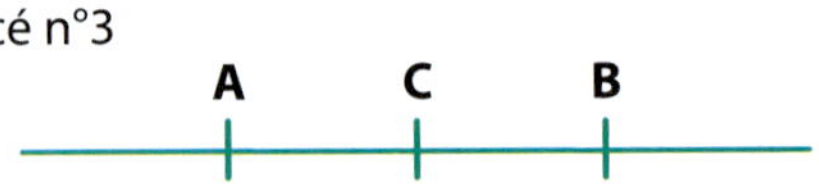

2 Quelle figure correspond au programme de construction ?
① Tracer un carré de 2 cm de côté et appeler A, B, C et D ses sommets.
② Repérer le milieu de chaque côté.
③ Tracer tous les segments qui joignent les milieux de deux côtés consécutifs.

Figure n°1
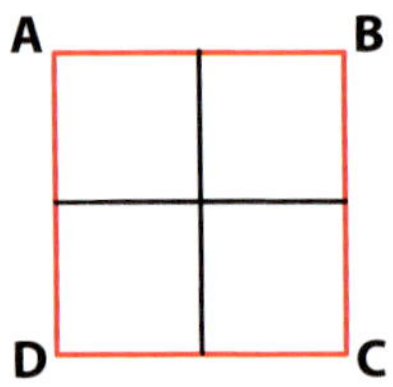

Figure n°2
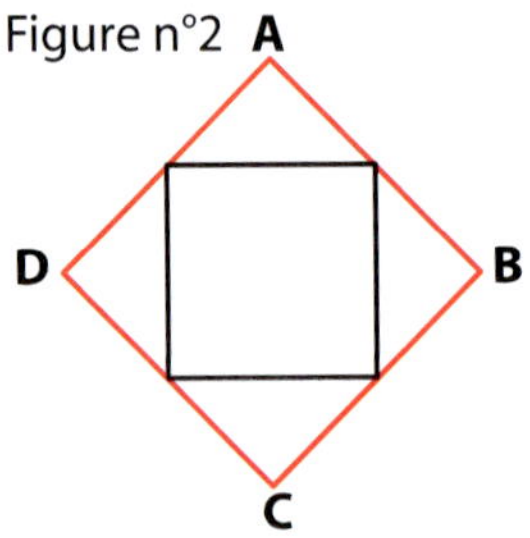

Figure n°3
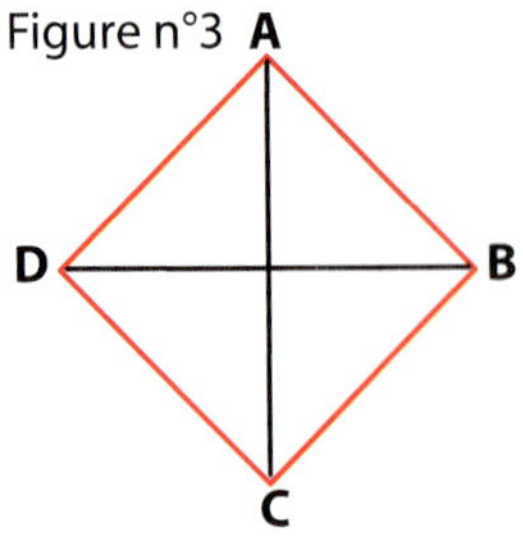

Le coin du malin

Mesure la figure, puis **complète** son programme de construction de la façon la plus courte possible.
① Tracer un triangle rectangle...

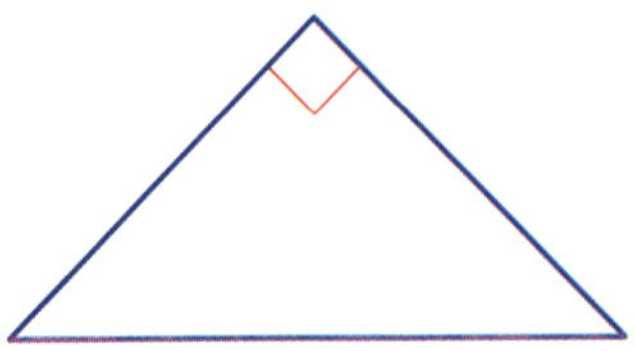

Problème

Complète le programme de construction de la figure tracée.
① Tracer un rectangle dont les côtés mesurent...

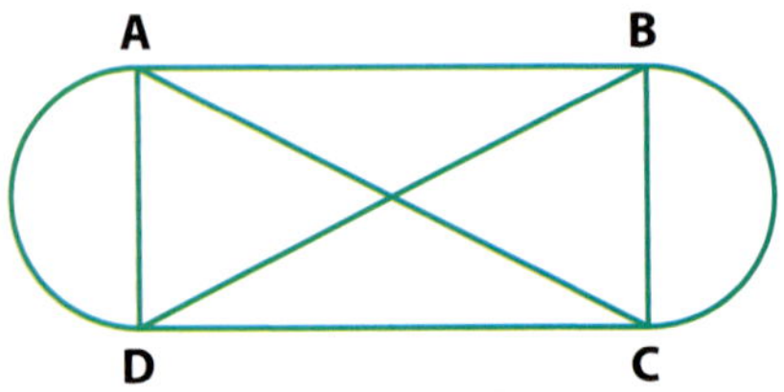

Objectifs : Réaliser une figure d'après un programme de construction.

Dans la tête : Multiplier un nombre de 2 chiffres par 9 et par 11.

Construction de figure (2)

Cherchons ensemble

Loraine a tracé une figure géométrique ressemblant au vaisseau américain qui s'est posé sur la Lune. Sa figure est ici en réduction. Elle a écrit le programme de construction de sa figure.
Réalise ce programme pour obtenir la même figure.

① Tracer un rectangle dont les grands côtés AB et CD mesurent 30 mm et les petits côtés 15 mm.
② Marquer le point E au milieu du côté AB.
③ Tracer le segment EF perpendiculaire à AB, extérieur au rectangle et mesurant 4 cm.
④ Placer le point O sur le segment EF tel que le segment OE mesure 1 cm.
⑤ Tracer le cercle de centre O et de rayon OE.
⑥ Tracer le segment AG mesurant 25 mm et tel que les 3 points F, A et G soient alignés (dans cet ordre).
⑦ Tracer le segment BH mesurant 25 mm et tel que les 3 points F, B et H soient alignés (dans cet ordre).

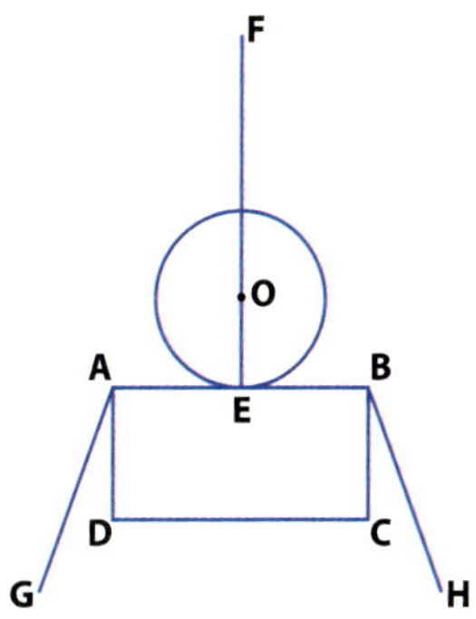

1 **Construis** à main levée une figure respectant le programme.

① Tracer un carré.
② Tracer un triangle à l'intérieur du carré.
③ Tracer un cercle à l'intérieur du carré et à l'extérieur du triangle.

Plusieurs figures différentes pourraient-elles convenir ?

2 **Exécute** le programme avec tes instruments de géométrie.

① Tracer un cercle de 6 cm de rayon.
② Tracer un diamètre AB de ce cercle.
③ Tracer un segment CD mesurant 6 cm, perpendiculaire à AB et ayant le point A pour milieu.
④ Tracer les segments BC et BD.

Plusieurs figures différentes pourraient-elles convenir ?

3 **Remets** dans l'ordre le programme de construction de la figure.

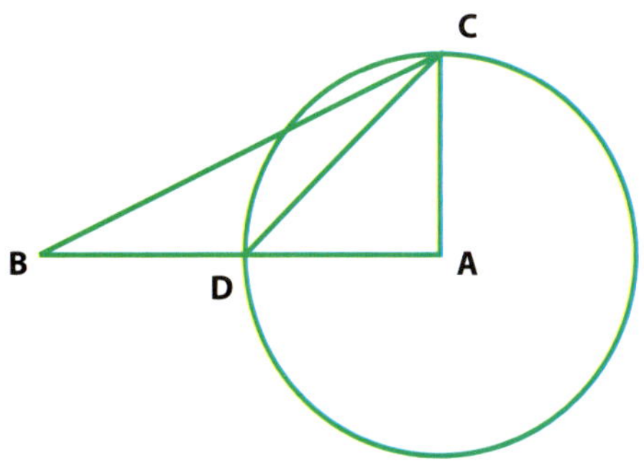

- Tracer le segment CD.
- Tracer un triangle ABC, rectangle en A.
- Le cercle coupe le segment AB en un point : l'appeler D.
- Tracer le cercle de centre A passant par C.

4 Raphaël a suivi le programme de construction. Sa figure est-elle correcte ? Sinon, quelle(s) erreur(s) a-t-il commise(s) ?

① Tracer un segment AB de longueur 35 cm.
② Placer sur ce segment un point C à 1 cm du point A.
③ Tracer un carré ayant CA pour côté.

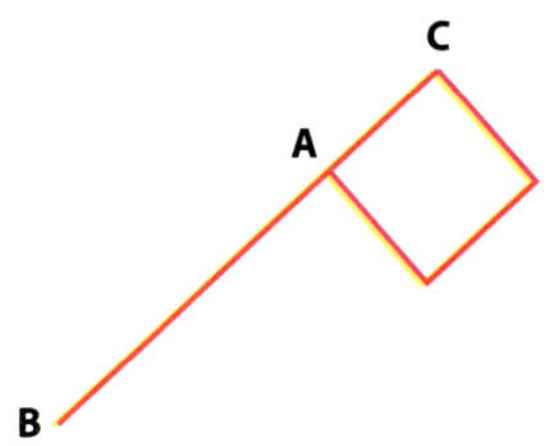

Problème

Gaëtan a écrit un programme de construction trop imprécis.
Complète-le.

① Tracer un carré de 3 cm de côté.
② Tracer un demi-cercle ayant pour diamètre un côté du carré.
③ Tracer un autre demi-cercle ayant pour diamètre le côté opposé du carré.

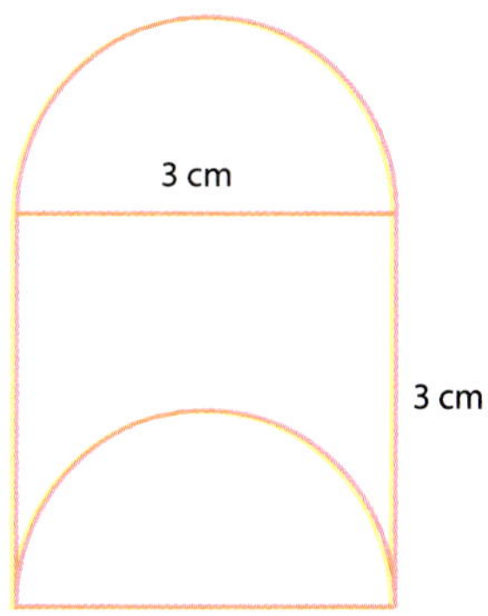

Objectifs : Calculer des durées en jours, mois, années.

Dans la tête : Retrancher un nombre de 2 chiffres à un nombre de 2 ou 3 chiffres.

Dates et durées

Cherchons ensemble

Le calendrier indique les dates des 4 phases principales de la Lune :
Nouvelle Lune (●), Premier Quartier (◗),
Pleine Lune (○) et Dernier Quartier (◖).

a - Combien de jours sont passés entre la Nouvelle Lune de février et la Nouvelle Lune de mars ? **Réponds** à la même question entre mars et avril, puis entre avril et mai.

b - Combien de jours peut-il s'écouler entre 2 phases successives ?

c - La Nouvelle Lune du mois de juin aura lieu le 15.
Combien de jours aura duré la lunaison du 16 mai au 15 juin ?

d - Le Premier Quartier du mois de janvier a précédé de 8 jours la Pleine Lune du mois de février. À quelle date a-t-il eu lieu ?

	Février	Mars	Avril	Mai
1	J	J	D	M
2	V ○	V	L ○	M ○
3	S	S ○	M	J
4	D	D	M	V
5	L	L	J	S
6	M	M	V	D
7	M	M	S	L
8	J	J	D	M
9	V	V	L	M
10	S ◖	S	M ◖	J ◖
11	D	D	M	V
12	L	L ◖	J	S
13	M	M	V	D
14	M	M	S	L
15	J	J	D	M
16	V	V	L	M ●
17	S ●	S	M ●	J
18	D	D	M	V
19	L	L ●	J	S
20	M	M	V	D
21	M	M	S	L
22	J	J	D	M
23	V	V	L	M ◗
24	S ◗	S	M ◗	J
25	D	D ◗	M	V
26	L	L	J	S
27	M	M	V	D
28	M	M	S	L
29		J	D	M
30		V	L	M
31		S		J

1 Le tableau indique le nombre de jours pour chaque mois de l'année.

a - Combien de jours sont passés du 12 mars au 12 avril ? Puis du 12 avril au 12 mai ?

b - **Utilise** ces résultats pour calculer le nombre de jours écoulés du 12 mars au 3 septembre ?

Janvier	Février*	Mars	Avril	Mai	Juin	Juillet	Août	Sept.	Octobre	Nov.	Déc.
31	28	31	30	31	30	31	31	30	31	30	31

* sauf années bissextiles : 29

2 Valérie est née en septembre 1997. Nicolas est né en avril 1999.

a - Quelle est leur différence d'âge (en années et mois) ?

b - Quel âge aura chacun (en années et mois) :
- en septembre 2013 ?
- en avril 2018 ?
- en juillet 2024 ?

3 **Observe** les années de naissance et de décès de 5 personnalités scientifiques.

a - **Calcule** le nombre d'années que chacun a vécu.

b - Lors de quelle période étaient-ils en vie tous en même temps ?

Albert Einstein	1879-1955
Marie Curie	1867-1934
Thomas Edison	1847-1931
Louis Pasteur	1822-1895
Graham Bell	1847-1922

Le coin du malin

2004 était une année bissextile. Il y en a une tous les 4 ans.
À partir d'aujourd'hui, combien y aura-t-il de nouvelles années bissextiles jusqu'en 2050 ?

Problème

Élena et Sylvia ont entendu à la radio qu'un sous-marin nucléaire était resté en plongée durant 672 heures.
Éléna pense que cela correspond à plus d'un mois, alors que Sylvia pense le contraire.
Qui a raison ?

Objectifs : Comprendre la logique de l'écriture à virgule d'un nombre décimal, en relation avec les fractions décimales.

Dans la tête : Dictée de nombres jusqu'à 9 chiffres.

Les nombres décimaux

Cherchons ensemble

Samantha a lu l'article suivant dans une revue scientifique.

Les astronautes qui sont allés sur la Lune y ont installé un réflecteur (miroir). Depuis la Terre, on envoie sur ce réflecteur un puissant rayon laser. Il s'y réfléchit et revient vers la Terre. Des scientifiques ont pu mesurer ainsi le temps que met la lumière pour effectuer un aller-retour Terre Lune : **2,56 s** ! Il faut dire que la lumière se déplace à une vitesse vertigineuse. Par exemple, un rayon de lumière ne mettrait que **0,134 s** pour parcourir les 40 000 km que représente le tour de la Terre !

Samantha se demande ce que sont ces nombres écrits avec des virgules. Son oncle lui explique :
« 2,56 s, c'est 2 secondes et 56 centièmes de secondes. C'est aussi 256 centièmes de secondes. »

2,56 est un **nombre décimal** : c'est une autre façon d'écrire une fraction décimale.

$$2{,}56 = 2 + \frac{56}{100} = \frac{256}{100} = 2 + \frac{5}{10} + \frac{6}{100}$$

partie entière → **2** , **56** ← partie décimale

Si le nombre est plus petit que 1, sa partie entière est égale à zéro :

$$0{,}134 = \frac{134}{1\,000} = \frac{1}{10} + \frac{3}{100} + \frac{4}{1\,000}$$ »

Dans un autre article, Samantha a relevé d'autres nombres décimaux pour exprimer des longueurs en mètres :
42,3 m ; 3,615 m ; 9,04 m ; 0,507 m.

a - **Écris** chaque nombre sous la forme d'une fraction décimale, puis sous la forme d'une somme avec des fractions décimales comme ci-dessus.

b - **Écris** les 4 mesures de longueurs en utilisant les unités usuelles comme tu as l'habitude de le faire.

1 **Écris** le nombre décimal qui correspond à chaque fraction.

$\frac{236}{10}$ $\frac{3\,542}{100}$ $\frac{47}{1\,000}$ $\frac{12\,034}{1\,000}$

2 Pour observer comment ta calculatrice affiche les nombres décimaux, **calcule** $\frac{487}{100}$ (487 divisé par 100) en tapant sur les touches :

4 8 7 ÷ 1 0 0 =

a - Que lis-tu ? Par quoi est remplacée la virgule dans la plupart des calculatrices ?

b - **Fais** de même et note les résultats pour :

$\frac{325}{10}$ $\frac{2\,087}{1\,000}$ $\frac{58}{1\,000}$ $\frac{203}{100}$

3 **Écris** chaque nombre décimal :

a - sous la forme d'une fraction décimale ;

b - sous la forme d'une somme (voir ci-dessus).

3,8 12,47 3,069 0,504

Retiens bien

2,407 est un nombre décimal.

$$2{,}407 = \frac{2\,407}{1\,000} = 2 + \frac{4}{10} + \frac{7}{1\,000}$$

Le zéro indique qu'il n'y a pas de centièmes.

Problème

Joël compte sa fortune. A-t-il assez d'argent pour acheter le robot à 14,79 € ?

Objectifs : Concevoir l'inutilité des zéros écrits à droite de la partie décimale et la valeur de chaque chiffre.

Dans la tête : Dictée de nombres décimaux simples (« 13 virgule 32 » puis « 13 unités et 32 centièmes »…).

Nombres décimaux et zéros

Cherchons ensemble

Trois amies collent des gommettes carrées sur des cadres de 100 carreaux. En prenant le cadre comme unité, elles indiquent la partie couverte sous la forme d'un nombre décimal. Elles emploient 3 écritures différentes, mais c'est pourtant toujours le même nombre !

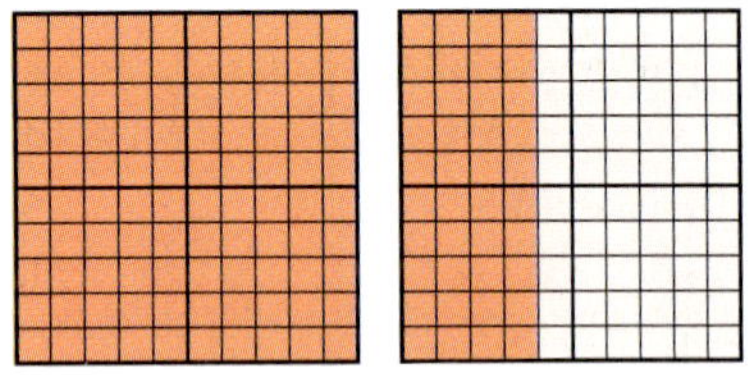

a - **Compare** les 3 écritures et **indique** ce que tu penses des zéros écrits à droite de la partie décimale.

b - Les 3 amies ont réalisé d'autres remplissages correspondant aux nombres suivants :

4,30 2,050 20,20 4,00 0,306 10,0300

Recopie ces nombres en supprimant tous les zéros qui ne servent à rien.

1 Dans chaque cas, **recopie** seulement les nombres décimaux égaux à la fraction.

$\frac{635}{100}$ 6,035 6,350 6,305 6,35 6,3500

$\frac{708}{1\ 000}$ 0,780 0,7080 7,08 0,7800 0,708

2 **a** - **Reproduis** ce tableau avec le nombre 12,807.

Partie entière			Partie décimale		
centaines	dizaines	unités	dixièmes	centièmes	millièmes
	1	2 ,	8	0	7
		,			
		,			
		,			

b - **Complète** ce tableau en y plaçant les nombres suivants :

2,401 136,9 0,265

c - **Observe** ci-dessous l'exemple pour le premier nombre, puis **fais** de même pour les autres.

$$12{,}807 = 12 + \frac{8}{10} + \frac{7}{1\ 000}$$

3 **Écris** chaque nombre avec une virgule.

a - 6 unités et 8 dixièmes

b - 6 unités et 8 millièmes

c - 3 dixièmes, 4 centièmes et 9 millièmes

d - 12 unités et 23 centièmes

e - 12 unités et 23 millièmes

f - 5 dixièmes et 7 millièmes

Retiens bien

12,5 = 12,50

12,5 = 12,500

12,5 = 12,5000

Les zéros écrits à droite de la partie décimale sont inutiles.

Problème

Jerémy observe au microscope de minuscules animaux que l'on trouve dans la poussière.
Il a trouvé leur taille.

A : 30 centièmes de millimètre

B : 480 millièmes de millimètre

Indique leur taille en mm par un nombre décimal sans zéro(s) inutile(s).

Objectifs : Formuler des questions en fonction d'un énoncé et y répondre.
Dans la tête : Dictée de nombres décimaux simples (varier les annonces).

PROBLÈMES 16

Poser des questions (2)

- **Lis** l'énoncé de chaque problème, puis écris au moins 3 questions auxquelles l'énoncé permet de répondre.
- **Réponds** ensuite aux questions que tu as posées.

1 Apollo XI : en route vers la Lune !

Le 16 juillet 1969 à 14 h 32, la fusée américaine géante Saturn V décolle pour emmener pour la première fois des hommes sur la Lune. Le vaisseau des astronautes se pose sur le sol lunaire le 20 juillet à 21 h 17.
C'est le 21 juillet à 3 h 56 que Neil Armstrong est le premier homme à poser le pied sur la Lune. Son compatriote Edwin Aldrin le rejoint un quart d'heure plus tard.
Les 2 astronautes restent en tout 21 h 37 min sur la Lune. Leur voyage de retour vers la Terre se termine le 24 juillet à 17 h 51.

2 Clair de Lune.

À la fin du mois de janvier, Claire étudie son calendrier et fait les constatations suivantes.
La dernière Pleine Lune de l'année précédente a eu lieu le 18 décembre. La première Pleine Lune de cette année a eu lieu de 17 janvier. La prochaine Pleine Lune aura lieu le 17 février, puis la suivante le 17 mars.
Ensuite, les 3 Pleines Lunes suivantes se succéderont tous les 30 jours. Cette année est bissextile.

3 La cueillette des abricots.

Dans le verger de M. Dunoyau, c'est la récolte des abricots. Aujourd'hui, 4 personnes ont travaillé pendant 8 heures et ont récolté en tout 960 kg d'abricots. Les 4 employés ont tous cueilli la même quantité de fruits.
Les abricots sont placés dans des cagettes de 5 kg.
M. Dunoyau demande aux 4 personnes de travailler demain au même rythme qu'aujourd'hui, mais pendant 10 heures.

4 Les paquets de feuilles.

Léonard a acheté 3 paquets de feuilles.

Le paquet de 500 feuilles blanches mesure 54 mm d'épaisseur.

Le paquet de 200 feuilles jaunes mesure 24 mm d'épaisseur.

Le paquet de 150 feuilles bleues mesure 20 mm d'épaisseur.

Dans son imprimante, Léonard ne doit pas mettre une épaisseur de feuilles plus grande que 3 mm.

Objectifs : Maîtriser les notions mathématiques étudiées de la page 156 à la page 160.

Module 15

1 L'aire du carré est prise comme unité.
Indique par une fraction ce que représente la partie colorée dans chaque figure. (Page 158)

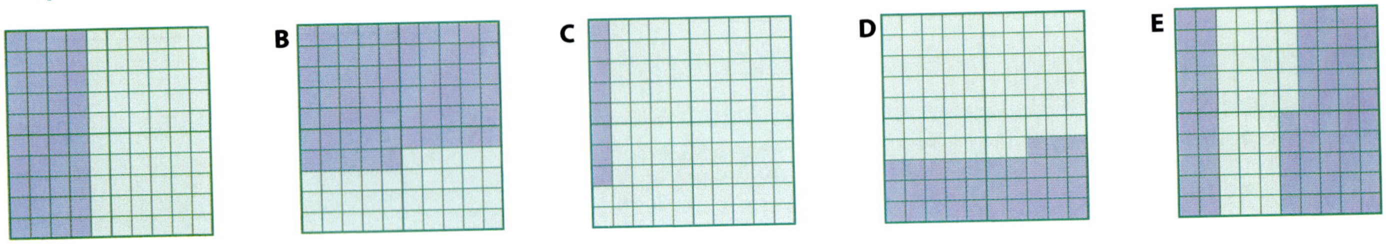

2 **Complète** la fraction dans chaque égalité. (Page 158 et 159)

a - $\frac{4}{10} = \frac{\dots}{100}$ $\quad 1 = \frac{\dots}{100}$

b - $\frac{7}{10} = \frac{700}{\dots}$ $\quad \frac{260}{1\,000} = \frac{26}{\dots}$

3 **Complète** avec les signes <, > ou =. (Page 158 et 159)

a - $\frac{23}{100} \dots \frac{20}{100}$ $\quad \frac{8}{10} \dots \frac{88}{100}$

$\frac{75}{100} \dots \frac{7}{10}$ $\quad \frac{5}{100} \dots \frac{50}{1\,000}$

b - $\frac{439}{1\,000} \dots \frac{43}{100}$ $\quad \frac{708}{1\,000} \dots \frac{78}{100}$

$\frac{6}{10} \dots \frac{6}{100}$ $\quad \frac{55}{100} \dots \frac{55}{1\,000}$

4 **Complète** chaque égalité avec une fraction. (Page 158)

a - $3 + \frac{8}{10} = \dots$ $\quad 2 + \frac{5}{10} + \frac{8}{100} = \dots$

b - $\frac{6}{100} + \frac{35}{1\,000} = \dots$ $\quad 5 + \frac{3}{100} + \frac{4}{1\,000} = \dots$

5 **Décompose** chaque fraction en une somme avec des fractions décimales.
Leur numérateur ne doit pas être plus grand que 9. (Page 160)

a - $\frac{23}{10}$ $\quad \frac{148}{100}$ $\quad \frac{2\,351}{1\,000}$

b - $\frac{87}{100}$ $\quad \frac{309}{100}$ $\quad \frac{507}{1\,000}$

6 Les carreaux du quadrillage mesurent 1 cm de côté.
Exprime en cm^2 l'aire de chaque figure.
(Page 156)

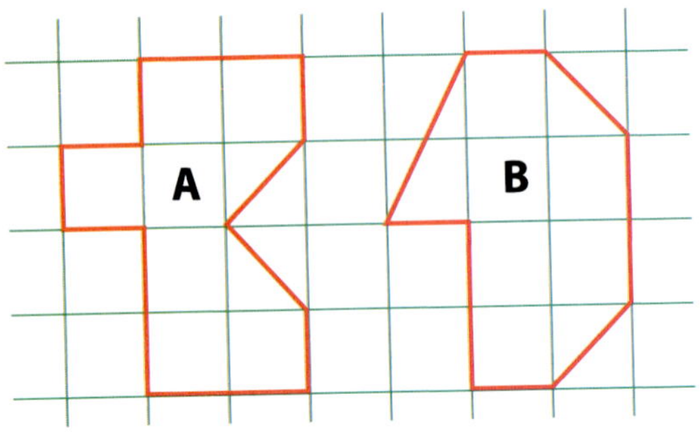

7 **Mesure** la longueur des côtés du rectangle A et du carré B.
Calcule l'aire de chaque figure en cm^2. (Page 157)

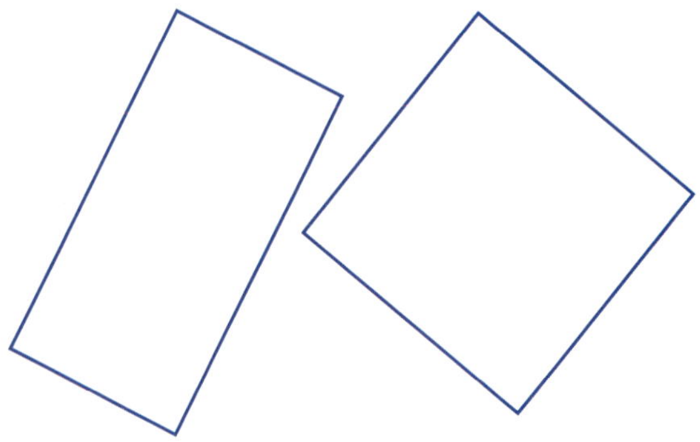

Objectifs : Maîtriser les notions mathématiques étudiées de la page 164 à la page 168.

Module 16

1 **Écris** chaque fraction sous la forme d'un nombre décimal. (Page 167)

a - $\frac{45}{10}$ $\frac{683}{100}$ $\frac{9\,364}{1\,000}$

b - $\frac{128}{10}$ $\frac{95}{100}$ $\frac{877}{1\,000}$

c - $\frac{307}{10}$ $\frac{4\,090}{100}$ $\frac{2\,086}{1\,000}$

d - $\frac{8\,021}{10}$ $\frac{96}{1\,000}$ $\frac{5\,874}{10\,000}$

2 **Écris** chaque nombre décimal sous la forme d'une seule fraction décimale, puis **écris**-le sous la forme d'une somme avec des fractions décimales (numérateur pas plus grand que 9). (Page 167)

a - 8,3 8,37 8,375

b - 0,41 12,6 0,583

c - 0,604 8,05 4,701

d - 1,202 48,06 14,003

3 **Recopie** les nombres en supprimant les zéros inutiles, quand il y en a. (Page 168)

a - 8,50 10,30 6,340

b - 0,56 0,780 14,090

c - 3,600 140,350 200,07

d - 16,0800 90,3030 10,00

4 **Recopie** le début du programme de construction de chaque figure, puis **complète**-le pour qu'il permette de construire la figure à l'identique. (Page 164)

Figure a

① Tracer un segment AB de longueur 2 cm.

② Tracer un segment BC perpendiculaire...

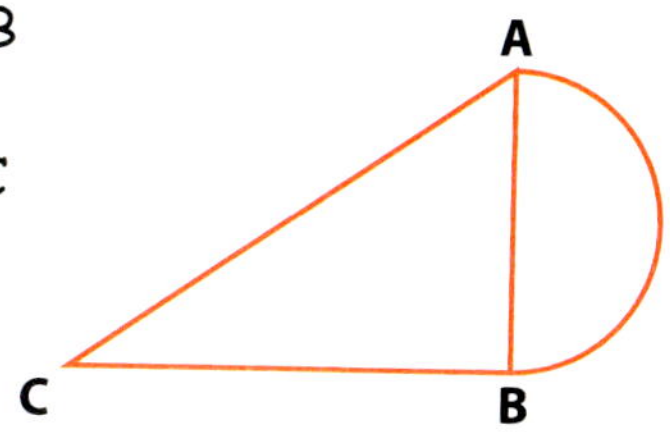

Figure b

① Tracer un carré de 2 cm de côté.

② Choisir un sommet et prolonger les 2 côtés qui s'y rejoignent sur une longueur de 1 cm.

③ ...

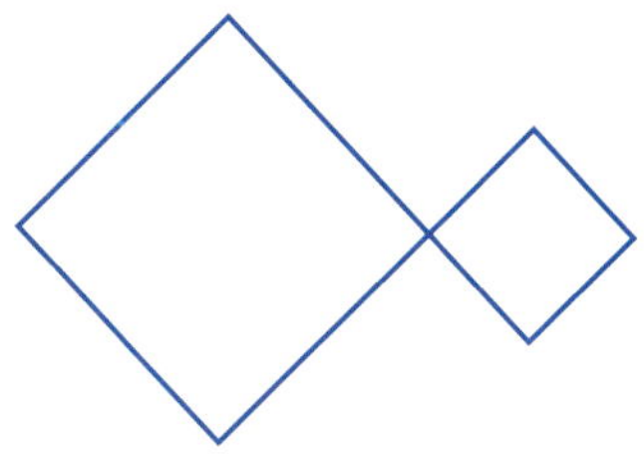

5 **Construis** à main levée une figure respectant le programme suivant. (Page 165)

① Tracer un rectangle.

② Tracer une de ses diagonales.

③ Tracer un carré à l'intérieur du rectangle. Le carré ne doit pas couper la diagonale et ses côtés doivent être parallèles aux côtés du rectangle.

6 **Exécute** le programme de construction avec tes instruments de géométrie. (Page 165)

① Tracer un carré de 4 cm de côté.

② Tracer les diagonales du carré et appeler « O » le point où elles se coupent.

③ Tracer le cercle de centre O et passant par les sommets du carré.

7 **Calcule** la durée en jours entre les deux dates. (Page 166)

a - entre le 12 mars et le 12 avril

b - entre le 18 avril et le 18 mai

c - entre le 19 mai et le 30 juin

d - entre le 14 février et le 14 mars (année bissextile)

e - entre le 12 septembre et le 25 novembre

f - entre le 14 décembre et le 1er février de l'année suivante

Objectifs : Évaluer les notions mathématiques étudiées de la page 156 à la page 169.

BILAN 8

1 L'aire du carré est prise comme unité. **Indique** par une fraction ce que représente la partie colorée dans chaque figure.

A
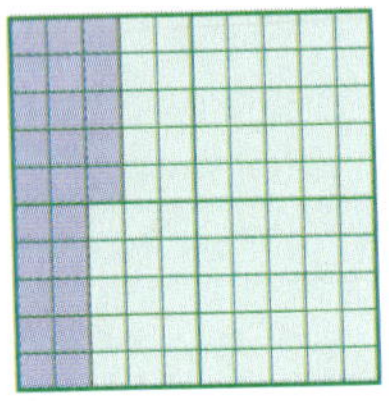

B
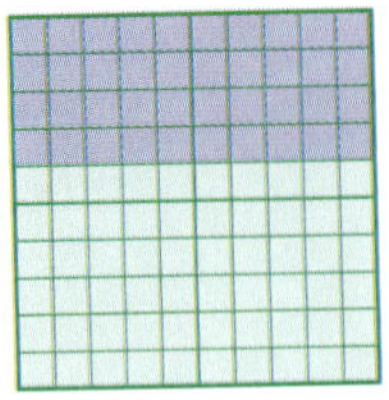

C
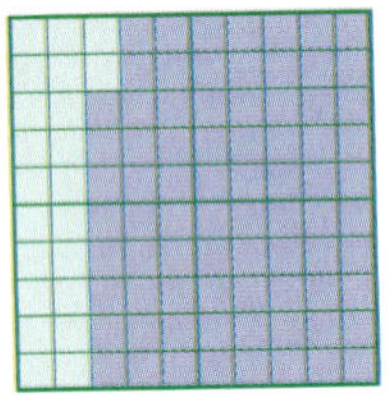

2 **Complète** la fraction dans chaque égalité.

a - $\frac{8}{10} = \frac{\dots}{100}$ $\qquad \frac{6}{100} = \frac{\dots}{1\,000}$

b - $1 = \frac{\dots}{1\,000}$ $\qquad \frac{15}{10} = \frac{\dots}{100}$

c - $\frac{3}{10} = \frac{300}{\dots}$ $\qquad \frac{7}{10} = \frac{70}{\dots}$

3 **Complète** chaque égalité avec une fraction.

a - $2 + \frac{5}{10} = \dots$ $\qquad 3 + \frac{41}{100} = \dots$

b - $4 + \frac{8}{100} = \dots$ $\qquad 5 + \frac{6}{10} + \frac{9}{1\,000} = \dots$

4 **Complète** avec les signes <, > ou =.

a - $\frac{9}{10} \dots 1$ $\qquad \frac{290}{100} \dots 3$

b - $\frac{82}{100} \dots \frac{8}{10}$ $\qquad \frac{3}{10} \dots \frac{300}{1\,000}$

5 **Décompose** chaque fraction en une somme avec des fractions décimales. (Leur numérateur ne doit pas être plus grand que 9.)

a - $\frac{46}{10}$ $\qquad \frac{708}{100}$ $\qquad \frac{82}{100}$

b - $\frac{249}{10}$ $\qquad \frac{605}{1\,000}$ $\qquad \frac{12\,504}{1\,000}$

6 **Écris** chaque fraction sous la forme d'un nombre décimal.

a - $\frac{38}{10}$ $\qquad \frac{73}{100}$ $\qquad \frac{208}{100}$

b - $\frac{657}{10}$ $\qquad \frac{5\,306}{1\,000}$ $\qquad \frac{89}{1\,000}$

7 **Écris** chaque nombre décimal sous la forme d'une seule fraction décimale, puis sous la forme d'une somme avec des fractions décimales (numérateur pas plus grand que 9).

14,6 $\qquad$ 4,69 $\qquad$ 0,315 $\qquad$ 2,079

8 **Recopie** les nombres en supprimant les zéros inutiles, quand il y en a.

12,040 $\qquad$ 6,500 $\qquad$ 0,049

10,640 $\qquad$ 120,0700 $\qquad$ 71,000

9 La clôture qui entoure le stade mesure 3 dixièmes, 8 centièmes et 5 millièmes de kilomètre.
Quelle est sa longueur exprimée en mètres ?

10 Emma a une bouteille de jus de fruit de 1 litre totalement pleine. Elle voudrait l'utiliser pour servir 3 grands verres pleins à ras bord. Chaque verre contient 3 dixièmes et 3 centièmes de litre.
Aura-t-elle assez de jus de fruit ?

11 Dans son porte-monnaie, Enrico compte 2 pièces de 1 €, 2 pièces de 20 c, 3 pièces de 10 c, 1 pièce de 5 c et 3 pièces de 2 c.
Pourra-t-il acheter le paquet de bonbons à 2,75 € ?

12 Marie-Pierre pèse sa bague sur une balance de précision à 2 plateaux.
Elle obtient l'équilibre avec les masses marquées suivantes : 2 g, 1 g, 5 dg, 1 dg, 5 mg.
Exprime la masse de la bague en grammes par un nombre décimal sans zéro inutile.

13 Les carreaux du quadrillage mesurent 1 cm de côté. **Exprime** en cm^2 l'aire de chaque figure.

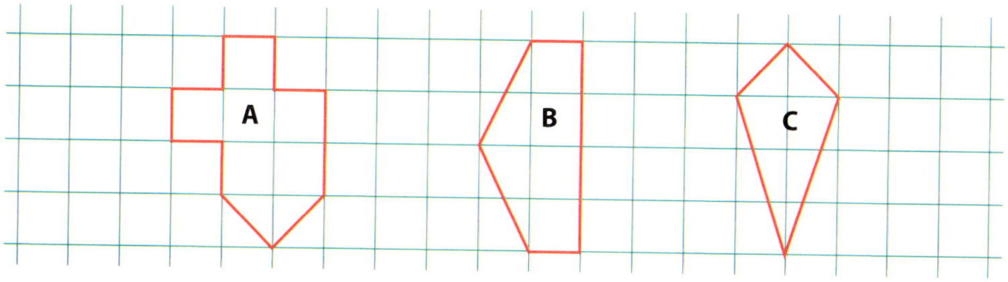

14 Sur une feuille de papier millimétré, **construis** les 2 figures suivantes :

a - un polygone ayant une aire de 21 cm^2 ;

b - un rectangle ayant une aire de 12 cm^2.

15 **Mesure** les côtés du rectangle et **calcule** son aire en cm^2.

16 **Recopie** le début du programme de construction puis **complète**-le pour qu'il permette de construire la figure à l'identique.

① Tracer un rectangle dont les côtés mesurent 3 cm et 2 cm.

② Nommer les sommets : A, B, C et D. Le côté AD mesure 3 cm.

③ ...

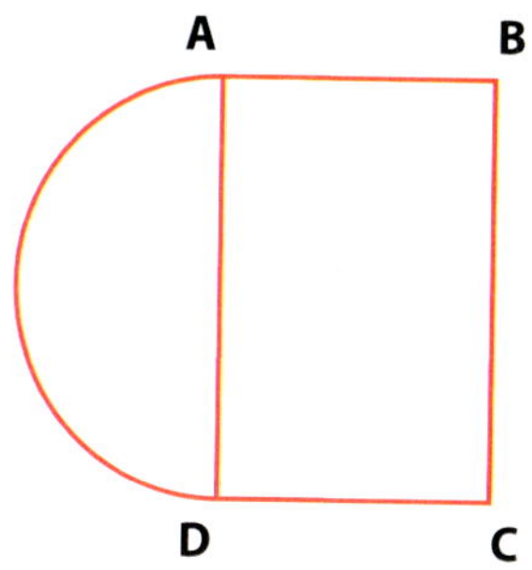

17 **Construis** à main levée une figure respectant le programme suivant.

① Tracer un carré.

② Tracer un cercle à l'intérieur du carré.

③ Tracer à l'intérieur du cercle, un 2e carré tel que ses côtés soient parallèles aux côtés du premier carré.

18 **Exécute** le programme de construction avec tes instruments de géométrie.

① Tracer un cercle de centre O et de 3 cm de rayon.

② Tracer un rayon OA de ce cercle.

③ Tracer un segment AB perpendiculaire à OA et mesurant 4 cm.

④ Tracer le segment OB.

19 Un carré a un périmètre de 32 cm.

a - Combien mesure son côté ?

b - Quelle est la valeur de son aire, exprimée en centimètres carrés ?

20 **Calcule** la durée en jours entre les deux dates :

a - entre le 12 juin et le 12 juillet ;

b - entre le 10 avril et le 25 mai ;

c - entre le 25 décembre et le 8 janvier de l'année suivante.

21 M. et Mme Bougeotte sont d'heureux retraités.

a - Ils partent le 18 mars pour une croisière de 21 jours. À quelle date seront-ils de retour ?

b - Le 3 juin, ils repartent pour un séjour à la montagne. Combien de jours se sont écoulés depuis leur départ en croisière ?

22 Franck est né en août 1996.

a - Il a eu son premier petit vélo à Noël 2000. Quel âge avait-il alors ? (**Exprime**-le en années et mois.)

b - Le malheureux s'est fait une entorse alors qu'il avait 8 ans et 9 mois. Quand cela s'est-il produit ? (**Indique** l'année et le mois.)

Quel équilibre dans

Cherchons ensemble

- **Que mangent les animaux de la forêt ?**
- **Faut-il tuer tous les animaux prédateurs ?**
- **Comment l'homme peut-il agir pour préserver la forêt ?**

J'observe

Doc. 1 :
L'écureuil mange une noisette.

Doc. 2 : La martre chasse des petits mammifères et de petits oiseaux.

Doc. 3 : La fourmi rousse mange des larves d'insectes.

Doc. 4 : Le scolyte creuse le bois sous l'écorce des arbres.

? Que mange chacun de ces habitants de la forêt ?

? Lesquels sont liés par leur alimentation ?

la forêt ?

Objectifs : Découvrir la notion d'équilibre des populations animales sur un territoire.

Je recherche

Les cervidés broutent les feuilles des arbres, mais il leur arrive aussi fréquemment d'en arracher l'écorce. Ceci peut entraîner la mort de l'arbre. Tous les arbres ne sont pas appréciés de la même façon par les cervidés, qui délaissent certaines espèces.

- En quoi les cervidés sont-ils un danger pour la forêt et les cultures voisines quand ils sont trop nombreux ?
- Comment les cervidés peuvent-ils être devenus trop nombreux ?
- Que peut-on faire pour éviter les dégâts des cervidés en forêt ?

Espèces d'arbres délaissées par les cervidés

Érable champêtre	Tilleul
Hêtre	Bouleau
Châtaignier	Epicéa
Noyer	Mélèze

Atelier

- Réalisez une enquête auprès du service de la mairie qui gère les parcs et jardins, ou auprès de l'ONF qui gère la forêt près de chez vous sur les moyens de limiter la prolifération de certaines espèces et de maintenir les milieux naturels en équilibre.

J'AI COMPRIS

La forêt est un milieu en équilibre. Les animaux et les végétaux y trouvent leur nourriture. Les animaux végétariens mangent les plantes. Les animaux prédateurs sont carnivores et mangent d'autres animaux.
Un milieu est en équilibre quand le nombre d'animaux et de végétaux de chaque espèce est stable.

Objectifs : Calculer, construire une surface d'aire donnée (en cm^2).

Dans la tête : Dictée de nombres décimaux.

Calculer des aires (1)

Cherchons ensemble

Les nématodes sont de minuscules vers ronds présents dans la litière de la forêt. Il y en a environ 250 par cm^2 dans un forêt de châtaigniers !

a - **Calcule** en cm^2 l'aire de la surface où l'on trouvera 5 000 nématodes.

b - **Construis** sur ton cahier une surface ayant cette aire.

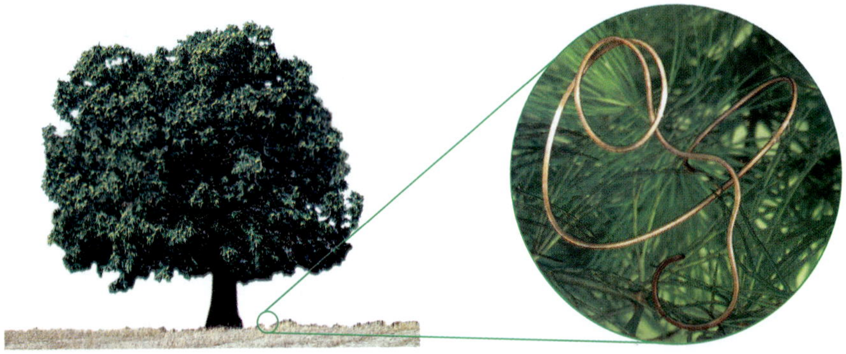

1 **Calcule** l'aire de la surface colorée.

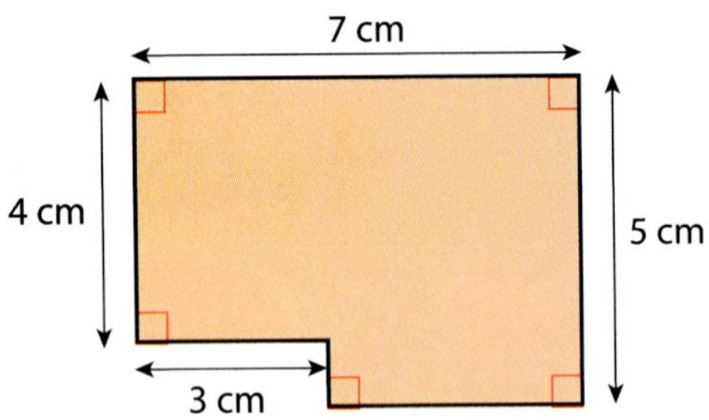

2 Le plateau d'un jeu d'échecs comporte des cases de même dimension. **Calcule** l'aire totale du plateau si chaque case est un carré de 2 cm de côté.

3 **a** - **Mesure** les côtés des carrés et **calcule** l'aire de chacun.

b - **Construis** une figure dont l'aire sera égale à la somme des aires des deux carrés.

4 **Construis** deux polygones de 6 côtés ayant une aire égale à 12 cm^2. Les deux polygones doivent être différents.

Le coin du malin

a - **Range** ces figures de l'aire la plus petite à l'aire la plus grande.

b - **Indique** l'aire de chacune si le côté du carré mesure 3 cm.

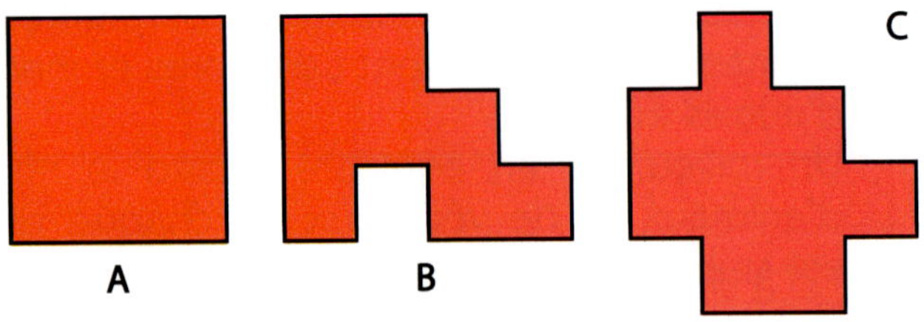

Problème

Cette figure tracée à partir de deux carrés de 4 cm de côté est ici en réduction. **Calcule** son aire en vraie grandeur.

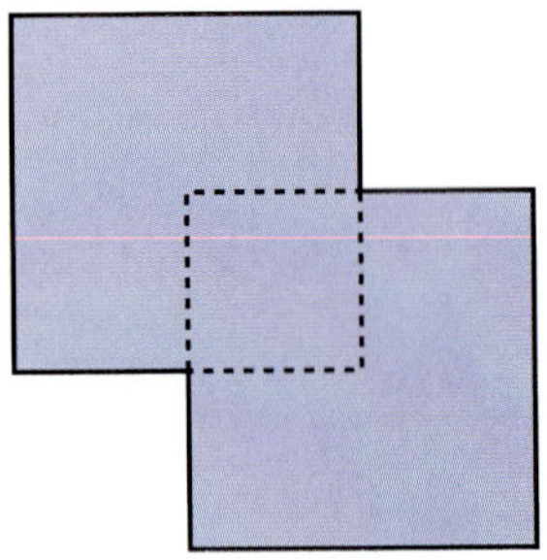

Objectifs : Découvrir et utiliser le m² ; convertir des aires.

Dans la tête : Dictée de nombres décimaux.

Calculer des aires (2)

Cherchons ensemble

Afin de reboiser une parcelle de forêt, le forestier prévoit un plant pour 4 **mètre carrés** (m^2).
Un mètre carré, c'est l'aire d'un carré dont les côtés mesurent 1 m.
La parcelle à reboiser est un rectangle de 50 m de longueur et de 40 m de largeur.

- Combien de plants doit-il prévoir ?

1 **Indique** les surfaces dont l'aire est égale à 1 m^2. **Justifie** tes réponses.

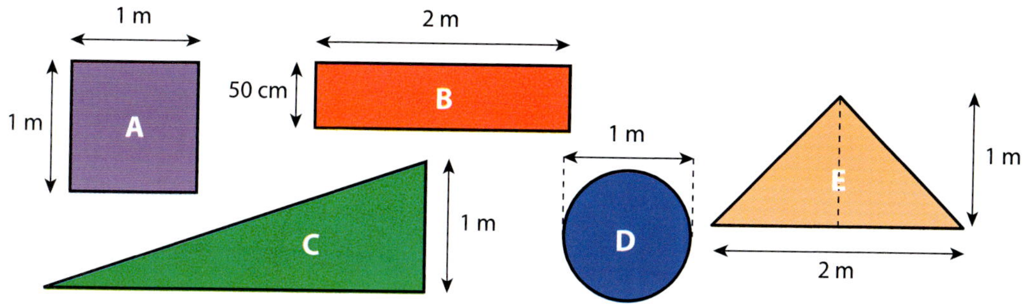

2 **Indique** les objets dont l'aire est supérieure à 1 m^2 :

- le tableau de la classe ;
- le plateau de ta table ;
- la couverture de ton manuel ;
- le sol de la classe ;
- la porte de la classe.

3 **Calcule** l'aire d'un terrain carré dont les côté mesurent 27 mètres.

4 **Calcule** la longueur des côtés d'un carré dont l'aire est égale à 81 m^2.

5 Sandro a dessiné un grand carré de 1 m de côté, puis il a divisé cette surface en petits carrés de 1 cm de côté.
Combien de petits carrés de 1 cm de côté a-t-il pu placer dans le grand carré de 1 m^2 ?

Le coin du malin

Mademoiselle Fleurie souhaite faire des allées de 1 m de large dans son jardin rectangulaire. Elle les dessine sur un plan.

Calcule en m^2 l'aire totale de ces allées.

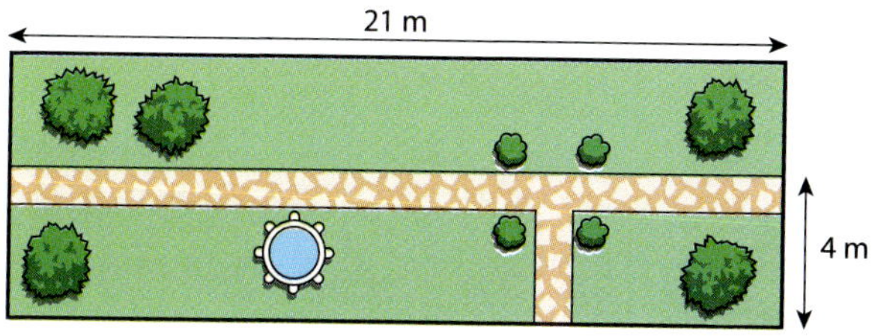

Problème

Voici une annonce immobilière :

À vendre, maison de plain-pied de 130 m^2 habitables comprenant :
- 3 chambres de 12 m^2,
- séjour de 35 m^2,
- cuisine de 15 m^2,
- salle de bains avec WC de 8 m^2,
- couloir de 5 m^2
- grande pièce à aménager.

Quelle est l'aire de la grande pièce ?

Objectifs : Élaborer la description précise d'une figure en utilisant un vocabulaire adapté.

Dans la tête : Furet : compter de dixième en dixième.

Description de figures

Cherchons ensemble

Des élèves ont dessiné des arbres à l'aide de figures géométriques.

a - **Lis** la description de Céline et trouve l'arbre qu'elle a tracé.

b - **Écris** pour chacun des autres arbres une description permettant de les reconnaître.

1 **Décris** chaque figure à l'aide des phrases ci-dessous. Tu peux utiliser plusieurs fois la même phrase.

a - Le cercle a pour diamètre un côté du triangle.

b - Un cercle passe par les sommets d'un triangle.

c - C'est un triangle équilatéral.

d - Un sommet d'un triangle est à l'extérieur d'un cercle.

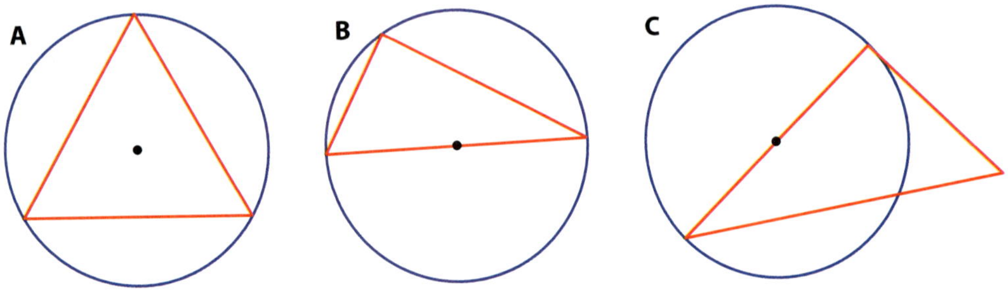

2 **Rédige** une description de cette figure qui permettrait de la reproduire exactement.

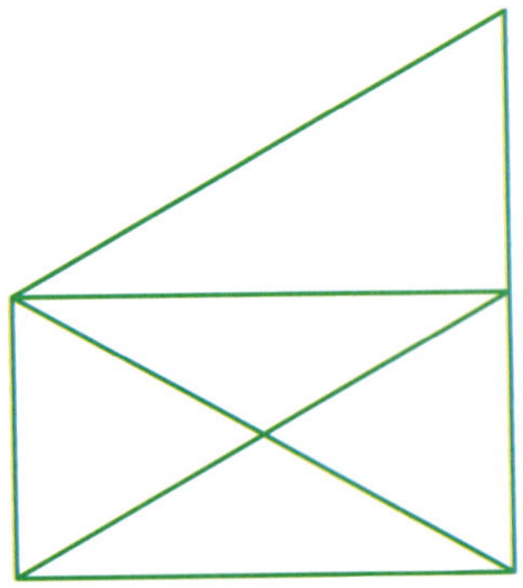

Le coin du malin

En utilisant le nom de figures géométriques :

a - **Indique** le plus précisément possible où se situe la surface jaune ;

b - **Fais** de même pour la surface verte.

Problème

Décris cette figure, puis **reproduis**-la.

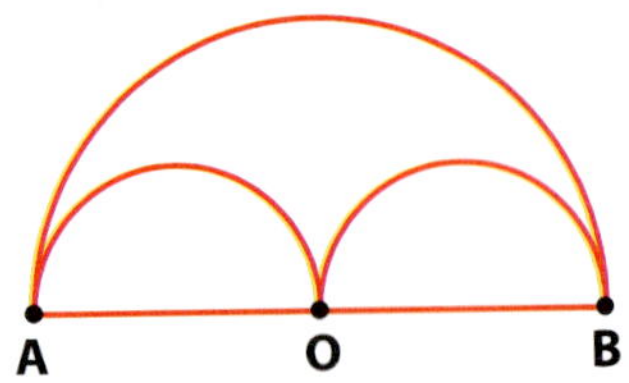

Objectifs : Comparer, ordonner des nombres décimaux.
Dans la tête : Furet : compter de dixième en dixième.

Comparer des nombres décimaux

Cherchons ensemble

Les colonies de fourmis jouent un rôle important dans l'équilibre de la forêt.
Afin de mieux les connaître, des scientifiques ont mesuré la taille moyenne de différentes espèces et ont porté les valeurs dans un tableau.
Roberto voudrait ranger ces valeurs de la plus petite à la plus grande…

• **Aide** Roberto à effectuer ce rangement, puis **explique** comment il faut s'y prendre pour comparer des nombres décimaux.

Espèce	Longueur (cm)
A	1,05
B	0,9
C	0,83
D	1,32
E	1,5
F	0,69

1 **Complète** avec les signes <, > ou =.

2,21 … 1,88   3,25 … 32,5
13 … 12,13   7,4 … 7,45
6,08 … 6,80   2,66 … 2,606
3,045 … 3,05   0,25 … 0,095

2 **Observe** l'exemple pour le nombre 4,5 puis **encadre** chaque nombre entre 2 nombres entiers successifs.

4 < 4,5 < 5

12,63   1,04   7,92   0,243

3 Magali a vidé son porte-monnaie pour comparer sa « fortune » avec celles de ses amis.
a - Qui a plus d'argent que Magali ?
b - Qui a moins d'argent que Magali ?
c - Qui a le plus d'argent ?
d - Qui a le moins d'argent ?

Justine a 19,03 €
Martha a 18,9 €
Wanda a 18,64 €
Robin a 10,86 €
José a 18,06 €

4 **Observe** l'exemple puis **écris** un nombre décimal compris entre les deux nombres.

19,36 < 19,4 < 19,63

14,95 < … < 15,2   78,2 < … < 78,27
0,605 < … < 0,650   3,08 < … < 3,1

5 **Range** les 7 nombres dans l'ordre croissant.

a - 3,5   3,55   35,5   5,03   3,05   5,35   0,35

b - 12,68   126,8   12,6   12,068   1,268   102,68   12,685

Retiens bien

Pour comparer 2 nombres décimaux, on compare dans l'ordre :
– d'abord la partie entière : 9,43 > 8,95
– puis s'il faut, les dixièmes : 9,43 > 9,38
– puis s'il faut, les centièmes : 9,43 > 9,41
– etc.

Problème

Trois pêcheurs parlent de leurs prises.
Marc dit avoir pêché un poisson de 1,63 kg.
Julien dit que le sien pesait 1 kg 638 g.
Hubert dit que son poisson pesait 160,3 dag.
Qui a pris le poisson le plus lourd ?
Qui a pris le poisson le moins lourd ?

Objectifs : Situer des nombres décimaux sur la droite numérique ou sur une graduation.

Dans la tête : Furet : compter de dixième en dixième.

Nombres décimaux et graduations

Cherchons ensemble

Alan s'intéresse à l'organisation d'une fourmilière de fourmis rousses, avec ses 3 sortes de fourmis : les ouvrières, les mâles et les reines. Alan se demande si une ouvrière peut être aussi grosse qu'un mâle, et si un mâle peut être aussi gros qu'une reine… Il a trouvé le tableau ci-contre.

Type de fourmi	Masse minimale (cg)	Masse maximale (cg)
ouvrière	0,7	1,1
Reine	2,9	3,5
mâle	1	2,5

a - Afin de comparer plus facilement ces valeurs, **reproduis** sur ton cahier la droite ci-dessous, graduée en centigrammes.
Place sur cette droite les valeurs du tableau en utilisant une couleur différente pour chaque type de fourmi.

b - **Réponds** aux questions d'Alan.

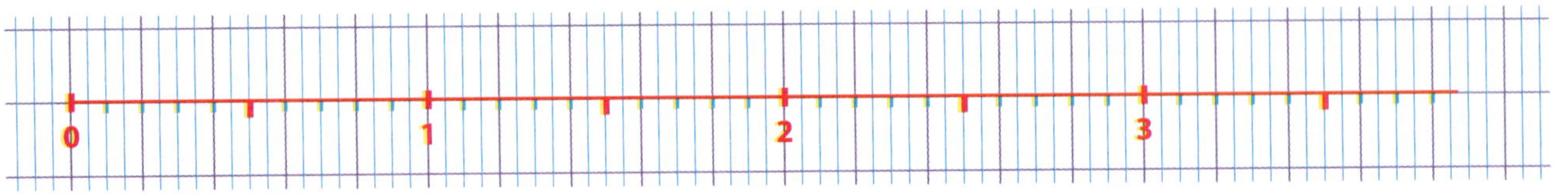

1 **Indique** les nombres décimaux correspondant aux positions repérées sur chaque graduation.

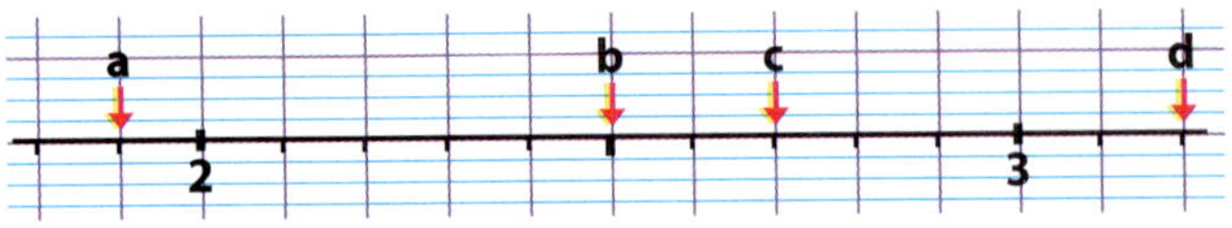

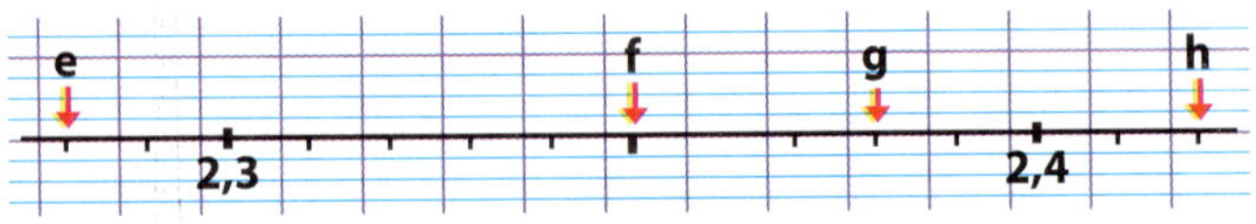

2 **Reproduis** sur ton cahier les 2 droites de l'exercice 1 avec leur graduation. **Place** précisément chacun des nombres ci-dessous sur une des droites que tu choisiras. Si un nombre peut être placé précisément sur les 2 droites, **fais**-le.

2,2   2,41   2,3   2,40   2,37   3,1

3 **Observe** l'exemple, puis **indique** le nombre correspondant à chaque position.

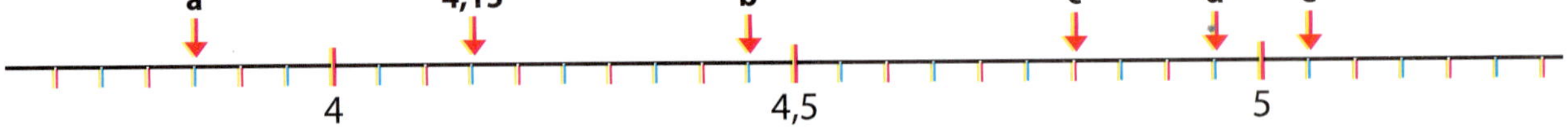

Le coin du malin

Le nombre mystérieux
Ma partie décimale comporte 3 chiffres identiques. Je suis plus grand que 8,5 et plus petit que 8,6. Qui suis-je ?

Problème

Le patron du restaurant ne veut acheter à la ferme que des poulets pesant entre 1,65 kg et 1,7 kg. Le fermier lui présente 6 poulets pesant 1,75 kg, 1,60 kg, 1,68 kg, 1,609 kg, 1,690 kg et 1,708 kg. Lesquels le restaurateur va-t-il acheter ?

Objectifs : Calculer des sommes en euros et en centimes d'euros en utilisant le cas échéant l'écriture décimale.

Dans la tête : Furet : compter de 0,5 en 0,5.

Utiliser la monnaie (2)

1 Le parc naturel.

M. et Mme Haicollot accompagnés de leurs 4 enfants vont visiter un parc en forêt pour y admirer de nombreux animaux sauvages.
M. Haicollot va acheter les billets d'entrée pour toute la famille.

a - Les enfants paient demi-tarif. Quel est le prix d'une entrée pour chaque enfant ?

b - M. Haicollot achète les 6 billets d'entrée. Combien doit-il payer ?

c - Le tarif « famille » qui coûte 30 € permet à toute une famille de rentrer quel que soit le nombre de personnes.
M. Haicollot aurait-il intérêt à prendre ce tarif-là ?

d - M. et Mme Labiche arrivent avec leurs 3 enfants et la grand-mère. Auront-ils intérêt à prendre le tarif « famille » ?

2 Les bonbons.

Trois amis voudraient bien acheter le paquet de bonbons à 3,55 €.

Ils mettent ensemble toute leur monnaie.
Vont-ils pouvoir l'acheter ?

3 Mangez des fruits !

Mme Citrouille achète des fruits pour sa grande famille. Elle achète 3 plateaux de melons, 2 cageots de pêches et une caisse de poires.
Elle paye avec un billet de 50 € et 2 billets de 20 €. Quelle monnaie va lui rendre le marchand ?

4 Chacun sa part.

Après un bon repas au restaurant, 5 amis décident de partager équitablement la note. Celle-ci s'élève à 124 €.
Combien chacun devra-t-il payer ?

5 Très riches et moins riches.

Trois riches personnes expliquent comment leur fortune a varié en un an.
M. Grossoux : « J'avais 956 000 € l'année dernière. Depuis, j'ai perdu un quart de ma fortune. »
Mme Richet : « J'avais 930 000 € l'année dernière. Cette année, j'ai un dixième de cette somme en plus. »
M. Largent : « L'année dernière, j'avais 1 154 000 €. Depuis, ma fortune a diminué de 167 000 €. »
Calcule la somme que chacun possède maintenant.
Qui est le plus riche ? Qui est le moins riche ?

Tous responsables…

L'environnement

Cherchons ensemble

- Comment peut-on éviter de polluer ?
- L'agriculture peut-elle aussi polluer ?
- Et chacun d'entre nous ?

▶ J'observe

▶ **Doc. 1 :** Chaque soir d'été, la plage est jonchée de résidus des activités de touristes peu respectueux de l'environnement.

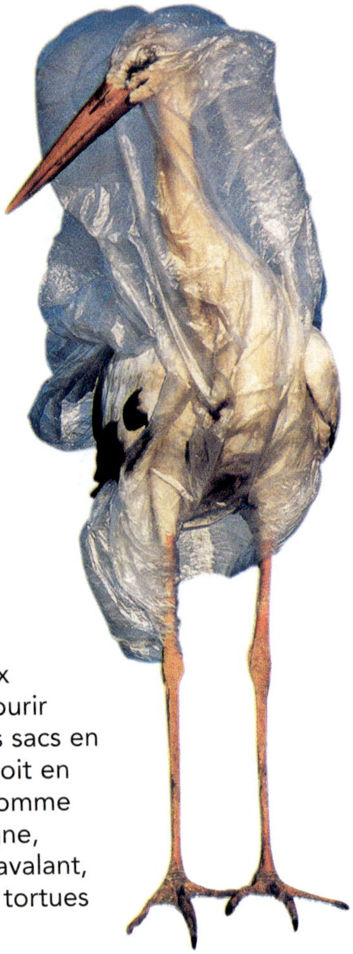

▶ **Doc. 2 :** Les animaux peuvent mourir à cause des sacs en plastique, soit en étouffant comme cette cigogne, soit en les avalant, comme les tortues marines.

◀ **Doc. 3 :** Les poissons sont morts à cause d'une pollution accidentelle.

? Quelles sont les types de pollutions visibles sur ces photographies ?

? Pour chacune, indique ce que l'on peut faire pour l'éviter ?

dans un estuaire ?

Objectifs : Concevoir les conséquences négatives pour l'environnement de certaines activités humaines et quelques principes de développement durable.

Je recherche

L'agriculture utilise souvent des engrais et des substances chimiques pour traiter les cultures. Si elles sont répandues par temps de pluie, elles peuvent polluer les rivières.

Pour un champ de 10 000 m^2, c'est jusqu'à 70 kg de nitrates qui peuvent être ainsi entraînés dans la rivière. Cette pollution est toxique pour les poissons et leur environnement.

En outre, l'eau des rivières finit souvent dans la mer au niveau des estuaires où l'on produit des huîtres… Or, pour avoir des huîtres saines et comestibles, il faut une eau de très bonne qualité, sans polluant !

Des études ont montré qu'une bande d'herbe d'environ 20 m de large au bord des cours d'eau éliminait les quatre cinquièmes de la pollution agricole.

• Que pourrait-on faire pour réduire la pollution des cours d'eau dans une perspective de développement durable ?

Atelier

• Réalise une affiche pour sensibiliser les autres classes à la protection de l'environnement et au développement durable.

Choisis un thème, par exemple : « les sacs en plastique dans la nature », ou « trier les ordures » ou un autre thème…

J'AI COMPRIS

Le développement durable est le fait de développer des activités humaines en sauvegardant les milieux et en empêchant la disparition des espèces animales et végétales. Chacun de nous peut participer à cette action dans sa vie quotidienne.

Objectifs : Se repérer sur un plan ou une carte.

Dans la tête : Furet : compter de 0,5 en 0,5.

Carte et plan (1)

Cherchons ensemble

Observe la carte et **réponds**.

a - **Indique** à l'aide des coordonnées où se trouve l'estuaire de l'Orne.

b - De nombreux canards se regroupent dans cette région l'hiver. Les symboles  indiquent où ils sont observés.
Décris l'emplacement de ces lieux d'observation en utilisant les coordonnées et les informations données par la carte.

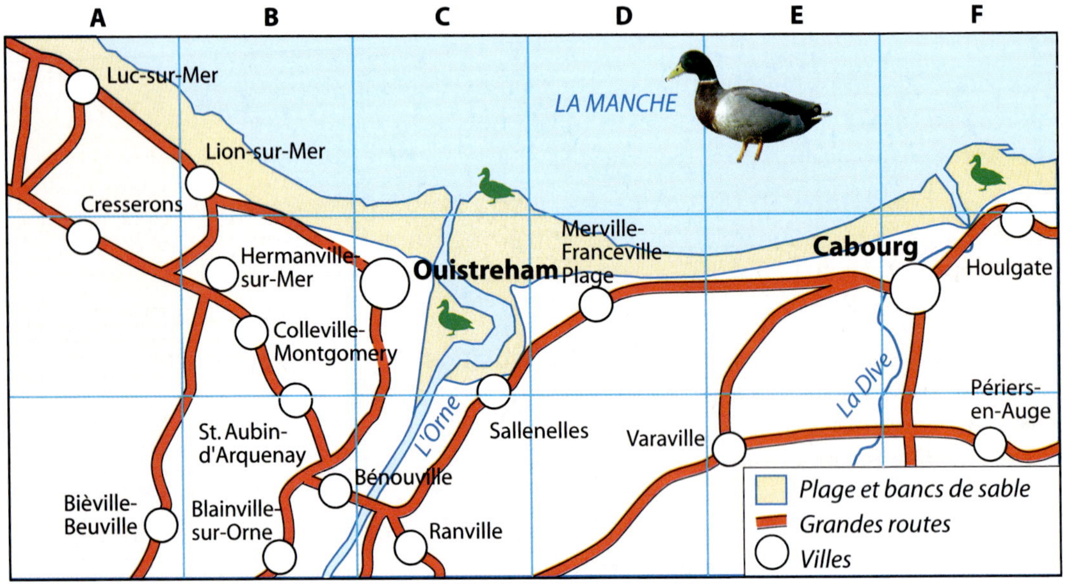

c - Le long de l'Orne se trouvent des vasières où les oiseaux trouvent des algues et des mollusques pour nourriture. Dans quelles villes faut-il séjourner pour se trouver tout près de ces vasières ?

1 En utilisant la carte :

a - **indique** le nom de deux villes côtières ;

b - **indique** deux villes qui ne sont pas situées sur la côte ;

c - **construis** un itinéraire qui permet de se rendre de Blainville-sur-Orne à Cabourg.

2 **Observe** ce plan du centre de Montmorency et **réponds**.

a - Dans quelles rues se trouve le musée J.-J. Rousseau ?

b - Quelles sont les rues que rencontre la rue J.-J. Rousseau ?

c - Sylvie se rend de l'office du tourisme à la place Au Pain. **Écris** dans l'ordre les rues qu'elle va prendre.

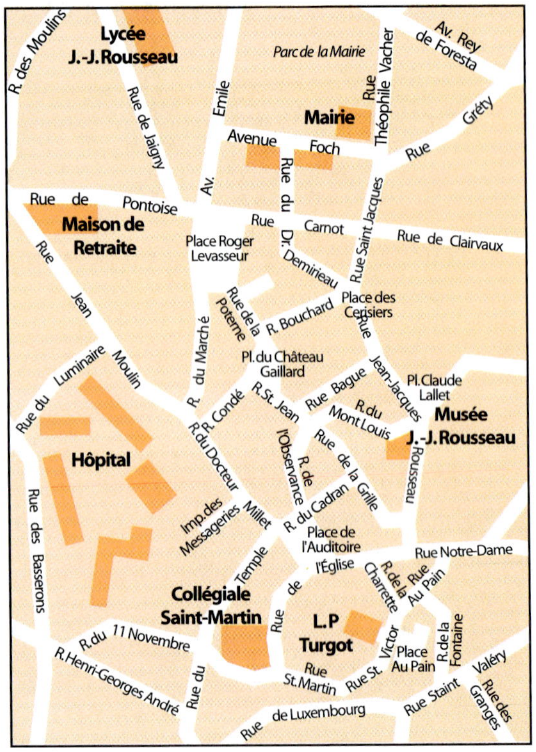

Problème

M. Lamoule est allé en voiture de Luc-sur-Mer à Ranville. Son compteur kilométrique lui indique qu'il a parcouru 15 km 8 hm.

Observe les distances notées sur le schéma et **calcule** la distance de Lion-sur-Mer à Ouistreham.

Objectifs : Évaluer des distances à l'aide d'une carte.
Dans la tête : Furet : compter de 0,5 en 0,5.

Carte et plan (2)

Cherchons ensemble

Observe la carte et **remarque** les nombres qui indique les distance par la route entre les villes.

a - Quelle est la distance par la route entre Granville et Villedieu-les-Poêles ?

b - **Calcule** la distance par la route entre Granville et Vire.

c - Il est indiqué que 1 cm sur la carte correspond à 9 km sur le terrain.
Calcule la distance « à vol d'oiseau », c'est-à-dire en ligne droite, entre Granville et Vire.

d - **Compare** les deux distances trouvées.
Que remarques-tu ?

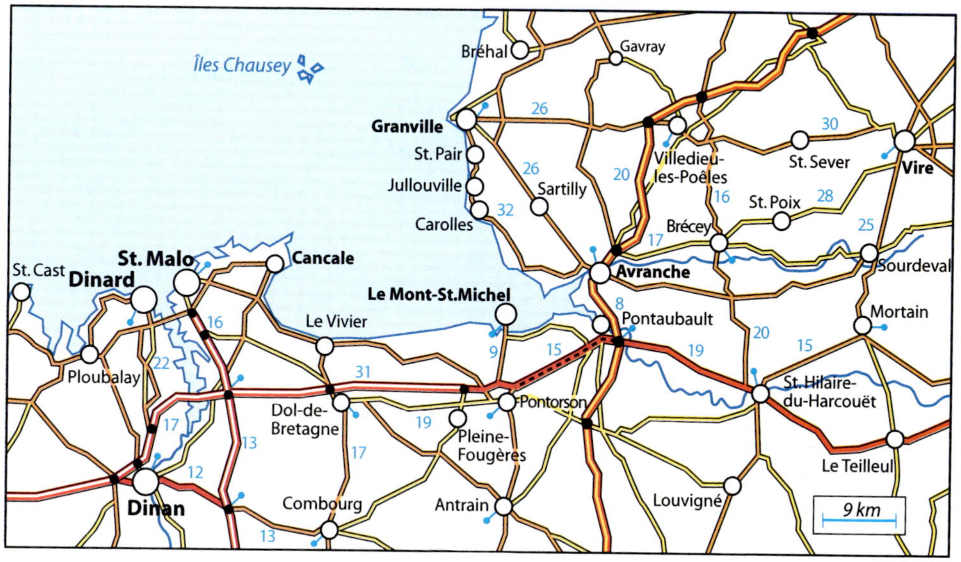

1 **Utilise** la carte ci-dessus pour calculer la distance par la route entre :

a - Pontaubault et Dinan ;

b - Granville et Saint-Hilaire-du-Harcouet.

c - Avranche et Mortain, en passant par St-Hilaire-du-Harcouet.

2 **Utilise** la carte ci-dessus pour calculer la distance à vol d'oiseau entre :

a - Dinard et le Mont-Saint-Michel ;

b - Cancale et Granville ;

c - Saint-Malo et Vire.

3 1 cm sur la carte de David correspond à 2 km 500 m sur le terrain.

a - À quelle distance sur le terrain correspond 8 cm sur la carte ?

b - David veut tracer un trai t sur sa carte représentant 25 km sur le terrain.
Quelle longueur devra-t-il avoir ?

Le coin du malin

En juillet 2000, on a retrouvé un phoque âgé d'une semaine échoué à Jullouville.
Après l'avoir soigné et bagué, il est relâché en décembre 2000 sur la plage du Vivier.
Quelques jours plus tard, il est repéré dans l'estuaire de la Rance, du côté de Dinard.
À nouveau capturé, les scientifiques le relâchent au Mont-Saint-Michel le 17 août 2001.
4 jours plus tard, il était revenu dans l'estuaire !

a - Quels trajets le phoque a-t-il effectués à la nage dans cette histoire ?

b - À l'aide d'un papier calque, **trace** ces trajets et **calcule** approximativement la distance qu'il a ainsi parcourue.

Problème

Au bas de la carte d'Abdel, on trouve cette indication

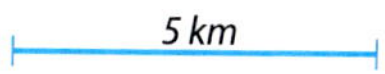

Elle est dessinée ici en vraie grandeur.

a - Que signifie-t-elle ?

b - Abdel mesure sur sa carte la distance à vol d'oiseau entre 2 villes et trouve 6 cm.
Que vaut cette distance sur le terrain ?

Objectifs : Exprimer le résultat d'un mesurage par un encadrement ou une approximation.

Dans la tête : Furet : compter de centième en centième.

Estimer, encadrer une mesure

Cherchons ensemble

L'échasse blanche est un oiseau assez rare en France. Il vit dans des milieux humides (marais, vasières…), comme ceux qui bordent l'estuaire de la Gironde. Au printemps, il s'y reproduit. Chaque couple pond de 3 à 5 œufs, chaque œuf pesant de 18 g à 22 g.

a - Quelle peut être la masse d'une couvée ? **Donne** la plus petite et la plus grande valeur possibles.

b - On estime que 7 poussins sur 10 deviennent des oiseaux adultes.

Calcule une estimation moyenne du nombre d'adultes produit par 50 couples d'échasses blanches.

1 Sur la règle graduée de Fernand, presque tous les traits et les nombres ont été effacés. Sans mesurer toi-même, **fais** une estimation de la longueur en centimètres de chaque segment.

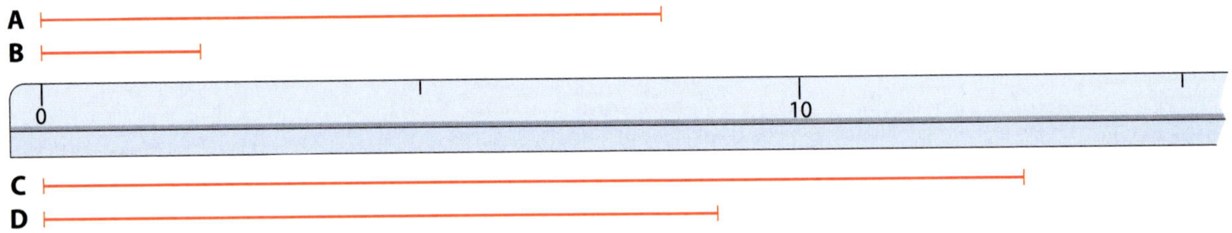

2 Aniara a noté la quantité d'eau que sa famille a consommée chaque jour pendant une semaine. **Fais** une estimation de la quantité d'eau que la famille d'Aniara va consommer en trois mois.

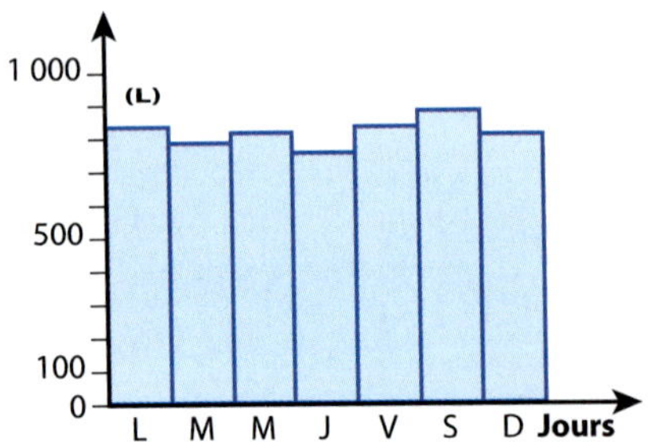

3 Julien se demande combien de pommes il peut y avoir dans un conteneur rempli de 100 kg de pommes. Il prend six pommes différentes, pèse chacune et obtient les masses suivantes : 189 g, 197 g, 212 g, 193 g, 207 g, 204 g. **Aide** Julien en faisant une estimation du nombre de pommes dans le conteneur.

Le coin du malin

4 amis partent faire une promenade sur la plage et chacun emporte un bâton de marche. Corinne mesure 1,77m, Olivier mesure 1,83 m, Valérie mesure 1,68 m et Géraud mesure 1,90m.

a - **Mesure** sur le dessin ci-contre le personnage et son bâton. Que remarques-tu ?

b - Quelle peut être la vraie longueur en centimètres de ce bâton ? **Propose** un encadrement.

Problème

Marc est courageux ! Chaque jour de la semaine, il va courir sur un circuit tracé dans le bois. Suivant les jours, il effectue entre 4 et 6 tours du circuit et il met entre 5 et 7 minutes pour faire un tour. **Fais** une estimation moyenne du temps que Marc passe à courir pendant une semaine.

Objectifs : Estimer l'ordre de grandeur d'un résultat en raisonnant sur des nombres arrondis.

Dans la tête : Furet : compter de centième en centième.

Estimer un résultat

Cherchons ensemble

Une plage est régulièrement souillée par des visiteurs indélicats qui y abandonnent leurs déchets. Durant l'été, des volontaires sont venus nettoyer la plage plusieurs jours de suite et ont pesé chaque fois les déchets abandonnés durant la journée.
Ils ont trouvé en 4 jours : 184 kg, 217 kg, 203 kg et 194 kg.
Trois amies se demandent quelle quantité de déchets peut ainsi être abandonnée pendant toute la saison touristique de mi-juin à fin septembre, c'est-à-dire pendant 3 mois et demi.
Jessica l'estime à 10 t, Marjorie à 20 t et Juliette à 50 t.

• Qui a raison ? **Explique** comment tu peux le savoir sans faire précisément les calculs et en utilisant des nombres arrondis.

1 **Arrondis** les nombres comme sur les exemples :

a - à la centaine la plus proche :

1 314 → 1 300   1 375 → 1 400

821   4 580   1 090   12 309

b - au millier le plus proche :

83 281 → 83 000   83 821 → 84 000

1 723   93 804   1 235   10 125

2 **Trouve** l'étiquette qui correspond au nombre le plus proche du résultat de l'addition.

a - 325 + 78 + 1236

4 400   2 200   1 600   1 400

b - 120 + 6 438 + 15 173 + 83

20 000   80 000   22 000   8 000

3 Le résultat de l'une des multiplications est voisin du nombre inscrit dans l'étiquette. **Trouve** laquelle, sans effectuer les multiplications.

3 800

71 × 42   348 × 11   381 × 9

42 000

58 × 714   6 318 × 6   15 067 × 3

4 Sans calculer précisément les opérations, **associe** chacune à son étiquette.

406 + 83 + 3 924   51 873 – 12 038   69 × 325

3 500   21 000   45 000   4 500   38 000   40 000   18 000

Le coin du malin

Trois élèves ont calculé l'addition :
147 089 + 8 914 + 71 230
Voici leurs résultats :
247 233   227 233   257 233
Trouve le résultat juste sans calculer l'addition précisément.

Problème

Les services de la mairie ont installé 187 poubelles sur les plages et vont changer les sacs tous les jours durant les mois de juin, juillet, août et septembre. La mairie veut acheter en une seule fois tous les sacs nécessaires pour l'été. Le marchand grossiste vend les sacs par 5 000, 15 000, 25 000 ou 50 000.
Quel sera le meilleur choix ?

Objectifs : Effectuer des calculs approchés à la centaine, au millier… en utilisant des nombres arrondis.

Dans la tête : Furet : compter de centième en centième.

Calculs approchés

Cherchons ensemble

Le père de Mathieu est ostréiculteur. À l'approche des fêtes de fin d'année, il récolte une grande quantité d'huîtres.
Aujourd'hui, il a récolté 53 bourriches contenant chacune environ 8 douzaines d'huîtres.
Il va continuer à récolter les huîtres à peu près à ce rythme pendant un mois.
Mathieu voudrait faire une estimation du nombre total d'huîtres que son père va ainsi récolter…

• Pour l'aider, **écris** le produit multiple permettant de le calculer, puis **fais** un calcul approché en arrondissant les nombres

1 **Observe** les exemples puis effectue un calcul approché en arrondissant les nombres :

a - à la centaine la plus proche : 2 428 + 1 709 → 2 400 + 1 700 = 4 100

6 332 + 3 896 → …　　914 + 3 087 → …　　612 + 97 + 2 125 → …

b - au millier le plus proche : 13 937 + 40 214 → 14 000 + 40 000 = 54 000

47 954 + 20 213 → …　　9 782 + 31 214 → …　　12 802 + 963 + 89 806 → …

2 **Calcule** une valeur approchée des produits :

a - à la centaine (le nombre doit se terminer par « 00 ») : 163 × 21 → 160 × 20 = 3 200

28 × 31 → …　　112 × 47 → …　　61 × 89 → …

b - au millier (le nombre doit se terminer par « 000 ») : 2 743 × 29 → 2 800 × 30 = 84 000

886 × 42 → …　　6 073 × 58 → …　　3 692 × 19 → …

3 **Fais** un calcul approché des sommes pour les comparer et compléter avec les signes < ou >.

578 + 219 … 415 + 477

1 924 + 886 … 1 231 + 1 392

4 **Calcule** les sommes en arrondissant les nombres au million le plus proche.

25 236 700 + 16 872 650 → …

76 805 000 + 8 198 300 → …

Retiens bien

Pour calculer l'ordre de grandeur d'un résultat, on fait un calcul approché en arrondissant les nombres, selon les cas, à la dizaine, à la centaine, au millier…

Problème

L'ostréiculteur récapitule le nombre de douzaines d'huîtres qu'il a vendues au cours des 5 journées de travail de cette semaine : 412, 283, 826, 191, 625.
Il pense avoir vendu plus d'huîtres que la semaine précédente où ses ventes s'élevaient à environ 2100 douzaines.
A-t-il raison ? **Fais** un calcul approché pour répondre.

Objectifs : Lire et exploiter les données d'un graphique ; compléter un graphique.

Dans la tête : Double d'un nombre décimal (à une décimale : 4,3 ; 6,8 ; 12,7… avec $n < 50$)

Exploiter un graphique (2)

1 Alerte à la pollution !

Benjamin habite près de l'estuaire d'un petit fleuve côtier qui a souffert de la pollution. Des garde-pêche ont observé comment la population de poissons a varié durant quelques années en comptant les poissons sur une petite partie de l'estuaire. Ils ont regroupé leurs résultats dans un tableau et un graphique, que Benjamin a recopiés en partie.

Années	1995	1996	1997	1998	1999	2000	2001	2002	2003	2004	2005	2006	2007
Population de poissons	290							60	80	100	140	160	190

a - **Reproduis** le graphique puis **complète**-le grâce aux valeurs du tableau : **place** les points manquants puis **joins**-les par des segments.

b - D'après le graphique, quelle était la population de poissons en 1996 ? En 1997 ?

c - Entre 1996 et 2000, la pollution agricole a beaucoup augmenté. De combien la population de poissons a-t-elle diminué entre ces 2 dates ?

d - En 2000, l'estuaire a subi une pollution chimique accidentelle. De combien le nombre de poissons a-t-il diminué en un an ?

e - À partir de 2002, on a réduit la pollution agricole. Comment a varié ensuite le nombre de poissons ? Quand a-t-il retrouvé la même valeur qu'en 2000 ?

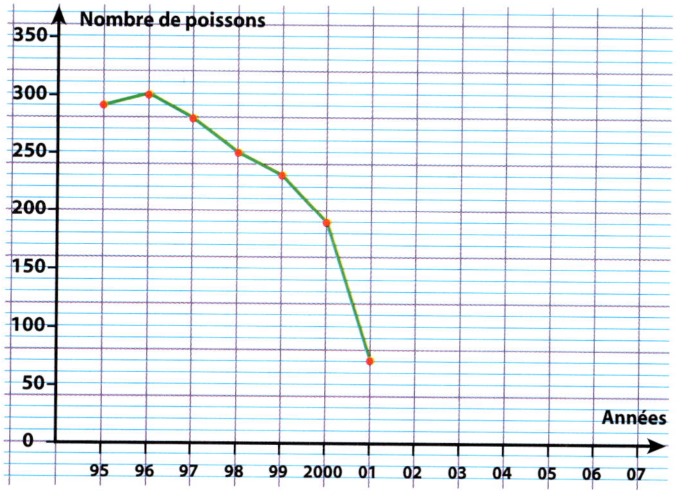

2 La température.

Florence a visité une petite station météorologique. La température y est relevée au début de chaque heure, tout au long du jour. Pour voir comment la température a varié pendant un jour, Florence a commencé un graphique et elle a noté d'autres valeurs dans un tableau.

Heures	12	13	14	15	16	17	18	19	20	21	22	23	0
Température (degrés)	19	21,5	23	24	23,5	22	21	20		17,5	15	13	11

a - **Reproduis** le graphique sur du papier millimétré, puis **complète**-le grâce aux valeurs du tableau. **Trace** à main levée une ligne qui passe par tous les points que tu as placés.

b - Grâce à la ligne tracée, **indique** la température approximative à 11 h et à 20 h.

c - Quelles ont été les valeurs minimale et maximale de la température ce jour-là ?

d - À quel moment la température a-t-elle le plus augmenté en une heure ?

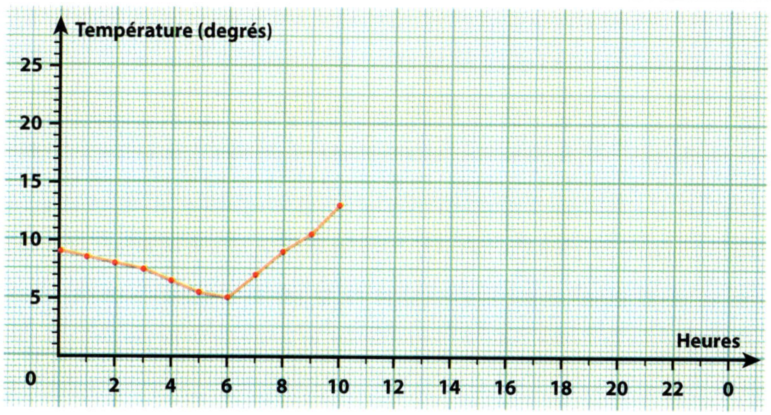

Objectifs : Maîtriser les notions mathématiques étudiées de la page 176 à la page 180.

ENTRAÎNEMENT 9

Module 17

1 **Complète** avec les signes <, > ou =. (Page 179)

a - 4,2 … 3,9 — 6,3 … 6,7 — 1,01 … 0,97 — 0,46 … 0,37

b - 71,3 … 7,13 — 12,09 … 12,9 — 9,80 … 9,8 — 6,051 … 6,05

2 **Range** les 7 nombres dans l'ordre croissant. (Page 179)

a - 6,4 — 6,048 — 6,48 — 6,04 — 6,428 — 6,42 — 4,86

b - 20,73 — 2,073 — 20,7109 — 20,710 — 20,703 — 207,30 — 20,738

3 **Écris** un nombre décimal compris entre les deux nombres. (Page 179)

a - 4,5 < … < 4,9 — 12,8 < … < 13,1 — 0,7 < … < 1 — 8,6 < … < 9,6

b - 8,49 < … < 8,51 — 20,708 < … < 20,780 — 14,6 < … < 14,61 — 6,93 < … < 6,931

4 **Indique** le nombre décimal correspondant à chaque position repérée. (Page 180)

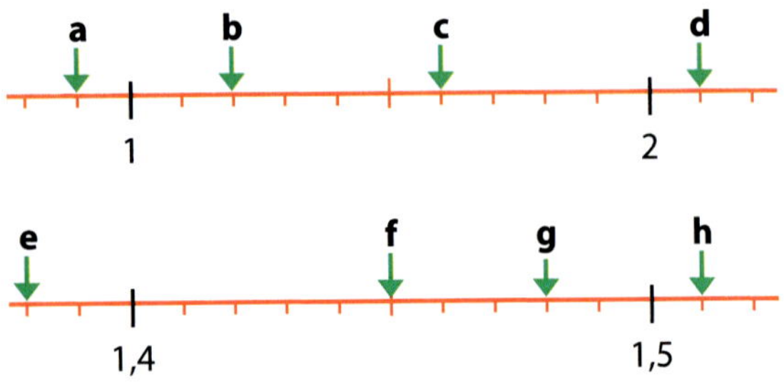

5 **Indique** le nombre décimal correspondant à chaque position repérée. (Page 180)

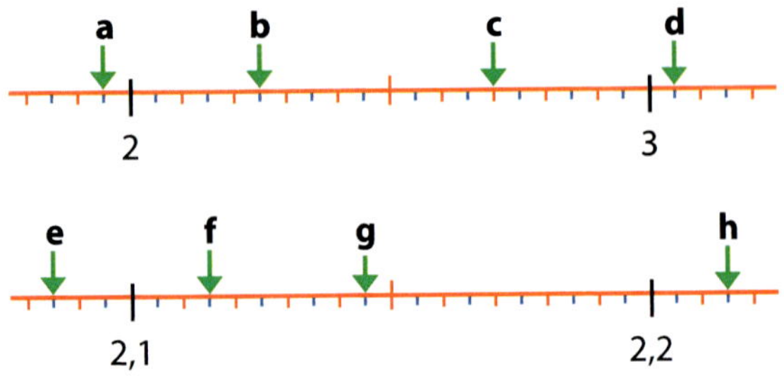

6 **Reproduis** sur ton cahier les 2 droites de l'exercice 4 avec leur graduation. (Laisse un espace de 4 carreaux entre les 2 lignes.) **Place** précisément chacun des nombres ci-dessous sur une des droites que tu choisiras. Si tu peux placer un nombre précisément sur les 2 droites, **fais**-le. (Page 180)

1,3 — 0,8 — 1,39 — 1,50 — 1,46 — 2,2 — 1,52

7 **Mesure** les côtés du polygone et calcule son aire en cm^2. (Page 180)

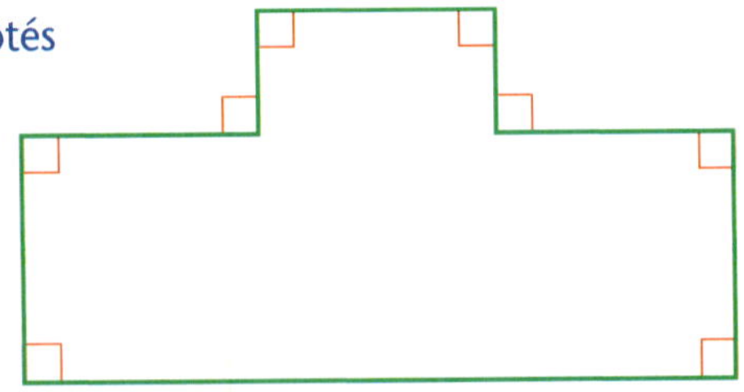

8 **a** - **Observe** les dimensions du carré et **calcule** son aire en m^2.

b - Combien mesure l'aire du triangle coloré ? (Page 177)

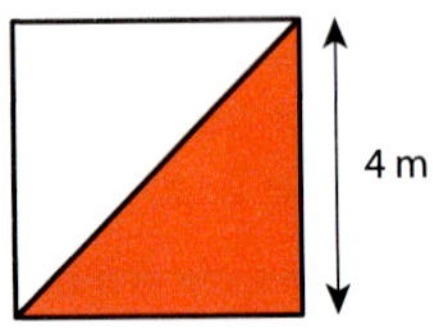

9 **Calcule** l'aire d'un terrain carré dont les côtés mesurent 15 m. (Page 177)

10 L'aire d'un rectangle est égale à 35 m^2. Son petit côté mesure 5 m. Combien mesure son grand côté ? (Page 177)

Objectifs : Maîtriser les notions mathématiques étudiées de la page 184 à la page 188.

Module 18

1 Arrondis les nombres : (Page 187)

a - à la dizaine la plus proche :

83 12 139 68

b - à la centaine la plus proche :

228 3 056 98 987

c - au millier le plus proche :

53 187 6 903 20 814 69 813

d - au million le plus proche :

28 792 600 3 293 000 143 903 000

2 Trouve l'étiquette qui correspond au nombre le plus proche du résultat de l'addition. (Page 187)

a - 49 + 73 + 238

250	420	320	350

b - 141 + 319 + 537

1 000	950	880	900

c - 222 + 3 608 + 2 884 + 36

7 000	6 200	6 700	5 800

d - 6 313 + 14 083 + 9 179 + 754

29 000	31 000	26 000	40 000

3 Trouve l'étiquette correspondant au nombre le plus proche du résultat de la multiplication. (Page 187)

a - 48 × 63

3 500	3 000	2 500	2 000

b - 474 × 11

7 400	4 000	6 000	5 000

4 Fais un calcul approché en arrondissant les nombres : (Page 187)

a - à la centaine la plus proche :

823 + 2 693 → … 3 769 + 12 613 → …

186 + 4 115 + 3 978 → … 89 + 6 817 + 7 026 → …

b - au millier le plus proche :

23 315 + 9 874 → … 66 912 + 19 225 → …

12 738 + 8 166 + 215 → … 43 039 + 39 654 + 982 → …

c - à la dizaine de milliers la plus proche :

127 673 + 462 999 → …

88 390 + 203 700 → …

d - au million le plus proche :

43 853 000 + 13 197 000 → …

892 500 + 26 087 500 → …

5 Calcule une valeur approchée des produits : (Page 188)

a - à la centaine :

39 × 52 → … 152 × 21 → … 68 × 83 → …

b - au millier :

196 × 38 → … 5 190 × 29 → … 777 × 83 → …

6 Sans mesurer, fais une estimation de la longueur en centimètres de chaque segment. (Page 186)

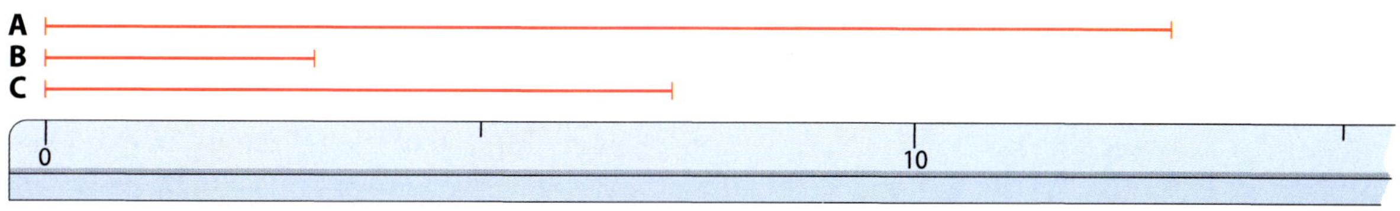

Objectifs : Évaluer les notions mathématiques étudiées de la page 176 à la page 189.

BILAN 9

1 **Complète** avec les signes <, > ou =.

7,3 … 6,8 — 9,9 … 9,95

12,30 … 12,03 — 5,2 … 5,20

2 **Range** les 7 nombres dans l'ordre croissant.

8,03 — 8,30 — 3,89 — 3,98

8,309 — 8,930 — 9,803

3 **Encadre** chaque nombre entre 2 nombres entiers successifs.

7,6 — 12,01 — 11,83 — 0,51

4 **Écris** un nombre compris entre les 2 nombres.

15,4 < … < 15,7 — 7,9 < … < 8,4

14,06 < … < 14,60 — 8,6 < … < 8,65

5 **Indique** les nombres décimaux repérés.

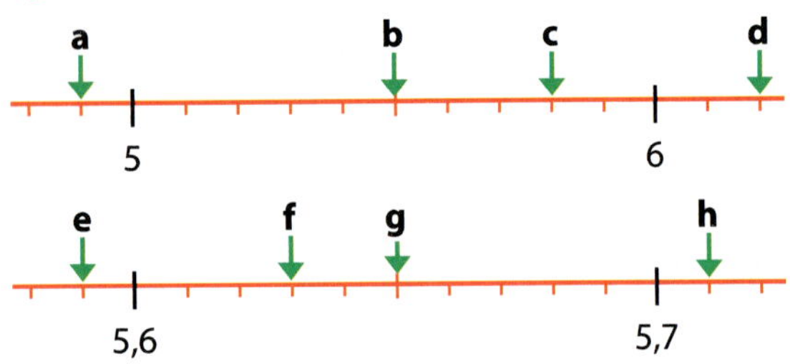

6 **Reproduis** les 2 droites de l'exercice 5 et place précisément les nombres ci-dessous.

Si tu peux placer précisément un nombre sur les deux droites, **fais**-le.

5,3 — 5,64 — 5,70

6,1 — 5,69 — 5,72

5,58 — 4,8

7 **Trouve** l'étiquette qui correspond au nombre le plus proche du résultat de l'opération.

a - 195 + 3 284 + 2 815

6 000 — 6 600 — 69 000 — 6 300

b - 6 273 + 24 903 + 1 128 + 75

32 000 — 25 000 — 10 000 — 35 000

c - 58 × 32

1 500 — 1 800 — 3 100 — 2 100

d - 612 × 59

3 000 — 6 300 — 4 000 — 3 600

8 **Fais** un calcul approché en arrondissant les nombres :

a - à la centaine la plus proche :

732 + 1 586 → … — 1 021 + 97 + 2 578 → …

b - au millier le plus proche :

12 682 + 8 293 → … — 87 + 6 803 + 24 100 → …

9 Une machine fabrique en série une tige dont la longueur doit être très précise : elle doit mesurer entre 38,4 mm et 38,5 mm.
Un contrôleur a mesuré 6 pièces fabriquées et a trouvé les longueurs suivantes (en millimètres) :
38,39 - 38,42 - 38,04 - 38,405 - 38,53 - 38,50.
Quelles pièces ont une longueur correcte ?

10 Trois amis mesurent la contenance de leur gourde à l'aide d'un récipient gradué.
Romain trouve 25,4 cL.
Éric trouve 2 dL 5 cL.
Mawuena trouve 0,26 L.
Qui a la gourde la plus grande ?
La plus petite ?

11 Durant 46 semaines dans l'année et 5 jours par semaine, 294 personnes mangent à midi dans le restaurant de l'entreprise. Chacun prend une serviette en papier.
Le directeur veut commander la quantité de serviettes nécessaire pour l'année. Le fournisseur lui propose des lots de 25 000, 50 000, 75 000 ou 100 000 serviettes.
Quel lot doit-il choisir ? **Fais** une estimation.

12 **Mesure** les dimensions du carré et du rectangle, puis **calcule** en cm^2 l'aire de chaque figure.

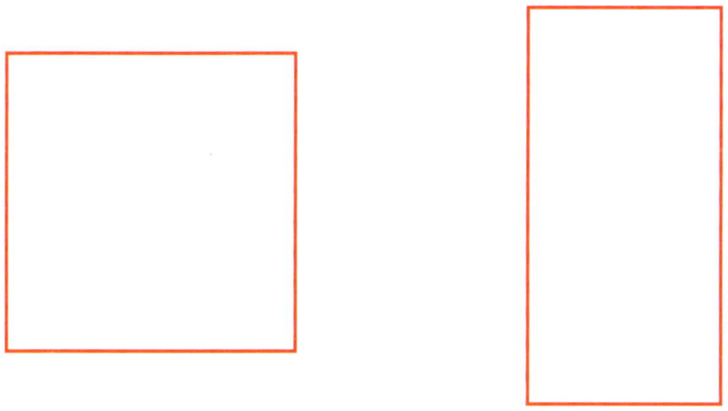

13 **a** - **Observe** les dimensions du rectangle et **calcule** son aire en m^2.

b - Combien mesure l'aire du triangle coloré ?

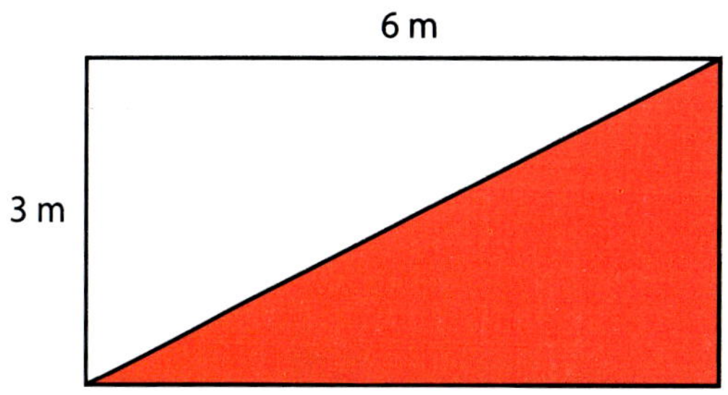

14 **Construis** un polygone de 6 côtés ayant une aire égale à 15 cm^2.

15 Un petit jardin carré a une aire de 49 m^2.
Combien mesurent les côtés du jardin ?

16 **a** - En utilisant les noms des différentes figures, **indique** le plus précisément possible où se situe la surface verte.

b - **Fais** de même pour la surface rouge.

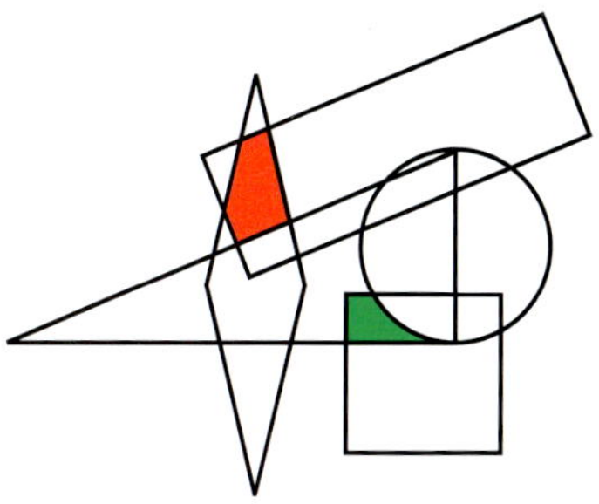

17 **Rédige** une description de cette figure qui permette de la reproduire exactement.

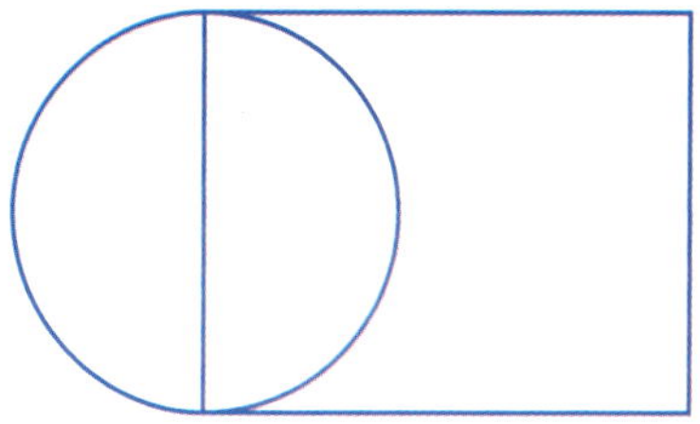

18 Sans mesurer, **fais** une estimation de la longueur de chaque segment.

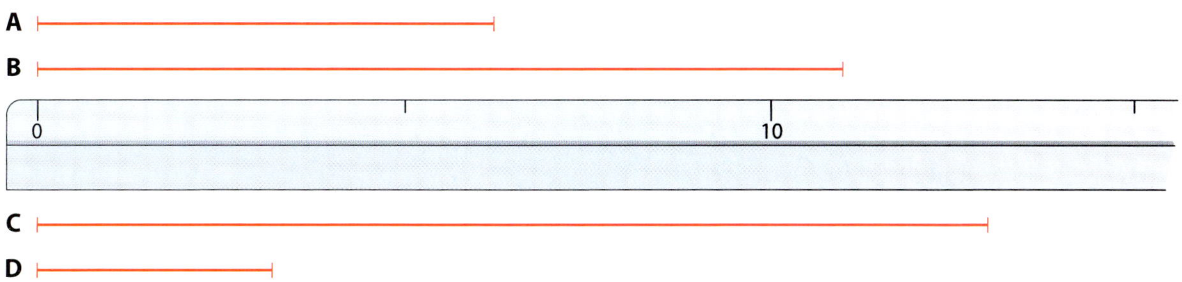

19 Soucieuse de sa santé, Rabbia mange chaque jour plusieurs fruits. Elle a eu la curiosité de peser, lors de 5 jours consécutifs, tous les fruits qu'elle a consommés durant la journée. Voici les valeurs qu'elle a obtenues :

424 g - 437 g - 378 g - 386 g - 409 g

Quelle quantité de fruits Rabbia mange-t-elle en un mois ?
Fais une estimation.

20 Vanessa se demande combien de temps elle passe à prendre ses repas jour après jour.
Elle a pu observer sur quelques jours qu'elle passait de 10 min à 20 min pour le petit déjeuner, de 30 à 50 min pour le repas de midi et de 40 à 60 min pour le repas du soir.
Fais une estimation du temps que Vanessa passe à table durant un mois.

Comment avance

Cherchons ensemble

- **Comment peut-on aller plus ou moins vite à vélo en pédalant toujours au même rythme ?**
- **À quoi sert la chaîne sur un vélo ?**
- **Les vélos ont-ils toujours ressemblé aux vélos actuels ? Depuis quand existent-ils ?**

J'observe

Doc. 1 : Un des premiers vélos à pédales : le vélocipède Michaux (1861).

- Quelles sont les principales différences entre ce vélocipède et une bicyclette actuelle ?
- Combien de tours fait la roue avant pour un tour de pédales ?

Doc. 2 : Une course en Grand Bi vers 1880.

- Dans quel but la roue avant du Grand Bi est-elle aussi grande ?
- Quels pouvaient être les inconvénients de cette grande taille ?

- À quoi sert la chaîne sur ce vélo ?
- Quel équipement complémentaire les bicyclettes actuelles possèdent-elles pour faciliter le pédalage ?

Doc. 3 : Une bicyclette en 1935.

la bicyclette ?

Objectifs : Comprendre le système de transmission du mouvement par chaîne et roues dentées et le principe de la surmultiplication en fonction du nombre de dents du pédalier et du pignon.

▶ Je recherche

Sébastien cherche à comprendre à quoi servent les différents pignons qui se trouvent sur la roue arrière de son vélo. Pour cela, il place la chaîne sur un pignon et observe de quelle distance le vélo avance pour un tour complet de pédalier : cette distance est appelée « développement ».
En répétant cette mesure pour chaque pignon, il remplit le tableau ci-dessous.
Il observe également que le pédalier comporte 48 dents et que le périmètre de la roue mesure 2,10 m : c'est la distance parcourue pour un tour de roue.

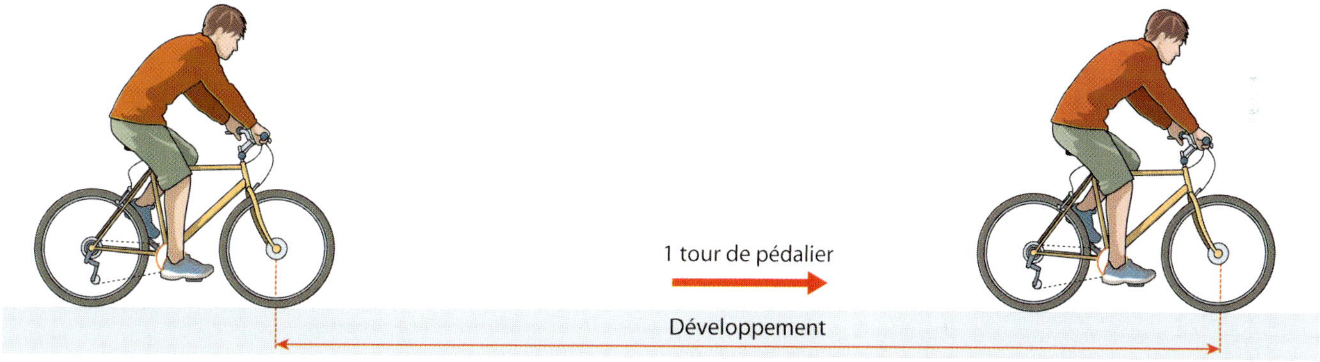

• Pour chaque pignon, multiplie le nombre de dents par le nombre de tours : que remarques-tu ? Comment peux-tu expliquer cela ?

Pignons	Nombre de dents	Développement	Nombre de tours de roue
petit	12	8,4 m	4
moyen	16	6,3 m	3
grand	24	4,2 m	2

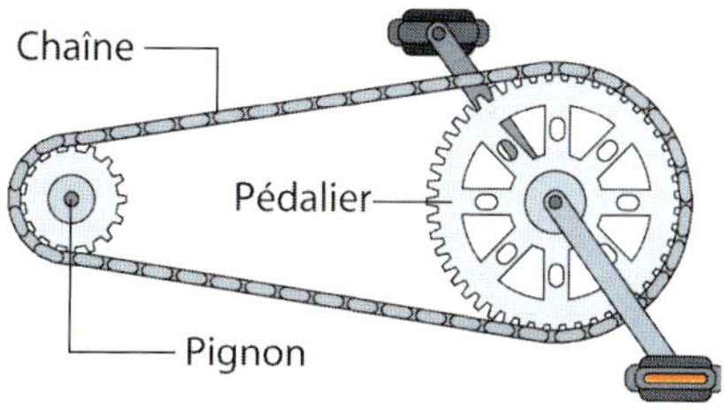

• Quelle relation observes-tu entre le développement et le nombre de tours de roue ?

• En pédalant toujours au même rythme, avec quel pignon Sébastien ira-t-il le plus vite ?

Atelier

• Observe un vélo et explique comment fonctionne le dérailleur qui permet de changer de vitesse, puis les freins. Dessine le vélo et indique en légende le nom des différentes parties.

J'AI COMPRIS

Sur les vélos modernes, la roue arrière est équipée de plusieurs pignons différents. Le pédalier entraîne un des pignons par l'intermédiaire d'une chaîne. La distance effectuée pour un tour de pédales dépend du nombre de dents du pédalier et du pignon. Le pignon le plus petit est celui qui fait le plus grand nombre de tours pour un tour du pédalier, et qui permet donc d'aller le plus vite.

Objectifs : Découvrir les propriétés de la représentation graphique d'une relation de proportionnalité.

Dans la tête : Double d'un nombre décimal (à une décimale : 4,3 ; 6,8 ; 12,7… avec $n < 50$).

Proportionnalité (3)

Cherchons ensemble

Chimène veut vérifier que la distance qu'elle parcourt avec son vélo est bien proportionnelle au nombre de tours de pédales. Elle place sa chaîne sur le grand pignon de la roue arrière et elle mesure la distance parcourue pour 1 tour de pédale, puis pour 2 tours, puis pour 3 tours, etc.
Elle a commencé à construire le tableau ci-dessous.

Nombre de tours	1	2	3	4	5	10	15	
Distance (m)	4	8	12	16				80

a - Est-ce un tableau de proportionnalité ? Pourquoi ?

b - **Reproduis** et **complète** le tableau.

c - Chimène a aussi commencé un graphique. Comment les points sont-ils disposés ?

d - **Reproduis** le graphique et **complète**-le en plaçant les points pour 5, 6, 7 et 8 tours de pédales.
Prolonge le trait joignant les points.

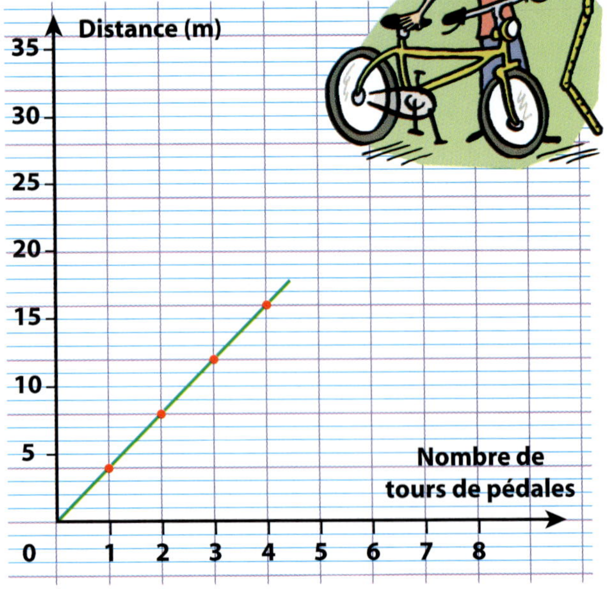

1 Le boulanger vend sa baguette 60 c. Il a commencé un tableau et un graphique pour connaître le prix à demander pour différents nombres de baguettes.

Nombre de baguettes	2	3	4	5	6	8	10	12
Prix (centimes)	120	180						

a - **Reproduis** et **complète** le tableau.

b - **Reproduis** le graphique et **complète**-le en plaçant les points correspondant à 4, 5, 6 et 8 baguettes.
Trace une ligne joignant les points.

c - Combien de baguettes doit vendre le boulanger pour recevoir 4 € 20 c ?

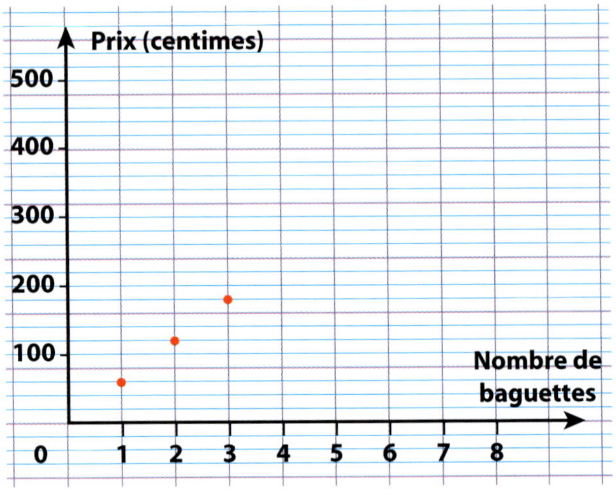

Retiens bien

S'il y a proportionnalité, les points du graphique sont alignés.

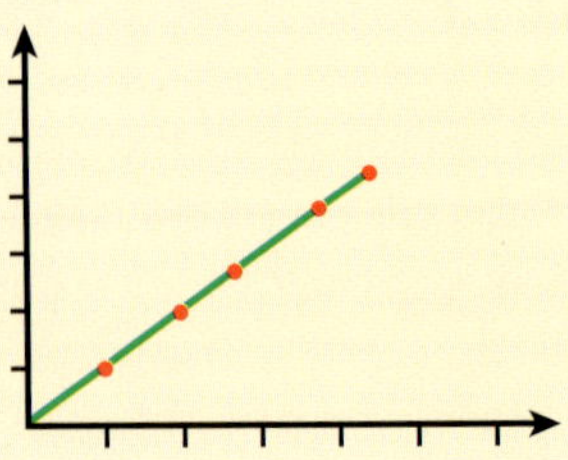

Problème

Dans son expérience avec son vélo (voir en haut de page), Chimène place maintenant sa chaîne sur le petit pignon. Elle constate alors que pour 4 tours de pédales, elle parcourt 26 m.

a - **Place** le point correspondant sur le graphique que tu as tracé.

b - Quelle distance Chimène va-t-elle parcourir avec 5 tours de pédales ? (**Aide**-toi du graphique pour répondre !)

Objectifs : Discerner des situations de proportionnalité et de non-proportionnalité.

Dans la tête : Double d'un nombre décimal (à une décimale : 4,3 ; 6,8 ; 12,7… avec $n < 50$).

Proportionnalité (4)

Cherchons ensemble

Thibaud et sa famille veulent louer des vélos, mais ils hésitent entre 2 loueurs…

a - **Observe** les tarifs des 2 magasins et **dis** pour chacun si le prix est proportionnel à la durée. **Justifie** tes réponses.

b - Chez quel loueur Thibaud et sa famille auront-ils intérêt à louer des vélos pendant 3 jours ? Pendant 5 jours ? Pendant une semaine ?

c - **Calcule** le coût de location d'un vélo chez chaque loueur pour 10 jours, puis pour 2 semaines.

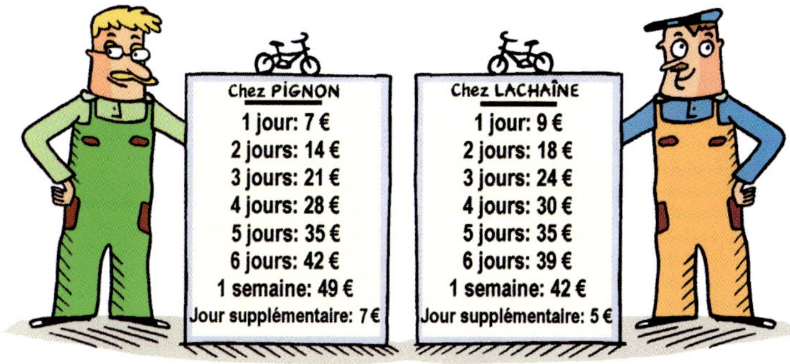

1 Thibaud a commencé à tracer un graphique.
Les points verts représentent le prix chez Pignon et les points rouges représentent le prix chez Lachaîne.

a - **Reproduis** le graphique et **continue** à placer les points rouges et verts pour 4, 5, 6 et 7 jours.

b - **Joins** les points rouges par un trait rouge et **joins** les points verts par un trait vert. Quel trait peux-tu tracer à la règle ?

c - Pour quel loueur le graphique permet-il de trouver facilement le prix pour 8 jours de location ?

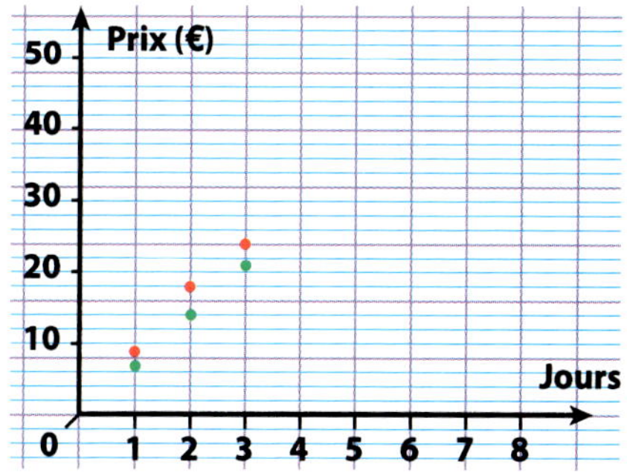

3 Valentine construit des carrés de 2 cm, 3 cm, 4 cm… de côté.
Elle calcule pour chacun le périmètre et l'aire, puis note ses résultats dans 2 tableaux.

Côté (cm)	2	3	4	5	6			
Périmètre (cm)	8	12				80	160	280

Côté (cm)	2	3	4	5	6			
Aire (cm²)	4	9				100	400	900

a - **Reproduis** les 2 tableaux et **complète** les cases pour des côtés de 4, 5 et 6 cm.

b - Chaque tableau est-il un tableau de proportionnalité ? **Justifie** tes réponses.

c - **Termine** de remplir les tableaux.
(Attention ! Les longueurs à inscrire ne sont pas les mêmes dans les 2 tableaux.)

Le coin du malin

Karine et Ingrid assistent à une course cycliste sur piste. Leur coureur préféré a effectué un tour en 15 s, 2 tours en 30 s, 3 tours en 47 s.
Karine dit alors : « il va boucler les 30 tours de la course en 470 s.»
Ingrid n'est pas d'accord…

Qu'en penses-tu ?

Problème

Lorsque Clément utilise le petit pignon de son vélo, il parcourt 20 m en 3 tours de pédales. Quand il utilise le grand pignon, il parcourt 15 m en 4 tours de pédales.
Pour aller jusqu'à chez sa grand-mère, Clément effectue d'abord 400 m avec le petit pignon, puis 300 m avec le grand pignon.

Combien fait-il de tours de pédales en tout ?

Objectifs : Calculer, utiliser la vitesse moyenne lors d'un déplacement ; connaître les unités usuelles de vitesse.

Dans la tête : Moitié d'un nombre décimal (à une décimale : 4,3 ; 6,8 ; 12,7… avec $n < 50$).

La vitesse

Cherchons ensemble

Kévin a installé un compteur sur sa bicyclette qui lui permet de connaître la distance parcourue. Lundi, il a parcouru 7 500 m en 30 minutes.

a - Calcule combien de mètres Kévin a parcouru en moyenne durant une minute.
Ce nombre correspond à sa **vitesse** en **mètres par minute (m/min)**.

b - S'il continue à rouler toujours à cette même vitesse, combien de kilomètres va-t-il parcourir en une heure ? **Exprime** sa vitesse en **kilomètres par heure (km/h)**.

c - Mardi, Kévin a parcouru 3 300 m en 11 minutes. Quel jour a-t-il été le plus rapide : lundi ou mardi ?

1 **Calcule** la vitesse :

a - d'un cycliste qui parcourt 2 943 m en 9 min (**exprime**-la en mètres par minute) ;

b - d'un automobiliste qui parcourt 364 km en 4 h (**exprime**-la en kilomètres par heure).

2 Le cycliste roule à la vitesse constante de 24 km/h.

a - Combien de kilomètres parcourt-il en 3 heures ?

b - Combien de kilomètres parcourt-il en une demi-heure ?

c - Combien de mètres parcourt-il en une minute ?

3 Grâce à son compteur, Magali a constaté qu'elle roulait souvent à la vitesse de 16 km/h avec son vélo. Elle se demande quelle distance elle parcourt ainsi en plusieurs heures, si elle continue à rouler toujours à cette même vitesse. Elle a commencé à construire un tableau de proportionnalité.
Reproduis-le et **complète**-le.

Durée (heures)	1	2	4	8				
Distance (km)	16				48	80	120	200

4 Olivier et Nathan font souvent du vélo ensemble. Ils comparent leurs performances.
Olivier a parcouru 3 km en 8 min.
Nathan a parcouru 2 800 m en 7 min.
Lequel a été le plus rapide ?

Retiens bien

En avançant à la vitesse de 60 kilomètres par heure (60 km/h), on parcourt 60 km en une heure.

60 km/h, c'est aussi 1 km/min.

Problème

Valérie a chronométré son chien en train de courir. Elle a mesuré qu'il parcourait 10 m en une seconde.

Quelle est sa vitesse en kilomètres par heure ?

Objectifs : Connaître, vérifier, exploiter les conditions d'agrandissement ou de réduction de figures.

Dans la tête : Moitié d'un nombre décimal (à une décimale : 4,6 ; 6,5 ; 12,7… avec $n < 50$).

Réduction et agrandissement de figures (1)

Cherchons ensemble

Tom et Tim ont trouvé une figure géométrique qui représente un grand bi ! Tous les deux l'ont reproduite en l'agrandissant, mais ils s'y sont pris de deux façons différentes.

a - **Explique** comment chacun a procédé.

b - Par quel nombre la longueur de chaque trait a-t-elle été multipliée ?

c - **Reproduis** le grand bi sur un quadrillage à petits carreaux, en multipliant cette fois ses dimensions par 3.

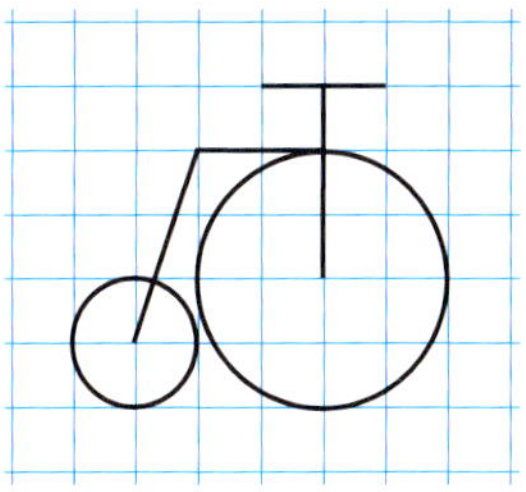

Le modèle

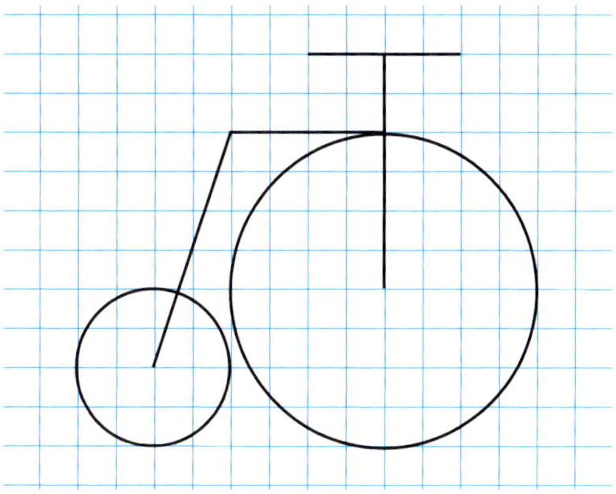

La figure de Tom

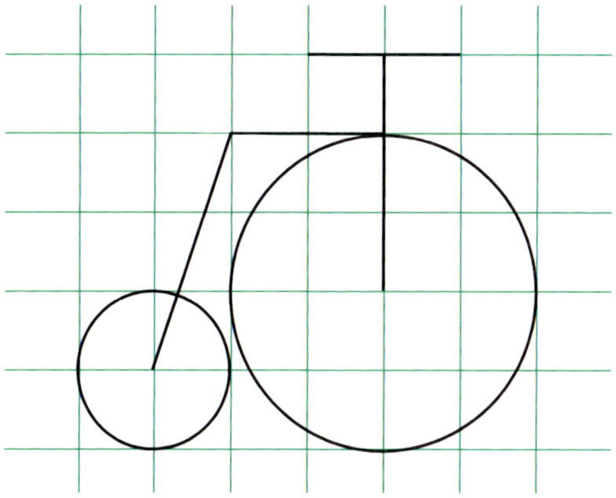

La figure de Tim

1 **Effectue** un agrandissement de cette figure en utilisant le quadrillage de ton cahier.

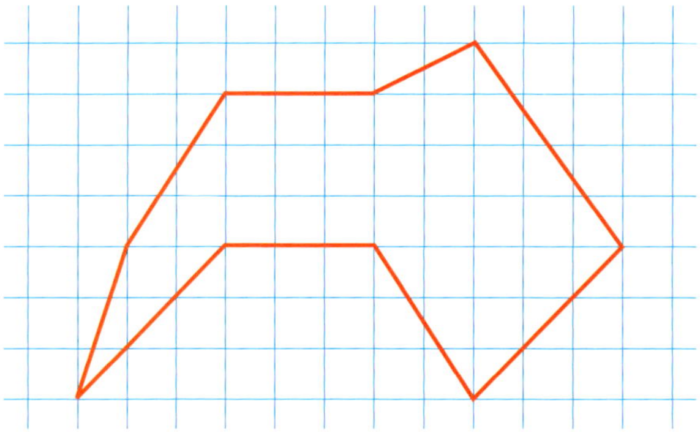

2 **Effectue** une réduction par 2 des dimensions de cette figure sur le quadrillage de ton cahier.

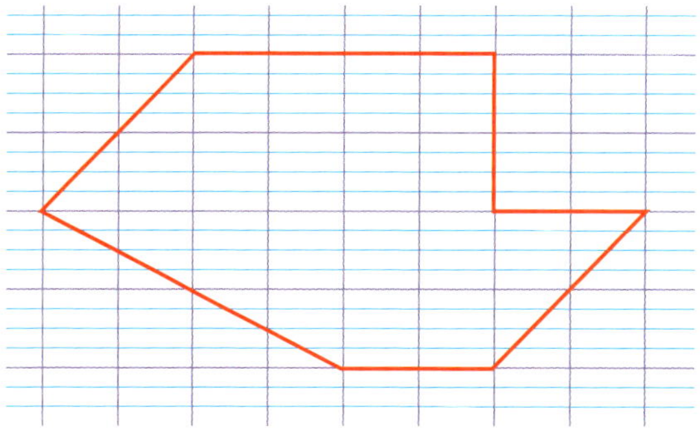

Le coin du malin

Dans quel(s) cas la figure verte est-elle un agrandissement de la figure rouge ?

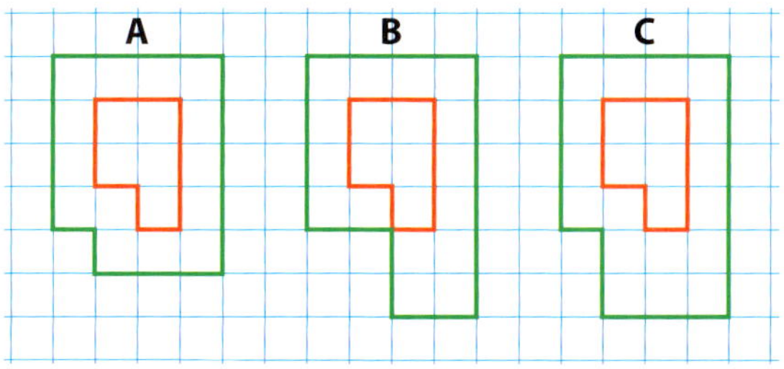

Problème

Trace un agrandissement par 2 de cette figure. Les segments parallèles sur la figure le restent-ils sur l'agrandissement ?

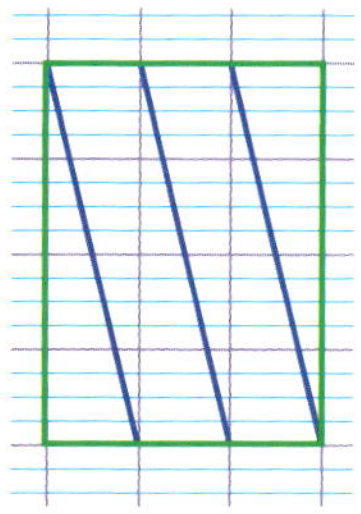

Objectifs : Réaliser des réductions ou des agrandissements de figures.

Dans la tête : Moitié d'un nombre décimal (à une décimale : 4,6 ; 6,5 ; 12,7… avec $n < 50$).

Réduction et agrandissement de figures (2)

Cherchons ensemble

La figure ② est un agrandissement de la figure ①.

a - **Reproduis** les tableaux, puis **complète**-les avec les longueurs des côtés des figures. (**Exprime**-les en millimètres.)

	AB	BC	CD	AD
Longueur (mm)				

	EF	FG	GH	EH
Longueur (mm)				

b - **Compare** les deux tableaux. Que remarques-tu ?

c - **Recherche** les angles droits sur les deux figures. Que constates-tu ?

d - **Trace** un autre agrandissement de la figure ① en multipliant ses dimensions par une valeur que tu choisiras.

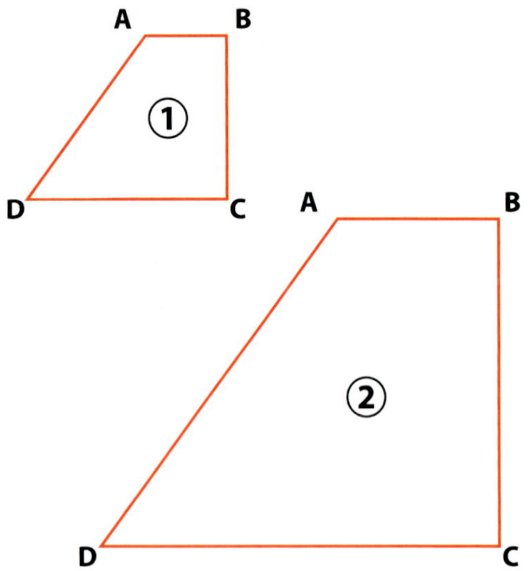

1 **Trace** un agrandissement de ce triangle rectangle en multipliant ses dimensions par 3.

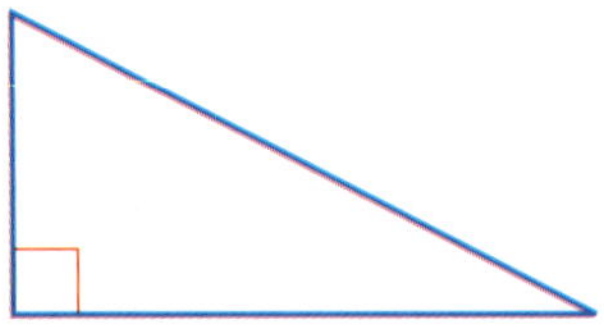

2 **Trace** une réduction de cette figure en divisant ses dimensions par 2.

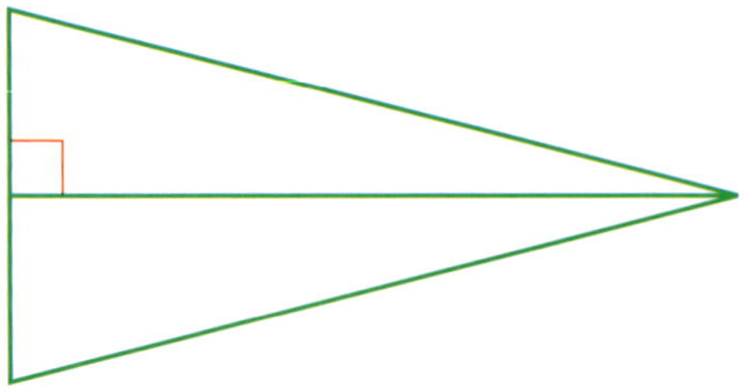

3 **Indique** quels rectangles sont des agrandissements ou des réductions du rectangle vert.

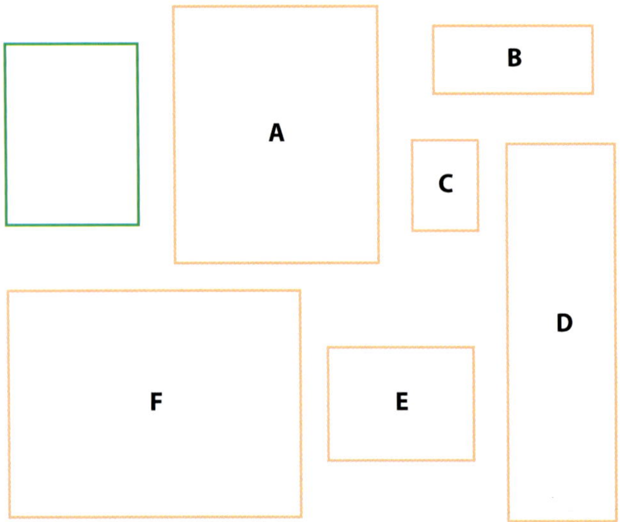

Problème

Le segment EF correspond au segment AB agrandi. Sur du papier uni, **reproduis** EF puis **termine** l'agrandissement de la figure.

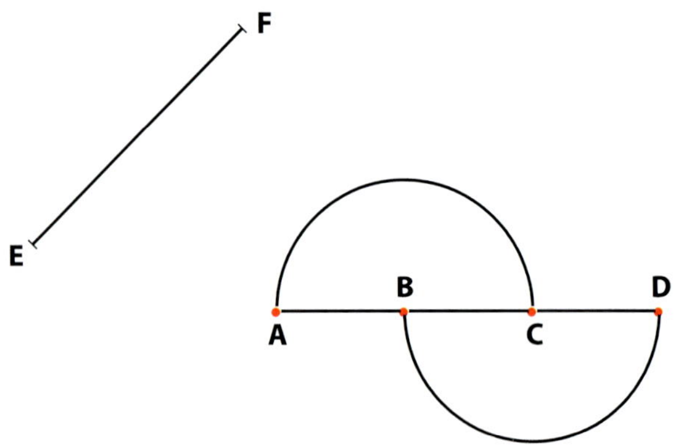

Objectifs : Comparer différentes solutions numériques afin d'optimiser un choix.

Dans la tête : Multiplier par 9 et par 11 un nombre de 2 chiffres.

Choisir la meilleure solution (2)

1 Pédalons !

Le loueur de vélos P. Dalon propose différents tarifs selon que la location s'effectue à l'heure, à la demi-journée, à la journée, ou pour 3 jours. La location à la journée commence dès le matin 7 h et se termine le soir à 19 h. Pour la location à la demi-journée, on peut louer soit le matin de 7 h à 13 h, soit l'après-midi de 13 h à 19 h. Tous les clients cherchent bien sûr à payer le moins cher possible…

Aide-les en indiquant pour chacun quelle formule choisir et combien il devra payer.

a - Paul arrive à 9 h et veut louer un vélo jusqu'à 17 h.

b - Samira a besoin d'un vélo entre 9 h et midi.

c - Michel veut louer un vélo pendant une semaine.

d - Amandine prend un vélo le mardi matin et le rendra jeudi entre 11h et midi.

e - Jeff veut un vélo de lundi midi jusqu'à mercredi 16 h.

f - Quentin arrive à midi et prend un vélo jusqu'à 18 h.

2 Promotion.

Au supermarché, les bouteilles d'eau gazeuse « Labulle » sont vendues par packs de 6 bouteilles au prix de 4 € le pack.
Elles sont également vendues à l'unité au prix de 1 € la bouteille.
En ce moment, l'eau « Labulle » est en promotion :
pour 3 packs achetés, le 4e est gratuit !
Les clients veulent acheter leurs bouteilles en payant le moins cher possible.

Dis quel achat chacun doit réaliser et combien il va payer.

a - Jimmy a besoin de 15 bouteilles.

b - Caroline a besoin de 25 bouteilles.

c - Roberto a besoin de 29 bouteilles.

d - Chloé a besoin de 40 bouteilles.

3 Les colis.

Le transporteur doit livrer ces 10 gros colis à la même adresse.
Il voudrait faire le moins de voyages possible, mais son camion ne peut pas transporter plus de 3 t 500 kg à chaque voyage…

Comment devra-t-il organiser les chargements et combien de voyages fera-t-il ?

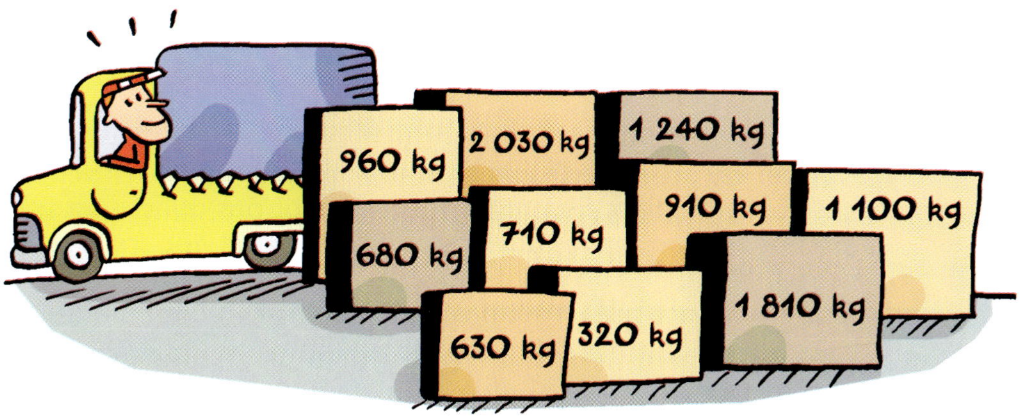

Comment utiliser le

La sécurité

Cherchons ensemble

- Le courant électrique est-il toujours dangereux ?
- Quelles précautions faut-il prendre quand on l'utilise ?
- Pourquoi y a-t-il parfois plusieurs piles dans les appareils, et pourquoi faut-il les mettre d'une façon bien précise ?

J'observe

Le courant électrique fourni par les prises est dangereux car la tension est élevée (220 volts). Il peut provoquer de graves brûlures et même la mort par électrocution. Il faut donc être très prudent dans son utilisation. En particulier, il ne faut pas utiliser un appareil dont le cordon d'alimentation est endommagé, ouvrir et « bricoler » un appareil resté branché, utiliser un appareil branché en étant dans l'eau.
Par contre, le courant des piles n'est pas du tout dangereux car leur tension est faible (quelques volts).

? Quels sont les divers appareils électriques visibles sur ce dessin ?

? Quels sont les personnages qui prennent des risques avec l'électricité ? Pourquoi ?

courant électrique ?

Objectifs : Savoir que le courant du secteur est dangereux et connaître les principales règles de sécurité. Connaître les règles d'association en série de plusieurs piles.

▶ Je recherche

Petter se demande pourquoi, dans divers appareils, il faut mettre plusieurs piles et il faut les placer dans un sens bien précis. Pour essayer de comprendre, il réalise deux expériences en utilisant des piles « rondes » de tension 1,5 V (volts) et des lampes identiques.

1. Il associe 2 piles en série (l'une à la suite de l'autre) et branche l'ensemble sur une lampe.

• Observe le sens des piles dans les deux montages et explique comment on doit associer les piles pour que la lampe fonctionne.

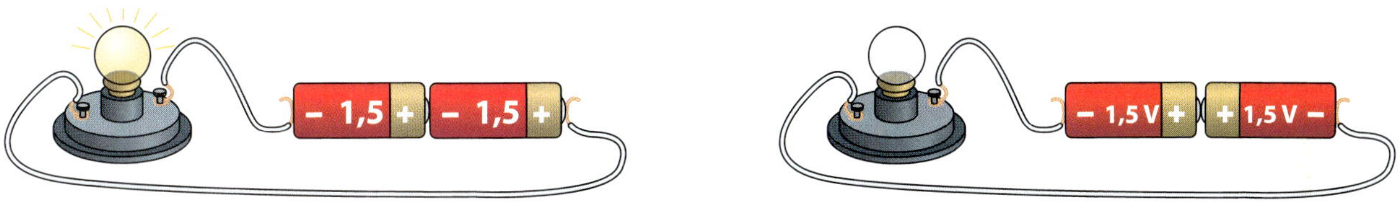

2. Il réalise maintenant plusieurs montages en associant des piles en nombres différents. Pour le 4e montage, il utilise une pile plate dont la tension est 4,5 V.

• Comment l'éclat de la lampe varie-t-il selon le nombre de piles ?

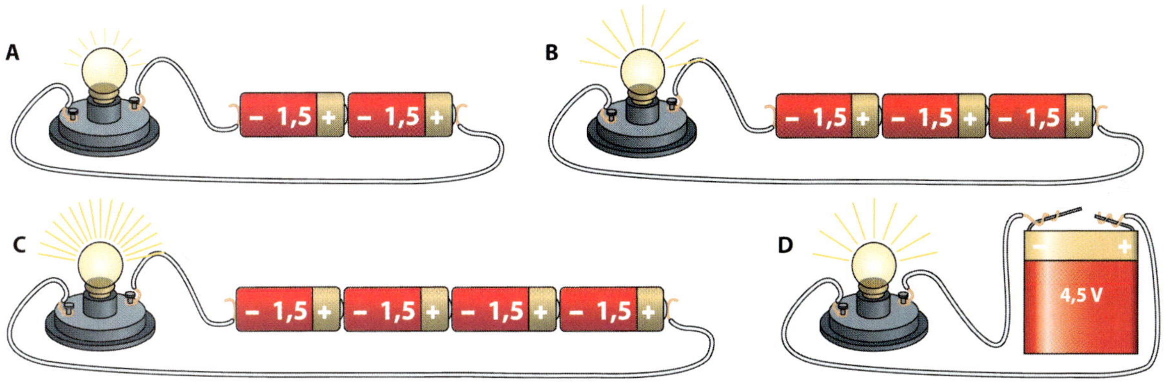

• Combien de piles rondes faut-il associer pour obtenir le même éclat qu'avec la pile plate ?

• Fais une hypothèse sur la façon de calculer la tension obtenue avec plusieurs piles en série.

Atelier

• Prends des piles rondes de la même marque et de différentes tailles.

• Branche-les sur des lampes identiques et compare l'éclat des lampes.

• Laisse ensuite les lampes fonctionner jusqu'à ce que les piles soient usées.

• Tire des conclusions de ces expériences.

J'AI COMPRIS

Le courant électrique des prises est dangereux car leur tension est élevée. Celui des piles ne présente pas de danger car leur tension est faible.
Quand on associe plusieurs piles dans un appareil, la borne + de l'une doit être reliée à la borne – de la suivante. Dans ces conditions, leurs tensions s'ajoutent.

Objectifs : Calculer et poser une addition de nombres décimaux.
Dans la tête : Furet : compter de 0,1 en 0,1, puis de 0,5 en 0,5 en reculant.

Addition de nombres décimaux

Cherchons ensemble

Dans le montage électrique de Bertrand, les tensions des piles s'additionnent.
Pour connaître la tension totale, il doit calculer :
4,5 + 1,5 + 1,5.
Bertrand a posé l'addition.

a - **Observe** son calcul : comment a-t-il disposé ses 3 nombres ?

b - **Recopie** l'addition et **termine** le calcul.

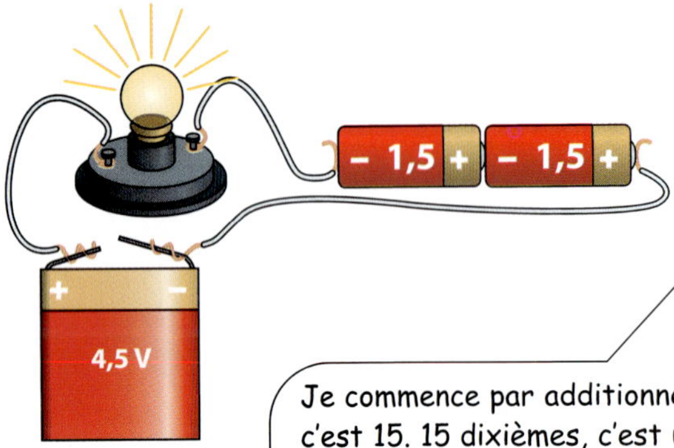

	①	
	4,	5
+	1,	5
+	1,	5
	…,	5

1 Cécile avait 13,76 €. Elle vient de recevoir en plus 8,4 € d'argent de poche.Combien a-t-elle maintenant ?

a - **Observe** la monnaie, puis **dessine** l'argent qu'elle possède maintenant, en échangeant 100 c contre 1 euro.

b - **Recopie** les deux additions posées : elles sont identiques car 8,40 et 8,4 sont le même nombre ! **Termine** leur calcul.

	1	3,	7	6
+		8,	4	
		,		

	1	3,	7	6
+		8,	4	0
		,		6

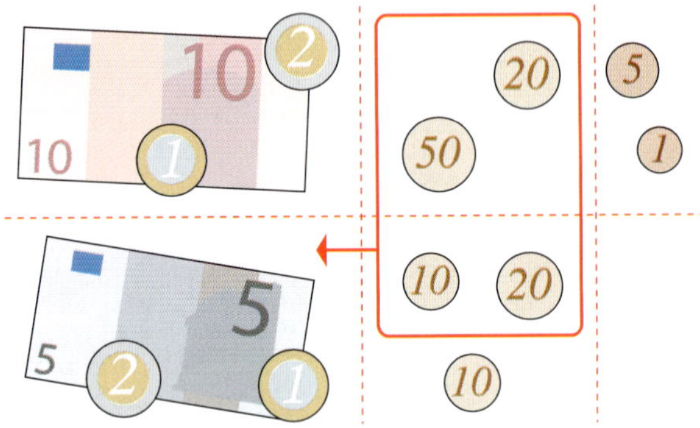

2 **Recopie** les additions et **effectue**-les.

	7	5,	8	4
+	4	0,	3	7
		,		

	1	2	4,	1	3
+		7	7,	4	
			,		

	7	8,	2	5	
+		6,	4	0	5
		,			

3 **Pose** et **effectue** les additions. (Attention à bien aligner les virgules.)

14,6 + 68,9 = …

31,84 + 56,45 = …

124,85 + 37,6 = …

Retiens bien

Pour poser une addition de nombres décimaux, il faut veiller à placer les virgules les unes sous les autres.
On peut rajouter un ou plusieurs zéros à droite de la partie décimale.

```
   4 3,2 8 4            4 3,2 8 4
 + 1 6,3         →    + 1 6,3 0 0
 ---------            -----------
   5 9,5 8 4            5 9,5 8 4
```

Problème

Étienne achète 2 paquets de piles de taille moyenne à 4,79 € et un paquet de grosses piles à 6,3 €.
Combien doit-il payer en tout ?

Objectifs : Calculer et poser une soustraction de nombres décimaux.
Dans la tête : Furet : compter de 0,1 en 0,1, puis de 0,5 en 0,5 en reculant.

Soustraction de nombres décimaux

Cherchons ensemble

José est allé au magasin d'électricité acheter deux lampes fluorescentes. Il doit payer 8,72 €. Dans son porte-monnaie, il a 15,48 €.Combien lui restera-t-il après cet achat ?

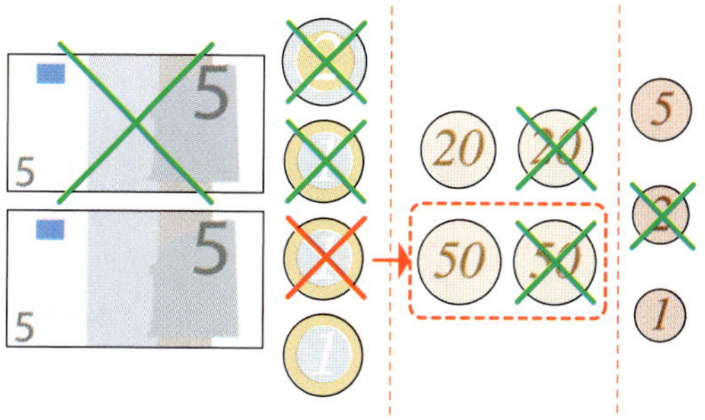

a - **Observe** la monnaie : on a barré ce que José va donner au marchand. **Dessine** l'argent qu'il lui restera.

b - Pour calculer, José a posé la soustraction. **Recopie**-la et **termine** le calcul.

	1	5 ,	14	8
−		8 , ①	7	2
	…	… ,	…	6

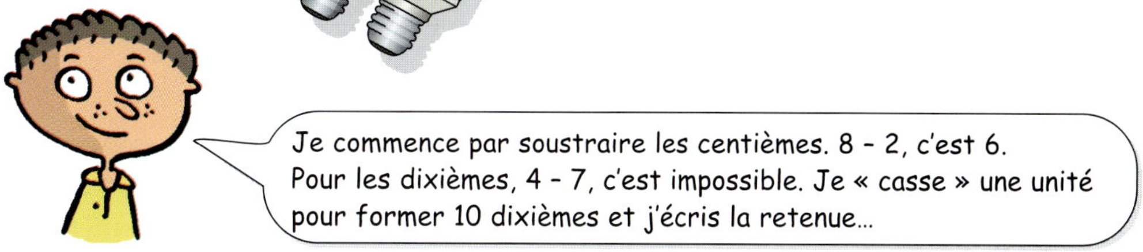

1 Rose a un rouleau de tissu de 3,5 m de longueur. Elle en coupe un morceau de 1,425 m et se demande quelle longueur il reste alors dans le rouleau. Rose pose la soustraction 3,5 – 1,425. Pour la calculer plus facilement, elle ajoute deux zéros à droite de 3,5 : elle obtient ainsi le même nombre de chiffres dans les parties décimales. **Recopie** la soustraction et **termine** son calcul.

	3 ,	5	0	10
−	1 ,	3	2 ①	5
	,			5

2 **Recopie** les soustractions et **effectue**-les.

	3	4 ,	2	3
−		3 ,	1	6
		,		

		2	7 ,	9
−	2	3 ,	7	3
		,		

		6	6 ,	5	1
−	2	5 ,	7	
		,		

3 **Pose** et **effectue** les soustractions. (Attention à bien aligner les virgules.)

52,1 – 4,3 = …

68,4 – 2,25 = …

72,36 – 43,5 = …

29,93 – 13,274 = …

Le coin du malin

Thomas part du nombre 25. En retranchant 2 fois le même nombre, il obtient 16.

a - Quel nombre Thomas a-t-il retranché 2 fois ?

b - Quel nombre faudrait-il retrancher 4 fois pour passer de 25 à 16 ?

Problème

Le magasin de sport fait une promotion sur certains articles. **Calcule** le rabais effectué sur chaque article. Sur lequel ce rabais est-il le plus élevé ?

Objectifs : Multiplier un nombre décimal par un nombre à un chiffre ; connaître la règle de la multiplication par 10, 100, 1 000.

Dans la tête : Furet : compter de 0,1 en 0,1, puis de 0,5 en 0,5 en reculant.

La multiplication d'un nombre décimal

Cherchons ensemble

Les photopiles produisent du courant électrique quand elles sont éclairées par le Soleil.
Janis et Youri ont branché 5 photopiles en série.
Chacune fournit une tension de 0,43 V.
La tension totale est donc égale à 5 fois 0,43 V.
C'est aussi 5 fois 43 centièmes de volt.
Pour calculer, Janis multiplie les centièmes et Youri pose directement la multiplication : 0,43 × 5.

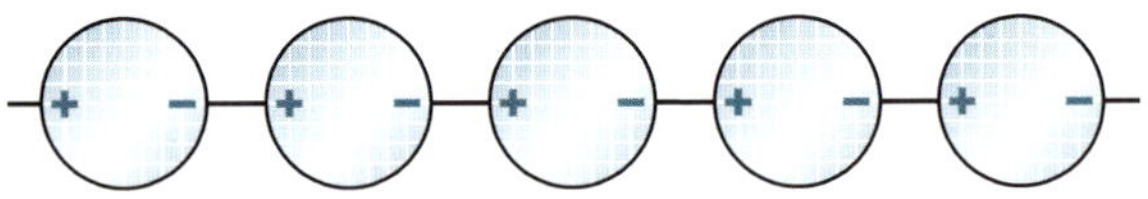

Recopie et **termine** leurs calculs.

	4	5
×		3
…	…	5

	0,	4	5
×	3	
	…,	…	5

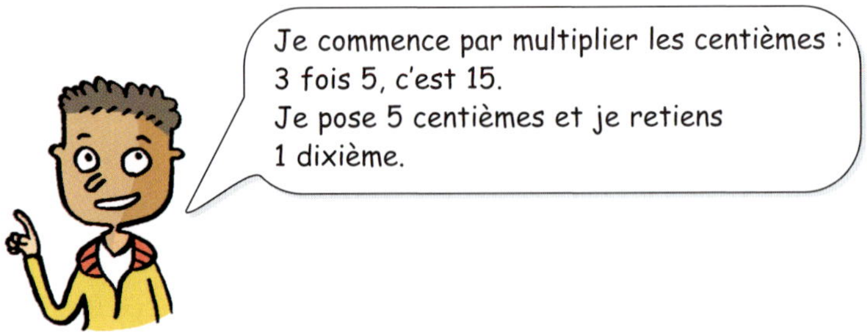

1 Dix photopiles sont branchées en série.
Pour calculer 10 fois 0,43, Margaux n'a pas besoin de poser une multiplication.

a - **Observe** sa méthode et **explique** comment on peut s'y prendre pour multiplier facilement un nombre décimal par 10.

b - Certains panneaux comportent 100 photopiles en série. Comment calculer 0,43 × 100 ? **Propose** une méthode et **indique** le résultat de la multiplication.

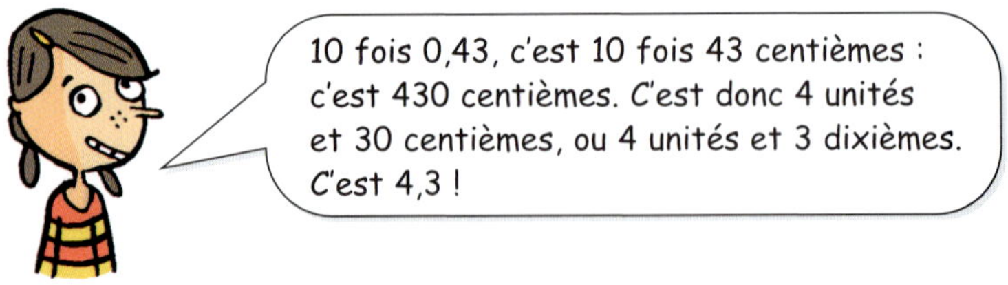

2 **Recopie** les multiplications et **effectue**-les.

	1	8,	2	3
×		5		
		,		

	1	4,	6	0	8
×		4			
		,			

3 **Calcule** les produits.
Ne **pose** la multiplication que si c'est nécessaire.

6,12 × 7	0,28 × 10	2,86 × 100
1,305 × 100	15,04 × 6	27,030 × 5
9,24 × 100	0,012 × 1 000	5,708 × 3

Retiens bien

Pour multiplier un nombre décimal par 10, par 100, par 1 000, il suffit de déplacer la virgule vers la droite d'un rang, de 2 rangs, de 3 rangs.

1,237 × 10 = 12,37

1,237 × 100 = 123,7

1,237 × 1 000 = 1 237

Problème

Pour fêter la fin de l'année, le directeur a commandé 100 bouteilles de jus de fruit à 1,34 €, 200 bouteilles de soda à 2,05 € et 50 bouteilles d'eau à 0,85 €.

Combien devra-t-il payer au total ?

Objectifs : Compléter, écrire un programme de construction relatif à une figure.

Dans la tête : Multiplier par 10, 100, 1 000 un nombre décimal.

Écrire un programme de construction

Cherchons ensemble

Ce dessin est le symbole utilisé pour représenter une pile dans un circuit électrique.

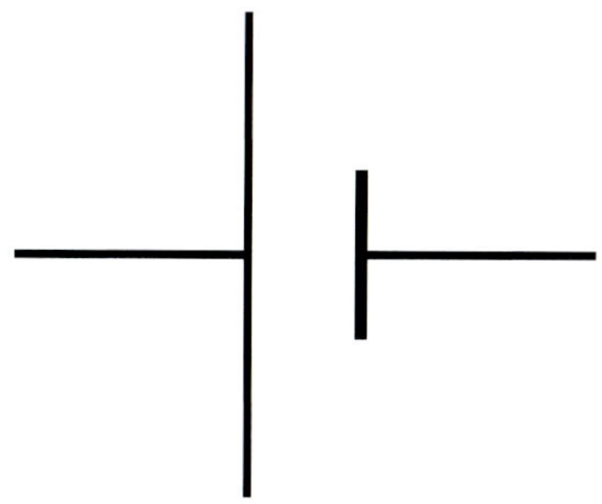

a - **Mesure** les segments qui le composent. **Repère** les angles droits avec ton équerre.

b - Valentin explique par téléphone à son ami Léa comment tracer ce symbole à l'identique.

Écris précisément ce qu'il doit dire, c'est-à-dire le **programme de construction** de la figure.

1 **Écris** un programme de construction qui permettrait de tracer cette figure à l'identique.

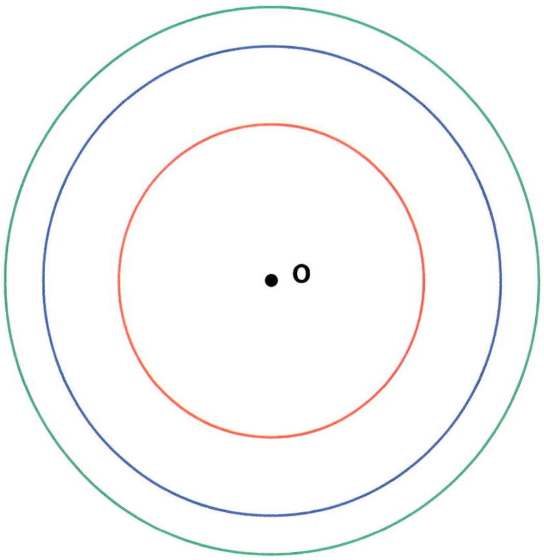

2 **Écris** un programme de construction qui permettrait de tracer un triangle rectangle dont les côtés mesurent 3 cm, 4 cm et 5 cm.

Le coin du malin

Écris pour cette figure un programme de construction le plus court possible.

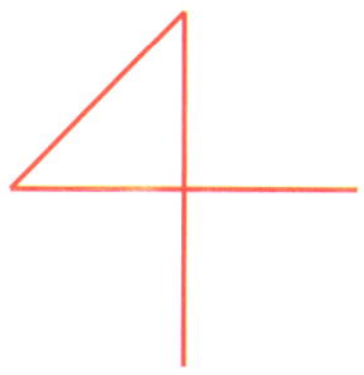

3 **Écris** le programme de construction de cette figure. **Utilise** les mots : triangle, rectangle, diagonale, milieu.

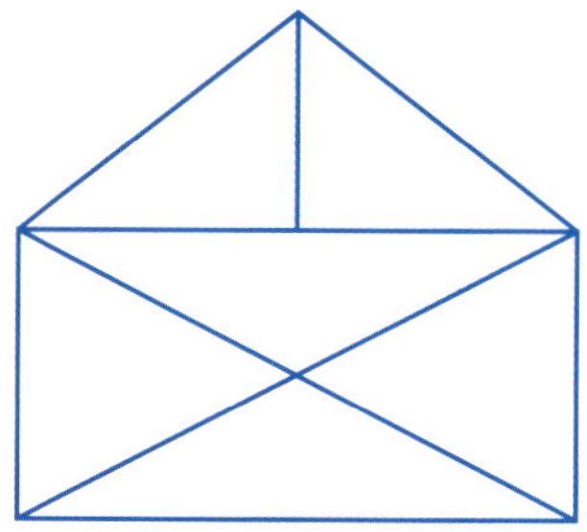

Problème

Sylvie a inventé un dessin pour schématiser une ampoule !
Écris son programme de construction en utilisant les carreaux pour repère.

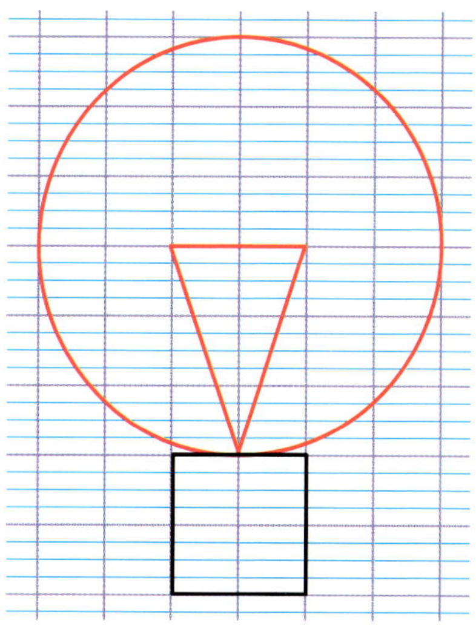

Objectifs : Systématiser l'écriture des unités de mesure et les relations entre multiples et sous-multiples de l'unité.
Dans la tête : Multiplier par 10, 100, 1 000 un nombre décimal.

Le système international de mesure

Cherchons ensemble

a - **Reproduis** le tableau en écrivant en toutes lettres le nom de chaque unité.

b - **Compare** les 3 colonnes.
Que remarques-tu ?

c - Comment sont formés les noms des unités dans les cases vertes et les cases roses ?

d - Quelle unité ne figure pas dans ce tableau (case barrée) parce qu'elle n'est jamais utilisée ?

e - Pour combien l'unité est-elle multipliée quand on passe d'une ligne à la ligne du dessous ?

f - Par combien l'unité est-elle divisée quant on passe d'une ligne à la ligne du dessous ?

Unités de longueur	Unités de masse	Unités de contenance
km	kg	╳
hm	hg	hl
dam	dag	daL
mètre (m)	**gramme (g)**	**litre (L)**
dm	dg	dL
cm	cg	cL
mm	mg	mL

1 **a** - **Complète** les égalités pour comparer la masse de l'unité « gramme » avec celle des unités « kilogramme », « hectogramme » et « décagramme ».

1 kg = … g

1 hg = … g

1 dag = … g

b - **Écris** ce que signifient les préfixes « kilo », « hecto » et « déca ».

2 **a** - **Complète** les égalités pour comparer la longueur de l'unité « mètre » avec celle des unités « millimètre », « centimètre » et « décamètre ». (Tu peux utiliser des fractions décimales ou des nombres décimaux.)

1 mm = … m

1 cm = … m

1 dm = … m

b - **Écris** ce que signifient les préfixes « milli », « centi » et « déci ».

3 **Complète** les égalités. (Tu peux utiliser s'il le faut une fraction décimale ou un nombre décimal.)

7,2 m = … dm	325 g = … dg
4,8 dL = … L	49,3 cm = … m
34 dag = … hg	367 cL = … L
9,75 L = … dL	2 007 g = … hg
6,42 hm = … dm	13 mg = … g

4 **Complète** avec la bonne unité.

1 dm = 10 …	1dag = 10 …
1 km = 100 …	1 hL = 100 …
1cg = $\frac{1}{100}$ …	1 mL = $\frac{1}{100}$ …
1 mm = $\frac{1}{10}$ …	1 dm = $\frac{1}{100}$ …

Le coin du malin

Mesure la longueur du segment.
Exprime cette mesure sous la forme d'un nombre décimal ayant sa partie entière nulle.
(**Choisis** une unité qui convient.)

Problème

Un bocal contenant 1,5 L de jus de fruit mesure 30 cm de hauteur et pèse 1,530 kg.
Lola arrive à empiler 7 bocaux tels que celui-ci.
Calcule la hauteur en mètres de cet empilement, sa masse en kilogrammes et la quantité de jus en litres qu'il contient.

Objectifs : Effectuer des calculs intermédiaires pour résoudre un problème.

Dans la tête : Tables de multiplication : révision générale.

Solutions à étapes (2)

1 En face des piles...

M. Ladouille a besoin de piles rondes pour mettre dans ses nombreux appareils. Au magasin d'électricité, il trouve 3 types de paquets. Il hésite, car les prix sont différents et le nombre de piles aussi…
Il choisit finalement les piles qui coûtent le moins cher à l'unité.
Il en prend 5 paquets.
Le marchand, qui le connaît bien, lui fait une ristourne en enlevant 1,50 € sur la somme à payer.

Combien M. Ladouille va-t-il payer pour son achat ?

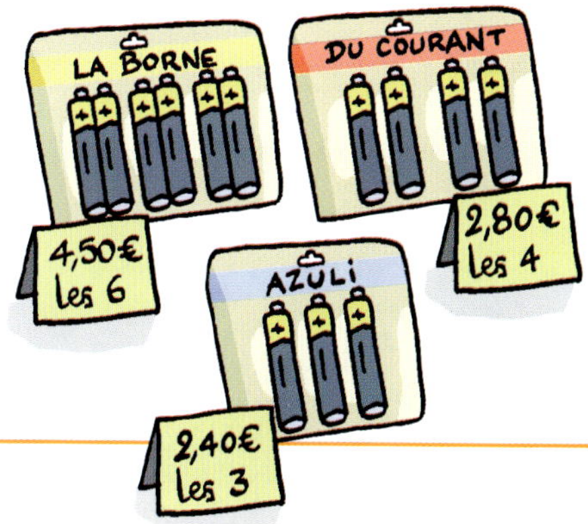

2 La clôture près des vaches.

La fermière Mme Lacorne fait brouter son troupeau dans un pré rectangulaire dont les côtés mesurent 132 m et 84 m.
Pour éviter que ses vaches ne s'échappent, elle a fait installer une clôture tout autour de son pré. Celle-ci est constituée de piquets espacés de 4 m et de 3 étages de fil de fer.
Bien sûr, un piquet est planté à chaque coin du pré.

a - Combien de piquets a-t-il fallu planter pour installer cette clôture ?

b - Quelle longueur totale de fil de fer a dû être utilisée ?

3 Encore des clôtures.

M. Dublé et M. Lemaïs cultivaient deux champs ayant un côté commun. Comme les deux hommes étaient fâchés, ils avaient tous deux fait clôturer leur champ. La clôture autour du champ carré de M. Dublé mesurait 160 m et celle autour du champ rectangulaire de M. Lemaïs mesurait 200 m.
Aujourd'hui, M. Lefoin a racheté les deux champs et a supprimé la clôture sur le côté commun pour obtenir un seul grand champ.

a - Quelle est la longueur de la clôture autour du grand champ de M. Lefoin ?

b - Quelle est l'aire de ce grand champ ?

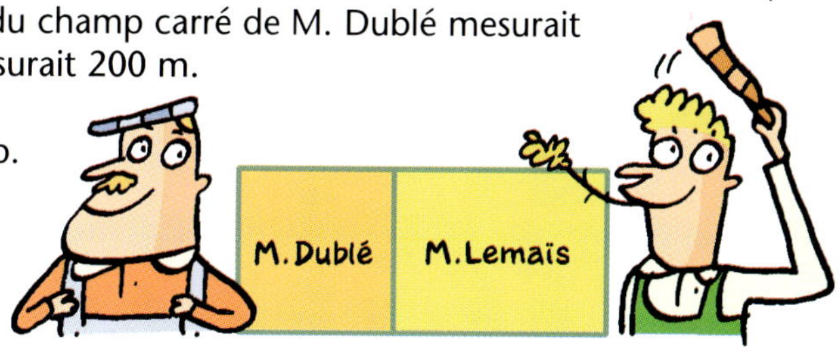

4 Le prix des fruits.

Au marché, Clémentine a acheté plusieurs sortes de fruits. Elle a pris 2 kg de poires, 3,5 kg de pommes et 3 kg de bananes.
Elle a payé en tout 18 €.

Quel est le prix du kilogramme de bananes ?

Objectifs : Maîtriser les notions mathématiques étudiées de la page 196 à la page 200.

ENTRAÎNEMENT 10

Module 19

1 Adèle et Robin font du vélo. (Pages 196 et 197)
Les tableaux indiquent les distances parcourues par chacun en fonction du nombre de tours de pédales.

Adèle

Tours de pédales	3	6	9	10	12
Distance (m)	18	36	54	60	72

Robin

Tours de pédales	3	6	9	10	12
Distance (m)	15	33	48	52	64

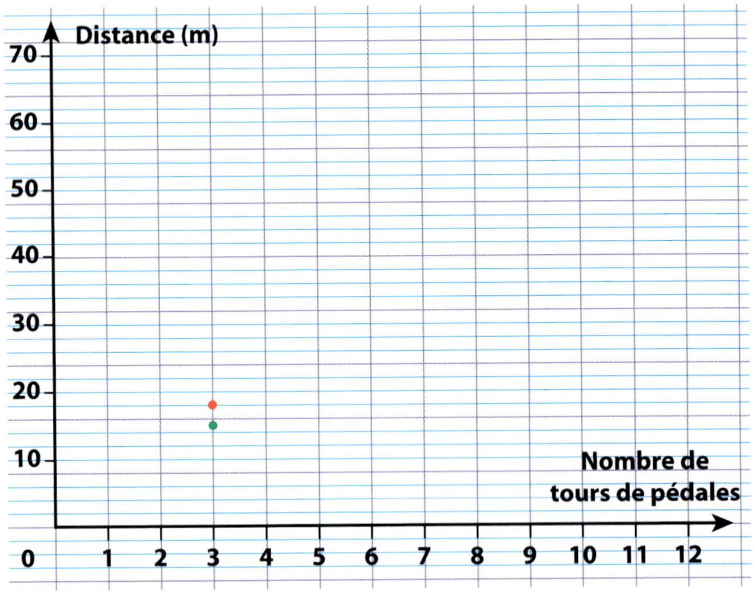

a - **Indique** pour chaque tableau s'il s'agit d'un tableau de proportionnalité.

b - **Reproduis** le graphique et complète-le en plaçant des points rouges pour le trajet d'Adèle et des points bleus pour le trajet de Robin.
Joins les points. Comment expliquer la différence entre les deux cyclistes ?

---

2 **Calcule** la vitesse moyenne en kilomètres par heure pour chaque déplacement. (Page 198)

a - Un piéton parcourt 18 km en 3 heures.

b - Un automobiliste parcourt 332 km en 4 heures.

c - Le TGV parcourt 5 km en une minute.

d - Le hérisson parcourt 250 m en un quart d'heure.

---

3 Robert et Simone marchent à allure régulière. Les tableaux indiquent la distance parcourue en fonction de la durée de la marche. **Reproduis** et **complète** chaque tableau, puis **indique** la vitesse de chacun en kilomètres par heure. (Page 198)

Robert

Durée (h)	1	2	3	4	5	8
Distance (km)		12				

Simone

Durée (min)	1	2	6	15	30	60
Distance (mm)			450			

---

4 **Indique** dans chaque cas quelle figure verte est un agrandissement de la figure rouge. (Page 99)

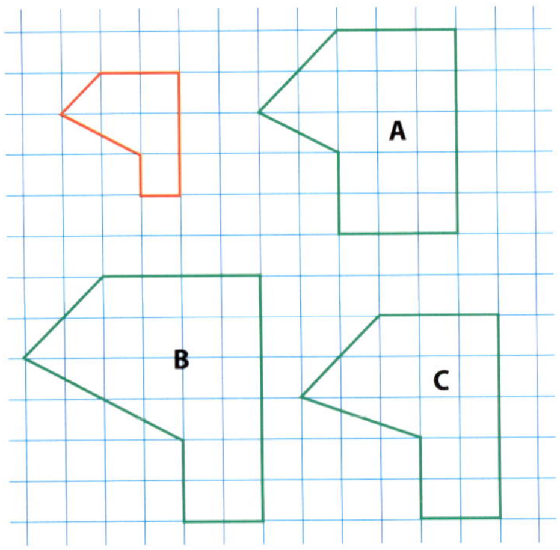

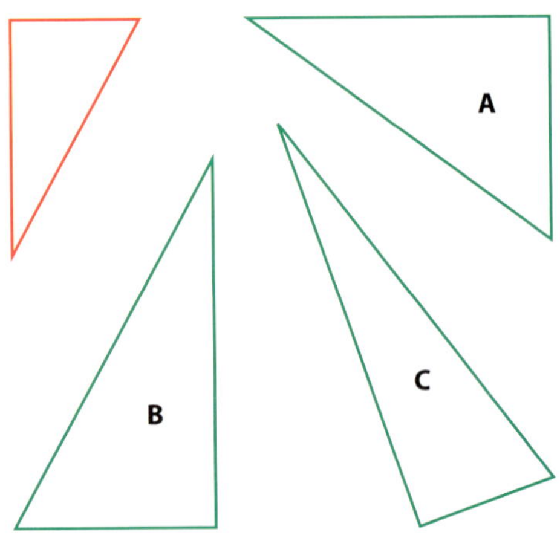

Objectifs : Maîtriser les notions mathématiques étudiées de la page 204 à la page 208.

ENTRAÎNEMENT 10

Module 20

1 **Recopie** les additions et **effectue**-les. (Page 204)

41,67 + 8,25	218,3 + 46,85	86,52 + 13,638	39,06 + 108,309

2 **Recopie** les soustractions et **effectue**-les. (Page 205)

89,43 − 16,28	18,6 − 7,84	35,58 − 19,7	27,04 − 0,831

3 **Pose** et **effectue** les opérations. (Pages 204 et 205)

139,14 + 7,87   35,8 + 6,40   28,3 – 13,92   39,07 – 0,825

4 **Recopie** les multiplications et **effectue**-les. (Page 206)

5,38 × 4	12,09 × 7	0,74 × 8	1,305 × 6

5 **Pose** et **effectue** les multiplications. (Page 206)

a - 12,9 × 5   3,75 × 6

b - 0,614 × 8   8,360 × 9

6 **Calcule** les produits de tête. (Page 206)

a - 3,26 × 10   6,843 × 100

b - 0,65 × 1 000   3,490 × 100

7 **Écris** un programme de construction pour ces figures. (Page 207)

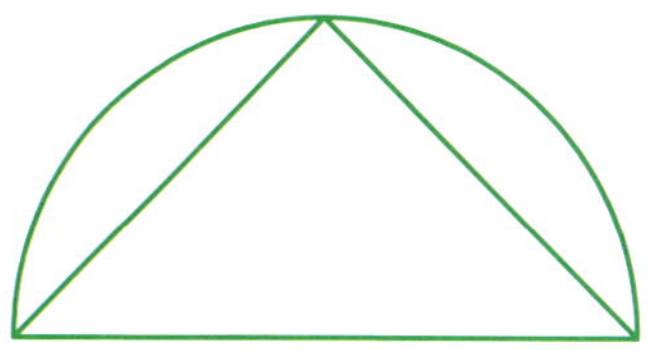

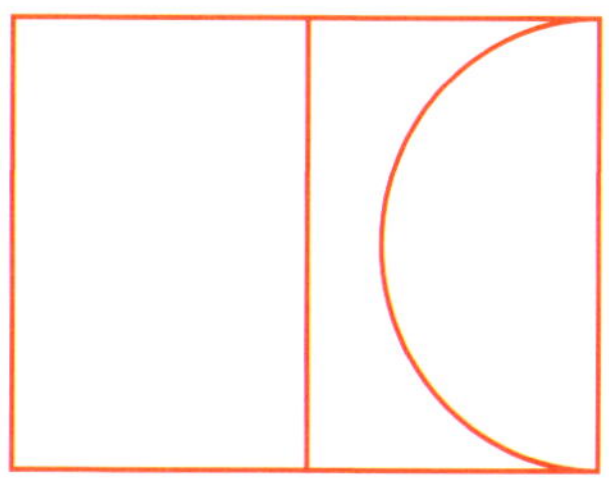

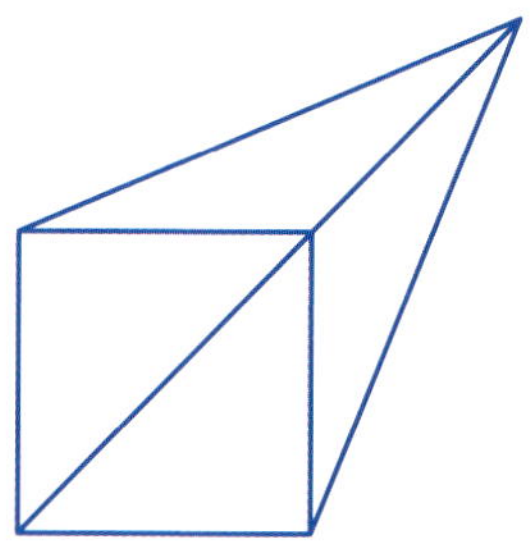

8 **Complète** les égalités. (**Utilise** s'il le faut une fraction décimale ou un nombre décimal.) (Page 208)

a - 7,5 hg = … g   30,4 km = … m

3,8 hL = … L   0,7 dag = … g

b - 1 cm = … m   1 dg = … g

1 mL = … L   1 mm = … dm

9 **Complète** avec la bonne unité. (Page 208)

a - 10 daL = 100 …   30,4 km = … m

1 cm = $\frac{1}{10}$ …   1 cL = $\frac{1}{100}$ …

b - 1 dg = 100 …   1 dam = 100 …

1 dm = $\frac{1}{1\,000}$ …   1 mg = $\frac{1}{100}$ …

Objectifs : Évaluer les notions mathématiques étudiées de la page 196 à la page 209.

BILAN 10

1 Dans ce magasin, le pack de 2 bouteilles de jus de fruit coûte 3 €.

a - **Reproduis** et **complète** le tableau de proportionnalité.

Nombre de bouteilles	2	4	8	10	16			
Prix (€)	3					30	45	75

b - **Reproduis** le graphique. **Complète**-le en plaçant les points pour 4, 8 et 10 bouteilles puis **joins** les points par un trait.

c - **Utilise** le graphique pour indiquer le prix pour 6 bouteilles, puis pour 9 bouteilles.

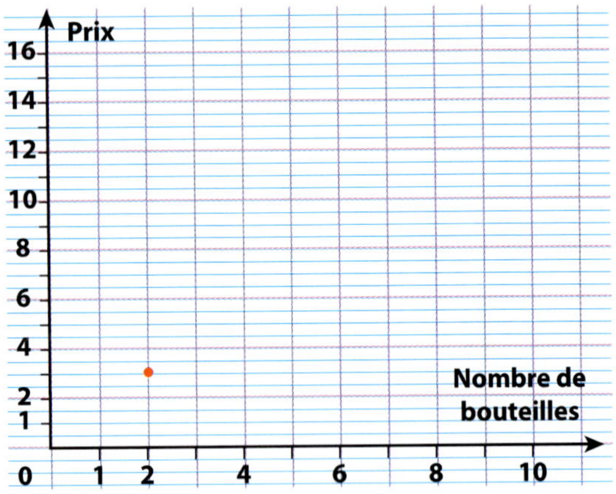

2 Les deux tableaux donnent le prix des bouteilles de vin chez deux vignerons.
Indique pour chacun si le prix est proportionnel au nombre de bouteilles.

A

Nombre de bouteilles	6	12	18	24	36	48
Prix (€)	21	42	63	84	126	168

B

Nombre de bouteilles	3	6	12	18	24	48
Prix (€)	8	16	30	45	58	112

3 **Calcule** pour chacun la vitesse moyenne en kilomètres par heure.

a - Un cycliste parcourt 75 km en 5 heures.

b - Un automobiliste parcourt 315 km en 3 h.

c - L'oiseau parcourt 600 m en une minute.

4 Un automobiliste roule à la vitesse constante de 120 km/h.

a - Quelle distance parcourt-il en 4 h ?

b - Quelle distance parcourt-il en un quart d'heure ?

c - Quelle distance parcourt-il en une minute ?

5 **Pose** et **effectue** les additions.

a - 7,8 + 13,6 — 23,45 + 9,38

b - 34,6 + 9,73 — 15,7 + 0,56

6 **Pose** et **effectue** les soustractions.

a - 37,8 – 12,5 — 65,2 – 18,9

b - 28,2 – 7,46 — 16,75 – 8,5

7 **Pose** et **effectue** les multiplications.

a - 9,4 × 7 — 2,75 × 4

b - 0,47 × 6 — 18,604 × 5

8 **Calcule** les produits de tête.

35,12 × 10 — 47,93 × 100

7,143 × 100 — 9,8 × 1 000

9 Mirko avait 12,54 € dans son porte-monnaie.
Sa mère lui a donné 5,60 €, puis il est allé acheter un livre à 3,79 €.
Combien d'argent a-t-il maintenant ?

10 Le camion roule pendant un quart d'heure en montée à la vitesse de 48 km/h, puis il roule ensuite pendant 6 min à la vitesse de 80 km/h.
Quelle distance totale a-t-il parcourue ?

11 **Indique** quelle figure verte est un agrandissement de la figure rouge.

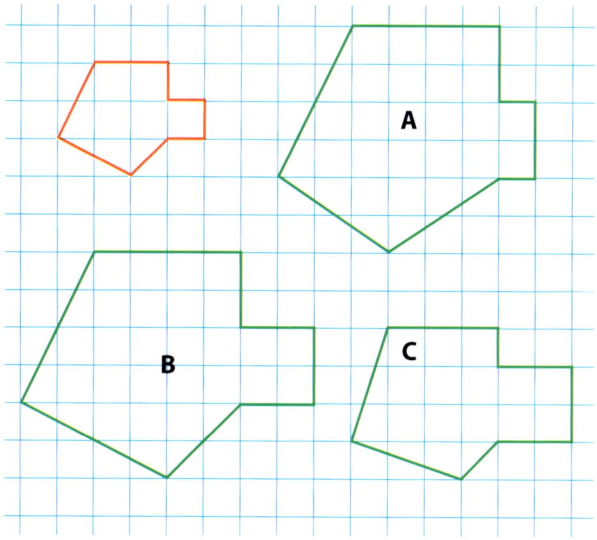

12 **Effectue** une réduction par 2 des dimensions de cette figure sur le quadrillage de ton cahier.

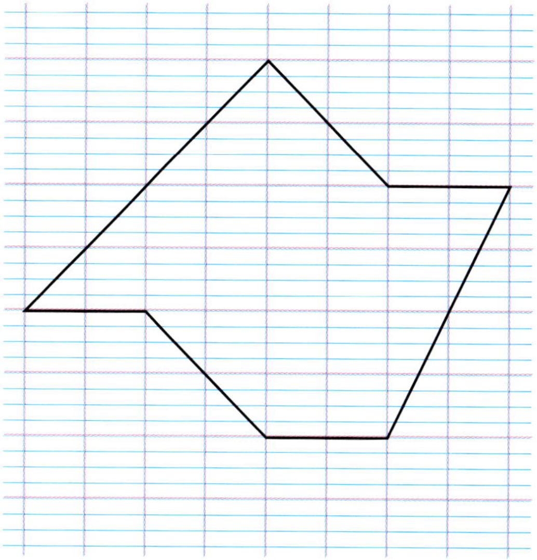

13 **Indique** quel rectangle est un agrandissement du rectangle rouge.

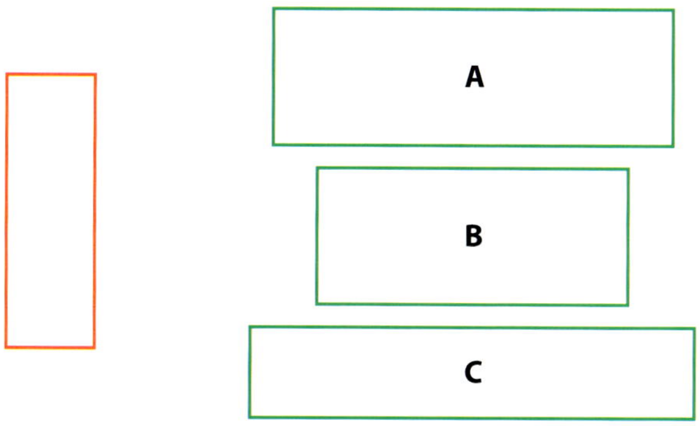

14 **Effectue** une réduction de ce triangle rectangle en divisant ses dimensions par 2.

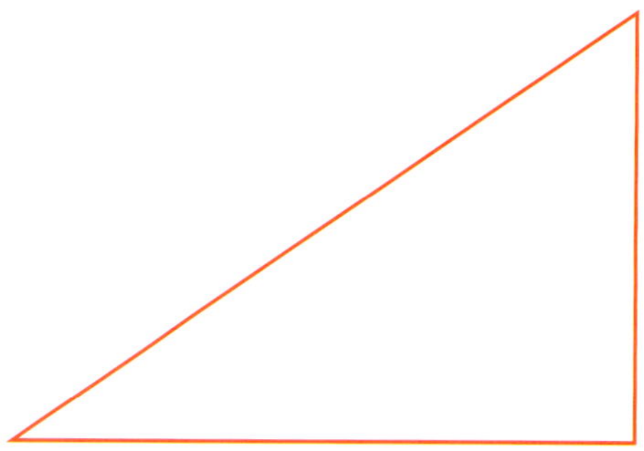

15 **Effectue** un agrandissement de cette figure en multipliant ses dimensions par 3.

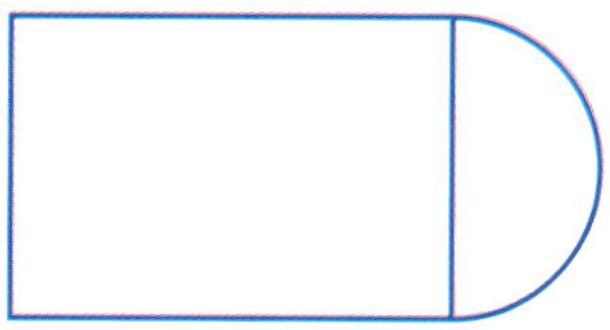

16 **Écris** un programme de construction pour cette figure.

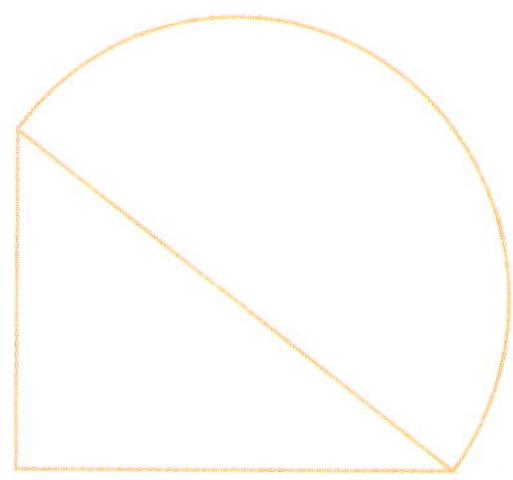

17 **Complète** les égalités.

8,5 hm = … m

5,6 dal = … L

0,7 kg = … g

1 mm = … m

18 **Complète** avec la bonne unité.

1 hm = 10 …

1 dL = 100 …

1 cg = $\frac{1}{100}$ …

1 cm = $\frac{1}{100}$ …

Aide-mémoire Mathématiques

Numération et calcul

Les nombres

Les espaces séparent les unités simples, les « mille » et les millions.

centaines de millions	dizaines de millions	unites de millions	centaines de mille	dizaines de mille	unités de mille	centaines	dizaines	unités
c(M)	d(M)	u(M)	c(m)	d(m)	u(m)	c	d	u
1	**5**	**3**	**7**	**0**	**8**	**2**	**3**	**5**

cent cinquante trois millions sept cent huit mille deux cent trente cinq

La soustraction

La différence entre 2 nombres ne change pas quand on ajoute ou quand on retranche la même quantité aux 2 nombres.

Multiplier par 10, 20, 100, 200...

- Pour multiplier un nombre par 10 ou par 100, on écrit 1 ou 2 zéros à droite du nombre.

46 x 10 = 460 46 x 100 = 4 600

- Pour multiplier un nombre par 40 ou par 400, on multiplie d'abord le nombre par 4, puis on écrit 1 ou 2 zéros à droite du nombre obtenu.

$8 \times 40 = 320$ $8 \times 400 = 3\ 200$

Calculs avec parenthèses

Quand un calcul contient des parenthèses, il faut d'abord effectuer les opérations écrites entre les parenthèses.

$$9 \times (12 - 7) = 9 \times 5 = 45$$

Les multiples de 5, 10, 100, 1 000

Les multiples de **5** se terminent par **0** ou par **5**.

Les multiples de **10** se terminent par **0**.

Les multiples de **100** se terminent par **00**.

Les multiples de **1000** se terminent par **000**.

La division

La division est l'opération qui permet de trouver le résultat d'un partage.

52 : 6 → quotient = 8 ; reste = 4
car 52 = (6 x 8) + 4

Le reste doit toujours être plus petit que le nombre par lequel on divise : $4 < 6$.

Les fractions

- $\frac{1}{2}, \frac{1}{3}, \frac{1}{4}, \frac{2}{3}$ sont des fractions.

Ce sont de nouveaux nombres.

$\frac{1}{3}$, c'est l'unité partagée en 3 parts égales.

$\frac{2}{3}$, c'est deux fois un tiers.

- $\frac{13}{4}$, c'est aussi 13 divisé par 4.

$$\frac{13}{4} = \frac{12}{4} + \frac{1}{4} = 3 + \frac{1}{4}$$

- $\frac{2\ 349}{1\ 000} = 2 + \frac{3}{10} + \frac{4}{100} + \frac{2\ 349}{1\ 000}$

Si la fraction décomposée est plus grande que 1, la somme comprend un nombre entier.

Les nombres décimaux

- 2,407 est un nombre décimal.

$$2{,}407 = \frac{2\,407}{1\,000} = 2 + \frac{4}{10} + \frac{7}{1\,000}$$

Le zéro indique qu'il n'y a pas de centièmes.

- 12,5 = 12,50
  12,5 = 12,500
  12,5 = 12,5000

Les zéros écrits à droite de la partie décimale sont inutiles.

- Pour comparer 2 nombres décimaux, on compare dans l'ordre :
  – d'abord la partie entière : **9**,43 > **8**,95
  – puis s'il faut, les dixièmes : 9,**4**3 > 9,**3**8
  – puis s'il faut, les centièmes : 9,4**3** > 9,4**1**
  – etc.

- Pour poser une addition de nombres décimaux, il faut veiller à placer les virgules les unes sous les autres. On peut rajouter un ou plusieurs zéros à droite de la partie décimale.

$$\begin{array}{r} 43{,}284 \\ +\;16{,}3 \\ \hline 59{,}584 \end{array} \quad \longrightarrow \quad \begin{array}{r} 43{,}284 \\ +\;16{,}3\mathbf{00} \\ \hline 59{,}584 \end{array}$$

- Pour multiplier un nombre décimal par 10, par 100, par 1 000, il suffit de déplacer la virgule vers la droite d'un rang, de 2 rangs, de 3 rangs.

$1{,}237 \times 10 = 12{,}37$

$1{,}237 \times 100 = 123{,}7$

$1{,}237 \times 1\,000 = 1\,237$

Grandeurs et mesure

Les unités de longueur

1 dam = 10 m

1 hm = 100 m

1 km = 1000 m

Les unités de masse

- 1 kg = 1 000 g
  1 hg = 100 g
  1 dag = 10 g
  1 t = 1 000 kg

- 1 g = 1 000 mg
  1 g = 100 cg
  1 g = 10 dg

Aire du rectangle

$7 \times 3 = 21$

Aire : 21 cm^2

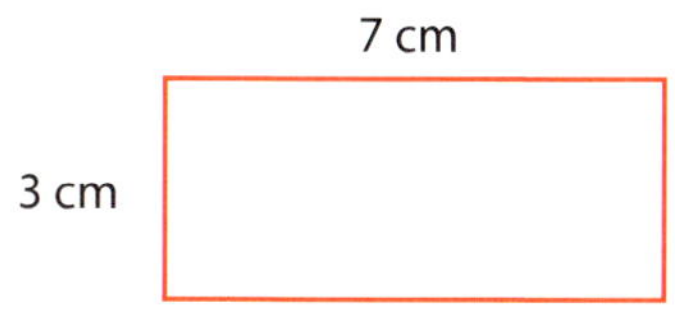

Géométrie

Les figures

Un **polygone** est une ligne brisée (formée de segments) fermée.
Le **carré** et le **rectangle** sont des polygones particuliers.

Droites perpendiculaires

Pour vérifier que deux droites sont perpendiculaires, ou pour tracer une droite perpendiculaire à une autre, on utilise les deux côtés de l'angle droit de l'équerre.

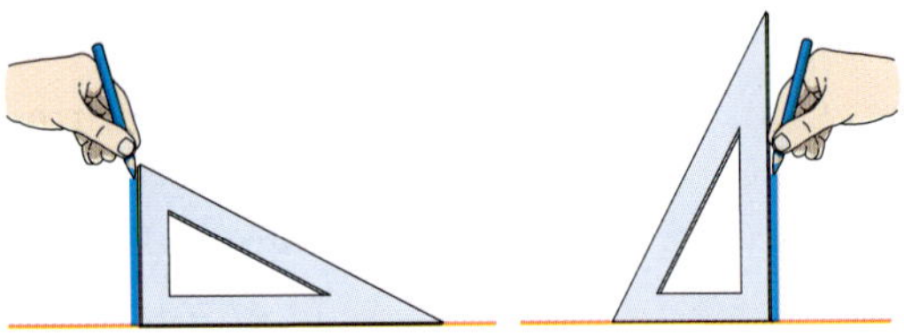

Droites parallèles

- Deux droites parallèles ne se rencontrent jamais et sont toujours séparées par la même distance.

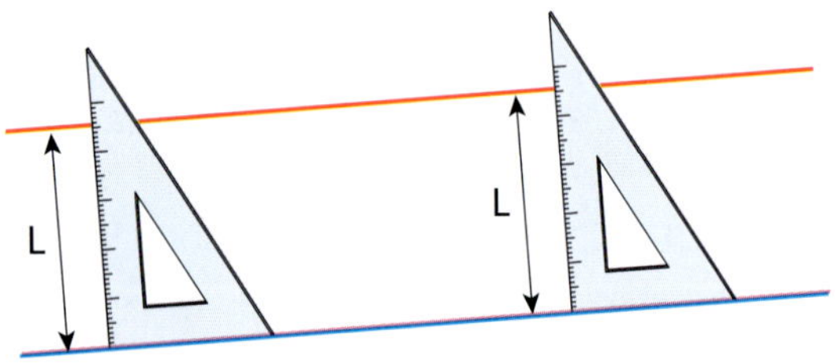

- Si 2 droites p et m sont perpendiculaires à une 3e droite (d), elles sont parallèles entre elles.

Le cercle

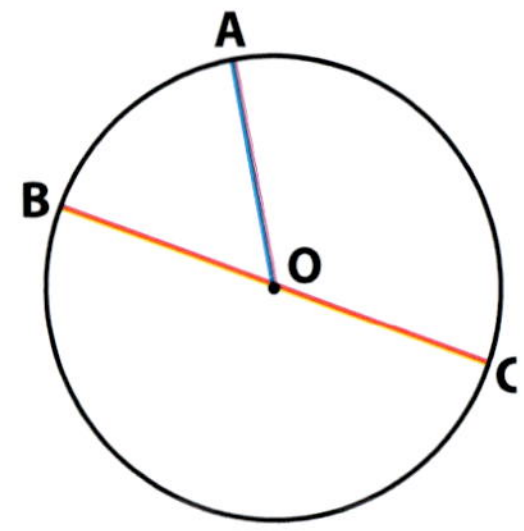

O : centre du cercle
OA, OB, OC : rayons du cercle
BC : diamètre
La longueur du diamètre est le double de celle du rayon.

Les triangles

- **Triangle isocèle** :
2 côtés de même longueur.
- **Triangle équilatéral** :
3 côtés de même longueur.

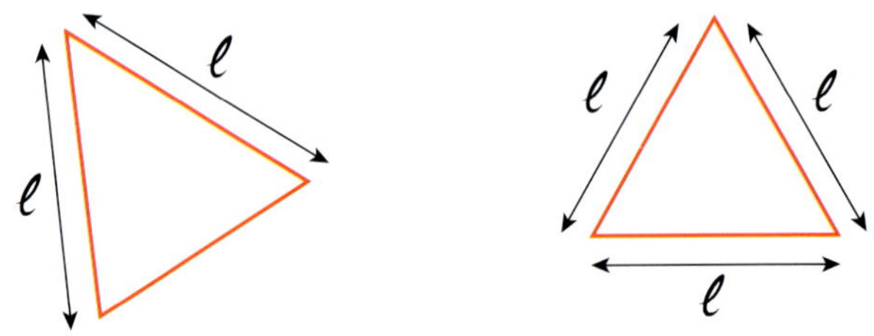

- Un **triangle rectangle** possède un angle droit.

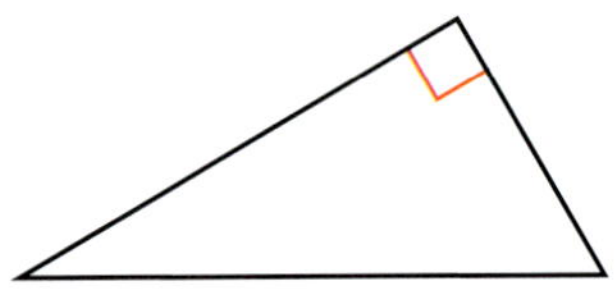

Le losange

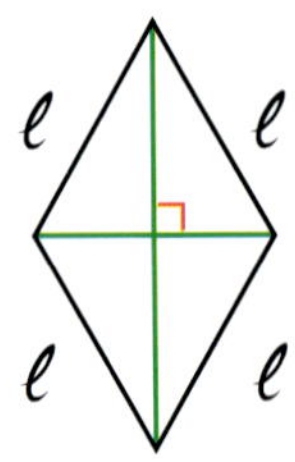

Le losange :
– 4 côtés de même longueur
– diagonales perpendiculaires et se coupant en leur milieu.

Aide-mémoire Sciences

Qu'est devenue la chenille ?

Au cours de leur croissance, certains animaux changent complètement d'aspect : c'est la métamorphose. Ainsi, les œufs d'un papillon femelle donnent naissance à de petites chenilles. Celles-ci grandissent rapidement en mangeant des feuilles. Lorsque la chenille a atteint une taille suffisante, elle forme une chrysalide, à l'intérieur de laquelle son corps se transforme profondément. Il en sort un papillon adulte, qui s'envole pour se reproduire.

Comment peuvent-ils grandir ?

Certains animaux comme les crabes, les insectes, les araignées ou les mille pattes, possèdent une carapace rigide. Pour grandir ils quittent leur carapace : c'est la mue.

Les animaux recouverts d'une coquille sécrètent du calcaire sur le bord de leur coquille pour l'agrandir.

Que devient l'eau qui bout ?

Pour faire bouillir de l'eau, il faut la chauffer jusqu'à 100 degrés environ. L'eau passe alors de l'état liquide à l'état de gaz invisible : la vapeur d'eau. Quand la vapeur d'eau se refroidit, l'eau redevient liquide : c'est la condensation. Elle forme alors de la buée sur les objets ou du brouillard mélangé à l'air.

Que devient l'eau quand un objet sèche ?

Lorsque de l'eau liquide est à l'air libre, elle se transforme lentement en vapeur d'eau : c'est l'évaporation. L'évaporation est favorisée par la chaleur, la ventilation et l'étalement de l'eau. La vapeur d'eau contenue dans l'air peut former de la buée en se refroidissant.

Qu'est-ce qui est vertical ou horizontal ?

Une ligne est verticale si elle a la même direction qu'un fil à plomb. La surface d'un liquide au repos (immobile) est horizontale. On peut vérifier qu'une ligne est horizontale à l'aide d'un niveau à bulle. Une ligne verticale et une ligne horizontale qui se coupent sont perpendiculaires.

Que signifient vertical ou horizontal sur Terre ?

Partout sur la Terre, la verticale correspond à la direction du centre de la Terre. C'est aussi la direction que suit un objet qui tombe. Vue de très loin, la ligne d'horizon apparaît courbe.

Où va l'eau que je bois ?

L'eau est le principal constituant du corps humain et se trouve partout dans le corps. Elle est indispensable au fonctionnement de tous les organes. Chaque jour le corps d'un adulte perd environ 2 litres et demi d'eau par l'urine, l'évaporation sur la peau et la respiration. Il faut boire régulièrement pour remplacer ces pertes.

Que devient ce que je mange ?

Au cours de la digestion, les aliments sont broyés et transformés par les sucs digestifs en particules microscopiques appelées nutriments. Ceux-ci traversent les parois de l'intestin et passent dans les vaisseaux sanguins. Transportés par le sang, ils vont nourrir tous les organes de notre corps et leur permettent de fonctionner.

Pourquoi y a-t-il le jour et la nuit ?

Durant la journée, nous voyons le Soleil tourner dans le ciel d'est en ouest. Il culmine en milieu de journée dans la direction du sud. La nuit, c'est l'ensemble des étoiles que nous voyons tourner autour de la direction de l'étoile Polaire.
En fait, ces mouvements des astres ne sont qu'apparents. C'est en réalité la Terre qui tourne sur elle-même en un jour. Lorsqu'on passe dans la partie éclairée de la Terre, il fait jour. Lorsqu'on passe dans la partie sombre, il fait nuit.

L'heure dépend-elle du Soleil ?

L'heure est liée au mouvement apparent du Soleil. Ainsi, un cadran solaire indique l'heure solaire, qui varie lorsqu'on se déplace vers l'est ou vers l'ouest. Un même décalage existe pour l'heure de la montre. C'est pour cette raison que la Terre est partagée en 24 fuseaux horaires, correspondant aux 24 heures d'un jour.

Comment éviter les accidents ?

Pour éviter les accidents de circulation, je dois respecter les règles du code de la route :
Traverser sur les passages protégés, ne pas traverser quand le feu est rouge pour les piétons, ne pas jouer sur les trottoirs, respecter les indications des panneaux de circulation…
En cas d'accident, je ne bouge pas un blessé grave, mais j'appelle les secours pour qu'il soit rapidement pris en charge.
18 pompiers (15 SAMU ; 17 police ou gendarmerie)

La terre peut-elle trembler en France ?

Une éruption volcanique est une sortie de magma et de gaz par une fracture de l'écorce terrestre. Elle est parfois explosive et s'accompagne souvent de faibles séismes. Un tremblement de terre (ou séisme) est une série de secousses du sol plus ou moins violentes, qui durent de quelques secondes à quelques minutes.
Tous ces phénomènes sont produits par le déplacement des plaques tectoniques qui constituent la croûte terrestre.

À quoi servent les différents aliments ?

Manger c'est fournir au corps les aliments dont il a besoin. Pour grandir, bouger et rester en bonne santé, il faut avoir une alimentation saine, variée et suffisante. Il faut manger chaque jour des aliments de tous les groupes. Les besoins alimentaires sont différents selon l'âge et l'activité.

Comment manger correctement ?

Pour rester en bonne santé, il est nécessaire d'avoir une alimentation équilibrée. Il faut manger des aliments des différentes catégories en évitant le plus souvent les aliments trop gras (frites, charcuterie…) et les aliments très sucrés (sodas, gâteaux…).
On doit également limiter la quantité d'aliments selon notre activité, et éviter le grignotage entre les repas.

D'où vient l'eau des précipitations ?

Dans la nature, l'eau subit en permanence un cycle de transformations. Elle s'évapore sur les plans d'eau, le sol et les végétaux. La vapeur d'eau contenue dans l'air se condense pour donner lieu aux précipitations. L'eau ainsi tombée ruisselle, s'infiltre ou s'évapore. Pour connaître la quantité d'eau tombée lors d'une pluie, on mesure la hauteur d'eau à l'aide d'un pluviomètre.

Pourquoi la Lune change-t-elle d'aspect ?

Au fil des jours, la Lune change d'aspect et présente différentes phases. Un cycle de changements, appelé lunaison, dure environ un mois. Ce phénomène est dû à la révolution de la Lune autour de la Terre. Au cours de ce mouvement, on ne voit depuis la Terre qu'une partie plus ou moins grande de la moitié de Lune éclairée par le Soleil.

Quel équilibre dans la forêt ?

La forêt est un milieu en équilibre. Les animaux et les végétaux y trouvent leur nourriture. Les animaux végétariens mangent les plantes. Les animaux prédateurs sont carnivores et mangent d'autres animaux.
Un milieu est en équilibre quand le nombre d'animaux et de végétaux de chaque espèce est stable.

Tous responsables… dans un estuaire ?

Le développement durable est le fait de développer des activités humaines en sauvegardant les milieux et en empêchant la disparition des espèces animales et végétales. Chacun de nous peut participer à cette action dans sa vie quotidienne.

Comment avance la bicyclette ?

Sur les vélos modernes, la roue arrière est équipée de plusieurs pignons différents. Le pédalier entraîne un des pignons par l'intermédiaire d'une chaîne. La distance effectuée pour un tour de pédales dépend du nombre de dents du pédalier et du pignon. Le pignon le plus petit est celui qui fait le plus grand nombre de tours pour un tour du pédalier, et qui permet donc d'aller le plus vite.

Comment utiliser le courant électrique ?

Le courant électrique des prises est dangereux car leur tension est élevée. Celui des piles ne présente pas de danger car leur tension est faible.
Quand on associe plusieurs piles dans un appareil, la borne + de l'une doit être reliée à la borne – de la suivante. Dans ces conditions, leurs tensions s'ajoutent.

Tables de multiplication

Table de 1

1 × 1 = 1
1 × 2 = 2
1 × 3 = 3
1 × 4 = 4
1 × 5 = 5
1 × 6 = 6
1 × 7 = 7
1 × 8 = 8
1 × 9 = 9
1 × 10 = 10

Table de 2

2 × 1 = 2
2 × 2 = 4
2 × 3 = 6
2 × 4 = 8
2 × 5 = 10
2 × 6 = 12
2 × 7 = 14
2 × 8 = 16
2 × 9 = 18
2 × 10 = 20

Table de 3

3 × 1 = 3
3 × 2 = 6
3 × 3 = 9
3 × 4 = 12
3 × 5 = 15
3 × 6 = 18
3 × 7 = 21
3 × 8 = 24
3 × 9 = 27
3 × 10 = 30

Table de 4

4 × 1 = 4
4 × 2 = 8
4 × 3 = 12
4 × 4 = 16
4 × 5 = 20
4 × 6 = 24
4 × 7 = 28
4 × 8 = 32
4 × 9 = 36
4 × 10 = 40

Table de 5

5 × 1 = 5
5 × 2 = 10
5 × 3 = 15
5 × 4 = 20
5 × 5 = 25
5 × 6 = 30
5 × 7 = 35
5 × 8 = 40
5 × 9 = 45
5 × 10 = 50

Table de 6

6 × 1 = 6
6 × 2 = 12
6 × 3 = 18
6 × 4 = 24
6 × 5 = 30
6 × 6 = 36
6 × 7 = 42
6 × 8 = 48
6 × 9 = 54
6 × 10 = 60

Table de 9

9 × 1 = 9
9 × 2 = 18
9 × 3 = 27
9 × 4 = 36
9 × 5 = 45
9 × 6 = 54
9 × 7 = 63
9 × 8 = 72
9 × 9 = 81
9 × 10 = 90

Table de 7

7 × 1 = 7
7 × 2 = 14
7 × 3 = 21
7 × 4 = 28
7 × 5 = 35
7 × 6 = 42
7 × 7 = 49
7 × 8 = 56
7 × 9 = 63
7 × 10 = 70

Table de 8

8 × 1 = 8
8 × 2 = 16
8 × 3 = 24
8 × 4 = 32
8 × 5 = 40
8 × 6 = 48
8 × 7 = 56
8 × 8 = 64
8 × 9 = 72
8 × 10 = 80

Crédits photographiques

PREMIÈRE PÉRIODE

Module 1
Page 14 © A. et J. Six, © A. et J. Six, © A. et J. Six, © A. et J. Six ; Page 15 © Paul Starosta, © Paul Starosta, © Paul Starosta, © Paul Starosta, © Paul Starosta, © Paul Starosta
Page 17 © A. et J. Six
Page 19 © A. et J. Six, © Cl. Villette / Colibri
Page 20 © A. et J. Six
Page 21 © Paul Starosta

Module 2
Page 22 © A. M. Loubsens / Colibri, © Jane Burton / Nature PL / Jacana, © Jack Guichard
Page 23 © Josselin Guichard
Page 24 © C. Guihard / Colibri
Page 25 © Paul Starosta, © Paul Starosta

Module 3
Page 34 © S. Bréal / Colibri, © S. Bréal / Colibri, © Frédéric Hanoteau

Module 4
Page 42 © S. Bréal / Colibri, © Frédéric Hanoteau, © Frédéric Hanoteau

DEUXIÈME PÉRIODE

Module 5
Page 54 © S. Cellai/Age Fotostock / Hoa-Qui / Hachette Photos, © Tom Craig / Réa, © Garel / Réa, © Nicolas Tavernier/ RÉA

Module 6
Page 62 © Gernot Huber / Laif-Réa, © Imagestate / Hachette Photos
Page 65 © Planetobserver / Hoa-Qui / Hachette Photos

Module 7
Page 74 © Eric Audras / Photononstop, © Kennan Harvey / Stone / Getty images, © Fabio Cardoso / Hoa-Qui / Hachette Photos
Page 81© Villeger S. / Hoa-Qui / Hachette Photos

Module 8
Page 82 © Pascal Goetgheluck – ISM, © Jean-Claude Révy – ISM, © Walter Reiter - Phototake – ISM, © BSIP/ Delalande
Page 87 © Henry/Réa, © Henry/Réa
Page 93 © Maisonneuve/Sipa

TROISIÈME PÉRIODE

Module 9
Page 94 © Pekka Parviainen / Ciel et Espace, © Arnulf Husmo / Stone / Getty images
Page 99 © Frédéric Castel / Gamma / Hachette Photos, © Imagestate / Hachette Photos Presse

Module 10
Page 102 © Tripelon-Jarry / Top / Hachette Photos
Page 106 © Frédéric Hanoteau
Page 107 © Jaubert/Sipa
Page 109 © Frank Heuer/Laif-Réa

Module 12
Page 122 Collection Kharbine-Tapabor, © Chane / Sipa, © Sipa, © J. Damase / Explorer / Hoa-Qui / Hachette Photos
Page 124 © Iwasa / Sipa

QUATRIÈME PÉRIODE

Module 13
Page 134 © Pierre Gleizes / Réa, © Marc Verpoorten / Reporters-Réa, © Lamarca / Redux / Réa, © Jean-François Rivière/Top/Hachette Photos
Page 140 © Camille Moirenc/Photononstop

Module 14
Page 142 © Najlah Feanny/Réa, © C. Boisseaux/La Vie-Réa
Page 143 © Bibliotheque des Arts Decoratifs, Paris, France/ Archives Charmet/ The Bridgeman Art Library
Page 151 © Patrick Aventurier / Hachette Photos Presse

Module 15
Page 154 © Gérard Sioen / Rapho

Module 16
Page 162 David R. Scott près du module lunaire d'Apollo XV 1971 © Keystone France
Page 165 © Keystone France
Page 168 © A.-M. Loubsens / Colibri
Page 169 © Ron Sachs / Gamma US / Hachette Photos Presse

CINQUIÈME PÉRIODE

Module 17
Page 174 © D. Alet / Colibri, © O. Lépine / Colibri, © A. et J. Six, © Colibri - F. et J.-L. Ziegler
Page 175 © M.-C. et J.-G. Baillet, © M.-C. et J.-G. Baillet
Page 176 © M.-C. et J.-G. Baillet, © Alain Berly / Bios
Page 177 © M.-C. et J.-G. Baillet
Page 179 © Bartomeu Borrell / Bios
Page 180 © Jean-Christophe Vincent / Bios, J. Cancalosi/Age Fotostock / Hoa-Qui / Hachette Photos

Module 18
Page 182 © Joseph Polleroff/Redux/Réa, © Sinopix/Réa
Page 183 © Jean-Claude Moschetti/Réa, © Christian Kaiser/Laif/Réa
Page 184 © M.-C. et J.-G. Baillet
Page 185 © Gerhard Schulz / Bios
Page 186 © M.-C. et J.-G. Baillet

Module 19
Page 194 © AKG Paris, © Hachette Livre, © Roger-Viollet
Page 195 © Sittler / Réa
Page 198 © Pascal Sittler / Réa

Imprimé en Italie par Officine Grafiche Novara
Dépôt légal : Février 2007 - Collection n° 88 - Edition 01
11/7380/6